高等教育BIM“十三五”规划教材

韩风毅　总主编

工程造价BIM应用与实践

崔德芹　王本刚 | 主编

杨珊珊　南锦顺 | 副主编

武　琳　陈春苗 | 参编

化学工业出版社

·北京·

《工程造价BIM应用与实践》共分为7章，前3章系统介绍：BIM的概念，BIM技术应用的相关特征及核心要素，BIM在全过程造价管理中的应用及给项目参建各方的管理带来的变革，我国BIM造价应用的相关软件；后4章以某幼儿园工程案例为基础，应用广联达BIM系列软件以讲练案例模式贯穿始终展开BIM造价应用的案例讲解。

本书可作为高等院校工程管理、工程造价、房地产经营与管理、审计、公共事业管理、资产评估等专业的BIM造价应用教材；同时也可作为工程造价师，咨询工程师，招投标、造价、审计人员的自学用书；还可用作社会培训机构的培训教材。

图书在版编目（CIP）数据

工程造价BIM应用与实践/崔德芹，王本刚主编.
—北京：化学工业出版社，2019.3
高等教育BIM“十三五”规划教材
ISBN 978-7-122-33698-9

Ⅰ.①工… Ⅱ.①崔… ②王… Ⅲ.①建筑造价管理-应用软件-高等学校-教材 Ⅳ.①TU723.3-39

中国版本图书馆CIP数据核字（2019）第008336号

责任编辑：满悦芝　　　　文字编辑：刘丽菲
责任校对：宋　玮　　　　装帧设计：关　飞

出版发行：化学工业出版社（北京市东城区青年湖南街13号　邮政编码100011）
印　　装：北京市白帆印务有限公司
787mm×1092mm　1/16　印张17¼　字数392千字　2019年5月北京第1版第1次印刷

购书咨询：010-64518888　　售后服务：010-64518899
网　　址：http://www.cip.com.cn
凡购买本书，如有缺损质量问题，本社销售中心负责调换。

定　　价：49.80元

“高等教育BIM‘十三五’规划教材”编委会

丛书序

2015年6月，住房和城乡建设部印发《关于推进建筑信息模型应用的指导意见》（以下简称《意见》），提出了发展目标：到2020年年底，建筑行业甲级勘察、设计单位以及特级、一级房屋建筑工程施工企业应掌握并实现BIM技术与企业管理系统和其他信息技术的一体化集成应用。在以国有资金投资为主的大中型建筑以及申报绿色建筑的公共建筑和绿色生态示范小区新立项项目勘察设计、施工、运营维护中，集成应用BIM的项目比例达到90%。《意见》强调BIM的全过程应用，指出要聚焦于工程项目全生命期内的经济、社会和环境效益，在规划、勘察、设计、施工、运营维护全过程中普及和深化BIM应用，提高工程项目全生命期各参与方的工作质量和效率，并在此基础上，针对建设单位、勘察单位、规划和设计单位、施工企业和工程总承包企业以及运营维护单位的特点，分别提出BIM应用要点。要求有关单位和企业要根据实际需求制订BIM应用发展规划、分阶段目标和实施方案，研究覆盖BIM创建、更新、交换、应用和交付全过程的BIM应用流程与工作模式，通过科研合作、技术培训、人才引进等方式，推动相关人员掌握BIM应用技能，全面提升BIM应用能力。

本套教材按照学科专业应用规划了6个分册，分别是《BIM建模基础》《建筑设计BIM应用与实践》《结构设计BIM应用与实践》《机电设计BIM应用与实践》《工程造价BIM应用与实践》《基于BIM的施工项目管理》。系列教材的编写满足了普通高等学校土木工程、地下城市空间、建筑学、城市规划、建筑环境与能源应用工程、建筑电气与智能化工程、给水排水科学与工程、工程造价和工程管理等专业教学需求，力求综合运用有关学科的基本理论和知识，以解决工程施工的实践问题。参加教材编写的院校有长春工程学院、吉林农业科技学院、辽宁建筑职业学院、吉林建筑大学城建学院。为响应教育部关于校企合作共同开发课程的精神，特别邀请吉林省城乡规划设计研究院、吉林土木风建筑工程设计有限公司、上海鲁班软件股份有限公司三家企业的高级工程师参与本套教材的编写工作，增加了BIM工程实用案例。当前，国内各大院校已经加大力度建设BIM实验室和实训基地，顺应了新形势下企业BIM技术应用以及对BIM人才的需求。希望本套教材能够帮助相关高校早日培养出大批更加适应社会经济发展的BIM专业人才，全面提升学校人才培养的核心竞争力。

在教材使用过程中，院校应根据自己学校的BIM发展策略确定课时，无统一要求，走出自己特色的BIM教育之路，让BIM教育融于专业课程建设中，进行跨学科跨专业联合培养人才，利用BIM提高学生协同设计能力，培养学生解决复杂工程能力，真正发挥BIM的优势，为社会经济发展服务。

韩风毅

2019年3月于长春

前 言

建筑行业作为国民经济支柱产业之一，转型升级任务愈来愈艰巨，BIM技术作为建筑业创新可持续发展的重要技术手段，其应用与推广为建筑业的发展提供了巨大的发展动力。

伴随着BIM技术在国内设计单位、施工单位、建设单位的推广与应用，其价值不断得到彰显，呈现出以下特点：一是应用阶段从以关注设计阶段为主向工程建设全过程发展；二是应用形式从单一技术向多元化综合应用发展；三是用户使用从电脑应用向移动客户端转变；四是应用范围从标志性建筑向普通建筑转变。BIM技术的应用对建筑行业是一次颠覆性的革命，使得参建各方的工作方式、工作思路、工作路径都发生根本性的变化。

面对建筑业发展的趋势和需求，在建筑工程造价计价与控制全过程应用BIM技术十分必要。本书主要围绕BIM模型在工程造价管理中的应用展开，是工程造价BIM技术应用与实践的基础。

本书主要介绍BIM在工程造价中的应用与实践，以某幼儿园工程案例为基础，依托于广联达BIM系列软件以讲练案例模式贯穿始终。围绕案例的建模以及计量计价操作精讲，结合业务需要适当进行知识拓展，使读者能够掌握BIM造价基本技术应用；按照BIM应用场景展开，关注设计模型在造价软件中的贯穿应用，一次建模多次利用，分析造价的成本控制，使读者掌握BIM技术在工程造价全过程管理的应用。

本书由崔德芹、王本刚主编。具体分工如下：第1章、第3章、第5章由王本刚、陈春苗编写；第2章、第4章由杨珊珊、武琳编写；第6章及附录由南锦顺编写；第7章由崔德芹编写。

由于时间紧迫，加之编者水平有限，书中难免有不足之处，恳请读者不吝指正，以便及时修订与完善，联系电子邮箱：24400756@qq.com。如需电子图纸，可发送电子邮件索要。

编 者

2019年3月

目 录

第1章 BIM应用概述 / 001

第2章 BIM造价应用概述 / 009

第1章 BIM应用概述

- BIM的概念
- BIM的应用问题
- BIM的应用方法

1.1 BIM的概念

BIM是Building Information Modeling的缩写，代表建筑信息模型。BIM技术即关于建筑信息模型的技术，其以基于三维几何模型、包含其他信息和支持开放式标准的建筑信息为基础，提供更加强有力的软件，提高建筑工程规划、设计、施工管理、运行及维护的效率和水平；实现建筑全生命周期信息共享与交互（如图1-1所示），从而实现建筑全生命成本等关键方面的优化。

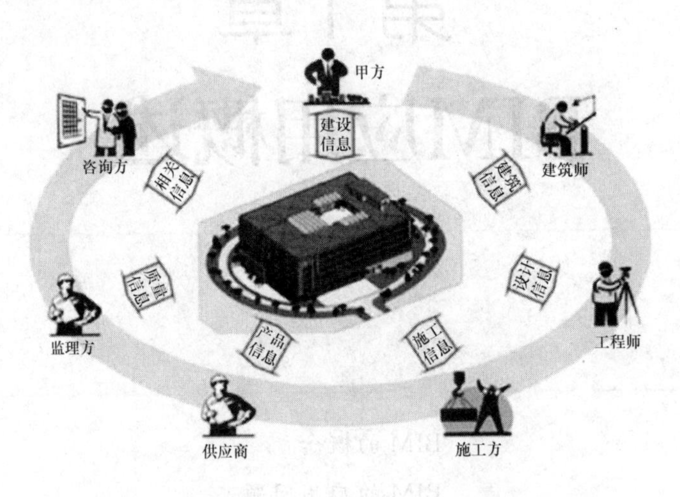

图1-1　BIM技术与各参建方之间实现信息交互

1.1.1 BIM技术的起源

BIM的概念原型于20世纪70年代被提出，当时称为“产品模型（Product Model）”，该模型既包含建筑三维几何信息，也包含建筑的其他信息，只是由于当时计算机技术还较为落后，BIM技术未能得到进一步的推广与应用。进入21世纪之后，随着计算机信息技术的迅速发展，特别是CAD技术的应用与推广，产品模型的概念得到推广和发展。2002年，美国的Autodesk公司收购了Revit，开启了BIM市场化之路，BIM技术逐渐地在建筑工程中得到重视并加以推广。经过10余年的发展，BIM技术应用方向不断开发与拓展，并已成为继CAD技术之后行业信息化最重要的新技术。

值得一提的是BIM技术在建筑工程上的应用将促进建筑业的科技进步和生产力提高。类似于BIM理念的应用技术在20世纪90年代制造业已付诸于实践，极大地提高了制造业的竞争力。

1.1.2 BIM技术的特征与数字解读

(1) BIM技术的特征

BIM技术具有4个关键性特征，即面向对象、基于三维几何模型、包含其他信息和支持开放式标准。

① 面向对象。该特征面向对象的方式表示建筑，使建筑成为大量实体对象的集合。例如，一栋建筑物包含了大量的结构构件、门窗、填充墙、装饰装潢等。这就使得在其相应的软件中，用户针对这些实体进行操作，而不再是点、线、圆、多面体等几何元素。

② 基于三维几何模型。该特征即用三维几何模型来如实表达对象，并反映对象之间的拓扑关系。三维几何模型相较于传统的用二维图形表达建筑信息的方式更直观，可利用计算机自动进行建筑信息加工和处理，不需要人工干预。例如，从基于三维几何模型的建筑信息可自动生成实际施工过程中所需要的二维建筑施工图；计算机可自动计算与统计建筑各组成部分的面积、体积等数量值。

③ 包含其他信息。该特征即在基于三维几何模型的建筑信息中赋予其他信息，使根据指定的信息对各类对象进行统计、分析成为可能。例如，可以选择某种型号的窗户对象类别，自动生成统计报告等；也可在三维几何模型中赋予成本和进度信息数据，则可以自动获得项目各时间对应的资金需求，便于管理者进行资源调配。

④ 支持开放式标准。该特征即支持开放式标准交换建筑信息，从而使建筑全生命周期各阶段产生的信息得到共享并能在后续阶段被调用，避免信息的重复录入和查找原始资料困难的情况发生。

(2) BIM的数字解读

BIM技术涉及的维度用简单的数字解读或许更能加深读者的理解，杨宝明博士曾在《BIM改变建筑业》一书中对BIM的解读从7个数字说起。

① 1个模型。一个建筑信息模型，也是一个多维度（>3D）的结构化工程数据库。

② 2个对象。BIM模型中的信息就是为了描述两个对象，工程实体、过程业务。

③ 3大核心能力。

a. 形成多维度（>3D）结构化工程数据库；b. 数据粒度能达到构件级，甚至更小，如一根钢筋、一块砖；c. 工程大数据平台：承载海量工程和业务数据，其多维度结构化能力，使工程数据和信息的计算能力非凡，远非以往的工程管理技术手段所能比拟。

④ 4大价值。BIM技术为工程项目管理和企业级管理提供4大价值能力：a. 强大计算能力；b. 实时协同能力；c. 实施虚拟建造能力；d. 工程和业务信息集成能力。

⑤ 5大阶段。BIM的应用分为5大阶段：a. 方案决策；b. 规划设计；c. 建造施工；d. 运维管理；e. 改建拆除。BIM在这五大阶段都能发挥重要的作用，每个阶段将有大量应用产生。

越来越多的工作将在基于BIM的平台上完成作业，以提高工作效率和质量，让工作成果可存储、可检索、可计算、可协同共享。最终，BIM将成为建筑业操作系统

（OS，Operating System）。

⑥ 6 大应用（建造阶段）。在建造阶段，BIM 技术将实现数百项应用，其中 6 大应用将对项目管理影响较大：a. 工程量计算、成本分析、资源计划；b. 碰撞检查、深化设计；c. 可视化、虚拟建造；d. 协同管理；e. 工程档案与信息集成；f. 企业级项目基础数据库。

⑦ 7 个维度。BIM 有 3 个维度（空间、时间、工序）和 7 个子维度（3D 实体、1D 时间、3D 工序——招标工序 BBS、企业定额工序 EBS、项目进度工序 WBS）。

1.1.3 BIM 技术应用的核心要素

BIM 技术在建筑工程中的应用主要取决于 4 个要素，即 BIM 人才、BIM 应用软件、BIM 相关标准以及 BIM 技术应用模式。

(1) BIM 人才

BIM 人才即需要掌握后 3 个要素的技术人员及管理人员。毫无疑问 BIM 人才在 BIM 技术应用中最为重要，因为没有人才就无法实施 BIM 技术应用。

(2) BIM 应用软件

人们只能通过 BIM 应用软件的方式来进行 BIM 技术应用，因此 BIM 应用软件十分重要。从理论上讲，BIM 技术可以应用到建筑全生命周期。但是迄今为止，BIM 应用软件还不能有效覆盖建筑全生命周期的所有工作。尽管为了能够有效覆盖建筑全生命周期的所有重要工作，BIM 应用软件的升级和开发从没有间断过，而且对建筑全生命周期的所有重要工作的覆盖面涉及的越来越广，但在实际过程中却远未达到在多数工作中均能应用 BIM 应用软件的程度。这其中最大的问题就是 BIM 应用软件对本地规范的支持，以我国为例，目前在国内使用的 BIM 应用软件主要是与规范关系不大的建筑设计软件、4D 进度管理软件、5D 进度控制软件与成本控制软件等。

(3) BIM 相关标准

BIM 相关标准是在 BIM 应用软件之间共享建筑信息的关键，没有 BIM 相关标准，就难以实现 BIM 应用软件之间的信息共享。

BIM 主流数据标准为 IFC（Industry Foundation Classes，工业基础类）。它是由国际组织 IAI（International Alliance for Interoperability，国际协作联盟，目前改名为 buildingSMART）发布并发展为 BIM 数据标准，最近已成为国际标准化组织（ISO）标准。目前，国际上的主要软件开发商已开始支持 IFC 标准，从而为 BIM 数据跨企业、跨阶段的共享奠定了基础。但是，IFC 仍然在发展的过程中，它对建筑全生命周期、多专业、各种应用的支持程度正在逐步提高。

(4) BIM 技术应用模式

BIM 技术作为一种新技术，只有选择适合应用情形的应用模式，BIM 技术的应用才可以收到好的效果。BIM 技术应用模式也在不断发展中，迄今为止，BIM 技术应用模式可分为两大类：一类是在现有管理框架内应用 BIM 技术；另一类是基于 BIM 技术重新构建项目管理框架。

① 现有管理框架内应用 BIM 技术。此类主要体现为在设计、施工、运行和维护等

阶段的局部过程中使用BIM技术。例如：在设计阶段，使用三维设计软件取代传统二维设计软件；在施工阶段，使用BIM应用软件进行成本预测、虚拟建造、碰撞检查等；在运行和维护阶段，使用基本BIM技术的设施管理系统取代传统的管理信息系统。其主要特点是，在一个参与方的内部使用BIM技术，在使用BIM技术的过程中，不涉及与其他参与方的协调。

② 基于BIM技术重新构建项目管理框架。此类体现为基于BIM技术来打破现有的管理框架，通过发挥BIM技术的应用，实现应用效果的最大化。这一类应用模式最典型的例子是，建筑项目的业主要求项目各参与方，包括设计方、施工方等，在设计、施工以及运行和维护等建筑信息全生命周期的各个阶段，使用BIM应用软件开展工作，提交的成果均满足BIM相关标准，以便实现各参与方之间的信息共享。在BIM应用软件及BIM相关标准尚不成熟的条件下，这样做是十分困难的，但是在我国的个别项目中，已经开始了这样的尝试。另一个典型的例子就是IPD模式。在该模式下，业主、设计、总包、分包等参与方通过签署协议，在设计阶段就参与到项目中，通过应用BIM技术进行虚拟建造，共同对设计进行改进，并共同分享收益或承担风险。随着BIM技术的广泛应用，必将出现更多成功的BIM技术应用模式。

1.2 BIM的应用问题

目前，世界各国都在推广BIM应用，因为BIM技术的应用能够产生经济效益、社会效益和环境效益，但是缺乏具有综合能力的BIM技术人员，已经成为阻碍BIM技术在建筑产业中应用的难题。《中国建筑施工行业信息化发展报告（2015）》调研结果（表1-1）表明，BIM人才的培养是当前影响BIM深度应用与发展的主要障碍。如何推动BIM系列软件在建筑行业应用，进一步落实BIM技术推广，培养企业所需的BIM人才，是当前亟待解决的问题。

表1-1 BIM深度应用问题和障碍

影响因素	所占比例
BIM人才的培养	30%
市场需求	19%
软硬件的成熟度	15%
政府的政策导向	13%
目前的项目管理模式	12%
成本投入的风险	9%
其他	2%

1.3 BIM的应用方法

1.3.1 业主方的BIM应用

业主方是建设项目BIM应用的最大受益方，BIM对业主方项目总成本产生巨大影响，业主方最应该积极应用BIM。

(1) BIM应用对业主方的价值体现

① 缩短工期，大幅度减低融资财务成本；

② 提升建筑产品品质，提高产品售价；

③ 形成模型，提升运维效率、大幅度减低运维成本；

④ 有效控制造价和投资；

⑤ 提升项目协同能力；

⑥ 积累项目数据。

(2) 业主方的BIM应用误区

① 选用BIM解决方案不当。针对设计阶段和施工阶段的BIM应用，没有选用各自专业的解决方案。在建造阶段，用只能在设计阶段发挥作用的BIM软件建了模型，只能做设计阶段的碰撞检查，无法做其他事情。到了招标阶段，建好的模型，连工程量都计算不了，结构工程最重要的钢筋模型也建立不了，无法支持招标投标工作，后续建造阶段的应用更无从谈起，业主一般都不满意。

② 实施策略不当而导致成效有限。业主十分重视并聘请了BIM顾问，但应用效果与前述差不多，投资回报率（ROI）低，BIM能实现的只是建模和碰撞检查而已。这个问题业主偏向了与设计阶段BIM团队合作，聘请的BIM顾问只擅长设计阶段的BIM应用，对建造阶段的BIM应用不了解，从而导致成效有限。

(3) 业主方BIM应用成功的途径

BIM技术应用分三大阶段：设计、建造、运维。没有一个BIM顾问是三个阶段都精通的，一般只能精通一个阶段。相对于设计阶段的BIM应用，建造阶段的BIM应用更复杂、所涉及的BIM应用更多，也是参建单位最多的阶段，协同管理难度较大。业主方应聘请一个擅长建造阶段，熟悉设计阶段和运维阶段的BIM总顾问，负责制定各参建方BIM应用的标准与要求，过程中审核各参建方BIM模型数据的准确性、及时性，BIM总顾问整合各方模型形成最终的BIM应用成果。因此，由业主主导、业主方BIM总顾问统筹实施方法，选择合适的BIM技术方案，聘请合适的BIM顾问，是业主方BIM成功应用的三大条件。

1.3.2 施工方的 BIM 应用

施工企业应用 BIM 越早，越早建立竞争优势，而且 BIM 介入项目越早，价值发挥越明显。BIM 技术的一大优势就是在施工前将建筑在电脑里模拟建造了一遍，在施工前发现问题可尽早解决问题。如果项目已经施工了，很多 BIM 技术应用将错过最佳时机。

当前施工企业应用比较多的 BIM 应用点如图 1-2 所示。主要利用 BIM 技术在投标、施工准备、施工、竣工结算过程中为项目和企业提供技术支撑、数据支撑和协同支撑，使项目的进度管理、成本管控和质量安全管理更有效率。

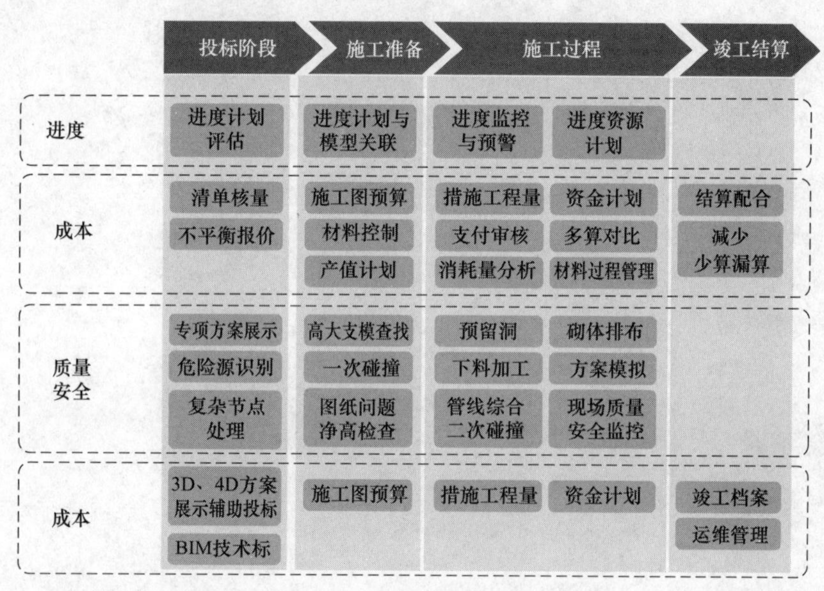

图 1-2　BIM 在建造全过程中的主要应用

1.3.3 造价咨询企业的 BIM 应用

工程造价管理每个对象的数据都是海量的，计算十分复杂。随着经济发展，各大中城市大型复杂工程不断增多，造价管理工作难度越来越高。传统手工算量、单机软件预算，已经大大落后于时代的需求。目前的造价管理技术具有一定的局限性，具体表现为：造价分析数据细度不够，功能不强；造价难以实现过程管理；企业级管理能力不强；难以实现数据共享与协同；数据积累困难等。

对于造价咨询企业而言，基于 BIM 的项目造价全过程管理是解决当前复杂工程造价管理的有效途径。基于 BIM 的造价全过程管理解决方案关键技术主要表现为以下几个方面：

（1）精细化建模及自动化精确工程量计算分析；

（2）利用 BIM 模型数据库实现造价的快速精细统计分析；

（3）企业级多工程基础数据将项目群或企业级的所有工程 BIM 模型形成一个数据仓库，实现项目群多工程和企业级统计分析；

（4）BIM 浏览器实现单工程的快速模型查看、数据调用与分析、资料管理等，实现数据共享和项目协同管理。

基于 BIM 造价全过程管理解决方案在各阶段应用方法将在本书第 2 章作具体论述。

思 考 题

1. BIM 的概念是什么？
2. BIM 应用问题有哪些？
3. 业主方和施工方如何应用 BIM 技术？

第2章 BIM造价应用概述

- BIM造价管理的发展
- BIM在造价管理中的应用
- BIM在全过程造价管理中的应用
- BIM给项目各参建方的管理带来的变革
- 未来BIM在造价管理中的发展趋势

2.1 BIM造价管理的发展

1975年，"BIM之父"——乔治亚理工大学的Chuck Eastman教授创建了BIM理念至今，BIM技术的研究经历了三大阶段：萌芽阶段、产生阶段和发展阶段。BIM理念的启蒙，受到了1973年全球石油危机的影响，美国全行业都需要考虑提高行业效益的问题，1975年"BIM之父"Eastman教授在其研究的课题"Building Description System"中提出"A computer-based description of a building"，以便于实现建筑工程的可视化和量化分析，提高工程建设效率。发达国家对BIM技术向来重视，英国、美国、新加坡、日本等国家都已经提出了BIM应用的相关要求。近些年，我国政府也加大了对BIM技术的关注度和重视度，并陆续出台了一些BIM的相关政策。

BIM技术可极大地改进工程项目管理，提升项目精细化水平，减少资源浪费，是一项投入产出比较高的绿色建造技术，世界各国政府都在推广BIM技术，首要原因就在于此。

BIM技术应用在建筑全生命周期中，在管理、建造技术上都能大幅提升建筑行业的生产力、精细化程度，BIM也是建筑工业化必需的支撑手段，是建筑业产业升级的必由之路。一个大型工程项目要实现工业化建造，构件数量多达数十万个，实现大量构件的设计、生产、加工、运输、现场安装，没有一个强大的数据库系统是难以想象的。

建筑业是最大的大数据行业之一，行业级BIM数据库的建设势在必行，这样可使得行业的行政、质量控制、安全管理上一个台阶。

城市级BIM数据库是智慧城市的基础数据库。研究表明，"BIM+GIS+物联网"将是智慧城市最核心的基础技术架构。BIM技术在智慧建造、智慧城市产业中，是一个巨大的创新领域，以BIM技术为平台，将许多新技术集成创新应用、抢占BIM制高点对科技创新具有重要意义。

工程总造价及时准确的估算困难，主要原因在于形成造价的三大关键要素，即工程量、价格、消耗量指标，国内工程建设各方都难以利用现有的技术手段快速准确地测算。

随着信息技术的发展，特别是互联网商业模式不断推陈出新，工程造价的各关键要素都可以找出很好的解决方案。这些解决方案可以使工程造价人员有能力快速准确获取各造价关键要素数据，能够快速准确分析工程造价，也提高了行业的透明度，提高了施工企业的管理水平。

BIM技术的应用打破了工程造价管理的固有状态，提高了工程量计算的实时性、动态性和精准性，增强了工程造价的控制水平和资源配置的水平，改变了工程造价管理中的横向与纵向的信息交流方式。

2.2 BIM在造价管理中的应用

2.2.1 工程量计算

BIM技术提高了工程量计算的精确度和计算效率。工程量的计算是工程造价工作中一项重要的内容，是一切工程计价工作的基础。基于BIM技术的计量软件可以更精准地计算工程量，能够大大提高计算效率，计算精度也远远超过了传统计算方法。随着建筑规模不断扩大，工程结构越来越复杂，BIM技术能有效减少人为因素造成的误差，与此同时，也促进了工程造价的精细化管理。而且，BIM计量软件不仅融合了相关的国家标准和计算规定，还能够生成电子文件，用于信息的实时交流和传递，有利于各个专业简单协调和配合，提高了工程造价管理的效率。

2.2.2 成本控制

传统的工程造价成本分析常使用多算对比法进行，多算对比通常从时间、工序、空间三个维度进行分析对比，从而达到成本控制的目的。但是实际工程中往往做不到多维度分析，导致成本分析不准确，进而影响成本控制。BIM模型中有丰富的进度、成本等参数信息和多维度的业务信息，能够进行不同阶段和不同业务的成本分析，从而提高成本控制能力。

设计阶段工程造价的影响可达到35%～75%，是工程造价控制的重点阶段。在工程设计阶段引入BIM技术，及时发现设计中存在的不足之处，减少工程设计变更，从而降低工程造价。

2.2.3 工程造价动态管理

由于工程量和价格信息是不断变化的，传统的造价管理是与设计割裂的，所以设计方案出现设计变更后需要人工重新算量套价，容易出错。利用广联达软件可以通过BIM三维模型，加入时间、成本维度组建BIM5D建筑模型，将项目投资、设计、施工相关的造价数据资料存储于后台服务器中，将成本与设计、进度数据进行一致关联，实现动态实时监控。成本汇总、统计、拆分对应瞬间可得，以便更加合理地安排资金计划、人员计划、材料计划和机械计划等。

当工程进行设计变更时，只需将设计变更内容关联到BIM5D模型中，通过简单的模型调整，即可自动计算相应的工程量变化，不仅可减轻造价人员的工作量，还能使造价人员更清楚地了解设计变更对工程造价产生的影响。

BIM技术的应用能够显著提高造价管理的效率，促进工程造价管理水平的整体提升。

2.3 BIM在全过程造价管理中的应用

项目全过程，也称项目生命周期，是指项目从决策、设计、招投标、施工至竣工验收的全部过程。全过程造价管理是指工程造价在生命周期内的合理确定及有效控制的过程。

目前BIM技术对工程造价的管理贯穿在整个工程生命周期中，涉及工程建设的各个阶段，包括决策阶段、设计阶段、招投标阶段、施工阶段、竣工阶段。

2.3.1 BIM在决策阶段的应用

决策阶段各项技术指标的确定，对该项目的工程造价会有较大影响，特别是建设标准水平的确定、建设地点的选择、工艺的评选、设备选用等，直接关系到工程造价的高低。在项目建设各大阶段中，投资决策决断影响工程造价的程度最高，高达80%～90%。因此决策阶段项目决策的内容是决定工程造价的基础。BIM在决策阶段的应用主要包括以下内容。

(1) 基于BIM的投资造价估算

投资决策阶段处于项目实施前，在项目投资决策阶段，合理准确地估算投资是造价管理工作的重中之重。BIM具有强大的信息库、数据模型及可视化等优点，通过BIM技术构建的数据模型和信息平台能够充分体现信息的可视化及模型的模拟性，能够为项目投资者提供有力的参考和数据支持。在工程投资决策阶段，造价管理人员可以参考BIM所构建的数据模型，查找与拟建项目相似工程项目的造价信息，对造价信息进行查询和模拟，并依据已经完工的相似工程进行准确的投资估算，可使拟建项目的投资估算更加准确，提高投资估算的准确性和可靠性。

(2) 基于BIM的投资方案选择

在进行建筑项目的设计方案决策时，需要在多个投资提案中进行选择，通过BIM技术可以对多个方案进行对比分析，对原始数据进行统计，并依据积累的数据，找出最合理、最适合的投资方案。这不仅可以缩短时间，还可以提高效率，迅速、准确地选择出最为经济合理的方案，并减小投资估算的偏差，对经济效益的提高有重大意义。

2.3.2 BIM在设计阶段的应用

建筑项目的设计阶段对于项目进度和项目的质量都起着至关重要的作用，是工程技术和工程经济相关联的重要环节，工程设计对整个工程项目的经济性、合理性和造价管理都有着至关重要的影响，直接影响着工程项目在施工后期的造价控制。BIM 在设计阶段的应用主要包括以下内容。

（1）基于 BIM 的设计优化

在完成施工图纸的设计工作后，应对其开展图纸审查以及设计交底等相关工作，传统工程造价管理将水电和土建等项目分割进行，但该种方式会加大图纸审查难度。BIM 技术整合传统的土建、水电、给排水图纸，减少了各方设计人员图纸审查麻烦，使得工程设计更加合理，加快了设计方的出图速度，同时有效地避免了工程在施工过程中的技术变更。设计人员也能够利用 BIM 技术，及时发现设计中的不足和不利于施工的地方并加以改进，及时发现可能存在的专业间碰撞问题，利用模型碰撞检测发现设计中存在的问题，为后续施工的顺利进行提供可靠的技术保障，提高工程的设计质量，加强工程造价管理控制。因此，在建设工程项目造价控制管理上合理应用 BIM 技术，其优势相当明显。

（2）基于 BIM 的限额设计

目前，在我国建筑行业中，通常是采用限额设计方式，即根据项目可行性研究阶段确定的投资估算进行项目的方案设计，实现投资支出、资金利用的合理性。传统的工程造价管理上很难保证造价信息的精准、完整，而 BIM 技术刚好补足了这些缺陷。BIM 模型可以输出项目的分项工程、单位工程等造价信息，利用 BIM 数据库对各种建设数据进行合理分析，限定工程造价范围，以便设计人员在设计阶段中清晰地认识工程造价信息，满足限额设计的要求，从而更好进行工程造价管理。BIM 模型对成本费用的实时模拟和核算使得设计人员和造价师能实时地、同步地分析和计算所涉及的设计单元的造价，并根据所得造价信息对细节设计方案进行优化调整，可以很好地实现限额设计。

（3）基于 BIM 的设计概算和施工图预算

一般项目的设计阶段可分为初步设计和施工图设计两个阶段。初步设计阶段确定设计概算，施工图设计阶段确定施工图预算。

① 基于 BIM 的设计概算。设计概算的编制主要取决于设计深度、资料完备程度和对概算精度的要求。运用 BIM 技术对建筑信息模型进行修改，进而实现对设计方案的调整与优化。该模型可以直接提供造价数据，方便建设单位进行方案比较以及设计单位进行设计优化，从而有效控制造价。运用 BIM 模型确定的设计概算，能够实现对成本费用的实时模拟及核算，能够将设计图纸、数据及概算数据与造价管理进行自动关联，实现整个项目生命周期设计数据共享的作用。

② 基于 BIM 的施工图预算。在施工图设计阶段，BIM 模型可以直接提取工程信息、进度计划以及工程图纸文件，模型中包含了施工图预算阶段的预算定额、工程量计算规则以及预算清单等其他信息，这打破了以往传统造价软件的文本格式。这些信息之间相互关联、相互补充组成一个预算信息数据库。造价人员可以在预算阶段利用 BIM 软件建立的三维图形准确地计算出工程量，再将工程量导入到预算信息数据库中制成相应的工程造价报表，BIM 软件会将造价报表自动更新到预算造价管理模型中，以保证信息的及时性和准确性，并且可供建设方随时查看，方便了后续施工过程的进度款支付、材料制定、采购计划和劳动力计划、限额领料等措施的实施，达到工程造价管理全

过程监控的目的。

2.3.3 BIM在招投标阶段的应用

(1) 基于BIM的招标

随着BIM技术的应用和推广，招投标的技术水平也得到强化。建设单位即招标方，可以通过建立BIM模型，结合项目具体特征将工程分解，细化工程量，计算工程量，形成准确的工程量清单，编制招标文件。

基于BIM技术的工程量计算具有以下特点。

① 算量更加高效。基于BIM的自动化算量方法将造价工程师从繁琐的劳动中解放出来，为造价工程师节省更多的时间和精力用于更有价值的工作，如造价分析等，并可以利用节约的时间编制更精确的预算。

② 计算更加准确。工程量计算是编制工程预算的基础，但计算过程非常繁琐，造价工程师容易因人为原因造成计算错误，影响后续计算的准确性。自动化算量功能可以使工程量计算工作摆脱人为因素影响得到更加客观的数据。

③ 更好地应对设计变更。

④ 更好地积累数据。

(2) 基于BIM的投标

施工单位即投标方，可以利用BIM模型信息能在相对短的时间内获得工程量信息，能使用BIM模型核对招标文件中的工程量清单，可以有效规避工程量计算错误、清单漏项等状况。通过BIM模型信息数据平台获得相关工程预算所需的信息，然后根据预算定额自动匹配计算各分部分项工程工程费，最后汇总其他费用，获得工程项目的清单费用，编制投标文件。

施工方利用BIM还可以对施工中的重要环节进行可视化模拟分析，避免亏损，以提高准确度和工作效率，制定优化的投资策略。

2.3.4 BIM在施工阶段的应用

建设工程施工阶段具有周期长、涉及面广大、影响因素复杂等特点，其工程造价管理工作难度较大。将BIM技术合理应用于施工阶段工程造价管理中，可以提高工程造价管理效率。BIM技术主要用于工程计量、工程变更、工程索赔及工程进度款结算等造价管理方面。

(1) 工程计量

利用BIM模型的参数化特点，按照所需条件筛选工程信息，BIM模型可自动完成相关构件的工程量统计并汇总形成报表。基于参数化BIM模型，任意组合构件信息，可以按进度、工序、施工段以及构件类型给出工程造价或者统计工程量，便于过程造价控制，有利于精细化管理的实现。

施工单位可以通过BIM技术进行材料数据信息分析和模拟计算，计算与分析工程各施工环节实际消耗量，及时了解工程建筑材料的消耗情况，按照合同约定严格控制材料用量，真正实现限额领料。此外，还可以利用 BIM 模型准确计算当前工程完工情况，合理安排其他施工资源，实现工程成本的动态监控。

(2) 工程变更

在施工阶段，工程变更的次数的增加会引起工程造价的增加，容易引起甲乙双方因此产生矛盾导致施工进度减慢。利用 BIM 技术的虚拟碰撞检查，在施工前发现并解决该问题，有效地减少变更次数，加快工程进度。同时 BIM 技术可帮助相关人员顺利完成图纸的审核工作，避免因此而导致停工、返工等现象的出现，保证工程的顺利开展。

利用 BIM 技术可以最大限度地减少设计变更，并且在设计阶段、施工阶段等各个阶段，由各参建方共同参与进行多次的三维碰撞检查和图纸审核，尽可能从变更产生的源头减少变更。

(3) 工程索赔

在工程建设中，只有规范并加强现场签证的管理，采取事前控制的手段并提高现场签证的质量，才能有效地降低实施阶段的工程造价，保证建设单位的资金得以高效的利用，发挥最大的投资效益。对于签证内容的审核，可以在 BIM 5D 软件中实现模型与现场实际情况对比分析，通过虚拟三维的模拟掌握实际偏差情况，从而确认签证内容的合理性。

用 BIM 模型进行图纸会审时，方便各个专业数据整合，进行三维碰撞检测，更直观地发现问题，减少施工过程因设计问题而引起的施工方索赔，为造价控制提供技术支撑。

(4) 工程进度款结算

我国现行工程进度款结算有多种方式，包括：按月结算、竣工后一次结算、分段结算、目标结算等方式。在传统模式下，建筑信息都是基于二维图纸建立的，建设单位、施工单位、设计单位、监理单位等分专业分阶段检测设计图纸，无法形成协同与共享，很难从项目整体上发现问题，很难形成数据对接，导致工程造价快速拆分难以实现，工程进度款结算工作也较为繁琐。随着 BIM 技术的推广与应用，尤其在进度款结算方面，可以进行框图出价、框图出量，更加快速地完成工程量拆分和重新汇总，并形成进度造价文件，为工程进度款结算工作提供技术支持。

BIM 技术还可以对施工现场给予实时监测，促使工程造价管理、工程质量和工程进度得到有效保证，实现多角度的管理模式。

2.3.5 BIM 在竣工验收阶段的应用

竣工阶段要编制竣工结算，结算工作中涉及的造价管理过程的资料数量极大，结算工作中往往由于单据的不完整造成工作量计算不准的情况。传统模式下，竣工结算对造价人员来说是相当考验的一项任务，特别是工程量的核对，结算工作主要根据是二维平面图纸、现场签证以及工程量计算书等文件，依靠手工或电子表格辅助，效率低、费时多、数据修改不便。此方式完全依照手工查找，建设单位与施工单位的造价人员需要按照每个分部分项工程等逐项核对，工作量较大，准确性很难保证，而且工程造价人员的业务水平影响结算准确度。在甲乙双方对施工合同及现场签证等产生理解不一致或者一些高估冒算的现象或者工程造价人员业务水平的参差不齐，可致结算“失真”。因此，改进工程量计算方法和结算资料的完整和规范性，对于提高结算质量，加速结算速度，减轻结算人员的工作量，增强审核、审定透明度都具有十分重要的意义。

利用BIM技术，造价管理信息经过决策阶段、设计阶段、招标阶段、施工阶段的不断补充和完善，信息量已经足够丰富，与竣工实体相一致，能够完全表达出竣工实际完成的工作量。以此模型为基础进行竣工结算可以大大提高速度与准确度，也为后期竣工决算的编制奠定基础。BIM模型的建立过程中信息公开、透明，避免在进行结算时描述不清而导致难度增加，减少双方的互相推诿，提高结算效率，节约竣工验收阶段的时间和成本。

BIM技术的应用，使得项目建设在各个阶段都能够进行对比分析数据，检查工程进度和预期是否一致。BIM可以在今后的运营阶段将管理成本降到最低，使整个项目的造价管理工作有条不紊地进行，有利于运营维护阶段的造价管理工作顺利进行，真正落实全寿命周期造价管理。

BIM在项目整个生命周期中实现了所有参与单位的数据透明、公开、共享、有效应对工程变更，从而极大地节省了各参与方人力、物力。

2.4 BIM给项目各参建方的管理带来的变革

当今世界的制造业与建筑业规模大致相当，但生产效率却差别很大，这很大程度上源于两个行业在信息技术应用方面投资习惯的差异。随着信息时代的到来，制造业、航天业等产业率先应用了信息模型技术，使传统的基于图纸的设计生产流程转变为基于信息模型的生产流程，并大幅提高了生产效率。近些年，建筑业也开始吸收制造业的经验，开始在建筑生产过程中引入建筑信息模型即BIM技术。

BIM技术是在原有CAD技术基础上发展起来的一种多维模型信息集成技术，可以使建筑物的所有参与方，包括业主方、设计方、施工方和监理方等，都能够在模型中操作信息和在信息中操作模型，从而实现在建筑全生命周期内提高工作效率和质量，并且减少错误和风险。

2.4.1 BIM对业主方的影响

建筑业是一个传统行业，有着悠久的历史。BIM技术的出现，给这个古老的行业带来了很大程度上的改变。对业主——房地产开发公司来说，BIM技术的应用不仅改变了技术思维，也改变了管理思维。BIM的最大功效就是协调和管理项目的过程，从业主的角度出发，BIM管控的是项目的质量、时间、成本和安全。在不同的阶段下，对于质量、成本、时间、安全有不同的管理需求和方向，基于BIM的不同方向提取出来的信息能够很好地分解到这几个领域上去，协助业主做好项目的管理工作。

2.4.2 BIM对施工企业的影响

在建筑市场竞争日益激烈的环境下，建筑施工企业要想更好地可持续发展和发挥竞争优势，就必须提升企业的管理水平和核心竞争能力，就必须不断地进行技术创新与管理创新。而信息化技术是支撑企业发展和管理的有效手段之一。

在建筑工程的传统施工中建筑专业、结构专业、设备及水暖电专业等各个专业分开设计，导致图纸平立剖之间、建筑图与结构图之间、安装与土建之间以及安装与安装之间的冲突问题数不胜数，随着建筑越来越复杂，这些问题会带来更多严重的后果。通过三维模型，在虚拟的三维环境下方便发现设计中的碰撞冲突，在施工前快速、全面、准确地检查出设计图纸中的错误、遗漏及各专业间的碰撞等问题，减少由此产生的设计变更和工程洽商，更大大提高了施工现场的生产效率，从而减少施工中的返工，提高建筑质量，节约成本，缩短工期，降低风险。

建筑施工是一个高度动态和复杂的过程，当前建筑工程项目管理中用于表示进度计划的网络计划，由于专业性强，可视化程度低，无法清晰描述施工进度以及各种复杂关系，难以形象表达工程施工的动态变化过程。通过BIM，将空间信息与时间信息整合在一个可视的4D（3D＋Time）模型中，可以直观、精确地反映整个建筑的施工过程和虚拟形象进度。4D施工模拟技术可以在项目建造过程中合理制定施工计划、精确掌握施工进度，优化使用施工资源以及科学地进行场地布置，对整个工程的施工进度、资源和质量进行统一管理和控制，以缩短工期、降低成本、提高质量。

工程量统计结合4D的进度控制，即BIM在施工中的5D应用。施工中的预算超支现象十分普遍，缺乏可靠的基础数据支撑是造成超支的重要原因。BIM是一个富含工程信息的数据库，可以真实地提供造价管理需要的工程量信息，借助这些信息，计算机可以快速对各种构件进行统计分析，进行混凝土算量和钢筋算量，大大减少了繁琐的人工操作和潜在错误，非常容易实现工程量信息与设计方案的完全一致。通过BIM获得的准确工程量统计也可以用于成本测算，在预算范围内不同设计方案的经济指标分析，不同设计方案工程造价的比较，以及施工开始前的工程预算和施工过程中的结算。

2.4.3 BIM对设计的影响

BIM引领建筑数字技术走向更高层次，是继“从甩图板转变为二维计算机绘图”之后的又一次建筑业的设计技术手段变革，它的全面应用将大大提高建筑业的生产效率，提升建筑工程的集成化程度，使设计、施工到运营整个全生命周期的质量和效率显著提高、成本降低，给建筑业的发展带来巨大的效益。

美国62％以上的设计单位采用BIM设计技术，国际上一些大型综合设计事务所也在全面应用BIM技术。南欧洲和中欧洲各国使用BIM大约占14％。在我国，中国建筑设计院有限公司、上海现代建筑设计（集团）有限公司、同济大学设计研究院（集团）有限公司、云南省设计院集团、中建国际设计顾问公司、华通设计顾问工程有限公司等国有、民营设计院已经在众多项目中成功地应用了BIM，例如：北京奥林匹克塔（图2-1）、龙岩金融中心、上海中心（图2-2）、中钢国际广场、黑瞎子岛植物园、中日唐山曹妃甸生态工业园、北京雅世合金公寓等项目均采用BIM技术进行设计。

图2-1　北京奥林匹克塔

图2-2　上海中心

与以往的二维设计相比，BIM技术在设计方面有以下8大优势。

① 三维设计：项目各部分拆分设计，便于特别复杂项目的方案设计。

② 可视设计：室内、室外可视化设计，便于业主决策，减少返工量。

③ 协同设计：五个专业在同一平台上设计，实现了高效的协同设计。

④ 修改方便：一处修改，处处更新，计算与绘图的融合。

⑤ 管道检测：通过机电专业的碰撞检测，解决机电管道打架的事宜。

⑥ 提高质量：采用高效的协同设计，减少错漏碰缺，提高图纸质量。

⑦ 自动统计：通过软件，可实现工程量自动统计及材料表自动生成。

⑧ 节能设计：通过软件，支持整个项目可持续和绿色节能环保设计。

虽然BIM技术目前还存在许多问题，但是通过使用BIM技术，将提高中国建筑设计行业的核心竞争力，是设计行业的发展趋势。

2.4.4　BIM对监理工作的影响

作为建筑市场中的重要参与主体，BIM技术的应用对监理工作带来了深远的影响。工程监理工作是根据建设单位的要求，依照工程建设文件、法律法规、技术标准和图纸，对整个项目进行质量、投资进度、安全等方面的管理。

传统监理模式下，日常的监理工作一般采用现场巡视检查的方式，对于施工过程监督、控制、协调等方面中的难点重点的事前控制方式单一。其次，工程信息一般采用手工填写、人工传递的方式。由于参与各方缺乏沟通，容易造成大量的工程信息无法得到及时处理，且不能有效共享致使工程管理决策所需的支持信息不充分。BIM 技术的应用彻底改变了传统监理模式下的不足。

首先，在 BIM 技术的工作环境下，项目设计、建造、运营过程中的汇报、沟通、决策等工作都可以在可视化的状态下进行，使其更为准确和直观。其次，通过在施工现场关键点的实时施工视觉信息（拍照、视频）与 BIM 模型进行对比，及时发现工程中的问题，极大地减少了由于隐蔽工程出现质量问题造成的返工情况，提高了施工效率。再者，信息完备化 BIM 模型中涵盖了工程建设中的事前约定所需要的信息，参建各方可以根据不同的需求随时进行查询。通过 BIM 协作平台实现施工过程中所需信息的共享，能够较好地解决由于处理或传递不及时所带来的信息滞后问题。除此以外，BIM 技术在进度、质量、造价、交底中的应用更能有效地提高监理人员的工作效率。

2.4.5 BIM 对造价咨询行业的影响

当前工程造价管理的困境有如下几个方面。

(1) 造价数据分析功能弱

目前的造价管理只能分析一维清单的总量级数据，仅能满足前期招投标、预算和结算的需求，不能满足按空间维度（按施工区域、按楼层、按构件）分析，更不能实现基于时间维度的分析，远远达不到项目管理的需求。

(2) 全过程管理进展不快

工程造价管理工作已逐渐渗透到工程建设的全过程之中，造价专业人员在决策阶段、设计阶段、招投标阶段、施工阶段、竣工结算阶段都要发挥不同作用。如今的造价管理工作不仅仅是传统的算量和计价。

(3) 项目群管理能力不强

一个大型复杂工程由众多单体工程组成，一家造价咨询企业也必定同时在为不同类型不同项目的业主提供服务。目前而言，我们的造价咨询服务还停留在单机软件分析单体工程的较低层次，基于项目群管理的企业各部门协同仍处于初级阶段。

(4) 数据积累和共享困难

造价咨询是典型的大数据行业，但众多的积累还只是在专业人员的脑子里，没有形成系统的数据库。资深专业人员所获得的数据也没有办法共享给企业内部其他人员。

(5) 企业核心竞争力薄弱

当前造价咨询企业的服务依然局限在事前的招投标和事后的结算审核阶段，造价管理的精细化和全过程管理的技术支撑及软件支持仍不够。造价咨询企业的项目群管理能力和数据库建设已大大落后于时代的需要，企业核心竞争力建设急需加强。

造价管理一直以来都是项目管理的难点之一。BIM 在提升工程造价管理水平，提高工程造价管理效率，实现工程造价乃至整个工程生命周期信息化的过程中，都具有无可比拟的优势。

基于BIM的自动化算量方法将造价专业人员从繁琐的计算工作中解放出来，极大地提高了工作效率，同时可以使工程量计算摆脱人为因素影响，得到更加客观准确的数据。同时，工程量计算效率的提高也有利于实施限额设计。基于BIM的碰撞检查技术可以更好地应对设计变更，使造价管理改变以往在设计阶段使用的粗放和模糊的管理方法，强化前期设计阶段的成本控制力度。

传统的造价管理中，造价分析一般是通过多算对比来发现问题、分析问题、纠正问题并降低工程费用。多算对比通常从时间、工序、空间三个维度进行分析对比，但由于技术手段原因，实际工程中只能进行单一维度的对比，可能发现不了所有问题。BIM模型丰富的参数信息和多维度的业务信息能够辅助不同阶段和不同业务的成本分析和控制，从最开始就对模型、造价、流水段、工序和时间等不同维度信息进行关联和绑定，能够以最少的时间随时实现任意维度的统计、分析和决策。

BIM从三维模型的创建到成本、进度集成的5D模型，再发展到*n*D模型的管理。整个BIM模型集3D立体模型、施工组织方案、成本造价等全部工程信息和业务信息于一体，支撑包括投资估算、设计概算、施工图预算、招投标、进度款结算、工程签证、竣工结算和造价评估等不同阶段的造价管理工作。通过BIM可以方便地实现多次定价，在项目各阶段实现估算价、概算价、投标价、合同价、结算价的快速计算。

BIM技术的应用类似一个管理过程，同时，它与以往的工程项目管理过程不同，它的应用范围涉及了业主方、设计院、咨询单位、施工单位、监理单位、供应商等多方的协同。而且，各个参建方对于BIM模型存在不同的需求、管理、使用、控制、协同的方式和方法。在项目运行过程中需要以BIM模型为中心，使各参建方能够在模型、资料、管理、运营上能够协同工作。

2.5 未来BIM在造价管理中的发展趋势

计算机的出现，对建筑业的影响至今还停留在工具岗位层面和生产力提升层面，对项目管理模式和企业管理模式的影响还很小，更不用提对中国建筑业的产业机制、项目管理模式、行业商业模式和行业管理产生根本性的变化。而BIM技术的成熟，会对这一切产生革命性的影响，推动整个行业生态链的变化以及价值链的重新调整。

基于三维和更多维度的计算技术，BIM技术有能力高效地将工程实体构建出多维度结构化的工程数据库（工程数字模型），这样就有了强大的工程数据计算能力和技术分析能力。只要维度参数一旦确定，海量数据分析便可以快速完成，供各条线的精细化管理决策所用，各种技术应用也能较好实现，如专业冲突碰撞检查、剖面图功能、安全管理等。尤其是BIM与互联网的结合，将大型工程的海量数据、可视化工程3D和4D图形在广域网方便共享、协同和应用，将给建筑业带来重大影响。

2.5.1 带领建筑业进入大数据时代

建筑业的本质决定了建筑业是最大的大数据行业之一，建筑业是产品最大的行业之一（上海中心 85 万吨重），是数据量最大的行业之一，也是数据最难处理的行业之一。但目前为止，也是最没有数据的行业之一。

建筑企业数据中心的服务器里都还是数据寥寥。很重要的原因之一是，建筑产品的每个产品数据海量，不是以往技术手段所能快速创建、计算和展现的。所以，目前建筑业还是受互联网影响较小的行业，而建筑业恰恰是最需要被改变的行业。

BIM 技术将让企业具备这样的能力。与以往的技术手段相比，BIM 强大的建模技术，已能让工程技术人员更快地创建 3D、4D 数据模型，通过系统计算能力，产生完整的工程数据库，实现全过程的应用。

进入大数据时代，对建筑业的发展和转型升级是决定性的。只有具备大数据的支撑，工程项目才能实现精细化管理，才能高效掌控建造全过程。

2.5.2 提升建筑业透明化程度

数据量的庞大使得建筑业不透明，BIM 技术带来了行业的透明化，相关管理人员和管理部门有了强大的信息对称能力，很多项目管理、企业管理和行业管理的难题将迎刃而解。过去项目管理的实权大量留在了基层和操作层，项目经理对操作层、公司对项目部都存在严重的信息不对称，很难管控。

建筑业的不透明，还带来了其他很多行业问题。如招标投标恶性竞争，质量控制困难等。这也是在行业高速增长时期，推广 BIM 技术最重要的原因之一。企业需要成本竞争力、精细化能力时，BIM 将成为最强大的手段。

2.5.3 帮助建筑业实现精细化、低碳化

国际上，各国政府都在积极推广 BIM 技术，重要的原因之一，就是 BIM 技术是一个绝佳的绿色建造技术，投入少，减排效果好。BIM 技术可以容易地让设计方案更优化，建造方案更优化，变更返工大幅度减少。

BIM 技术将为建筑业精细化、低碳化可持续发展起到卓越的贡献。

2.5.4 帮助建筑业实现互联网化

建筑业是典型的远程管理、移动管理，一个建筑公司的项目可以遍布全球，建筑企业尤其需要互联网化的项目管理。互联网变革了很多行业，迄今为止，建筑业是受互联网影响较小的行业之一，也是最需要互联网变革的行业之一。过去受限于技术水平，项目管理只能依靠招标管理、承包制、飞行检查等。而如今，互联网技术、BIM 技术的发展为建筑业的互联网化管理提供了可能性。

理想的企业级BIM系统里，项目将是一个个在云端的虚拟建筑工程，所有管理决策者对远程的项目都可了如指掌，随时获取数据。“BIM＋互联网”真正让建筑业进入互联网时代，基于BIM的互联网应用，使建筑业管理有了质的变化。

BIM目前仍处于初级阶段，经过近几年的推广，BIM技术在施工企业的应用已经得到了一定程度的普及，在工程量计算、协同管理、深化设计、虚拟建造、资源计划、工程档案与信息集成等方面发展成熟了一大批应用点。但当前制约BIM技术产业的发展还有以下几方面关键问题。

(1) 产业政策

我国政府在BIM推广应用方面的力度非常大，住房和城乡建设部、上海市政府、福建省住房和城乡建设厅、广东省住房和城乡建设厅等都已经发布了BIM相关指导意见，对BIM的应用有了一些强制性要求，其他地方政府也都在陆续跟进。

(2) 技术标准

BIM技术的应用分三大阶段：设计、建造、运维，此外还有智慧城市的应用。三大阶段的数据打通对BIM技术的价值发挥有很大作用。这需要一个产业的博弈周期，最后得到事实上的工业标准。

技术标准除了涉及每个厂商的利益外，还有很复杂的技术问题，不是一个政策文件所能解决的，也不是一个政府标准课题所能解决的。

(3) 行业教育

这里不是指BIM软件培训，而是指BIM理念、应用价值，对行业影响等理念性市场教育。行业教育的工作量已经很大，总体上形势已很好。目前，行业教育的参与方已经非常之多了，各大部门、教育机构、BIM咨询服务单位、软件公司都已经参加进来。但由于培训各方的诉求不同，使得市场上对于BIM的真正价值、方法论等还存在一些误区，需要厘清正视。

(4) BIM软件技术发展

BIM技术由于研发难度大、学习门槛高，从相对需求的迫切程度来讲，研发速度还显得太慢。高价值的应用推出的速度有待提高，其中资源投入不足是一个关键问题。

(5) BIM技术产业的商业模式

BIM技术有巨大的价值，中国是全球最大的工程建筑市场，理论上讲肯定有很多的市场机会。但事实上，当前BIM技术产业发展举步维艰。软件技术公司如何在BIM对项目、对客户的巨大价值中获得合理的利益分配，是关系到可持续发展的大问题。所幸的是，BIM软件厂商纷纷与资本合作，借助更多的资源来研发和推广自己的技术。但都要从根本上解决软件厂商的商业模式问题。

(6) 人才培养

BIM技术学习门槛较高，普及深入地应用BIM技术，行业还需要大量的BIM技术人才。

总的来说，BIM在造价管理中的应用还远远没有得到充分挖掘，在BIM技术应用方面还很值得期待。

思考题

1. BIM技术给建筑行业各参与方带来哪些影响？

2. BIM 技术的应用价值？

3. 随着 BIM 技术的发展，BIM 技术在设计阶段开始介入的项目越来越大，基于 BIM 的设计流程与传统设计流程相比，在工作流程和信息交换方面会有明显的改变。试从工作流程和信息交换的角度表述发生的变化。

4. BIM 技术在施工质量控制中的核心是什么？

5. BIM 技术在施工质量管理中有哪些优势？

第3章
BIM造价应用软件

3.1 BIM模型造价全过程应用流程简介

随着BIM应用的不断深入以及BIM应用软件的不断升级发展，BIM在设计阶段的建模应用已逐渐成熟。BIM设计模型建立后，接下来的后续应用逐渐受到建设各方的关注。过去常常采用Revit辅助算量，通过Revit本身具备的明细表功能，按照构件的各种属性信息进行筛选、汇总，最后排列表达。但是运用Revit建模的构件是完全纯净的，算量的结果取决于建模的方法和建模的精度，因此明细表中的工程量为“净量”，即模型构件的净尺寸，与国际清单工程量有一定的差距。

为了更好地探索BIM建模后的价值，目前行业内急需统一的建立模型规则和标准，各方工作流程等。行业软件之间为了能够充分利用设计的BIM模型，尝试运用BIM软件进行衔接，试图实现设计模型向算量模型等深层次应用的数据无损化传递，增加模型的附加价值。由此，设计软件与造价软件在加上了BIM技术的翅膀之后，衍生了造价全过程应用流程。如图3-1所示。

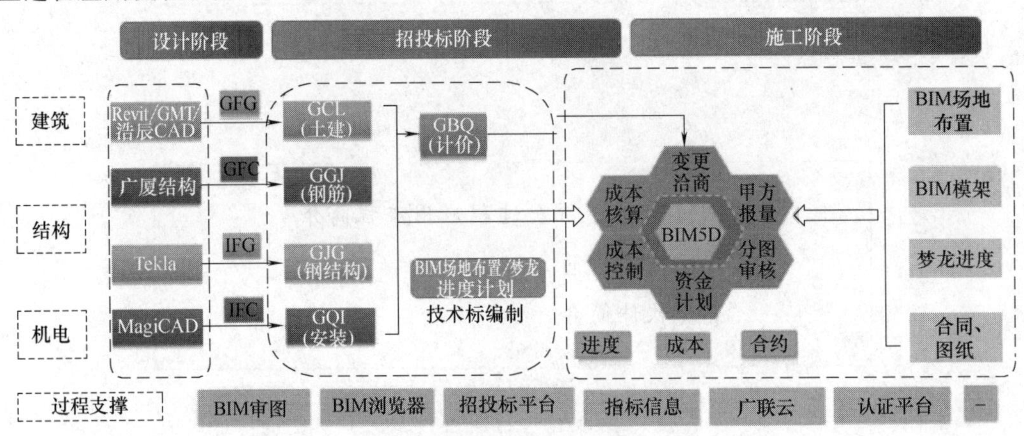

图3-1 基于BIM模型造价方向应用全过程流程图

3.2 广联达软件简介

3.2.1 广联达算量软件

广联达算量软件是由广联达软件股份有限公司开发的系列软件，该软件基于自主知识产权的3D图形平台，提供2D CAD导图算量、绘图输入算量、表格输入算量等多种算量模式，结合全国各省市计算规则和清单、定额库，运用3D计算技术，实现工程量自动统计、按规则扣减等功能和方法。常见的广联达算量软件有广联达BIM土建算量（GCL）、广联达BIM钢筋算量（GGJ）、广联达BIM安装算量（GQI）、广联达BIM钢结构算量（GJG）等。

（1）广联达BIM土建算量软件——GCL

① 软件介绍。广联达BIM土建算量软件——GCL是广联达自主图形平台研发的一款基于BIM技术的算量软件，无需安装CAD即可运行。软件内置《房屋建筑与装饰工程工程量计算规范》及全国各地现行清单、定额计算规则；可以通过三维绘图导入BIM设计模型（支持国际通用接口IFC文件、Revit、ArchiCAD文件）、识别二维CAD图纸建立BIM土建算量模型；模型整体考虑构件之间的扣减关系，提供表格输入辅助算量；三维状态自由绘图、编辑，高效且直观、简单；运用三维布尔技术轻松处理跨层构件计算，且报表功能强大，提供做法及构件报表量，满足招标方、投标方的各种报表需求。

② 用户界面。用户界面及各部分名称如图3-2所示。

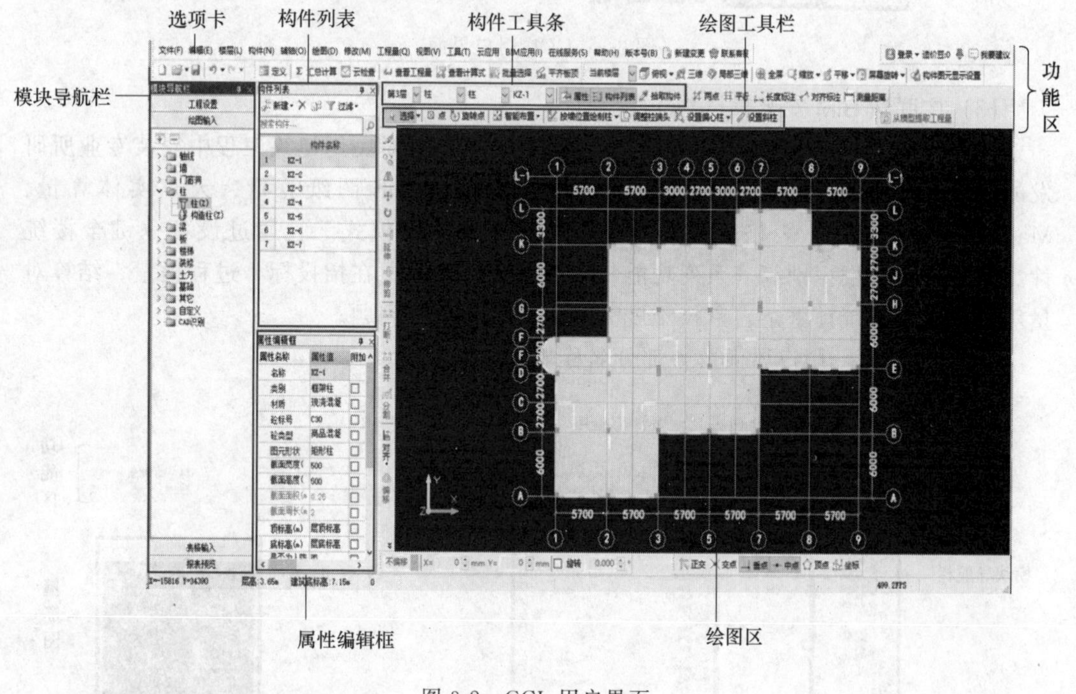

图3-2 GCL用户界面

（2）广联达BIM钢筋算量——GGJ

① 软件介绍。广联达BIM钢筋算量软件——GGJ内置国家结构相关规范和11G、03G、00G系列平法规则及常用施工做法，可以通过三维绘图、导入BIM结构设计模型、二维CAD图纸识别等多种方式建立BIM钢筋算量模型，整体考虑构件之间的钢筋内部的扣减关系及竖向构件上下层钢筋的搭接情况，同时提供表格输入辅助钢筋工程量

计算，替代手工钢筋预算，解决手工预算时遇到的“平法规则不熟悉、时间紧、易出错、效率低、变更多、统计繁”问题。

② 用户界面。用户界面及各部分名称如图 3-3 所示。

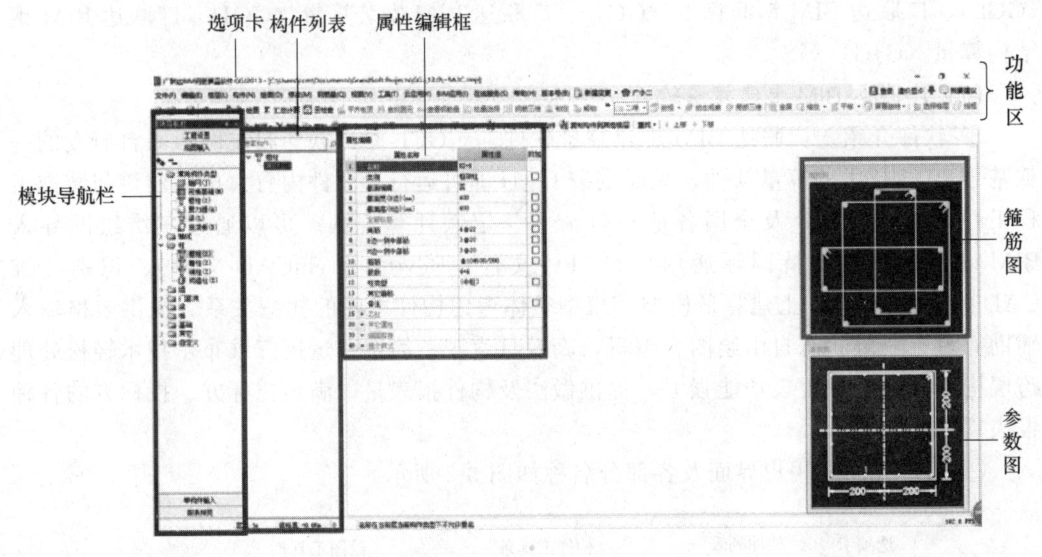

图 3-3　GCL 用户界面

(3) 广联达 BIM 安装算量 GQI

① 软件介绍。广联达 BIM 安装算量软件 GQI 是针对民用建筑工程中安装专业所研发的一款工程量计算软件，集成了 CAD 图算量、PDF 图纸算量、天正实体算量、MagiCAD 模型算量、表格算量、描图算量等多种算量模式。它通过设备一键全楼统计、管线一键整楼识别等一系列功能，解决工程造价人员在招投标、过程提量、结算对量等过程中手工统计繁杂、审核难度大、工作效率低等问题。

② 用户界面。用户界面及各部分名称如图 3-4 所示。

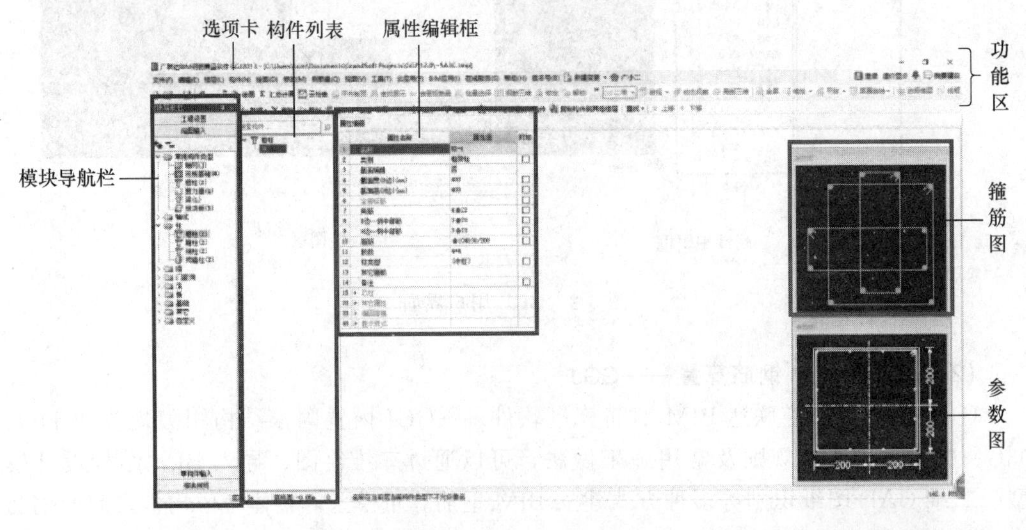

图 3-4　GQI 用户界面

（4）广联达 BIM 钢结构算量软件——GJG

① 软件介绍。广联达 BIM 钢结构算量软件——GJG 是广联达软件股份有限公司于 2016 年推出的一款新型软件，该软件基于 BIM 技术的全新应用，从三维算量的角度突破性解决了钢结构复杂、多变的节点问题，提供复杂构件的参数化建模，真正做到建模快、算量巧、报表全。软件内置节点库，智能筛选、批量应用功能非常全面。此外，用户还可根据工程的实际需求，在云节点库中储存工程专属节点，实现钢结构工程量的便捷计算。软件从定额、清单、涂料、配件四个指标细分为 28 个表格，满足对量时各种工程量格式。

② 用户界面。用户界面及各部分名称如图 3-5 所示。

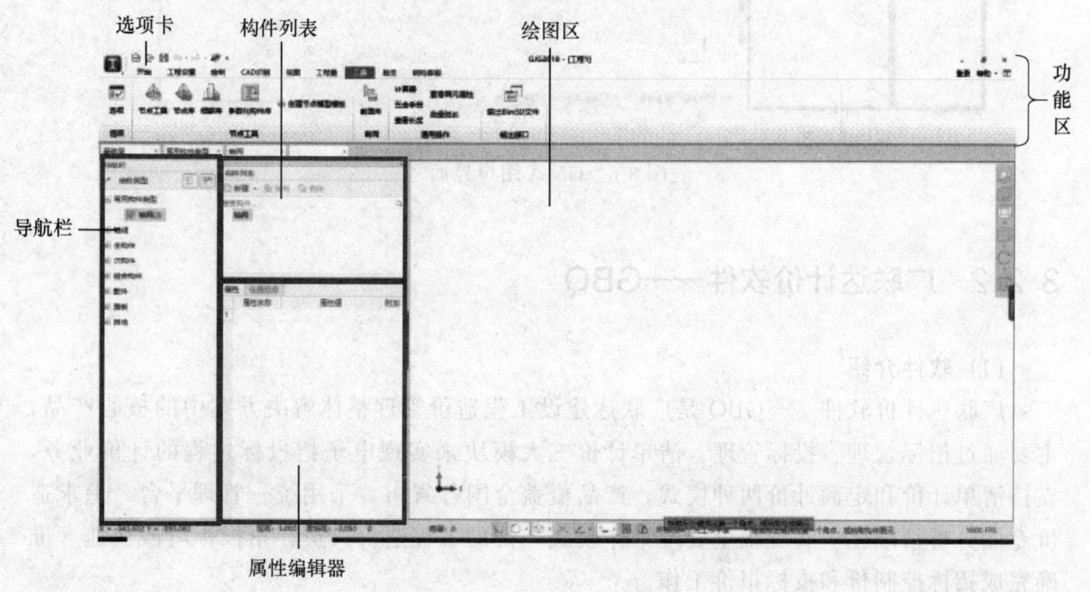

图 3-5 GJG 用户界面

（5）广联达 BIM 市政算量软件——GMA

① 软件介绍。广联达 BIM 市政算量软件——GMA 是市面上唯一一款基于三维一体化建模技术的软件。它集成多地区、多专业的市政算量产品，围绕三维信息模型，通过接入图纸、批量输入、智能布置与编辑快速创建三维模型，内置规则、直接出量、扩展应用等方式，解决城市道路、排水、桥梁、构筑物、综合管廊等工程量计算问题，为广大行业造价人员提供了一套高效实用的算量平台，引领市政类工程造价行业正式步入电算化时代。

该软件主要有以下特点。

a. 可将市政各业务模块集成于一体化的三维模型，形象展示构件间的位置关系，查量、对量方便清晰、有据可依。

b. 支持 CAD 识别、PDF、图片描图、蓝图信息录入等，满足用户多样化算量需求。

c. 内置各地计算规则、国标省标图集，灵活设置，可适应不同施工工艺。

② 用户界面。用户界面及各部分名称如图 3-6 所示。

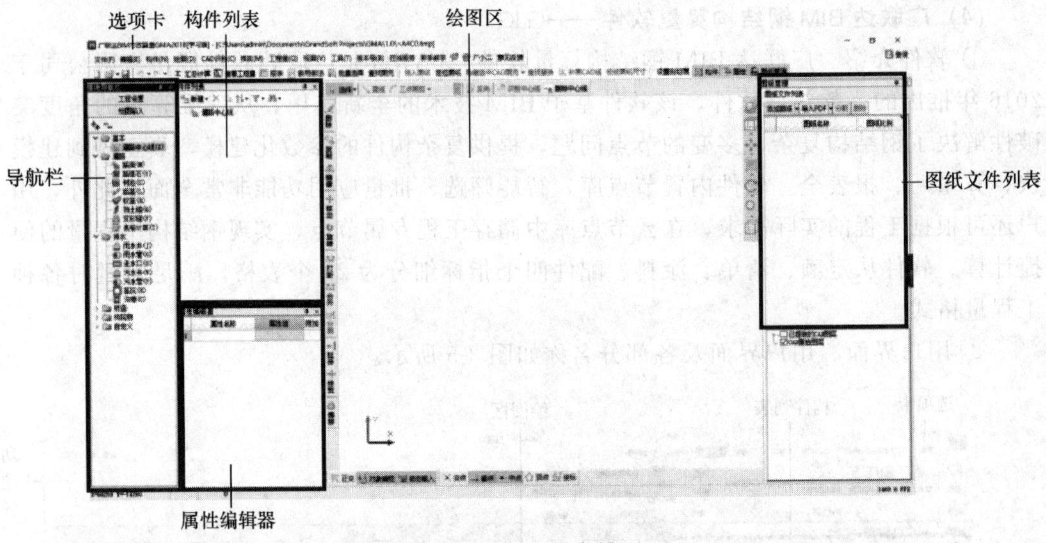

图 3-6　GMA 用户界面

3.2.2　广联达计价软件——GBQ

(1) 软件介绍

广联达计价软件——GBQ 是广联达建设工程造价管理整体解决方案中的核心产品，主要通过招标管理、投标管理、清单计价三大模块来实现电子招投标过程的计价业务，支持清单计价和定额计价两种模式，产品覆盖全国各省市、采用统一管理平台，追求造价专业分析精细化，实现批量处理工作模式，帮助工程造价人员在招投标阶段快速、准确完成招标控制价和投标报价工作。

(2) 用户界面

用户界面及各部分名称如图 3-7 所示。

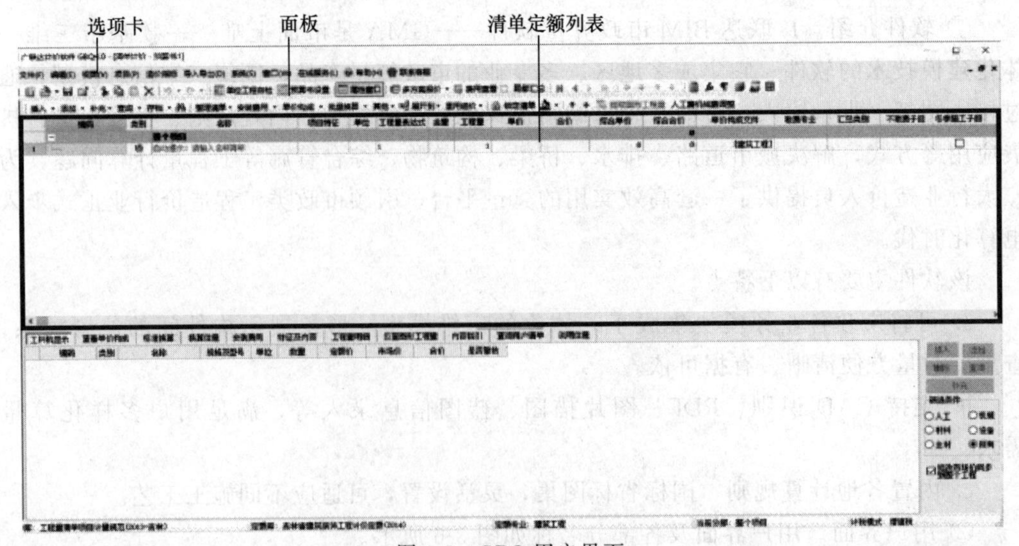

图 3-7　GBQ 用户界面

3.3 鲁班软件简介

鲁班软件是由上海鲁班软件股份有限公司开发的一款算量软件，该软件基于 AutoCAD 图形平台可实现工程量的自动计算。主要涉及土建预算、钢筋预算、钢筋下料、安装预算、总体预算、钢构预算等，软件可用于预决算以及施工全过程管理。

3.3.1 鲁班算量软件

(1) 鲁班土建软件介绍

"鲁班土建"是基于 AutoCAD 图形平台开发的工程量自动计算软件。它利用 AutoCAD 强大的图形功能并结合我国工程造价模式的特点及未来造价模式的发展变化，内置了全国各地定额的计算规则，最终得出可靠的计算结果并输出各种形式的工程量数据。由于软件采用了三维立体建模的方式，使整个计算过程可视化。通过三维显示的土建工程可以较为直观的模拟现实情况。其包含的智能检查模块可自动化、智能化检查用户建模过程中的错误。用户界面如图 3-8 所示。

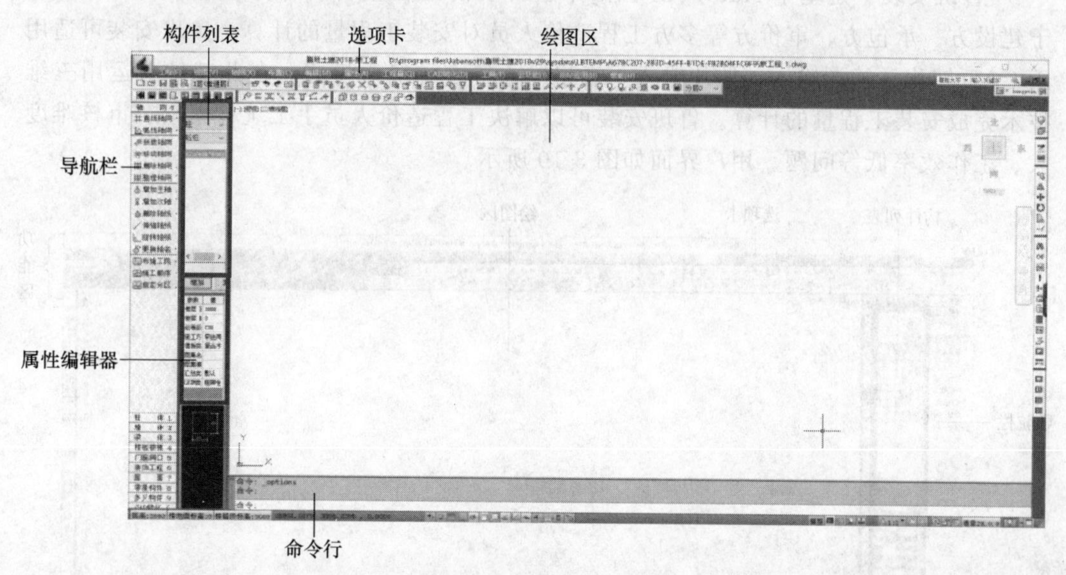

图 3-8　鲁班土建 lbtj 用户界面

(2) 鲁班钢筋软件介绍

"鲁班钢筋"为基于国家规范和平法标准图集的软件。它采用 CAD 转化建模，绘图建模，辅以表格输入等多种方式，整体考虑构件之间的扣减关系，解决造价工程师在招投标、施工过程中钢筋工程量控制和结算阶段钢筋工程量的计算问题。软件自动考虑构件之间的关联和扣减，用户只需要完成绘图即可实现钢筋量计算，内置计算规则并可修改，强大的钢筋三维显示，使得计算过程有据可依，便于查看和控制。用户界面如图 3-9 所示。

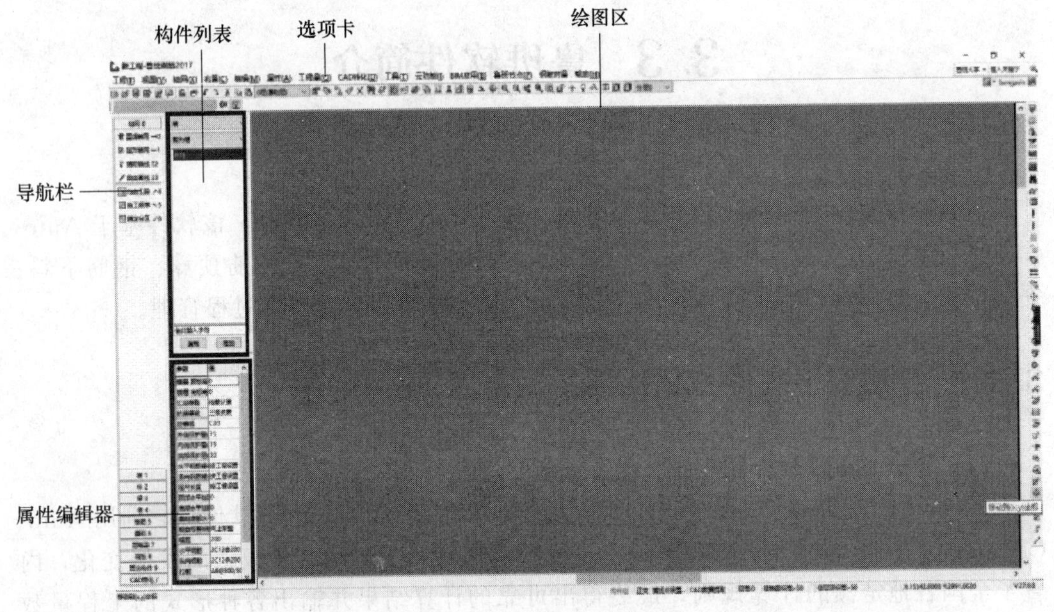

图 3-9 鲁班钢筋 lbgj 用户界面

(3) 鲁班安装软件介绍

“鲁班安装”是基于 AutoCAD 图形平台开发的工程量自动计算软件。其广泛运用于建设方、承包方、审价方等多方工程造价人员对安装工程量的计算。鲁班安装可适用于 CAD 转化、绘图输入、照片输入、表格输入等多种输入模式，在此基础上运用三维技术完成安装工程量的计算。鲁班安装可以解决工程造价人员手工统计繁杂、审核难度大、工作效率低等问题。用户界面如图 3-10 所示。

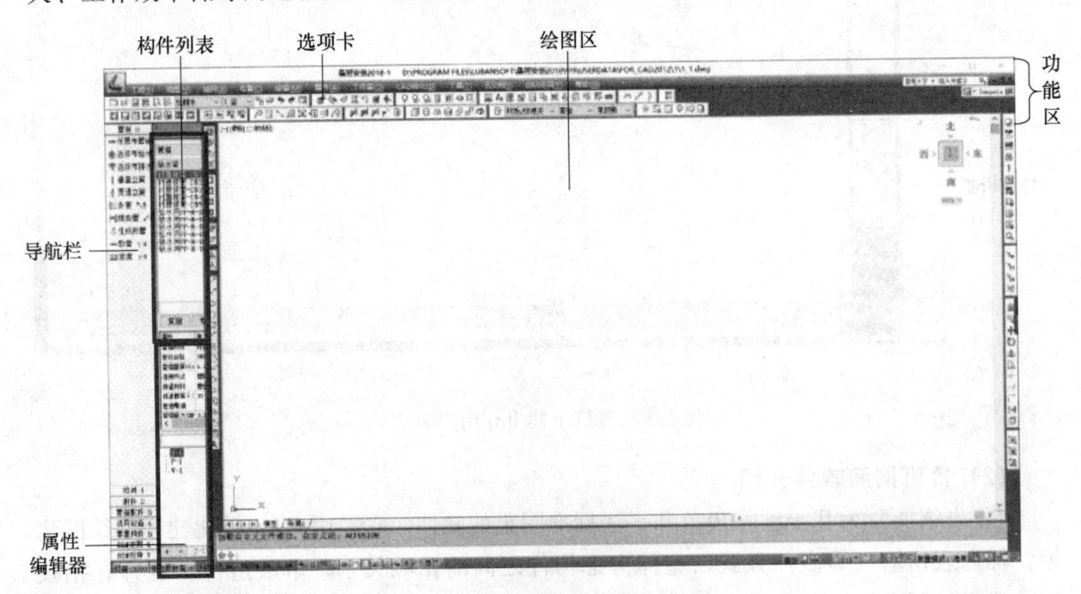

图 3-10 鲁班安装 lbaz 用户界面

(4) 鲁班钢构软件介绍

“鲁班钢构”是基于AutoCAD图形平台的三维钢结构算量软件。它可以方便地建立各种复杂钢结构的三维模型，同时整体考虑构件之间的扣减关系，内置多种标准图集，可以据实际情况修改计算规则，自动生成工程量。用户界面如图3-11所示。

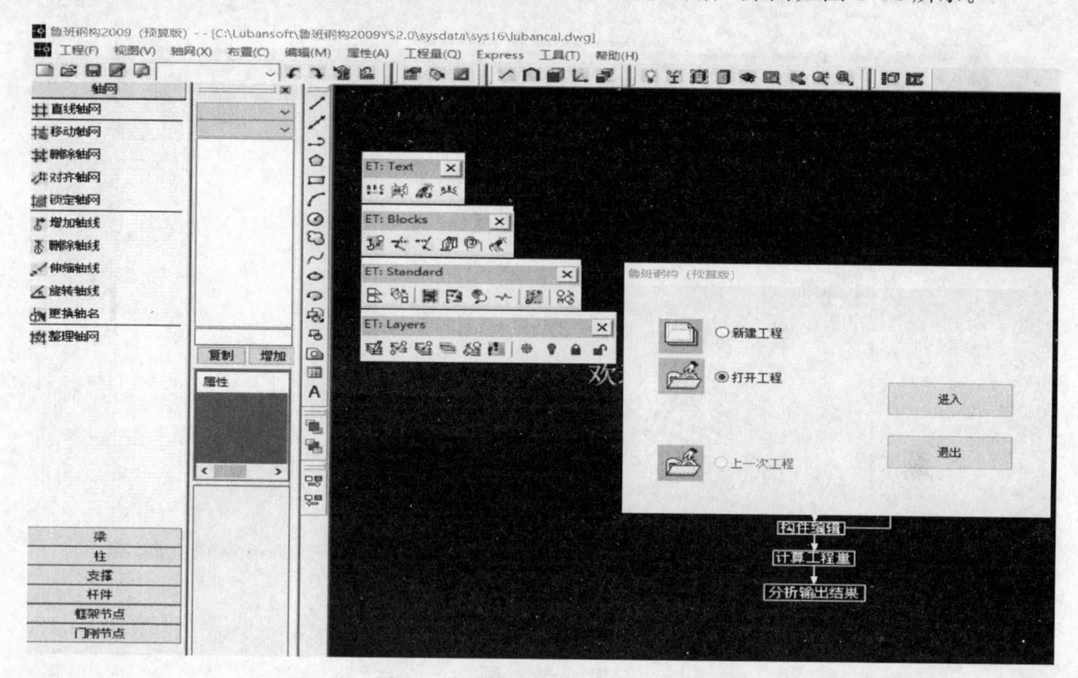

图3-11　鲁班钢构lbgg用户界面

3.3.2 鲁班造价软件

(1) 系统介绍

鲁班造价软件是基于BIM技术的国内首款图形可视化造价产品，它完全兼容鲁班算量的工程文件，可快速生成预算书、招投标文件。软件功能全面、易学、易用，内置全国各地配套清单、定额，一键实现“营改增”税制之间的自由切换，无须再做组价换算；智能检查的规则系统，可全面检查组价过程、招投标规范要求出现的错误。为工程计价人员提供概算、预算、竣工结算、招投标等各阶段的数据编审、分析积累与挖掘利

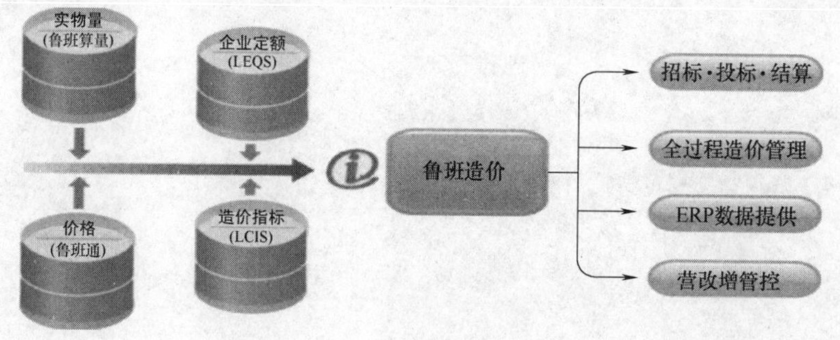

图3-12　鲁班造价数据处理流程图

用，满足造价人员的各种需求。如图 3-12 所示可以看出鲁班造价在数据处理链中的核心地位。

(2) 用户界面

鲁班造价用户界面如图 3-13 所示。

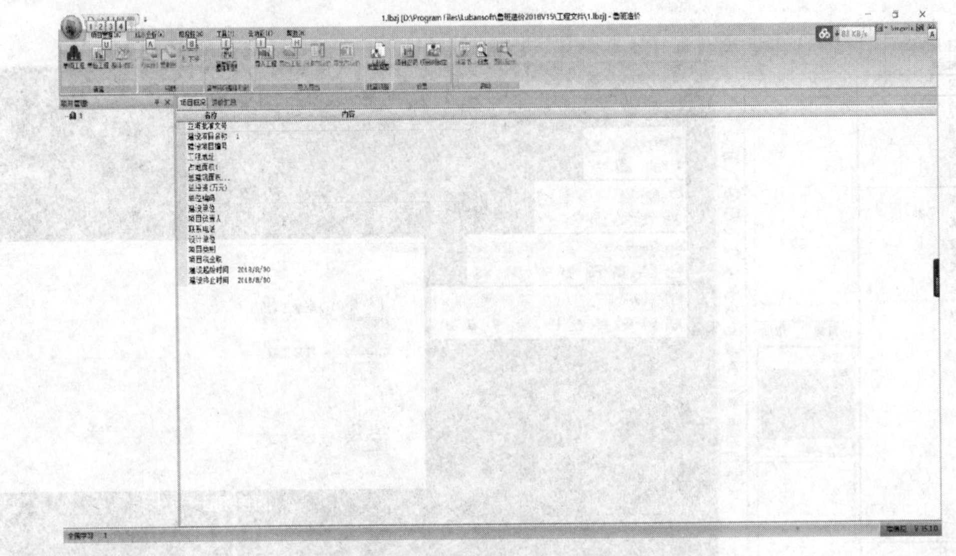

图 3-13　鲁班造价 lbzj 用户界面

思 考 题

1. 广联达计量及计价的软件有哪些?
2. 鲁班计量及计价的软件有哪些?
3. 广联达及鲁班软件各自有什么特点?

第4章

BIM钢筋工程量计算

4.1 BIM钢筋软件算量原理与软件介绍

钢筋工程量的编制主要取决于钢筋长度的计算，以往借助平法图集查找相关公式和参数，通过手工计算求出各类钢筋的长度，再乘以相应的根数和理论重量，就能得到钢筋重量。BIM钢筋算量软件参照传统手工算量的基本原理，将手工算量的模式与方法内置到软件中，依据最新的平法图集规范，从而实现了钢筋算量工作的程序化，加快了造价人员的计算速度，提高了计算的准确度。

4.1.1 钢筋算量软件基本原理

建筑结构施工图平面整体设计方法即平法，概括来讲，是把结构构件的尺寸和配筋等，按照平面整体表示方法制图规则，整体直接表达在各类构件的结构平面布置图上，再与标准构造详图相配合，即构成一套新型完整的结构设计。

平法改变了传统的将构件从结构平面布置图中索引出来，再逐个绘制配筋详图的繁琐方法。平法是结构设计领域的一项创造性的改革，提高了结构设计效率和质量，同时降低了设计成本，与传统法相比图纸量减少了70%。

在进行钢筋工程量计算时，需要将配筋信息输入到软件中，从而建立工程结构模型以及计算钢筋工程量，配筋信息就需要我们利用平法的识图规则从工程图纸中提取出来。

(1) 钢筋的符号与标注

在结构施工图中，为了区别每一种钢筋的级别，每一个等级用一个符号来表示，比如一级钢HPB300用Φ表示（软件中输入A），二级钢HRB335用Φ表示（软件中输入B），三级钢HRB400用Φ表示（软件中输入C），四级钢HRB500用Φ表示（软件中输入D）。同时，构件的钢筋标注要遵循一定的规范。

(2) 构件的环境类别与钢筋的混凝土保护层最小厚度

为了保护钢筋在混凝土内部不被侵蚀，并保证钢筋与混凝土之间的黏结力，钢筋混凝土构件都必须设置保护层，构件最外层钢筋的外部边缘到构件表面的距离为混凝土保护层。影响保护层的四大因素是：环境类别；构件类型；混凝土强度等级；结构设计年限。

混凝土保护层最小厚度见表4-1，环境类别的确定见表4-2。

表4-1 混凝土保护层的最小厚度

环境类别	板、墙/mm	梁、柱/mm
一	15	20
二a	20	25
二b	25	35

续表

环境类别	板、墙/mm	梁、柱/mm
三 a	30	40
三 b	40	50

注：1. 表中混凝土保护层厚度是指最外层钢筋外缘至混凝土表面的距离，适用于设计使用年限为 50 年的混凝土结构。

2. 构件中受力钢筋保护层厚度不应小于钢筋的公称直径。

3. 设计使用年限为 100 年的结构：一类环境中，钢筋的保护层厚度不应小于表中数值的 1.4 倍；二类和三类环境中，应采取专门的有效措施。

4. 混凝土强度等级不大于 C25 时，表中保护层厚度值应增加 5mm。

5. 基础底面钢筋的保护层厚度，有混凝土垫层时应从垫层顶面算起，且不应小于 40mm。

表 4-2　混凝土结构环境类别

环境类别	条　件
一	室内干燥环境； 无侵蚀性静水浸没环境
二 a	室内潮湿环境； 非严寒和非寒冷地区的露天环境； 非严寒和非寒冷地区与无侵蚀性的水或土壤直接接触的环境； 严寒和寒冷地区的冰冻线以下与无侵蚀性的水或土壤直接接触的环境
二 b	干湿交替环境； 水位频繁变动环境； 严寒和寒冷地区的露天环境； 严寒和寒冷地区冰冻线以上与无侵蚀性的水或土壤直接接触的环境
三 a	严寒和寒冷地区冬季水位变动区环境； 受除冰盐影响环境； 海风环境
三 b	盐渍土环境； 受除冰盐作用环境； 海岸环境
四	海水环境
五	受人为或自然的侵蚀性物质影响的环境

(3) 钢筋的锚固和连接

为了使钢筋和混凝土共同受力，使钢筋不被从混凝土中拔出来，受力钢筋通过混凝土与钢筋的黏结将所受的力传递给混凝土所需要的长度成为钢筋的锚固长度。

在施工过程中，构件的钢筋不够长时（钢筋出厂多为 9m 或 12m），需要对钢筋进行连接。钢筋的主要连接方式有三类：绑扎连接、机械连接和焊接。每一种连接方式都要消耗相应的钢筋长度，在计算钢筋工程量时，这部分的长度消耗需要计算在内。

【知识拓展】 广联达 GGJ2013 内置的计算规则有 11G101 系列平法规则和 16G101 系列平法规则。16G101 系列平法图集是 2016 年 9 月更新的平法图集，是由于《混凝土结构设计规范》（GB 50010—2010）在 2015 年做了局部修订，根据“四节一环保”的要求，提倡应用高强、高性能钢筋；《建筑抗震设计规范》（GB 50010—2011）在 2016

年做了局部修订以及《混凝土结构工程施工质量验收规范》(GB 50204—2015) 的修订版的基础上进行编写的。

本图集的适用范围删去了“非抗震”字样，明确图集适用于抗震设防烈度为6～9度地区的现浇混凝土框架、剪力墙、框架-剪力墙和部分框支剪力墙等主体结构施工图的设计，以及各类结构中的现浇混凝土板（包括有梁楼盖和无梁楼盖）、地下室结构部分现浇混凝土墙体、柱、梁、板结构施工图的设计。此外，16G101—1不再适用于砌体结构。

4.1.2 软件介绍

广联达GGJ2013软件综合考虑了平法系列图集、结构设计规范、施工验收规范以及常见的钢筋施工工艺，将各种规范要求内置于软件中，通过建立模型，参数调整，最后汇总成工程的钢筋总量。此外，广联达GGJ2013软件能够根据工程要求按照结构类型的不同、楼层的不同、构件的不同，计算出各自的钢筋明细量。

广联达可以按施工图的顺序：先结构后建筑，先地上后地下，先主体后屋面，先室内后室外，将一套图分成四个部分，再把每部分的构件分组，分别一次性处理完每组构件的所有内容，做到清楚、完整。

4.1.3 BIM钢筋算量软件操作流程

在进行实际工程的绘制和计算时，软件的基本操作流程如图4-1所示。

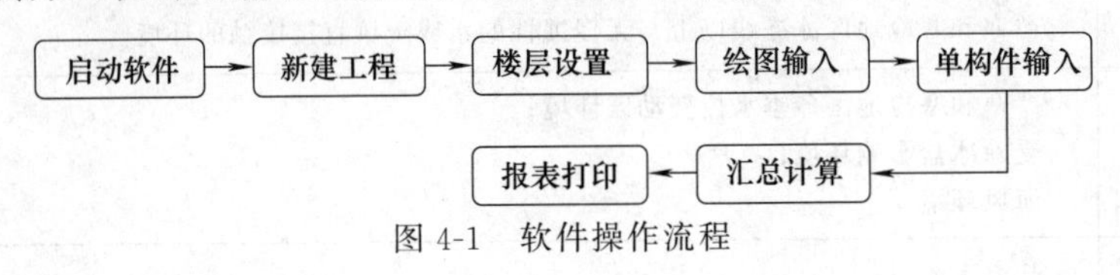

图4-1 软件操作流程

(1) 新建工程

第一步：双击桌面“广联达BIM钢筋算量软件GGJ2013”图标，启动软件，进入软件界面，如图4-2所示。

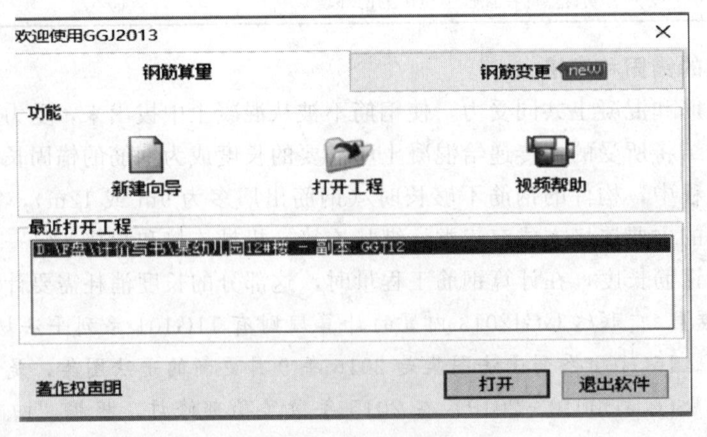

图4-2 软件进入界面

第二步：点击新建向导。

第三步：按照实际工程的图纸输入工程名称，输入完毕后点击下一步。

第四步：根据实际情况，对工程需要的规则进行选择，选择完毕后点击下一步。

第五步：设置好工程的结构类型、设防烈度、檐高、抗震等级，设置完毕后点击下一步。

第六步：编制信息页面的内容，只起标识作用，不需要进行输入，直接点击下一步。

第七步：确认输入的所有信息没有错误以后，完成新建工程的操作。如图 4-3 所示。

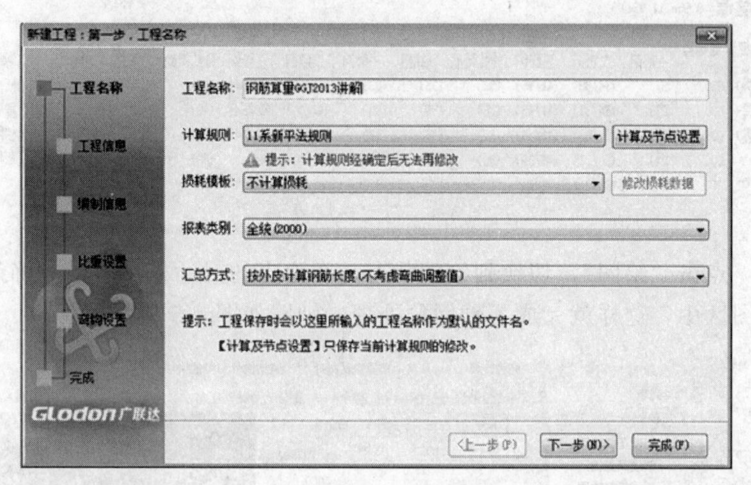

图 4-3 新建工程界面

(2) 新建楼层

第一步：点击“工程设置”下的“楼层信息”，在右侧的区域内可以对楼层进行定义。

第二步：点击“插入楼层”进行楼层的添加。

第三步：根据图纸输入首层的底标高。

第四步：根据图纸在层高一列修改每层的层高数值。

第五步：根据图纸在层高一列修改每层的砼[1]标号，修改完毕后楼层的定义就完成了。如图 4-4 所示。

(3) 新建轴网

第一步：点击模块导航栏中的“轴网”。

第二步：点击“定义”按钮，切换到定义状态，在构件列表中点击“新建”，选择“新建正交轴网”。

第三步：点击“下开间”，先进行开间尺寸的定义，将图纸上下开间第一个轴距填入添加框中，回车。

第四步：点击“左进深”，用同样的方法将进深的轴距定义完毕。

---

[1] 砼，混凝土。本书中软件表达用砼，书中全部修改为混凝土。——编者注。

插入楼层 删除楼层 上移 下移

	编码	楼层名称	层高(m)	首层	底标高(m)	相同层数	板厚(mm)	建筑面积(m2)	备注
1	4	第4层	3	☐	8.95	1	120		
2	3	第3层	3	☐	5.95	1	120		
3	2	第2层	3	☐	2.95	1	120		
4	1	首层	3	☑	-0.05	1	120		
5	0	基础层	3	☐	-3.05	1	500		

楼层缺省钢筋设置(第4层, 8.95m~11.95m)

	抗震等级	砼标号	锚固					搭接					保护层厚(mm)	备
			一级钢	二级钢	三级钢	冷扎带肋	冷扎扭	一级钢	二级钢	三级钢	冷扎带肋	冷扎扭		
基础	(一级抗震)	C30	(27)	(34/38)	(41/45)	(35)	(35)	(33)	(41/46)	(50/54)	(42)	(42)	40	包含所有的基础构件,不含
基础梁	(一级抗震)	C30	(27)	(34/38)	(41/45)	(35)	(35)	(33)	(41/46)	(50/54)	(42)	(42)	40	包含基础主梁和基础次梁
框架梁	(一级抗震)	C30	(27)	(34/38)	(41/45)	(35)	(35)	(33)	(41/46)	(50/54)	(42)	(42)	25	包含楼层框架梁、屋面框架
非框架梁	(非抗震)	C30	(24)	(30/33)	(36/39)	(30)	(35)	(29)	(36/40)	(44/47)	(36)	(42)	25	包含非框架梁、井字梁

图 4-4　新建楼层界面

第五步：点击“绘图”，切换到绘图状态，在弹出的对话框中点击“确认”，就可将轴网放到绘图区中，这样就完成了轴网的处理。轴网如图 4-5 所示。

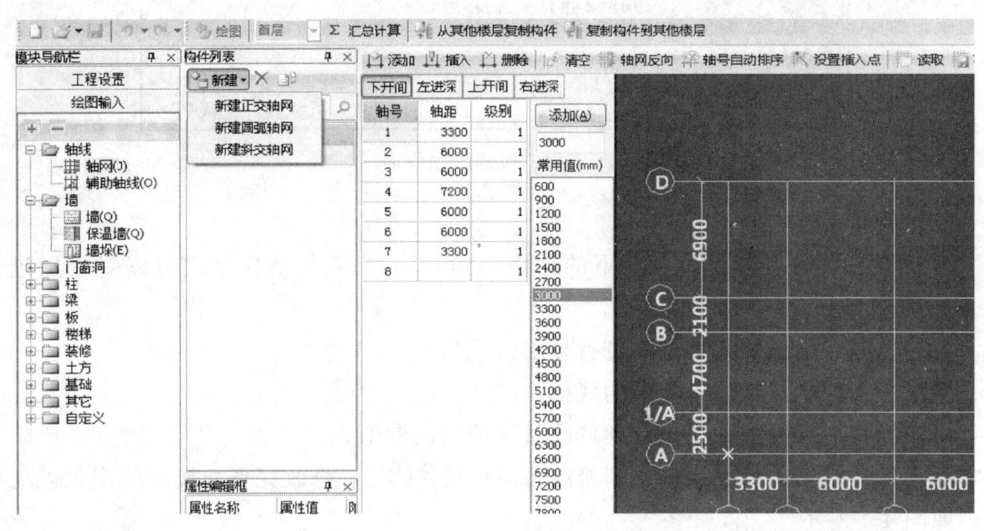

图 4-5　建立轴网

(4) 柱的定义和绘制

第一步：在模块导航栏中，点击“柱构件”，在构件列表中点击“新建”，选择“新建矩形柱”，建立一个 KZ-1。

第二步：在属性编辑框中按照图纸输入 KZ-1 的名称、类别、截面、配筋信息。

第三步：在左侧构件列表中点击“KZ-1”，在绘图功能区选择“点”按钮，然后将光标移动到Ⓐ轴和①轴交点，直接点击左键即可将 KZ-1 画入。

第四步：点击常用工具栏中的“汇总计算”按钮，汇总完毕后点击“确认”，在模块导航栏中切换报表预览界面，如图 4-6 所示。

第五步：点击常用功能栏中的“查看工程量”按钮，再选择需要查看工程量的柱，即可以查看柱的钢筋工程量。

钢筋总重量（Kg）：8389.564

	构件名称	钢筋总重量（Kg）	一级钢			二级钢					
			8	10	合计	6	18	20	22	25	合计
1	KZ-1[7]	253.464	106.819	0	106.819	0	97.898	0	48.748	0	146.645
2	KZ-3[9]	243.158	84.32	0	84.32	0	96.675	0	0	62.163	158.838
3	KZ-3[10]	243.158	84.32	0	84.32	0	96.675	0	0	62.163	158.838
4	KZ-3[11]	243.158	84.32	0	84.32	0	96.675	0	0	62.163	158.838
5	KZ-2[13]	230.868	84.223	0	84.223	0	97.898	0	48.748	0	146.645
6	KZ-4[15]	265.835	84.32	0	84.32	0	0	119.352	0	62.163	181.515
7	KZ-4[16]	265.835	84.32	0	84.32	0	0	119.352	0	62.163	181.515

图 4-6　柱钢筋工程量汇总表

(5) 梁的定义和绘制

第一步：在模块导航栏中点击“梁”，在构件列表处点击“新建”，选择新建矩形梁。

第二步：在属性编辑框中将梁的名称改为“KL1”，按照图纸的实际情况对梁的属性进行定义。

第三步：在构件列表中选择 KL1，点击“绘图”，点击“直线”按钮，鼠标左键点击①轴和Ⓐ轴交点，然后再点击②轴和Ⓐ轴交点，点击右键，KL1 就绘制完成。利用这种方法，我们可以将该层图纸中的其他框架梁全部绘入。

(6) 板的定义和绘制

第一步：在模块导航栏中点击“现浇板”，在构件列表中点击“新建”，选择新建现浇板。

第二步：在属性编辑框中，可以根据板的厚度来定义板的名称，比如 100 厚的板，名称可以定义为 B100，然后根据图纸对板的其他属性进行输入。

第三步：点击“定义”，根据实际工程套取定额。

第四步：点击构件列表中的“100”，点击“点”按钮，在绘图区域中梁和梁围成的封闭区域内，点击鼠标左键就可以直接布置上 100 厚的板。

第五步：根据不同板块，布置受力筋和负筋。

(7) 墙的定义和绘制

第一步：点击模块导航栏中的墙，点击构件列表中的新建选择“新建墙”，根据图纸在属性编辑框中输入墙的钢筋信息。

第二步：在构件列表中选择剪力墙 1，点击“绘图”，点击“直线”按钮，鼠标左键点击①轴和Ⓐ轴交点，然后再点击②轴和Ⓐ轴交点，点击右键，混凝土墙就绘制完成。

第三步：点击常用功能栏中的汇总计算按钮，点击“确定”，汇总完毕后点击“确定”，在模块导航栏中切换报表预览界面，在弹出的设定报表范围的提示中选择首层所有构件，点击“确定”，按照弹出的提示点击“确定”，点击左侧汇总表下的构件类型级别直径汇总表，这张表中就是按照构件的类型自动汇总出的钢筋量。

(8) **基础的定义和绘制**

第一步：切换到基础层。在模块导航栏中点击“筏板基础”（或其他基础类型），在构件列表中点击“新建”，选择新建筏板基础，在属性编辑框中输入筏板基础的名称、材质、混凝土类型、混凝土标号、厚度、筏板基础底标高。

第二步：点击“绘图”，直接用直线、矩形的方式或者按墙轴线围成封闭区间用点的方式，形成筏板基础。

第三步：点击“选择”按钮，点击选中筏板基础，点右键选择偏移，此时软件会弹出“请选择偏移方式的窗口”，选择“多边偏移”，将光标向外侧移动，我们就可以看到跟随光标有一个长度数据，按键盘上的“Tab”键，切换到这个数据框，根据图纸的情况，将筏板基础进行拉伸。

第四步：根据不同板块，布置受力筋和负筋。

(9) **单构件输入和报表预览**

第一步：点击常用工具条中的“汇总计算”，汇总完毕，点击“确定”。

第二步：选择模块导航栏中的“报表预览”切换到报表界面，查看整个工程的工程量。在弹出的设置报表范围窗口中可以选择全部楼层、全部构件或者任意楼层任意构件。

模块导航栏中软件将我们常用的报表进行分类，便于快速查找。报表分为定额指标表、明细表、汇总表三大类，每一大类下面有具体的报表，我们根据自己的需求进行选择查看即可。

4.1.4 BIM钢筋算量软件绘图的重点——点、线、面的绘制

工程实际中的构件按照图元形状可以划分为点状构件、线状构件和面状构件。

点状构件包括柱、门窗洞口、独立基础、桩、桩承台等。

线状构件包括梁、墙、条形基础等。

面状构件包括现浇板、筏板等。

根据构件的形状，不同图元有不同的绘制方法。在GGJ2013软件中，提供了4种绘图方式，分别是“点”画法、“直线”画法、“弧线”画法和“矩形”画法，如图4-7所示。对于点式构件，主要是“点”画法；对于线状构件，可以使用“直线”画法和“弧线”画法，也可以使用“矩形”画法在封闭的区域绘制；对于面状构件，可以采用“点”画法，对于不封闭的区域也可以采用“矩形”画法。下面以柱、梁、板为例来介绍“点”画法、“直线”画法与“矩形”画法。

图4-7　绘图工具栏4种绘图方式

(1) **“点”画法**

采用“点”画法绘制柱构件，其操作方法如下。

第一步：在“构件工具条”中选择“柱构件”，如图4-8所示。

首层 ▾ 柱 ▾ 框柱 ▾ KZ-1 ▾ 属性 编辑钢筋 构件列表 拾取构件

图 4-8 构件工具条

第二步：在“绘图工具栏”选择“点”，如图 4-9 所示。

选择 ▾ 点 旋转点 智能布置▾ 原位标注 图元柱表 调整柱端头

图 4-9 绘图工具栏“点”绘制

第三步：在绘图区，鼠标左键单击一点作为构件的插入点，完成绘制。

注意：当采用“点”画法绘制面状构件时，必须在其他构件围成的封闭区域才能进行点式绘制，否则要采用其他绘制方式。

(2)“直线”画法

采用“直线”画法绘制梁构件，其操作方法如下。

第一步：在“构件工具条”中选择“梁构件”。

第二步：在“绘图工具栏”选择“直线”。

第三步：用鼠标点取第一点，再点取第二点即可画出一道梁，再点取第三点，就可以在第二点和第三点之间画出第二道梁，以此类推。当需要绘制不连续的构件时，可在绘制好第一道梁后点取鼠标右键临时中断，然后再到目标位置完成绘制，此外，按键盘“Esc”键也可以起到临时中断的作用。

(3)“矩形”画法

采用“矩形”画法绘制板构件，其操作方法如下。

第一步：在“构件工具条”中选择“板构件”。

第二步：在“绘图工具栏”选择“矩形”。

第三步：用鼠标左键点取插入点，再点取第二点（对角线形式）完成绘制，如图 4-10 所示。

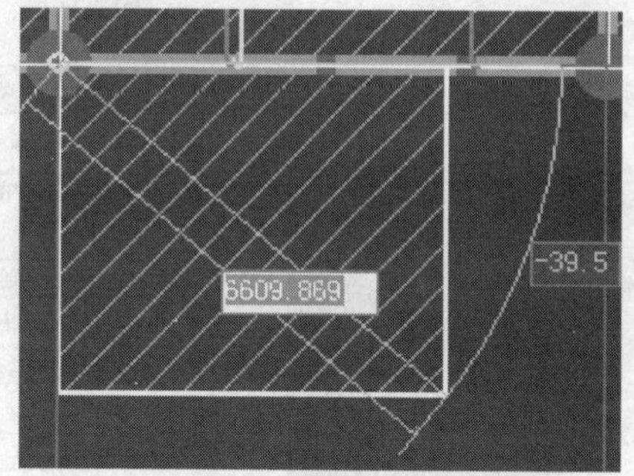

图 4-10 矩形画法绘制板

4.2 BIM 钢筋算量软件工程设置

本节将通过对某幼儿园工程绘制的演示，来介绍 GGJ2013 软件计算钢筋工程量的工程设置。

4.2.1 新建工程

启动广联达 BIM 钢筋算量软件 GGJ2013，进入“欢迎使用 GGJ2013”界面，如图

4-11 所示。此界面可以打开最近浏览的工程文件，也可以新建工程。新建工程鼠标左键点击“新建向导”，进入新建工程界面，如图 4-12 所示。

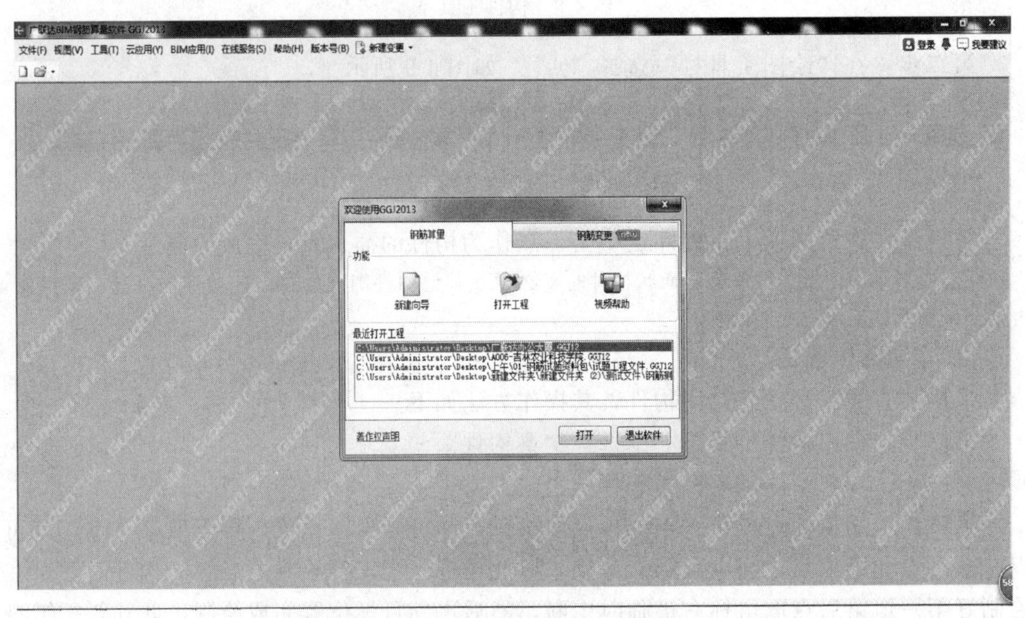

图 4-11　欢迎使用 GGJ2013 界面

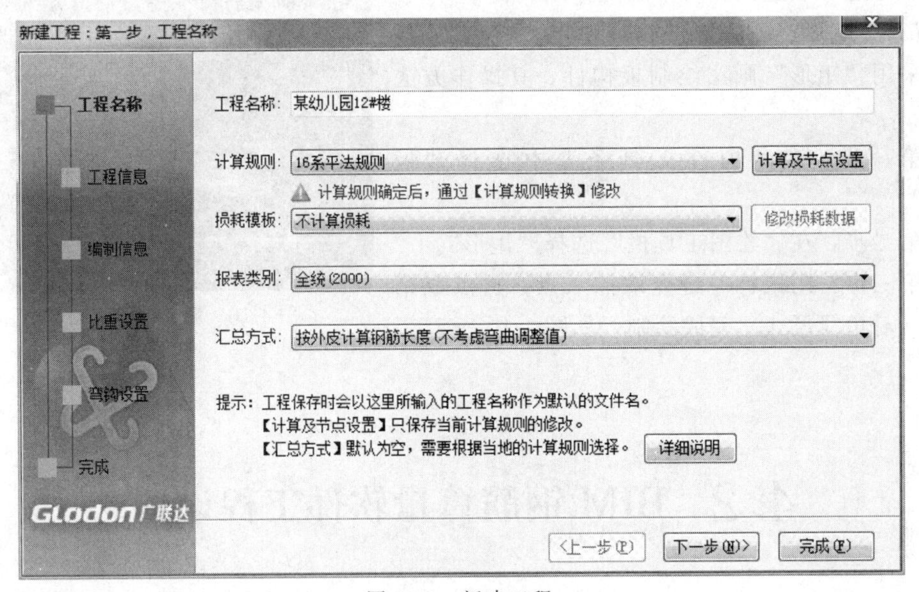

图 4-12　新建工程

工程名称：按工程图纸名称输入，保存时会作为默认的文件名，本例名称输入“某幼儿园 12＃楼”。

计算规则：包括 03G101 系列、00G101 系列、11 系列平法规则和 16 系列平法规则 4 种选择，不同的计算规则将采用不同规范进行钢筋计算，本工程以 16 系列平法规则为例。

损耗模版：不同地区定额损耗量不同，根据地区进行损耗模版选择，本工程以不计算损耗为例。

汇总方式：分为两种，分别是“按外皮计算钢筋长度（不考虑弯曲调整值）”和“按中轴线计算钢筋（考虑弯曲调整值）”，本工程选择“按外皮计算钢筋长度”。

设置完毕后点击“下一步”，进入“工程信息”界面，如图4-13所示。该界面中结构类型、设防烈度、檐高决定抗震等级，而抗震等级影响钢筋搭接和锚固的数值，从而影响钢筋工程量的计算结果。此部分内容根据结构施工图中结构设计总说明如实填写，“＊”号条目为必填项。

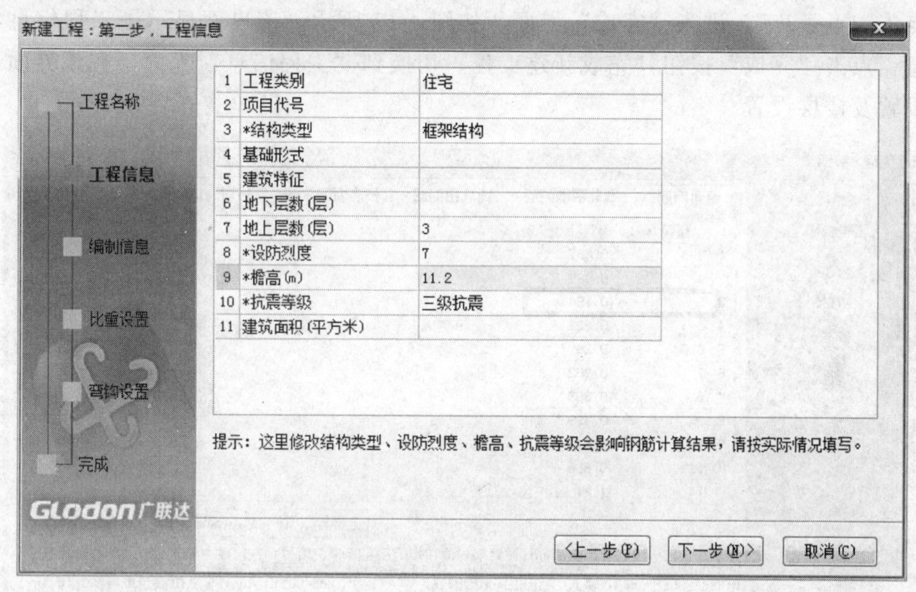

图4-13　工程信息

“工程信息”设置完毕后点击“下一步”，进入“编制信息”界面，如图4-14所示。根据实际工程情况填写相应的内容，汇总报表时，该内容会链接到报表里。

新建工程：第三步，编制信息

工程名称

工程信息

编制信息

比重设置

弯钩设置

完成

1	建设单位	
2	设计单位	
3	施工单位	
4	编制单位	
5	编制日期	2018-06-30
6	编制人	
7	编制人证号	
8	审核人	
9	审核人证号	

提示：该部分内容只起到标识的作用，对钢筋量的计算没有任何影响。

Glodon广联达

<上一步(P)　下一步(N)>　取消(C)

图4-14　编制信息

“编制信息”设置完毕后点击“下一步”，进入“比重设置”界面，如图 4-15 所示。钢筋比重影响钢筋质量的计算，需要准确设置。目前市场上没有直径为 6 的钢筋，一般用直径为 6.5 的钢筋代替，直接在钢筋比重输入栏中将直径为 6.5 的钢筋比重设置成 0.26 即可。

“比重设置”完毕后点击“下一步”，进入“弯钩设置”界面，如图 4-16 所示。该部分内容将会影响钢筋的计算结果，按规范或实际情况填写即可。

点击“下一步”，进入“完成”界面，如图 4-17 所示，该界面显示了工程信息和编制信息，点击“完成”按钮，完成新建工程。切换到“工程信息”界面，在该界面进行计算设置及楼层设置。

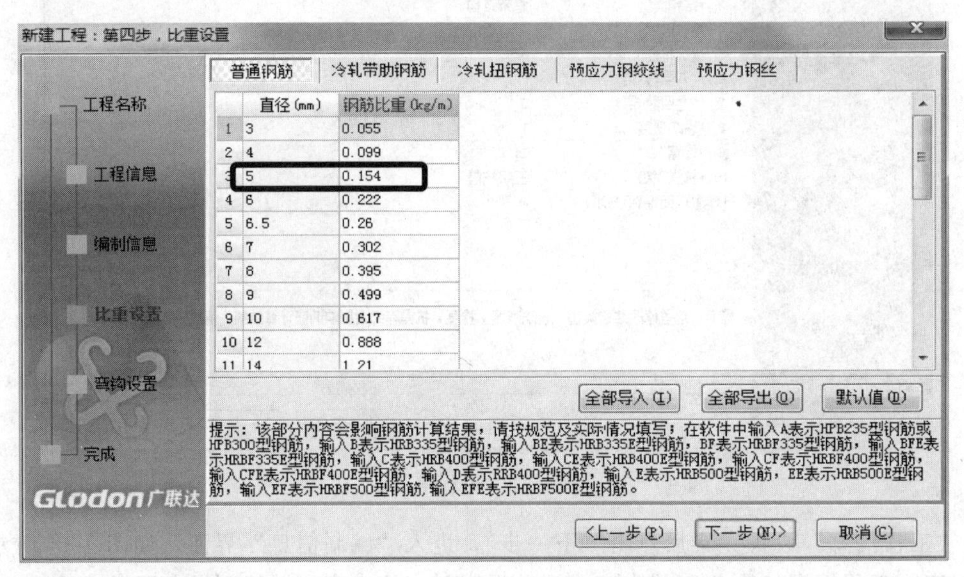

图 4-15　比重设置

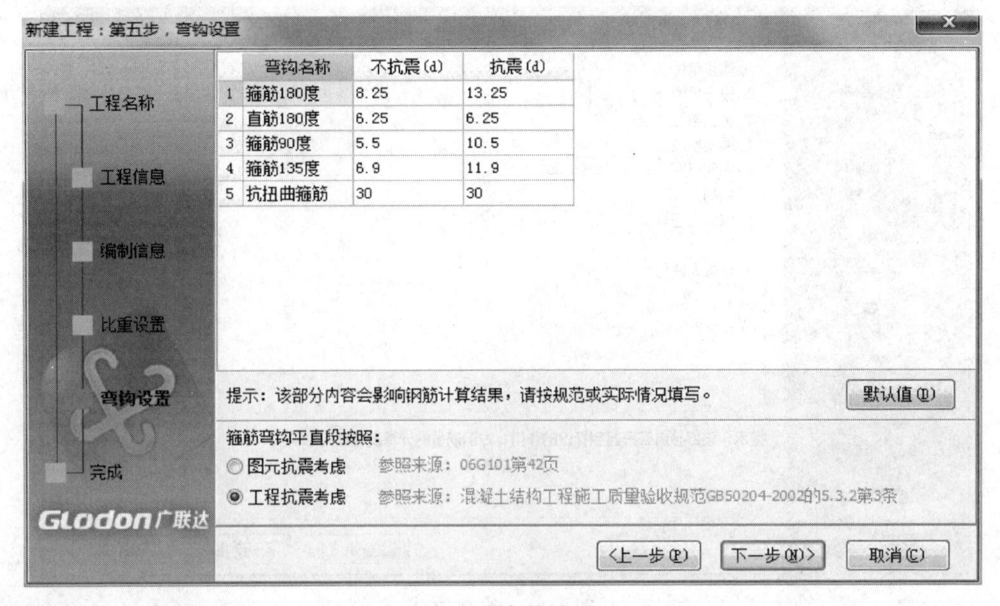

图 4-16　弯钩设置

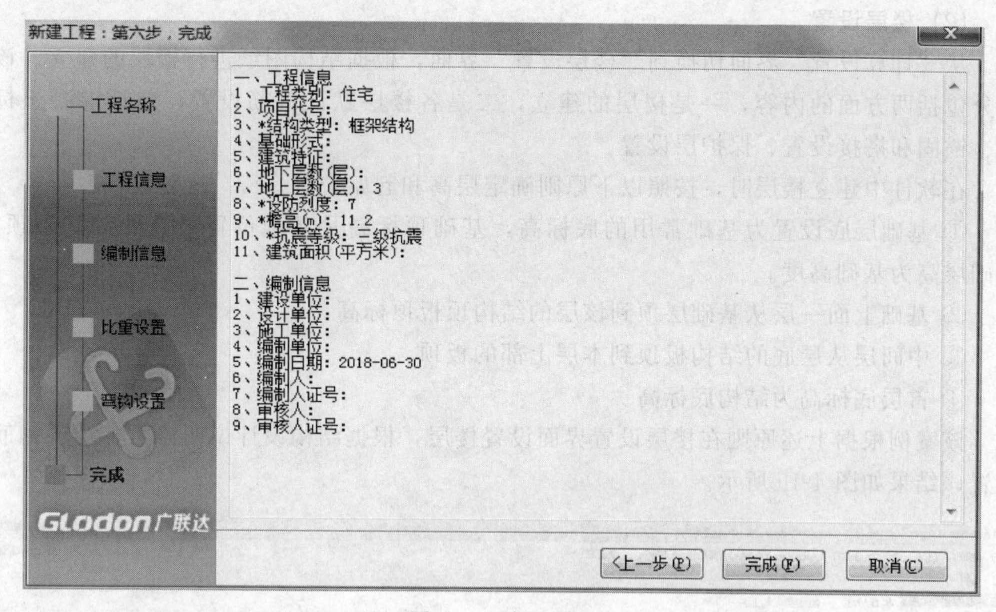

图 4-17 完成界面

4.2.2 计算设置及楼层设置

(1) 计算设置

计算设置中共包含五个部分，如图 4-18 所示，分别是计算设置、节点设置、箍筋设置、搭接设置、箍筋公式。该部分是软件内置规范和图集的显示以及各类构件计算过程中所用到的参数，直接影响钢筋计算的结果，除工程图纸特殊注明外，该部分的内容一般不需要修改。该部分内容的设置和调整对整个工程有效，如果工程中有特殊构件与其他构件不同，可以通过构件的属性进行单独设置。

模块导航栏 | 工程设置：工程信息、比重设置、弯钩设置、损耗设置、计算设置、楼层设置

计算设置 | 节点设置 | 箍筋设置 | 搭接设置 | 箍筋公式

柱/墙柱 | 剪力墙 | 连梁 | 框架梁 | 非框架梁 | 板 | 基础 | 基础主梁/承台梁 | 基础次梁 | 砌体

	类型名称	
1	公共设置项	
2	柱/墙柱在基础插筋锚固区内的箍筋数量	间距500
3	梁(板)上柱/墙柱在插筋锚固区内的箍筋数量	间距500
4	柱/墙柱第一个箍筋距楼板面的距离	50
5	柱/墙柱加密区箍筋根数计算方式	向上取整+1
6	柱/墙柱非加密区箍筋根数计算方式	向上取整-1
7	柱/墙柱箍筋弯勾角度	135°
8	柱/墙柱纵筋搭接接头错开百分率	50%
9	柱/墙柱搭接部位箍筋加密	是
10	柱/墙柱纵筋错开距离设置	按规范计算
11	柱/墙柱箍筋加密范围包含错开距离	是
12	绑扎搭接范围内的箍筋间距min(5d,100)中，纵筋d的取值	上下层最小直径
13	柱/墙柱螺旋箍筋是否连续通过	是
14	柱/墙柱圆形箍筋的搭接长度	max(lae,300)
15	层间变截面钢筋自动判断	是
16	柱	
17	柱纵筋伸入基础锚固形式	全部伸入基底弯折

图 4-18 计算设置界面

(2) 楼层设置

从“计算设置”界面切换到“楼层设置”界面，根据结构图纸进行楼层的建立。该部分包括两方面的内容，一是楼层的建立，二是各楼层默认钢筋设置，包括混凝土标号、锚固和搭接设置、保护层设置。

在软件中建立楼层时，按照以下原则确定层高和起始位置。

① 基础层底设置为基础常用的底标高，基础顶标高是基础位置最高处的基础顶，基础层高为基础高度。

② 基础上面一层从基础层顶到该层的结构顶板顶标高。

③ 中间层从层底的结构板顶到本层上部的板顶。

④ 首层底标高为结构底标高。

该案例根据上述原则在楼层设置界面设置楼层，根据结构设计说明修正各楼层钢筋设置，结果如图 4-19 所示。

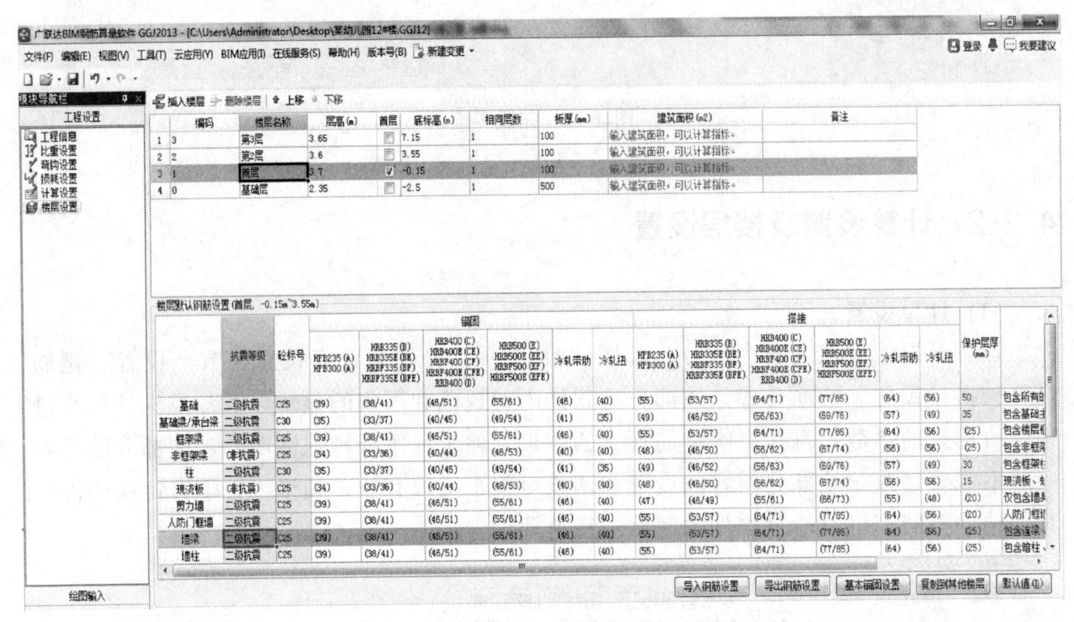

图 4-19　楼层设置界面

【知识拓展】

在进行图纸的识读时，除了注意施工图的平面尺寸，竖向尺寸也是同样重要的。

在竖向尺寸中，首先是“层高”。一些竖向的构件，例如框架梁、剪力墙等，都与层高有密切关系。“建筑层高”的定义是从本层的地面到上一层的地面的高度。“结构层高”的定义是本层现浇楼板上表面到上一层的现浇楼板上表面的高度。如果各楼层的地面做法是一样的话，则各楼层的“结构层高”与“建筑层高”是一致的。

现在需要注意的是某些特殊的“层高”要加以特别的关注，当存在地下室的时候，“一层”的层高就是地下室顶板到一层顶板的高度，“地下室”的层高就是筏板上表面到地下室顶板的高度。但是，如果不存在地下室的时候，计算“一层”的层高就不是如此简单的事情了。建筑图纸所标注的“一层”层高就是“从+0.000 到一层顶板的高度”，但此时我们要计算一层层高，就不能采用这个高度，否则我们在计算一层的柱纵筋长度和基础梁上的柱插筋长度时就会出错。正确的算法是，没有地下室时的“一层”层高是“从筏板上表面到一层顶板的高度”。

此外，竖向尺寸还表现在一些标高的标注上，例如，剪力墙洞口的中心标高标注为“+1.800”，就是说该洞口的中心标高比楼面标高（即顶板上表面）“高出 1.800m”。

4.3 首层钢筋工程构件绘图输入

本节继续通过对某幼儿园工程绘制的演示，来介绍 GGJ2013 软件计算钢筋工程量的绘图输入功能。根据上一节内容的楼层建立完毕后，切换到“绘图输入”界面，进行首层建模和计算钢筋工程量的操作。绘制时按照不同楼层分别进行绘制。

4.3.1 建立轴网

首先根据图纸信息建立轴网，以便绘制结构构件时确定构件的位置。切换至绘图输入界面后，页面默认为轴网定义界面，也可以在左侧菜单栏处点击轴线选项框，如图 4-20 所示。

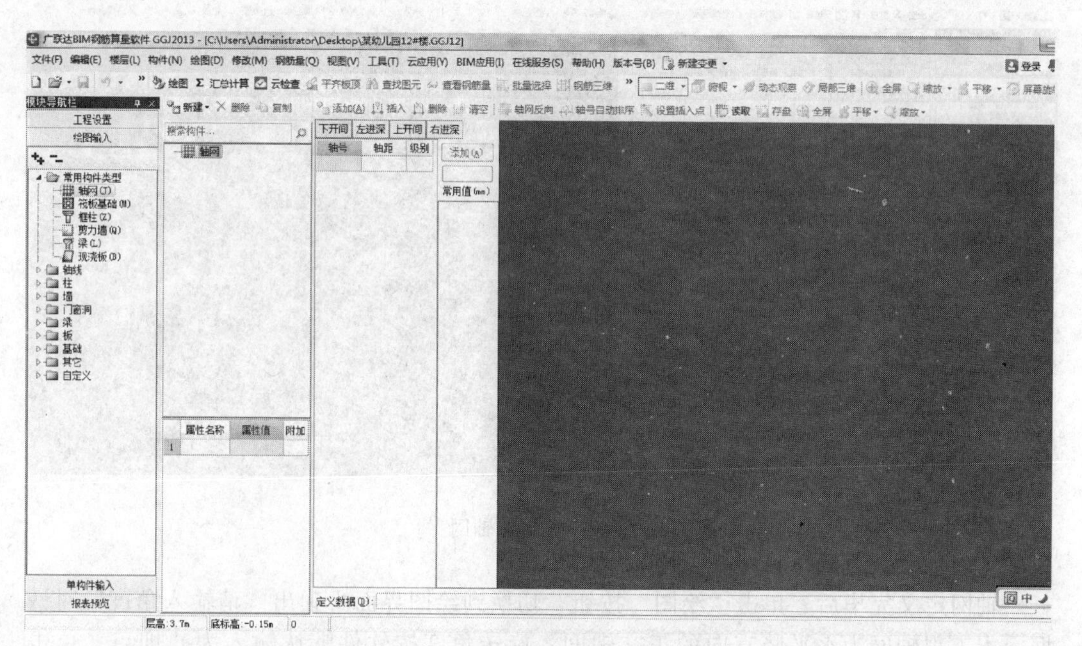

图 4-20　轴网定义

根据图纸，建立正交轴网。点击“新建”按钮，选择“新建正交轴网”，根据平面图标注信息输入上下开间和左右进深尺寸。

(1) 输入方法

① 在“常用值”下面的列表中选择输入的轴距，点击“添加”按钮；

② 如果“常用值”中没有图纸给出的轴距，可以在“添加”按钮下的输入框中输入相应的轴距，点击“添加”按钮。

(2) 上下开间输入

根据图纸信息，输入下开间尺寸。按照图纸从左到右的顺序，依次输入 5700，5700，5700，5700，5700，5700。本工程轴网的下开间没有④轴和⑥轴，上下开间有所不同，需要在上开间也输入轴距，鼠标选择“上开间”页签，切换到上开间输入界面，按照相同的方法输入上开间尺寸。按照图纸从左到右的顺序，依次输入 5700，5700，3000，2700，3000，2700，5700，5700。由于上下开间输入数值不同，需要使用“轴网自动排序”命令对轴号重新排序，软件自动调整轴号与图纸一致。

(3) 左右进深输入

鼠标选择“左进深”页签，切换到左进深输入界面，按照相同的方法输入左进深尺寸。按照图纸从下到上的顺序，依次输入 6000，2700，2700，3300，2700，6000，3300。鼠标选择“右进深”页签，切换到右进深输入界面，输入右进深尺寸。按照图纸从下到上的顺序，依次输入 6000，6000，6000，2700，2700，3300。由于左右进深轴号及输入值不同，需要使用“轴网自动排序”命令对轴号重新排序，软件自动调整轴号与图纸一致，结果如图 4-21 所示。

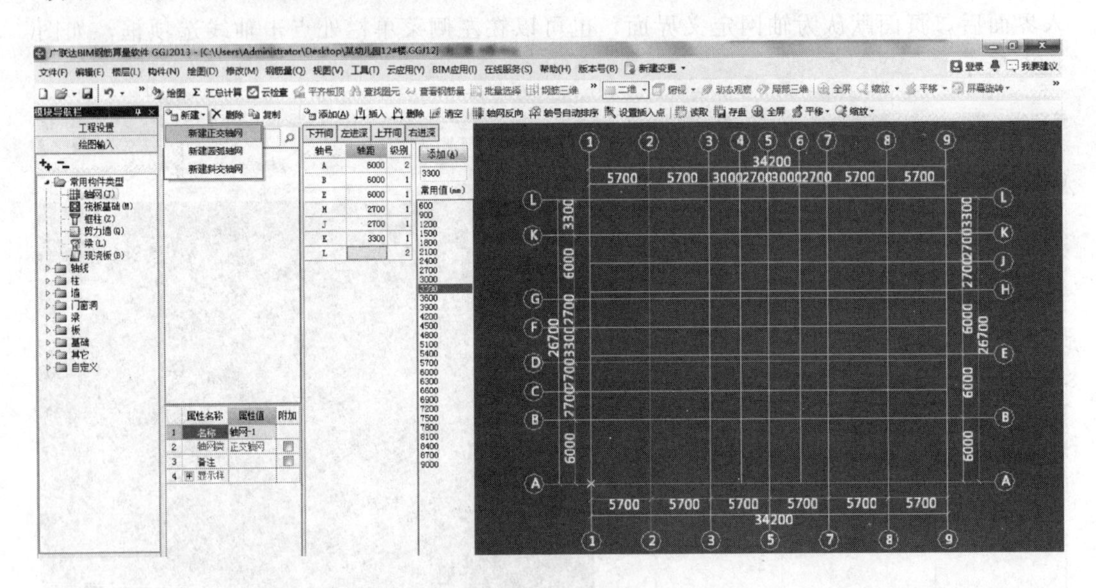

图 4-21　新建轴网

轴网定义完毕后，单击“绘图”按钮，切换到绘图界面。弹出“请输入角度”对话框，本工程轴网为水平竖直向的正交轴网，旋转角度按软件默认输入为 0 即可。单击“确定”按钮，绘图区显示轴网，绘制完成。

如果需要对轴网图元进行编辑，可以使用“绘图工具栏”中的功能对轴线及轴号进行修改。

4.3.2 柱构件的定义和绘制

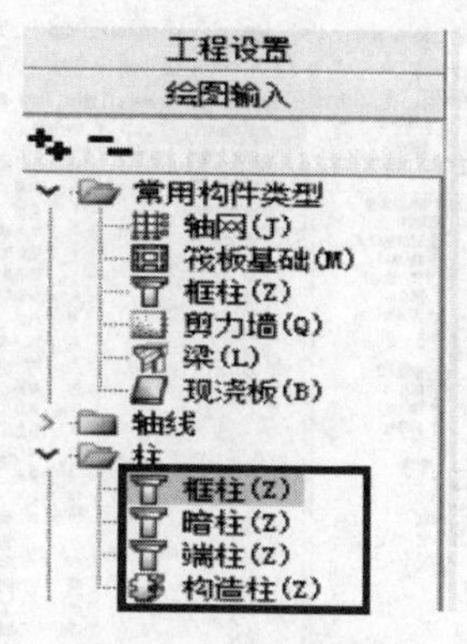

图 4-22　柱的选择

定义柱构件有两种方法，第一种在绘图输入的树状构件列表中选择“柱”，再单击“定义”按钮；第二种用“柱表”功能定义柱。

(1) 直接定义柱

柱共包括：框柱、暗柱、端柱和构造柱四种，不同的柱在计算时会采用不同的规则，需要对照图纸准确设置。本工程采用框架柱，单击“框柱”，如图 4-22 所示。

点击“定义”按钮，进入框架柱定义界面。按照图纸信息，依次定义框架柱。单击“新建”，选择“新建矩形柱”，新建 KZ1，右侧显示 KZ1 的“属性编辑”，输入柱的信息，这些信息决定柱钢筋工程量的计算，需要按图纸实际情况进行输入。以 KZ1 为例。

属性编辑器

	属性名称	属性值
1	名称	KZ1
2	类别	框架柱
3	截面编辑	框架柱
4	截面宽(B边)(mm)	转换柱 暗柱
5	截面高(H边)(mm)	端柱

图 4-23　柱类别选择

名称：修改为“KZ1”。

类别：选择下拉菜单中的“框架柱”，如图 4-23 所示。截面宽（B 边）（mm）输入“500”，截面高（H 边）（mm）输入“500”。

全部纵筋：按照图纸输入柱纵筋的信息，纵筋应按照角筋、B 边中部筋和 H 边中部筋分别录入信息。KZ1 的角筋输入“4C22”，B 边中部筋输入“2C20”，H 边中部筋输入“2C20”。

注意：在 GGJ2013 中，用 A、B、C、D 分别代表一、二、三、四级钢筋，“4C22”代表 4 根直径 22mm 的三级钢。

箍筋：输入“A10@100”（注意：箍筋输入可以用“-”代替输入“@”）。

箍筋肢数：柱表中显示箍筋类型为 4×4，肢数输入“4×4”。

柱类型：选择柱类型下拉菜单中显示有中柱、边柱和角柱，区分边角柱主要是对顶层钢筋计算有影响，中间层均按默认的中柱选择。在进行柱定义时，可以先不用修改，在顶层绘制完柱后，使用软件提供的“自动判断边角柱”功能再来判断柱的类型。

其他属性：鼠标点击“其他属性”前的“+”，可以修改保护层厚度、插筋构造、钢筋计算设置和搭接设置等信息，需要特别注意的是，对于标高的设置，软件默认的顶标高和底标高分别是层顶和层底标高，可以根据工程实际情况进行修改，输入实际的标高数值。

新建 KZ1 输入结果如图 4-24 所示。

通过查看图纸发现，楼梯处有梯柱（TZ），新建矩形框柱，修改属性信息，名称改为“TZ”，按照图纸信息进行属性编辑，如图 4-25 所示。

(2) 柱表定义柱

在“构件”菜单下选择“柱表”，会弹出“柱表定义”对话框，单击“新建柱”-

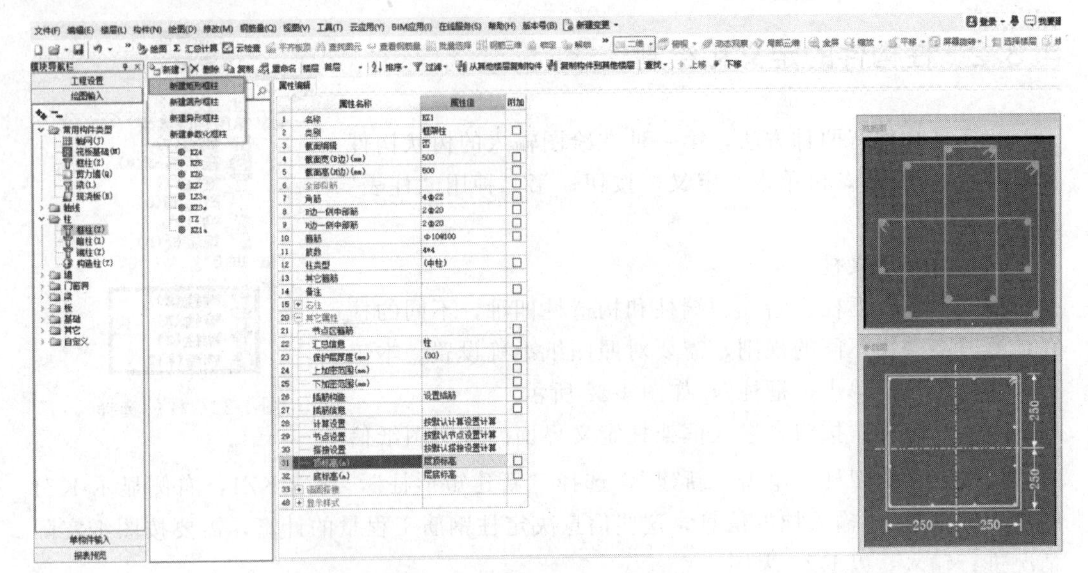

图 4-24 新建 KZ1 属性编辑

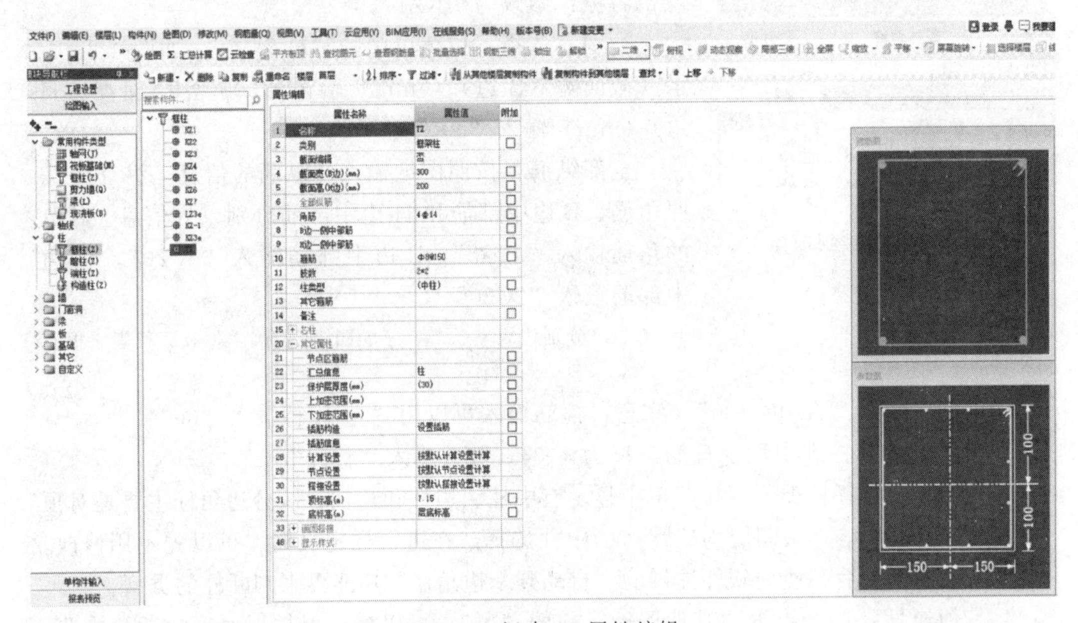

图 4-25 新建 TZ 属性编辑

“新建柱层”，将图纸中的柱表信息抄写到“柱表定义”中即可。信息输入完成后点击“生成构件”，软件自动在对应的层新建柱构件，即通过“柱表”完成了柱的定义，如图 4-26 所示。

(3) 柱的绘制

框架柱定义完毕后，点击“绘图”按钮，切换到绘图界面。软件默认的是“点”画法，若图中某区域轴线相交处的柱都相同时，可采用“智能布置”的方法来绘制柱，如图 4-27 所示。点击绘图工具栏“智能布置”，选择按“轴线”布置，然后在图框中框选要布置柱的范围，单击右键确定，则软件自动在所选范围内所有轴线相交处布置框柱。

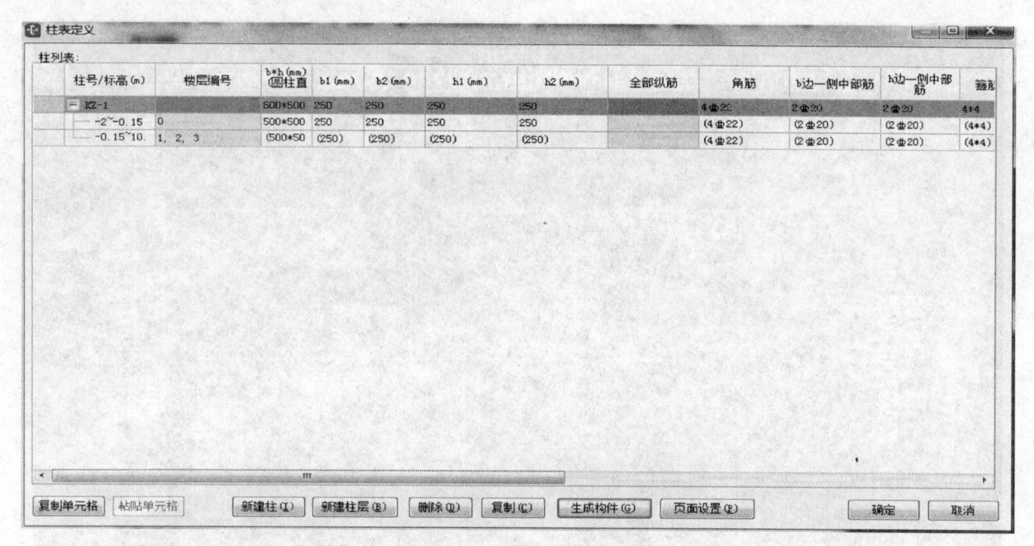

图 4-26　柱表定义

当框柱不在轴网交点上，不能直接用鼠标选择点绘制，需要使用“Shift＋鼠标左键”相对于基准点偏移绘制。把鼠标放在基准点处，同时按下“Shift＋鼠标左键”，弹出偏移对话框，如图 4-28 所示，输入 X 方向与 Y 方向的偏移数值（与坐标正负方向一致），单击“确定”按钮，绘制完成。其他构件需要进行偏移时，可采用上述方法。

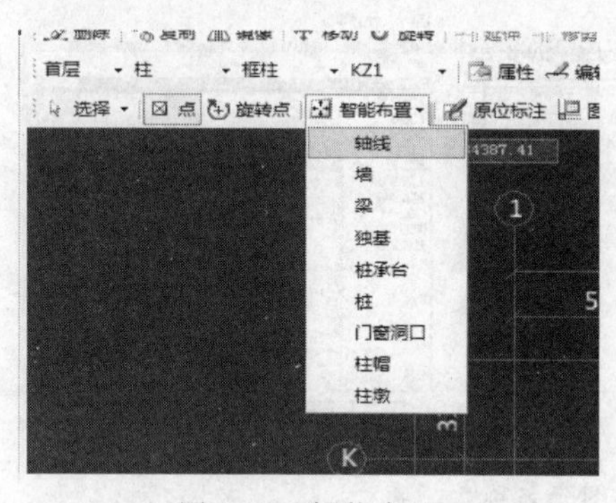

图 4-27　智能布置

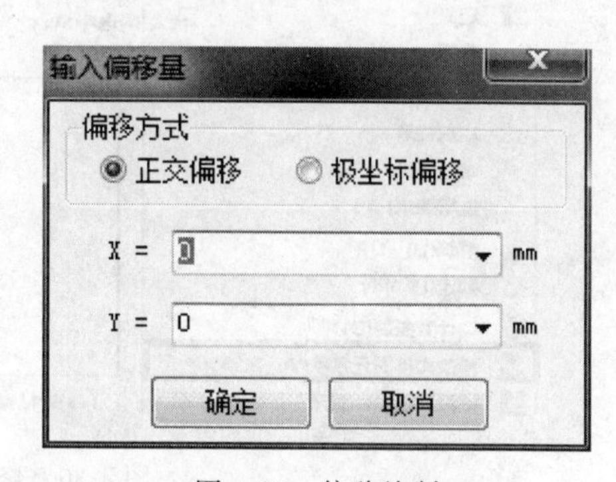

图 4-28　偏移绘制

当构件是对称布置时，可采用绘图工具栏的“镜像”功能，提高工作效率。构件绘制结果如图 4-29 所示。

柱绘制完毕后可点击“属性”按钮，在弹出的“属性编辑器”对话框中修改相应信息。此部分修改只对选中的图元有效，不全部应用到名称一致的图元中。

如果需要修改已经绘制的图元的名称，可以采用以下两种方法。

① 选中要修改的图元，点击“属性”按钮，在弹出的“属性编辑器”对话框中，点击“名称”属性值下拉列表，选择需要的名称。

② 选中要修改的图元，在“构件”菜单下，选择“修改构件图元名称”功能，可以把一个构件的名称替换为另一个构件名称，如要把 KZ3 改为 KZ1，如图 4-30 所示。

如需在图上显示图元的名称，可以在“视图”菜单下，选择“构件图元显示设置”功能，勾选想要显示的图元名称。

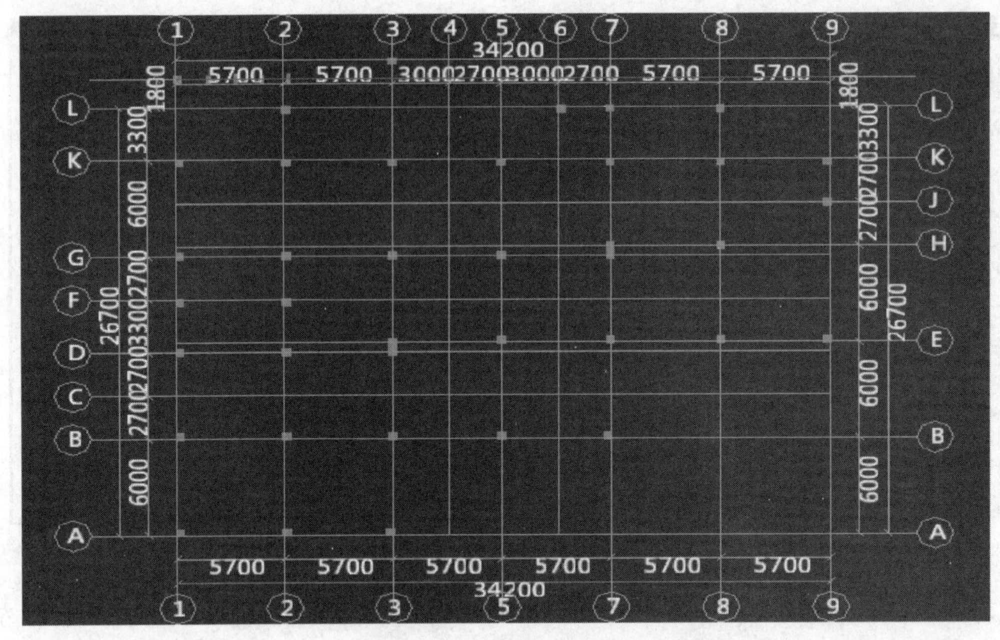

图 4-29　柱绘制结果

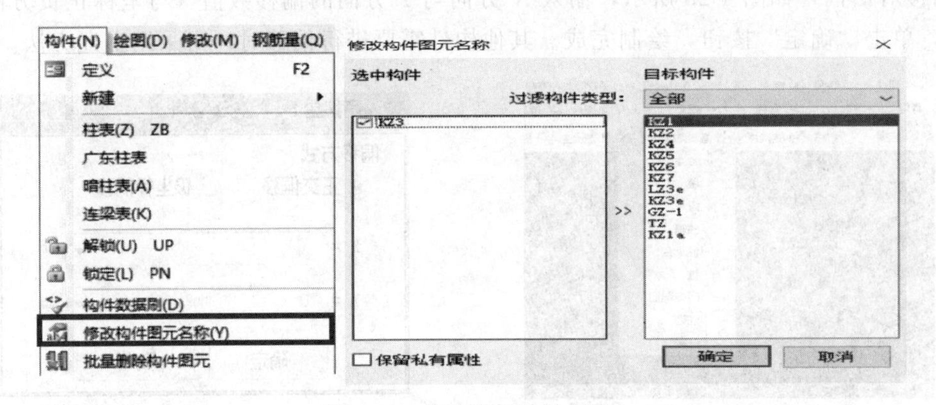

图 4-30　修改构件图元名称

首层所有框架柱绘制完毕后，点击“钢筋量”菜单下的“汇总计算”，或者在工具条中单击“汇总计算”命令按钮，弹出“汇总计算”对话框，勾选当前所在楼层，点击“计算”按钮，即可得出首层框架柱钢筋工程量，结果如表 4-3 所示。

表 4-3　首层柱钢筋总重

汇总信息	钢筋总重/kg	构件名称	构件数量	HPB300 钢筋重量/kg	HRB400 钢筋重量/kg
楼层名称：首层(绘图输入)				7850.148	10767.198
柱	18587.336	KZ1[6]	12	4016.818	4151.347
		KZ2[20]	15	2121.446	3688.776
		KZ3[41]	3	215.153	307.399
		KZ4[51]	1	303.107	304.886

续表

汇总信息	钢筋总重/kg	构件名称	构件数量	HPB300 钢筋重量/kg	HRB400 钢筋重量/kg
楼层名称：首层(绘图输入)				7850.148	10767.198
柱	18587.336	KZ5[53]	2	101.829	165.297
		KZ6[56]	2	524.363	1181.981
		KZ7[59]	2	380.917	662.989
		LZ3e[70]	2	60.808	147.32
		KZ3e[72]	2	65.292	75.46
		TZ	4	60.415	81.743
		合计		7850.148	10767.198

【知识拓展】 在“结构施工图-柱结构施工图”中，柱的注写方式分为列表注写方式和截面注写方式，以列表注写方式为例，阐述结构施工图中柱包含的信息。

(1) 柱编号：由类型代号和序号组成。

柱类型	代　号	序　号
框架柱	KZ	××
转换柱	ZHZ	××
芯柱	XZ	××
梁上柱	LZ	××
剪力墙上柱	QZ	××

图集指出，“编号时，当柱的总高、分段截面尺寸和配筋均对应相同，仅分段截面与轴线的关系不同时，仍可将其编为同一柱号，但应在图中表明截面与轴线的关系。”实际施工图经常把框架柱的偏中情况注写在平面布置图中，而在柱表中只注写框架柱的 $b\times h$ 尺寸，而不注写偏中尺寸。

(2) 各段柱的起止标高：自柱根部位往上以变截面位置或截面未变但钢筋改变处为分界分段注写。

框架柱和转换柱的根部标高系指基础顶面标高；

芯柱的根部标高系指根据结构实际需要而定的起始位置标高；

梁上柱的根部标高系指梁顶面标高；

剪力墙上柱的根部标高为墙顶面标高。

(3) 截面尺寸

对于矩形柱，注写柱截面尺寸 $b\times h$。

对于圆柱，表中 $b\times h$ 一栏改用圆柱直径数字前加 d 表示。

对于芯柱，根据结构需要，可以在某些框架柱的一定高度范围内，在其内部的中心位置设置。芯柱截面尺寸按构造确定，并按标准构造详图施工，设计不注；当设计者采用与本构造详图不同的做法时，应另行注明。芯柱定位随框架柱走，不需要注写其与轴线的几何关系。

(4) 柱纵筋

当柱纵筋直径相同，各边根数也相同时（包括矩形柱、圆柱和芯柱），将纵筋注写在“全部纵筋”一栏中，除此之外，柱纵筋分角筋、截面 b 边中部筋和 h 边中部筋三项分别注写（对于采用对称配筋的矩形截面柱，可仅注写一侧中部筋，对称边省略不注；对于采用非对称配筋的矩形截面柱，必须每侧注写中部筋）。

值得注意的是，柱表中对柱角筋、截面 b 边中部筋和 h 边中部筋三项分别注写是必要的，因为这三种纵筋的钢筋规格有可能不同。

(5) 箍筋类型

注写箍筋类型号及箍筋肢数。

(6) 箍筋注写

包括钢筋级别、直径和间距。当为抗震设计时，用斜线“/”区分柱端箍筋加密区与柱身非加密区长度范围内箍筋的不同间距。施工人员根据标准构造详图的规定，在规定的几种长度值中取其最大者作为加密区长度。当框架节点核心区内箍筋与柱端箍筋设置不同时，应在括号中注明核心区内箍筋直径及间距。当箍筋沿柱全高为一种间距时，则不用“/”线。

(7) 箍筋形状

具体工程所设计的各种箍筋类型图以及箍筋复合的具体方式，应画在表的上部或图中的适当位置，并标注出与表中对应的 b、h 和类型号。

4.3.3 梁构件的定义和绘制

软件计算梁的钢筋工程量分为三个步骤，首先定义梁，编辑属性信息；其次根据图纸绘制梁；最后进行原位标注，进行梁跨的提取。

(1) 梁的定义

根据图纸信息，进行首层框架梁的定义。

在软件界面左侧的树状构件列表中选择“梁”构件组下面的“梁”构件，进入梁的定义界面，新建矩形梁。根据梁的集中标注信息编辑属性值，以 KL-1 为例。

名称：修改为“KL-1”。

类别：选择下拉菜单中的“楼层框架梁”，梁的类别下拉框中有 7 类，按照图纸信息选择楼层框架梁，如图 4-31 所示。如编辑 L-1 属性时，需要选择“非框架梁”。

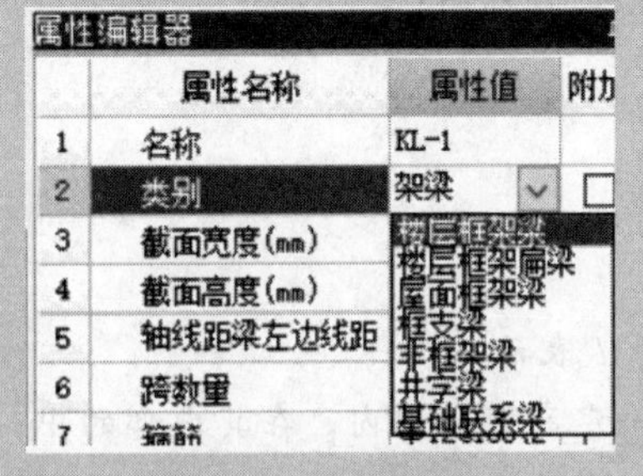

图 4-31 梁类别选择

截面宽度（mm）：输入“250”。

截面高度（mm）：输入“400”。

轴线距梁左边线距离（mm）：输入梁尺寸后，软件默认为梁中心线与轴线重合，距离为梁宽的一半（125），图纸中 KL-1 中心线与轴线重合，不用修改。

跨数量：软件自动取“1”跨。

箍筋：根据 KL-1 的集中标注信息，输入“A12@100”。

箍筋肢数：输入“2”。

上部通长筋：根据 KL-1 的集中标注信息，输入“4C16”。

下部通长筋：根据 KL-1 的集中标注信息，输入“2C16”。有部分框架梁没有下部通长筋，此处可以不输入。

侧面构造或受扭筋：根据图纸信息进行输入，KL-1 没有侧部钢筋，此处不输入。

拉筋：软件会根据侧部钢筋的信息自动计算拉筋，没有侧部钢筋时，此处为空。

其他属性：鼠标点击“其他属性”前的“＋”，可以修改保护层厚度，钢筋计算设置、节点设置和搭接设置，起点顶标高等信息，需要特别注意的是，对于标高的设置，软件默认的起点顶标高和终点顶标高为本层层顶标高，当梁的标高需要调整时，可以根据工程实际情况进行修改，输入实际的标高数值。

KL-1 属性编辑如图 4-32 所示。

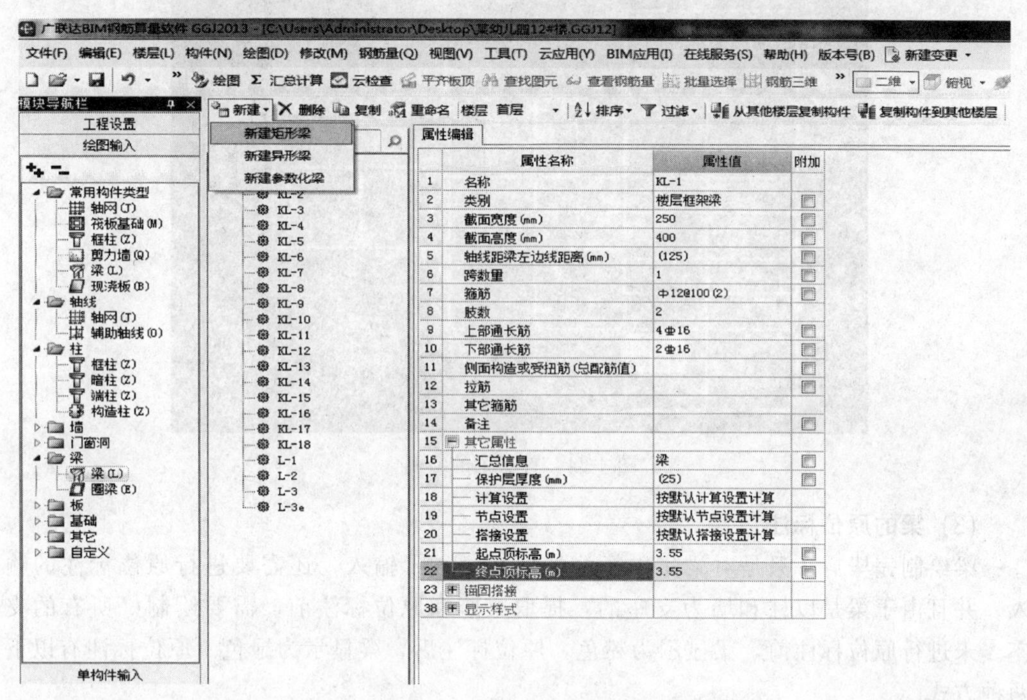

	属性名称	属性值	附加
1	名称	KL-1	
2	类别	楼层框架梁	
3	截面宽度(mm)	250	
4	截面高度(mm)	400	
5	轴线距梁左边线距离(mm)	(125)	
6	跨数量	1	
7	箍筋	Φ12@100(2)	
8	肢数	2	
9	上部通长筋	4Φ16	
10	下部通长筋	2Φ16	
11	侧面构造或受扭筋(总配筋值)		
12	拉筋		
13	其它箍筋		
14	备注		
15	其它属性		
16	汇总信息	梁	
17	保护层厚度(mm)	(25)	
18	计算设置	按默认计算设置计算	
19	节点设置	按默认节点设置计算	
20	搭接设置	按默认搭接设置计算	
21	起点顶标高(m)	3.55	
22	终点顶标高(m)	3.55	
23	锚固搭接		
38	显示样式		

图 4-32　KL-1 属性编辑

(2) 梁的绘制

主梁作为次梁的支座，要先绘制主梁后绘制次梁。通常在画梁时，按先上后下、先左后右方向来绘制，以保证所有的梁都能够全部计算。

梁为线性图元，KL-1 选择直线绘制方法，鼠标点击绘图工具栏中的“直线”，按照图纸中 KL-1 的直线轨迹绘制即可。

当梁的中心线不在轴线上时，使用“Shift＋左键”命令对梁进行偏移绘制，或者使用“对齐”命令，使用方法为点击修改工具条上的“对齐”-“单对齐”，先选择目标构件边线，例如当梁柱对齐时，可以选择柱上边线作为目标构件边线，再选择梁上边线，完成梁偏移绘制，实现梁柱对齐。

对于悬挑梁的绘制，其端点不在轴线的交点或其他捕捉点上，采用“Shift＋左键”

命令绘制梁的起点和端点来绘制。

对于非框架梁 L-1，其端点位于两端的框架梁上，由于 L-1 与两端框架梁垂直，可以采用捕捉“垂点”的方法绘制，如图 4-33 所示。

图 4-33　捕捉“垂点”设置

快捷键：【J】隐藏轴网，梁的绘制结果如图 4-34 所示。

如需在图上显示梁的名称，可以在“视图”菜单下，选择“构件图元显示设置”功能，勾选梁，即可显示全部梁的名称。

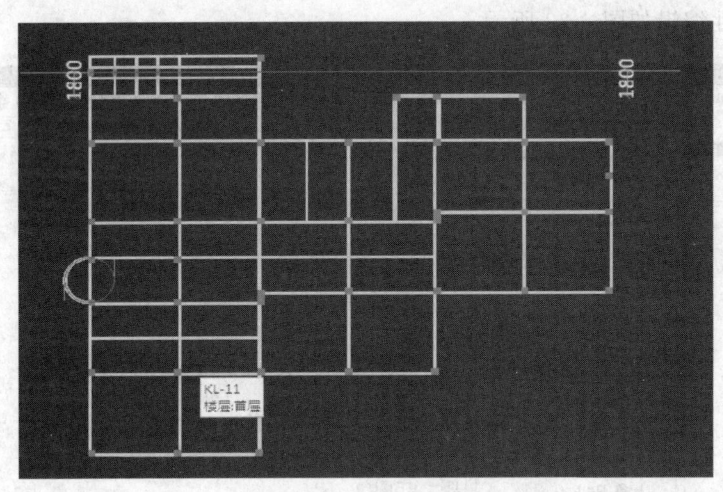

图 4-34　首层梁的绘制

(3) 梁的原位标注

梁绘制完毕后，只是对梁集中标注的信息进行了输入，还需要进行原位标注的输入。并且由于梁是以柱和墙为支座的，提取梁跨和原位标注前，需要绘制好所有的支座。未进行原位标注前，梁显示为粉色，原位标注后，梁显示为绿色。原位标注有以下两种方式。

① 第一种是在绘图区域显示的原位标注输入框中进行输入。以 KL-3 为例，点击绘图工具栏中的“原位标注”，如图 4-35 所示。

根据图纸信息，依次输入各跨支座钢筋和下部钢筋，按“Enter”键跳转，跳转顺序为左支座筋、跨中筋、右支座筋、下部钢筋，如图 4-36 所示。

智能布置 ▾　修改梁段属性　原位标注 ▾　重提梁跨 ▾　梁跨数据复制 ▾ »

图 4-35　原位标注设置

进行下部钢筋输入时，如原位标注中出现梁截面尺寸的变化时，可以点击下部钢筋输入界面中的 展开属性编辑，输入需要修改的截面尺寸。此方法同样适用于原位标注的箍筋、侧部钢筋出现变化时。

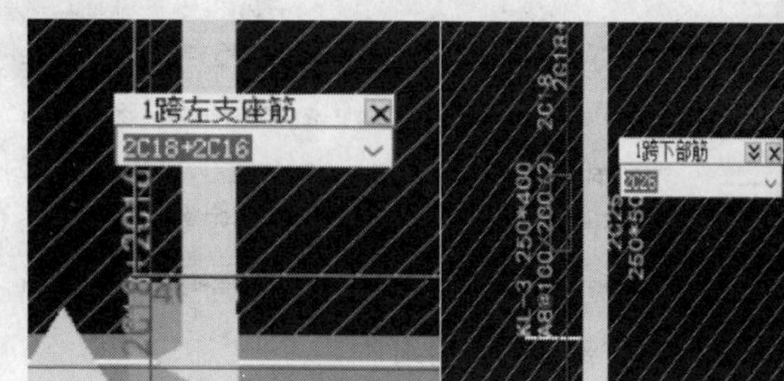

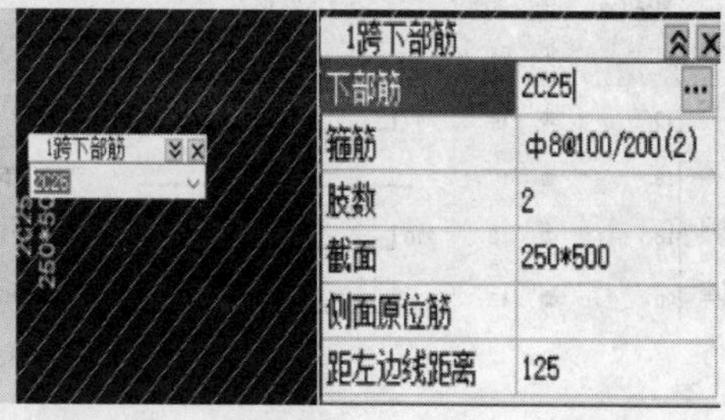

图 4-36　梁原位标注输入

② 第二种在绘图区下方的“梁平法表格”中输入，如图 4-37 所示。

	跨号	(m)	构件尺寸(mm)							上通长筋	上部钢筋			下部钢筋	
		终点标高	A1	A2	A3	A4	跨长	截面(B*H)	距左边线距离		左支座钢筋	跨中钢筋	右支座钢筋	下通长筋	下部钢筋
1	1	3.55	(500)	(0)	(100)		(5600)	250*500	(125)	2ф18	2ф18+2ф16		2ф18+4ф20		2ф25
2	2	3.55		(400)	(250)		(5400)	250*500	(125)						4ф25
3	3	3.55		(250)	(400)		(3300)	(250*400)	(125)		2ф18+2ф20				2ф16
4	4	3.55		(100)	(250)		(2700)	(250*400)	(125)						2ф16
5	5	3.55		(250)	(400)		(6000)	250*500	(125)		4ф18		2ф18+2ф16		2ф18+2ф16
6	6	3.55		(100)	(400)	(100)	(3300)	(250*400)	(125)						2ф16

图 4-37　梁平法表格输入

主次梁相交处在主梁平法表格中输入附加箍筋或吊筋信息。若结构设计总说明中说明主次梁相交处附加箍筋信息，可以在“计算设置”的“框架梁”部分第 20 条：次梁两侧共增加箍筋数量后输入相应加筋个数。此外，在绘图工具栏单击“自动生成吊筋”，弹出对话框。在对话框中，根据图纸输入吊筋的钢筋信息，如图 4-38 所示。设置完成后单击“确定”，然后在图中选择要生成吊筋的梁，单击右键确定，即可完成吊筋的生成。自动生成功能必须在提取梁跨后进行。

原位标注完成后，可以进行汇总计算，查看所在层梁的钢筋工程量。值得注意的是，竖向构件在上下层没有绘制时，无法正确计算搭接和锚固，而对于梁这类水平构件，本层相关图元绘制完毕后，就可以正确计算钢筋量，可以进行计算结果的查看。

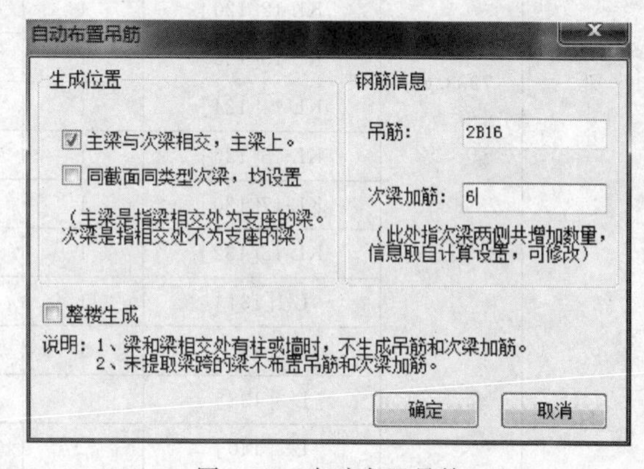

图 4-38　自动布置吊筋

通过“编辑钢筋”查看每根钢筋的详细信息：选择“钢筋量”菜单下的“编辑钢筋”，或者在工具条中选择“编辑钢筋”命令，选择要查看的图元，以 KL-2 为例，如图 4-39 所示。钢筋显示顺序为按跨逐个显示，“筋号”说明是哪根钢筋；“图号”是软件对每一种钢筋形状的编号；“计算公式”和“公式描述”是对每根钢筋的计算过程进行的描述，方便用户查量和对量；“搭接”是指单根钢筋超过定尺长度之后所需要搭接的长度和接头个数。

首层所有梁的钢筋工程量统计可以从“报表预览”里查看，梁钢筋工程量见表 4-4。

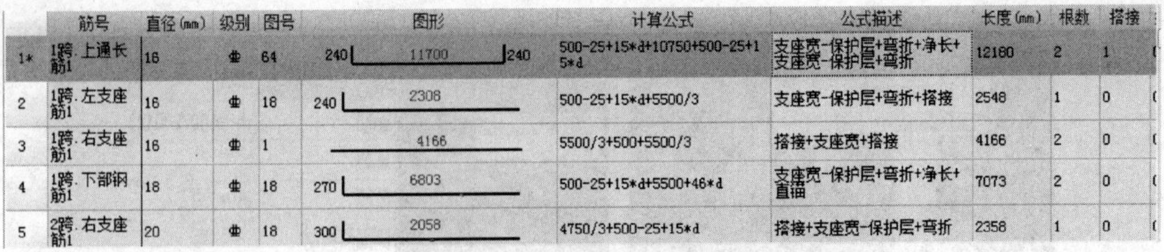

	筋号	直径(mm)	级别	图号	图形	计算公式	公式描述	长度(mm)	根数	搭接
1*	1跨.上通长筋1	16	Φ	64	240 11700 240	500-25+15*d+10750+500-25+15*d	支座宽-保护层+弯折+净长+支座宽-保护层+弯折	12180	2	1
2	1跨.左支座筋1	16	Φ	18	240 2308	500-25+15*d+5500/3	支座宽-保护层+弯折+搭接	2548	1	0
3	1跨.右支座筋1	16	Φ	1	4166	5500/3+500+5500/3	搭接+支座宽+搭接	4166	2	0
4	1跨.下部钢筋1	18	Φ	18	270 6803	500-25+15*d+5500+46*d	支座宽-保护层+弯折+净长+直锚	7073	2	0
5	2跨.右支座筋1	20	Φ	18	300 2058	4750/3+500-25+15*d	搭接+支座宽-保护层+弯折	2358	1	0

图 4-39 首层 KL-2 部分钢筋明细

表 4-4 首层梁钢筋总重

楼层名称:首层(绘图输入)

构件类型	钢筋总重/kg	构件名称	构件数量	单个构件钢筋重量/kg	构件钢筋总重/kg	接头
梁	7933.66	KL-1[90]	1	122.343	122.343	
		KL-2[93]	1	499.267	499.267	4
		KL-3[96]	1	561.095	561.095	4
		KL-4[98]	1	661.817	661.817	4
		KL-5[100]	1	384.269	384.269	2
		KL-15[102]	1	394.212	394.212	4
		KL-6[104]	1	139.456	139.456	2
		KL-7[108]	1	316	316	2
		KL-7[109]	1	55.474	55.474	
		KL-8[110]	1	352.541	352.541	2
		KL-10[116]	1	173.427	173.427	2
		KL-11[118]	1	348.011	348.011	4
		KL-12[120]	1	169.287	169.287	2
		KL-13[122]	1	322.547	322.547	4
		KL-14[124]	1	328.974	328.974	4
		KL-16[126]	1	167.199	167.199	4
		KL-17[130]	1	553.962	553.962	6
		KL-18[132]	1	132.768	132.768	4
		L-1[134]	1	103.291	103.291	
		L-2[136]	1	160.838	160.838	2
		L-3[138]	1	411.481	411.481	7
		L-3[140]	2	410.41	820.82	14
		L-3e[144]	2	76.705	153.409	
		L-3e[148]	1	74	74	
		L-3e[150]	1	75.58	75.58	
		KL-19[151]	1	121.796	121.796	
		L-2[171]	1	160.588	160.588	2
		KL-9[174]	1	169.207	169.207	2

【知识拓展】 平面梁的注写方式分为平面注写方式和截面注写方式。一般的施工图都采用平面注写方式，以平面注写方式为例，阐述梁结构施工图注写内容。

平面注写方式是在梁平面布置图上，分别在不同编号的梁中各选一根梁，在其上注写截面尺寸和配筋信息来表达的梁平法施工图。平面注写包括集中标注和原位标注。集中标注表达梁的通用数值，原位标注表达梁的特殊数值。施工时，原位标注取值优先。

在梁的集中标注中，“必注项”有：梁编号、截面尺寸、箍筋、上部通长筋及架立筋、侧面构造钢筋或受扭钢筋；“选注项”有：下部通长筋、梁顶面标高高差。

梁编号标注的一般格式：BHm(n) 或 BHm(nA) 或 BHm(nB)

其中 m 表示梁序号；n 表示梁跨数；A 表示一端有悬挑；B 表示两端有悬挑。

BH（编号）包括：KL　表示框架梁

KBL　表示楼层框架扁平梁

WKL　表示屋面框架梁

KZL　表示框支梁

TZL　表示托柱转换梁

L　表示非框架梁

XL　表示纯悬挑梁

图集中非框架梁 L、井字梁 JZL 表示端支座为铰接，当非框架梁和井字梁端支座上部纵筋为充分利用钢筋的抗拉强度时，在梁代号后加“g”。

“次梁”是相对于“主梁”而言的；“非框架梁”是相对于“框架梁”而言。一般来说，“次梁”就是“非框架梁”。“非框架梁”与“框架梁”的区别在于，框架梁以框架柱或剪力墙作为支座，而非框架梁以梁作为支座。

两个梁相交，哪个梁是主梁，哪个梁是次梁？一般来说，截面高度大的梁是主梁，截面高度小的梁是次梁。此外，通过附加箍筋与附加吊筋也可判断主梁与次梁，因为附加吊筋或附加箍筋都是配置在主梁上的。

两个梁编成同一编号的条件是，两个梁的跨数相同，而且对应跨的跨度和支座情况相同；两个梁在各跨的截面尺寸对应相同；两个梁的配筋相同（集中标注和原位标注相同）。相同尺寸和配筋的梁，在平面图上布置的位置（轴线正中或轴线偏中）不同，不影响梁的编号。

梁截面尺寸标注的一般格式：$b\times h$ 或 $b\times h$ Y$c_1\times c_2$ 或 $b\times h_1/h_2$

其中：b 表示梁宽、h 表示梁高，Y 表示竖向加腋或水平加腋，c_1 表示腋长、c_2 表示腋高，h_1 表示悬臂梁根部高、h_2 表示悬臂梁端部高。

施工图纸上的平面尺寸数据一律采用毫米（mm）为单位。

梁箍筋标注格式：Φd@$n(z)$ 或 Φd@$m/n(z)$ 或 Φd@$m(z_1)/n(z_2)$ 或 sΦd@$m/n(z)$ 或 sΦd@$m(z_1)/n(z_2)$

其中：d 表示钢筋直径，m、n 表示箍筋间距，z、z_1、z_2 表示箍筋肢数，s 表示梁两端的箍筋根数。

例 1　13Φ10@150/200（4）表示箍筋为 HPB300 钢筋，直径 10，梁的两端各有 13 个四肢箍，间距为 150；梁跨中部分间距为 200，四肢箍。

集中标注“箍筋”，表示梁的每一跨都按这个配置箍筋。如果某一跨的箍筋配置与集中标注不同，可以在该跨原位标注箍筋。

梁上部通长筋标注格式：s Φd 或 s_1Φd_1＋s_2 Φd_2或 s_1Φd_1＋(s_2 Φd_2) 或 s_1Φd_1；s_2 Φd_2

其中：d、d_1、d_2 表示钢筋直径；s、s_1、s_2 表示钢筋根数。

例 2 2 Φ 25＋2 Φ 22 表示梁上部通长筋（两种规格，其中加号前面的钢筋放在箍筋角部），6 Φ 25 4/2 表示梁上部通长筋（两排钢筋：第一排 4 根，第二排 2 根）。

架立钢筋是梁上部的纵向构造钢筋。

抗震框架梁的架立筋标注格式：s_1Φd_1＋(s_2 Φd_2)，其中“＋”号后面括号里面的是架立筋。

其中：d_1、d_2 表示钢筋直径，s_1、s_2 表示钢筋根数。

非抗震框架梁或非框架梁的架立筋标注格式：s_1 Φd_1＋(s_2 Φd_2) 或者 (s_2 Φd_2)——表示这根梁上部纵筋集中标注全部采用架立筋。

例 3 2 Φ 25＋(4 Φ 12) 表示 2 Φ 25 为上部通长筋，4 Φ 12 为架立筋。

4 Φ 12 表示梁上部纵筋的集中标注为 4 根架立筋，直径为 12。

“架立筋”就是把箍筋架立起来所需要的贯穿箍筋角部的纵向构造钢筋。如果该梁的箍筋是“两肢箍”，则两根上部通长筋已经充当架立筋，因此就不需要再另加“架立筋”了。所以对于“两肢箍”的梁来说，上部纵筋的集中标注“2 Φ 25”这种形式就完全足够了。但是，当该梁的箍筋是“四肢箍”时，集中标注的上部钢筋就不能标注为“2 Φ 25”这种形式，必须把“架立筋”也标注上，这时的上部纵筋应该标注成“2 Φ 25＋(4 Φ 12)”这种形式，括号里面的钢筋为架立筋。

所以，只有在箍筋肢数多于上部通长筋的根数时，才需要配置架立筋。

梁下部通长筋标注格式：s_1 Φ d_1；s_2 Φ d_2——“；”号后面的 s_2 Φ d_2 是下部通长筋。

其中：d_1、d_2 表示钢筋直径；s_1、s_2 表示钢筋根数。

下部通长筋系为抵抗正弯矩而设，与竖向荷载和跨数有直接的关系。这与梁的支座负筋有点类似，支座负筋是为抵抗负弯矩而设。

梁侧面构造钢筋标注格式：Gs Φd（G 表示“侧面构造钢筋”）

梁侧面抗扭钢筋标注格式：Ns Φd（N 表示“侧面抗扭钢筋”）

例 4 G4 Φ 12 表示梁的两侧共配置 4 根直径 12 的一级钢，每侧各 2 根。

N6 Φ 22 表示梁的两侧共配置 6 根直径为 22 的三级钢，每侧各 3 根。

“构造钢筋”和“抗扭钢筋”都是梁的侧面纵向钢筋，通常把它们称为“腰筋”。

当梁顶与板顶标高不一致时，就要在梁标注中注写“梁顶面标高高差”，注写方法是在括号内写上梁顶面与板顶面的标高高差：当梁顶比板顶低的时候，注写负标高高差；当梁顶比板顶高的时候，注写正标高高差。

梁的原位标注包括梁上部纵筋的原位标注（标注位置可以在梁上部的左支座、右支座或跨中）和梁下部纵筋的原位标注（标注位置在梁下部的跨中）。支座的标注值包含“通长筋”的配筋值；当梁中间支座两边的上部纵筋相同时，可仅在支座的一边标注，另一边不标注；当梁中间支座两边的上部纵筋不同时，须在支座的两边分别标注；当梁某跨支座与跨中上部纵筋相同，且其配筋值与集中标注的梁上部纵筋相同时，不需要在该跨上部任何部位标注；当梁某跨支座与跨中上部纵筋相同，且其配筋值与集中标注的梁上部纵筋不同时，仅在该跨上部跨中标注，支座省去不标注。

梁的附加箍筋或附加吊筋直接画在平面图的主梁上，用线引注总配筋值。两根梁相交，主梁是次梁的支座，附加箍筋（吊筋）就设置在主梁上，附加箍筋（吊筋）的作用是为了抵抗集中荷载引起的剪力。

4.3.4 板构件的定义和绘制

在钢筋软件中，完整的板构件由现浇板、板筋（包含受力筋和负筋）组成，因此板构件的建模和钢筋计算包括以下两个部分：板的定义和绘制、钢筋的布置（包括受力筋和负筋）。

(1) 现浇板的定义和绘制

以 LB1 为例，在软件界面左侧的树状构件列表中选择“板”构件组下面的“现浇板”构件，点击“新建”现浇板，属性编辑器信息如图 4-40 所示。

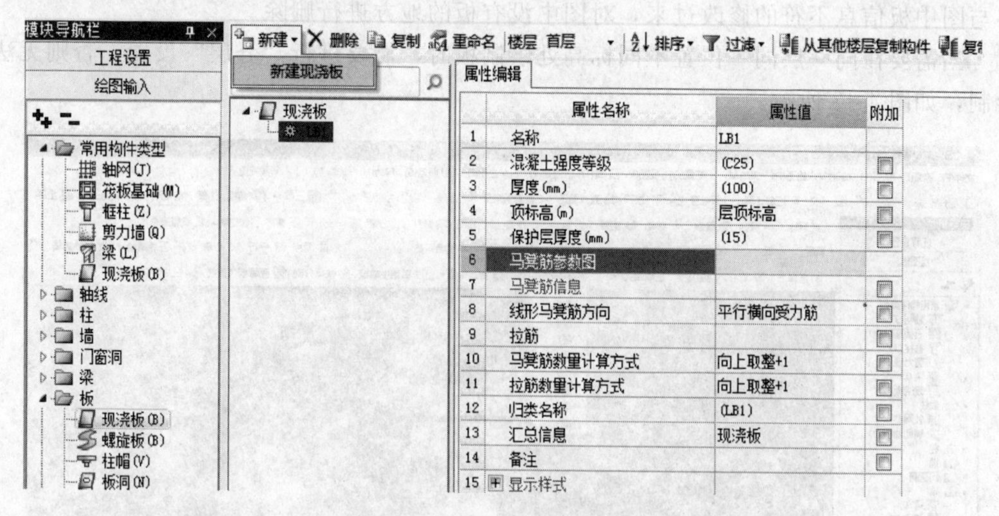

图 4-40　板定义界面

马凳筋参数图根据实际情况选择相应的形式，输入参数信息，包括直径、间距等。顶标高按实际情况填写。参数设置完毕后，完成该板定义，按照同样的方法定义其他名称的板构件。

板定义完成后，需要将板绘制到图上，在绘制板之前，需要将板下的支座（梁、墙）绘制完毕。

现浇板的绘制可以采用点绘制方法、矩形绘制方法和自动生成板方法。点绘制的前提必须为板下的墙和梁都已绘制完毕，且围成了封闭区域。在“绘图工具栏”中单击“点”按钮，在梁和墙围成的封闭区域单击鼠标左键，即可完成板绘制。

如果图中没有围成封闭区域的位置，可以采用“矩形”画法和“直线”画法来绘制板。单击“直线”按钮选择一个插入点，再依次点取二、三、四点，完成板图元绘制。

如图 4-41 所示。

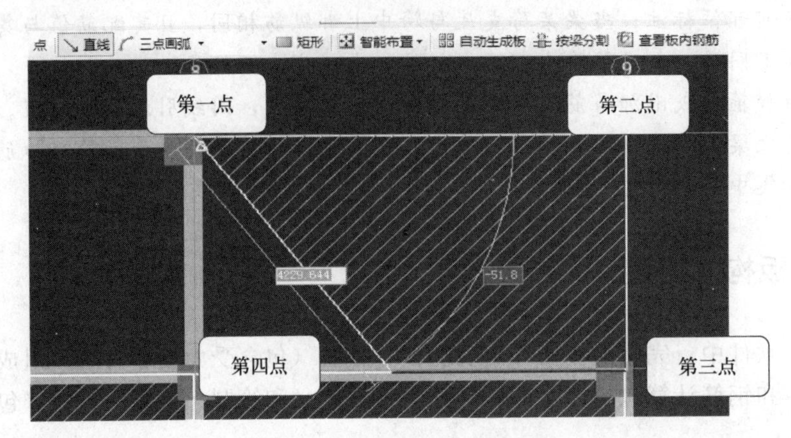

图 4-41 “直线”画法绘制板

当板下的梁、墙绘制完毕，且图中板类别较少时，可使用自动生成板，软件会自动根据图中梁和墙围成的封闭区域来生成整层的板。自动生成完毕之后，需要检查图纸，将与图中板信息不符的修改过来，对图中没有板的地方进行删除。

当需要在同一层同一位置不同标高处绘制板时，需要进行“分层”设置，否则无法绘制，如图 4-42 所示。

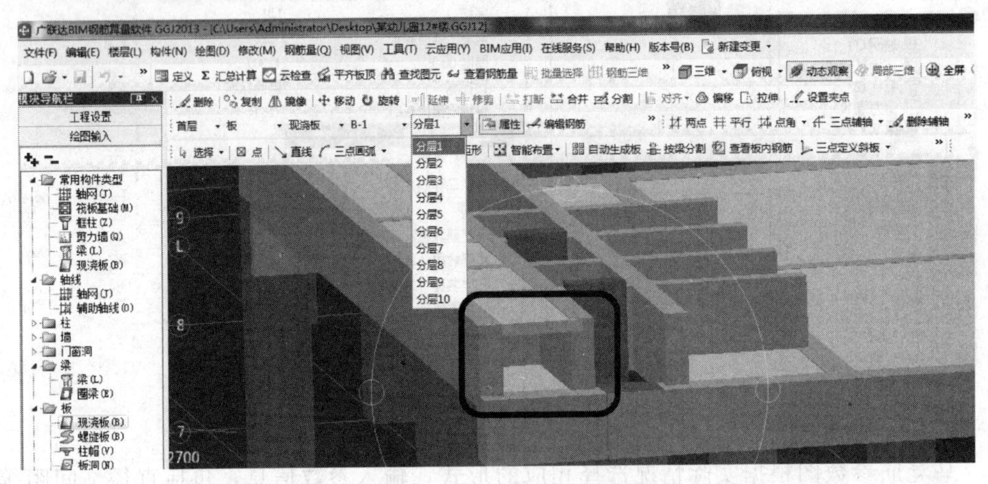

图 4-42 分层设置绘制板

(2) 现浇板钢筋布置

现浇板钢筋包括受力筋和负筋，受力筋又分为板受力筋和跨板受力筋。

以 LB1 的受力筋为例，介绍受力筋的定义和绘制。进入“板”-“板受力筋”-“新建板受力筋”编辑属性信息，如图 4-43 所示。在软件中可以选择底筋、面筋、中间层筋和温度筋，在此不用选择，在后面绘制板受力筋时可重新设置钢筋类别。

板受力筋定义完成后，点击“绘图”，进入绘图界面。布置板的受力筋，按照布置范围，有“单板”“多板”和“自定义”范围布置；按照钢筋方向，有“水平”“垂直”“*XY* 方向”布置，以及其他方式，如图 4-44 所示。

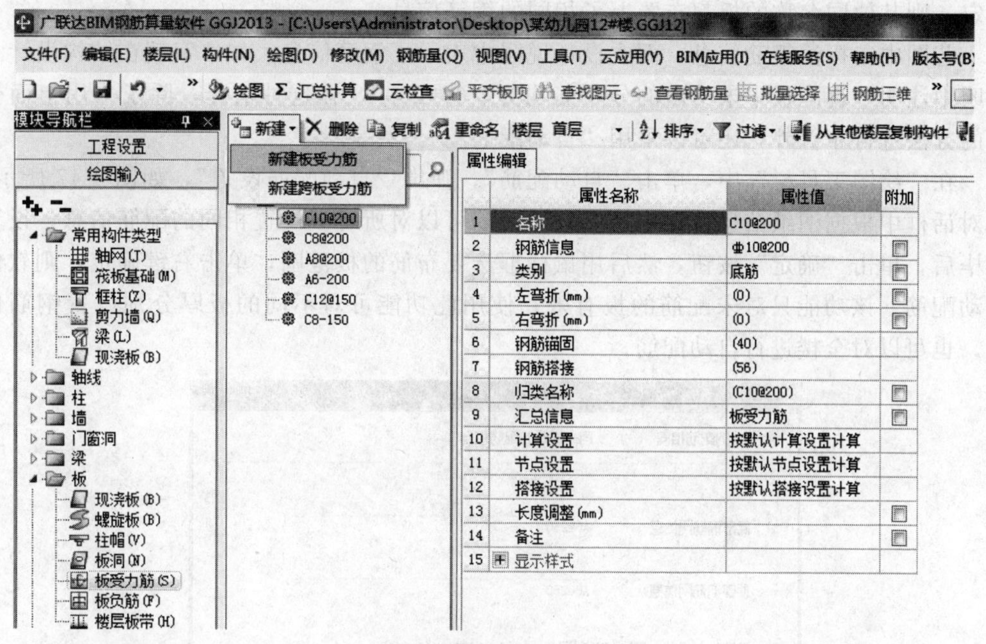

图 4-43 板受力筋定义界面

单板 多板 自定义 水平 垂直 XY方向 平行边布置受力筋 放射筋

图 4-44 板受力筋布置方式选择

以 LB1 的受力筋布置为例，LB1 板底部 X 和 Y 方向钢筋相同，无顶层通长筋。选择“单板”-“XY 方向布置”，选择任意一款编号为 LB1 的板，弹出如图 4-45 所示的对话框。选择“XY 向布置”，输入 LB1 底筋信息，点击“确定”按钮，即可布置单板的受力筋。若底筋或面筋的 X、Y 方向配筋相同，但不同类别钢筋配筋不同时可以使用“双向布置”，如图 4-46 所示。双网双向布置用于配置双网双向钢筋信息相同时选择。

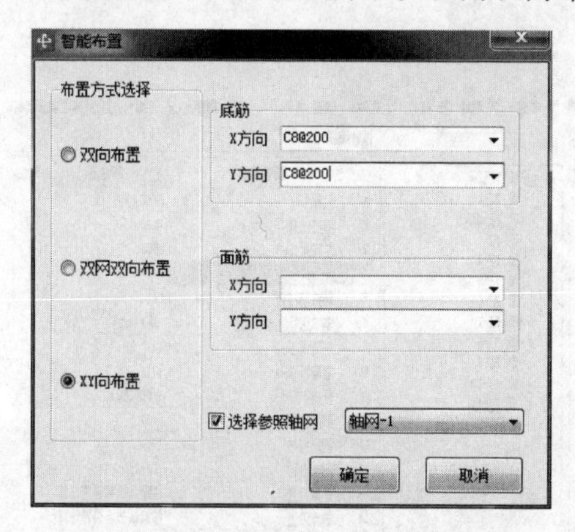

图 4-45 受力筋 XY 向布置

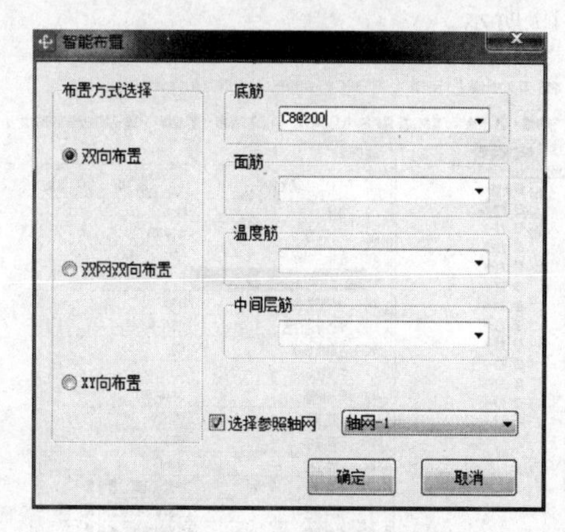

图 4-46 受力筋双向布置

由于 LB1 的钢筋信息都相同，可以使用“应用同名称板”来布置其他同名称板的钢筋。选择“应用同名称板”命令，选择已经布置上钢筋的 LB1 图元，单击鼠标右键确定，则其他同名称的板都布置上了相同的钢筋信息。

若图中未标注钢筋信息，而在设计说明中表示了钢筋信息，如本案例在结构设计总说明中注明“现浇板中未给出的分布筋均为Φ 6@250”，在这种情况，除了采用上面介绍的方法进行布置外，还可以采用“自动配筋”。

在“绘图工具栏”中，单击“自动配筋”，弹出“自动配筋设置”，如图 4-47 所示。在对话框中根据图纸信息设计钢筋。自动配筋可以对所有板设置相同的配筋信息，设置完毕后，单击“确定”按钮，然后用鼠标框选要布筋的板范围，单击右键确定，则软件自动配筋。该功能只对未配筋的板有效，使用此功能可对不同的板厚分别设置钢筋信息，也可以对全楼进行自动配筋。

自动配筋设置

所有的配筋相同　同一板厚的配筋相同

底部钢筋网信息: A6@250

顶部钢筋网信息: A6@250

钢筋输入格式：级别+直径+间距，如A6-250或A6/A8-250

整楼生成　确定　取消

注：该功能只针对未配筋的板有效

图 4-47　自动配筋设置

跨板受力筋与负筋的定义类似，以 LB1 的负筋为例，介绍此类钢筋的定义和绘制。

进入“板”-“板负筋”，定义板负筋，如图 4-48 所示。单边标注位置根据图中实际情况，选择“支座中心线”，对于左右均有标注的负筋，有“非单边标注含支座宽”的属性，指左右标注的尺寸是否含支座宽度，这里根据实际图纸情况选择“是”，如图 4-49 所示。

	属性名称	属性值	附加
1	名称	FJ-1	
2	钢筋信息	Φ8@200	
3	左标注(mm)	1200	
4	右标注(mm)	0	
5	马凳筋排数	1/1	
6	单边标注位置	(支座中心线)	
7	左弯折(mm)	(0)	
8	右弯折(mm)	(0)	
9	分布钢筋	(Φ6@250)	
10	钢筋锚固	(40)	
11	钢筋搭接	(56)	
12	归类名称	(FJ-1)	
13	计算设置	按默认计算设置计算	
14	节点设置	按默认节点设置计算	
15	搭接设置	按默认搭接设置计算	
16	汇总信息	板负筋	
17	备注		
18	+ 显示样式		

图 4-48　定义板负筋 1

	属性名称	属性值	附加
1	名称	FJ-2	
2	钢筋信息	Φ10@150	
3	左标注(mm)	1550	
4	右标注(mm)	1550	
5	马凳筋排数	1/1	
6	非单边标注含支座宽	(是)	
7	左弯折(mm)	(0)	
8	右弯折(mm)	(0)	
9	分布钢筋	(Φ6@250)	
10	钢筋锚固	(40)	
11	钢筋搭接	(56)	
12	归类名称	(FJ-2)	
13	计算设置	按默认计算设置计算	
14	节点设置	按默认节点设置计算	
15	搭接设置	按默认搭接设置计算	
16	汇总信息	板负筋	
17	备注		
18	+ 显示样式		

图 4-49　定义板负筋 2

板负筋定义完毕后，点击“绘图”，进入绘图界面。布置形式有4种，分别是按梁布置、按墙布置、按板边布置和画线布置。

根据板的支座形式选择相应的布置方式，本案例中选择“按梁布置”布置板负筋。操作方式为点击“按梁布置”-选取梁段。绘制结果如图4-50所示。

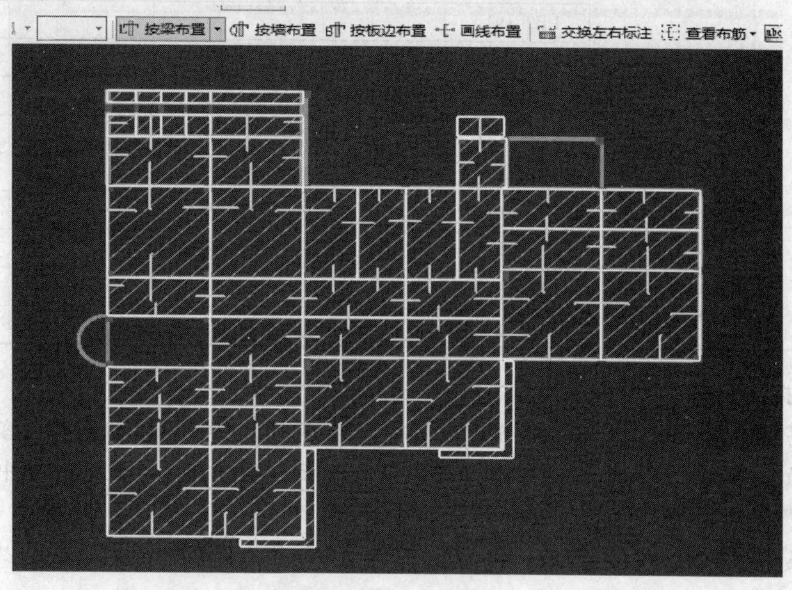

图4-50 负筋绘制

跨板受力筋绘制采用“单板”和“垂直（水平）”布置方式来绘制，不再赘述。

除上述钢筋外，本案例还存在放射筋。软件提供了两种放射筋的布置形式，一种是按照圆弧边布置，另一种是按照圆心布置。若放射筋在拐角部分，可用单构件来进行输入计算，也可汇总后在编辑钢筋里输入计算。

首层板钢筋量汇总表如表4-5所示（报表预览-构件汇总信息分类统计表）。

表4-5 首层板钢筋汇总表

汇总信息	钢筋总重/kg	构件名称	构件数量	HPB300 钢筋重量/kg	HRB335 钢筋重量/kg	HRB400 钢筋重量/kg
楼层名称：首层(绘图输入)						
板负筋	2815.926	FJ-1	1	147.082		681.894
		FJ-2	1	90.797		686.567
		FJ-4	1	31.746		209.718
		FJ-3	1	14.118		43.3
		FJ-7	1	14.547		121.166
		FJ-5	1	12.285		41.842
		FJ-6	1	9.282		58.202
		FJ-10	1	23.946		114.022
		FJ-9	1	6.924		120.866
		FJ-11	1	20.723		366.899
		合计		371.45		2444.476

续表

汇总信息	钢筋总重/kg	构件名称	构件数量	HPB300钢筋重量/kg	HRB335钢筋重量/kg	HRB400钢筋重量/kg
楼层名称：首层(绘图输入)						
板受力筋	2957.441	LB1[177]	1	914.42		
		LB2[191]	1			1639.955
		B-2[213]	1	34.883		
		LB1[226]	1	30.096		
		B-3[229]	1	65.717		
		B-1[233]	1	5.229		30.209
		B-1[316]	1	19.226		42.155
		B-1[243]	1	19.226		42.155
		LB1[194]	1	16.068		98.103
		合计		1104.864		1852.577

【知识拓展】

板钢筋标注分为“集中标注”和“原位标注”两种。集中标注的主要内容是板的贯通纵筋，原位标注主要是针对板的非贯通纵筋。下面分别介绍平法板的“集中标注”和“原位标注”。

板块集中标注的内容为：板块编号、板厚、上部贯通纵筋、下部纵筋，以及当板面标高不同时的标高高差。

板块编号为LB时为楼面板；WB为屋面板；XB为悬挑板。同一编号板块的类型、板厚和纵筋均相同，但板面标高、跨度、平面形状以及板支座上部非贯通纵筋可以不同，如同一编号板块的平面形状可为矩形、多边形及其他形状等。施工和预算时，应根据其实际平面形状，分别计算各块板的混凝土与钢筋用量。

板厚注写为h=×××（为垂直于板面的厚度），当悬挑板的端部改变截面厚度时，注写为h=×××/×××（斜线前为板根的厚度，斜线后为板端的厚度）。

纵筋按板块的下部总净和上部贯通筋分别注写（当板块上部不设置贯通纵筋时则不注）。以B代表下部纵筋，T代表上部贯通纵筋，B&T代表下部与上部；X向纵筋以X打头，Y向纵筋以Y打头，两向纵筋配置相同时以X&Y打头。

例5 B：XA12@120，YA10@110表示板下部布置X向纵筋为A12@120，Y向纵筋为A10@110；

T：X&YA12@150表示板上部配置的纵筋无论X向还是Y向都是A12@150。

板面标高高差系指相对于结构层楼面标高的高差，应将其注写在括号内，且有高差则注，无高差则不注。

例6 （−0.100）表示本板块比本层楼面标高低0.100m。

板支座原位标注为：板支座上部非贯通纵筋和纯悬挑板上部受力钢筋。

板支座原位标注的基本方式为：采用垂直于板支座（梁或墙）的一段适宜长度的中粗实线来表示支座负筋，在实线上方注写钢筋编号、配筋值、横向连续布置的跨数以及是否横向布置到梁的悬挑端；在扣筋的下方注写自支座中线向跨内的延伸长度。

例7 在支座负筋的上部注写：①A10@100。

在支座负筋的下部注写：1600。

表示这个编号为1号的支座负筋，规格和间距为Φ10@100，从梁中线向跨内的延伸长度为1600mm。此时如若上部标注后面带有括号“(n)”的内容，说明这个支座负筋除了在当前跨外，还向右（下）延伸了n跨。

例8　在支座负筋的上部标注：①。

在支座负筋的下部没有任何标注，这表示“①号支座负筋”执行前面1号负筋的原位标注。

例9　①号支座负筋覆盖整个延伸悬挑板，应该做如下原位标注。

在支座负筋的上部标注：①A12@150。

在支座负筋下部向跨内的延伸长度标注为：2500。

覆盖延伸悬挑板一侧的延伸长度不作标注。

这表示“覆盖延伸悬挑板一侧的延伸长度不作标注”的部分长度为悬挑板的挑出长度。

4.3.5　墙构件的定义和绘制

软件中的墙体分为两大类，一类是剪力墙，需要定义和绘制墙身、墙梁和墙柱；另一类是砌体墙，需要定义和绘制圈梁、构造柱和砌体加筋。两类构件完成之后需要定义和绘制门窗洞口。下面分别介绍两类构件的定义和绘制方法。

(1) 砌体墙的定义和绘制

查看本案例首层建筑施工图，定义和绘制砌筑墙体。进入“墙”-“砌体墙”，新建砌体墙，属性编辑信息如图4-51所示。软件中砌体墙分为填充墙、承重墙和框架间隔墙3种类别。填充墙一般用于施工洞填充墙的绘制；当工程中注明承重墙时点取承重墙选项；框架间填充墙一般作为框架结构的填充墙使用。

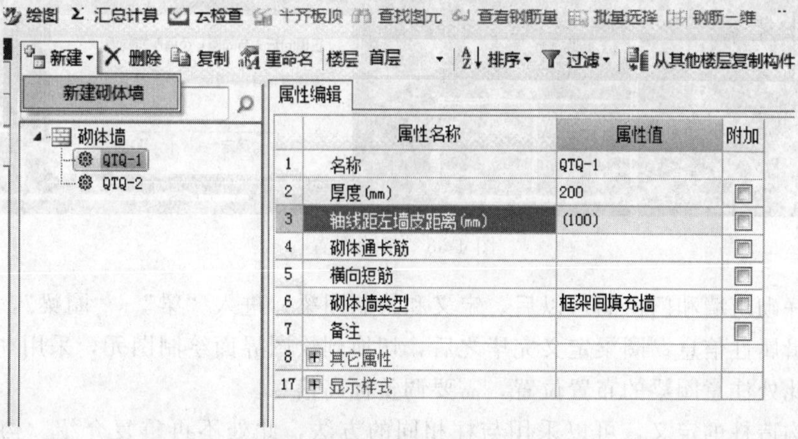

绘图　Σ 汇总计算　云检查　平齐板顶　查找图元　查看钢筋量　批量选择　钢筋三维

新建▾　删除　复制　重命名　楼层　首层　排序▾　过滤▾　从其他楼层复制构件

新建砌体墙

砌体墙
- QTQ-1
- QTQ-2

属性编辑

	属性名称	属性值	附加
1	名称	QTQ-1	
2	厚度(mm)	200	☐
3	轴线距左墙皮距离(mm)	(100)	☐
4	砌体通长筋		☐
5	横向短筋		☐
6	砌体墙类型	框架间填充墙	☐
7	备注		☐
8	⊞ 其它属性		
17	⊞ 显示样式		

图4-51　砌体墙属性编辑界面

墙体为线性构件，直接使用前面介绍的“直线”绘制方法绘制。墙体绘制完毕后，布置门窗洞口。先进行门窗洞口的定义，以C1024为例，在构件列表中选择“门窗洞”构件组下的“门”，点击“定义”，编辑属性信息，如图4-52所示。门构件定义完毕后，切换到绘图输入，绘制门图元。门窗洞口最常用的绘制方式是“点”绘制，此外还可以运用“精确布置”方法布置门窗洞口。在“构件工具条”中选择相应构件，在“绘图工具条”中选择“精确布置”，点击需要布置的墙体，点击插入点，软件弹出输入偏移值对话框，箭头显示正向的方向，如图4-53所示，输入偏移值，点击“确定”按钮后，布置完成。

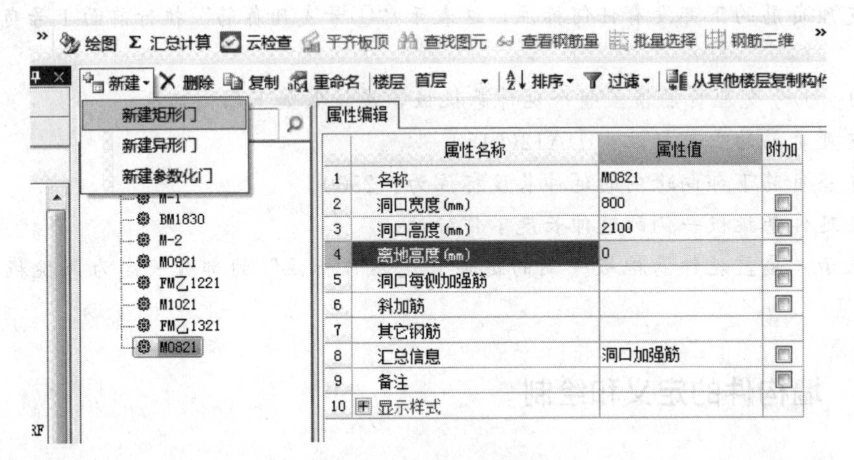

图4-52　定义门窗洞口

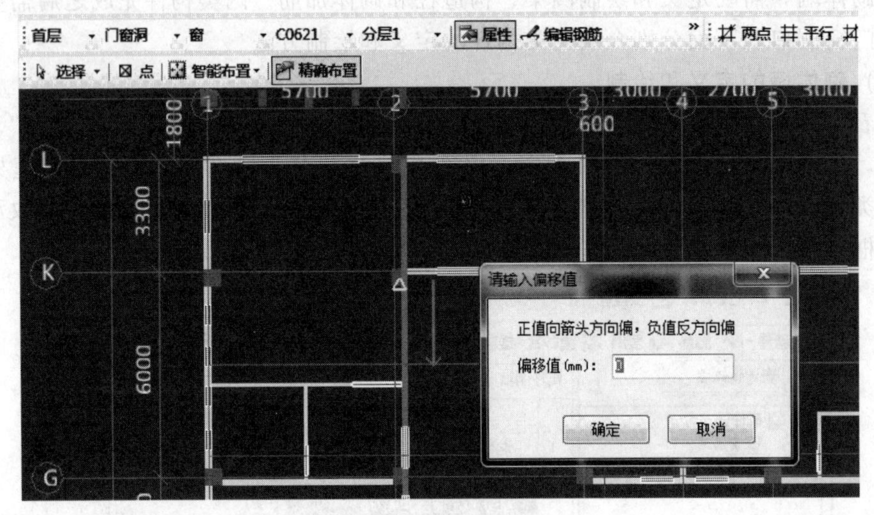

图4-53　精确布置

绘制好砌筑墙和门窗洞口以后，定义和绘制圈梁。进入“梁”-“圈梁”，新建矩形圈梁，编辑属性信息。圈梁定义完毕之后，切换到绘图界面绘制图元，采用“直线”画法绘制，此处注意圈梁的布置位置，需要调整标高信息。

对于构造柱的定义，可以采用与柱相同的方法，此处不再重复介绍。构造柱的绘制，除了按照框架柱部分的方法进行绘制外，还可采用“自动生成构造柱”的方法。使用“自动生成构造柱”功能，不用先定义构造柱，采用反建构件的方式来布置。在绘图工具栏选择“自动生成构造柱”功能，弹出如图4-54所示对话框，输入相应信息，单击“确定”按钮，根据状态栏提示点选或是拉框选择砌体墙，单击右键确定，则在图中自动布置构造柱。

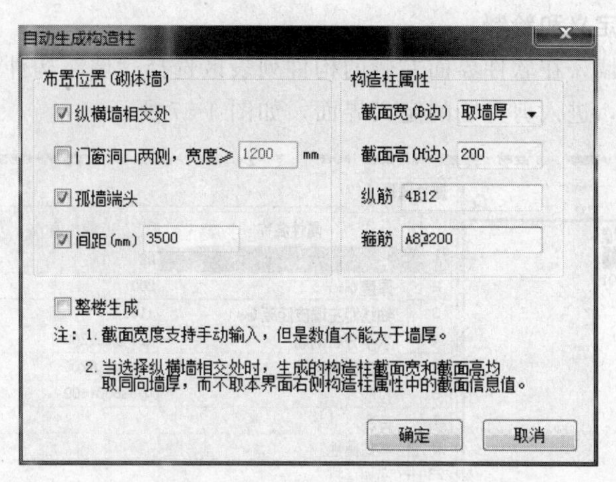

图 4-54 自动生成构造柱

本案例结构设计总说明中注明“填充墙应沿框架柱或剪力墙全高每隔 600mm 设 2Φ6拉筋，拉筋伸入墙内长度不应小于墙长的 1/5 且不小于 700mm”。在“砌体加筋”的图层，定义界面，新建砌体加筋，弹出“选择参数化图形”对话框，如图 4-55 所示。根据砌体加筋所在的位置选择参数图形，输入参数信息，其中 Ls1、Ls2 指 2 个方向的加筋伸入砌体墙内的长度，输入 700；b1、b2 为墙体厚度。点击“确定”按钮，回到属性输入界面，输入配筋信息，完成构件定义，如图 4-56 所示。

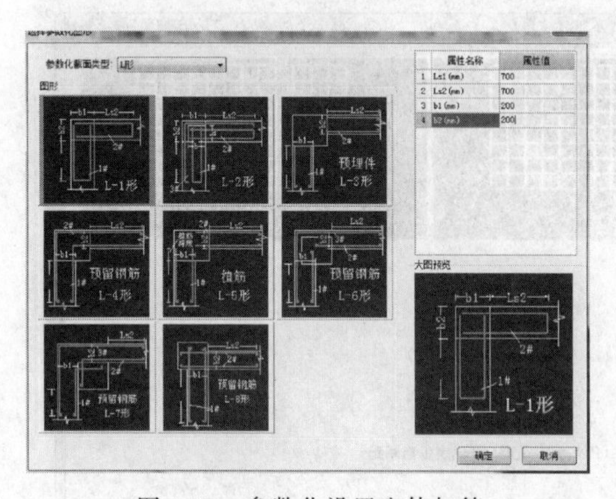

图 4-55 参数化设置砌体加筋

属性编辑

	属性名称	属性值	附加
1	名称	LJ-1	
2	砌体加筋形式	L-1形	☐
3	1#加筋	2Φ6@600	☐
4	2#加筋	2Φ6@600	☐
5	其它加筋		
6	计算设置	按默认计算设置计算	
7	汇总信息	砌体拉结筋	☐
8	备注		☐
9	+ 显示样式		

图 4-56 定义砌体加筋

切换到绘图界面，采用“旋转点”绘制的方法，选择“旋转点”，选择框架柱所在位置，调整角度，单击鼠标左键完成绘制。根据实际情况，选择“点”画法和“智能布置”。

过梁的定义与梁的定义类似，起点伸入墙内长度和终点伸入墙内长度根据实际图纸情况输入。过梁定义完毕后，回到绘图界面，绘制过梁。过梁的布置可以采用“点”画法，或者在门窗洞口采用“智能布置”。选择“智能布置”命令，选择要布置的门窗洞口，单击右键确定，即可完成过梁布置。

砌体结构部分的钢筋，一般会在结构设计总说明中进行说明，因此，在计算砌体结构的钢筋时，一定要仔细阅读结构设计说明，完整地输入所有构件的钢筋。

(2) 剪力墙的定义和绘制

首先定义剪力墙，在软件界面左侧的构件列表区选择“墙”构件组下的“剪力墙”，点击“定义”按钮，进入剪力墙的定义界面，如图 4-57 所示。

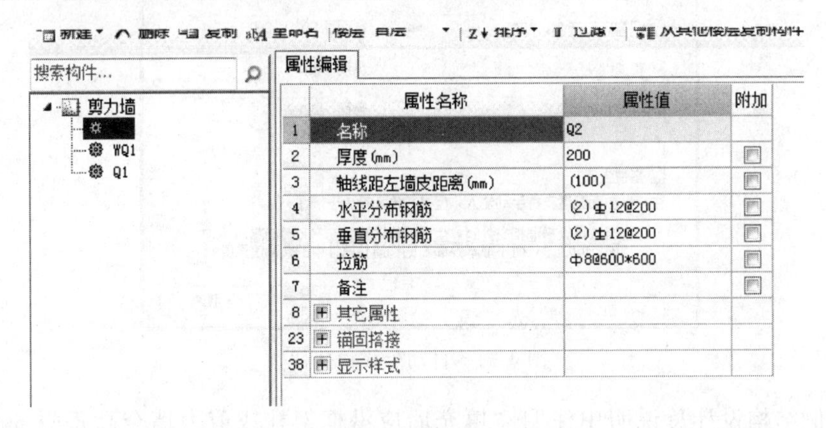

图 4-57　定义剪力墙

拉筋信息根据结构总说明布置，点开“其他属性”，单击“节点设置”的三点按钮，选择第 31 项“剪力墙身拉筋布置构造”，可以选择矩形布置形式或者梅花布置形式，如图 4-58 所示。

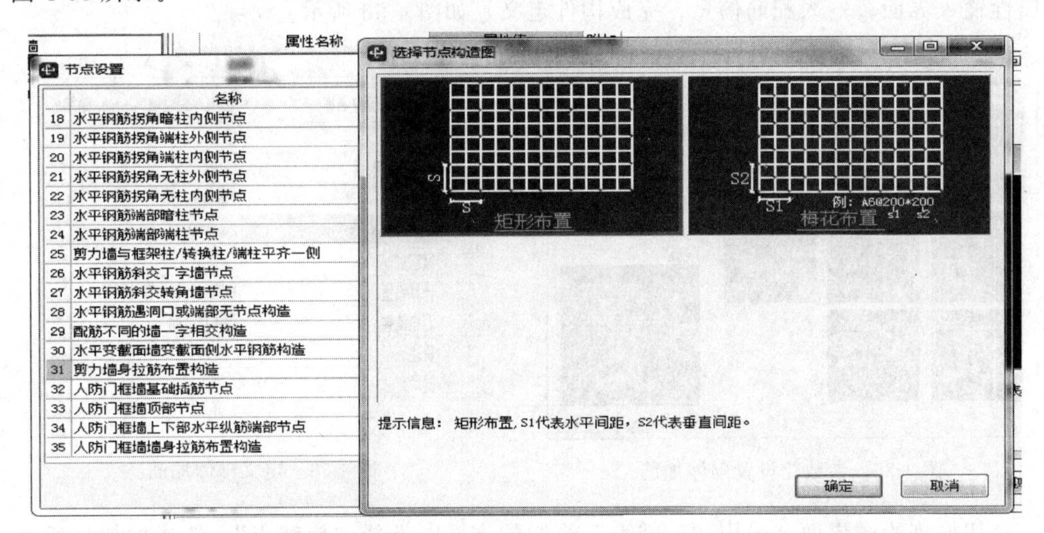

图 4-58　墙身拉筋布置构造

剪力墙定义完成后，继续剪力墙的绘制。剪力墙为线性构件，直接使用“直线”绘制方法来绘制。墙体偏移可以使用“对齐”命令或“Shift＋鼠标左键”的偏移命令绘制。剪力墙绘制完成后，采用前面提到的方式绘制门窗洞口。

墙柱要在剪力墙绘制完成后进行定义和绘制。墙柱分为端柱和暗柱，不同的墙柱有不同的绘制方法。首先介绍端柱的绘制方法。

在树状构件列表中选择“墙”构件组下的“端柱”，切换到定义界面。端柱的定义有两种方法，第一种是新建参数化端柱，第二种是新建异形端柱。

① 新建参数化端柱。

a. 点击“新建”-“新建参数化端柱”，弹出如图 4-59 所示的“选择参数化图形”界面。

b. 选择相应的界面形式，按照图纸中标注的界面尺寸，在右侧的参数表中输入相应的数值。

c. 单击“确定”按钮，界面参数设置成功，进行属性信息的输入。

d. 将“截面编辑”选项改为“是”，弹出截面编辑对话框，可对截面尺寸进一步调整，同时还可以修改配筋信息，如图 4-60 所示。

e. 定义完成后，进行绘图输入。

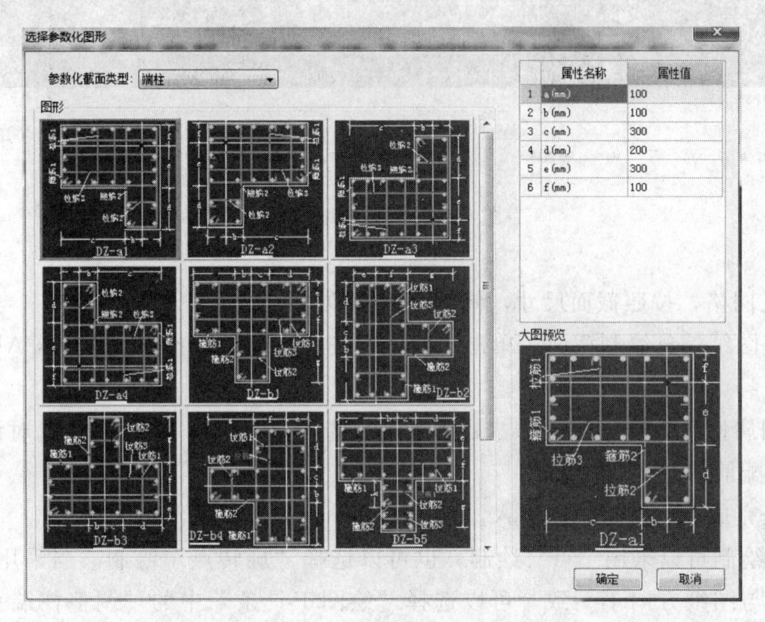

图 4-59　选择参数化图形

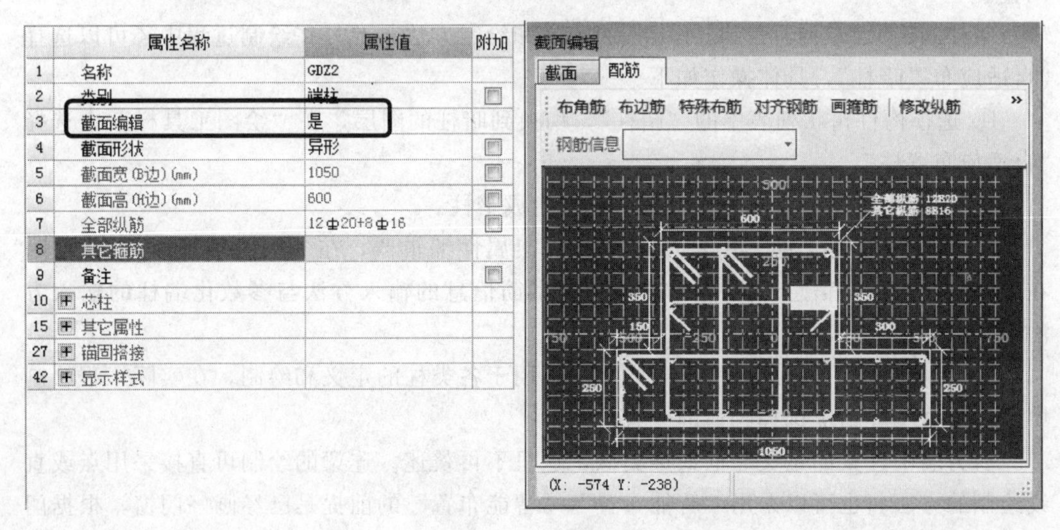

图 4-60　截面编辑

② 新建异形端柱。

a. 点击“新建”-“新建异形端柱”，弹出如图 4-61 所示的“多边形编辑器”界面。

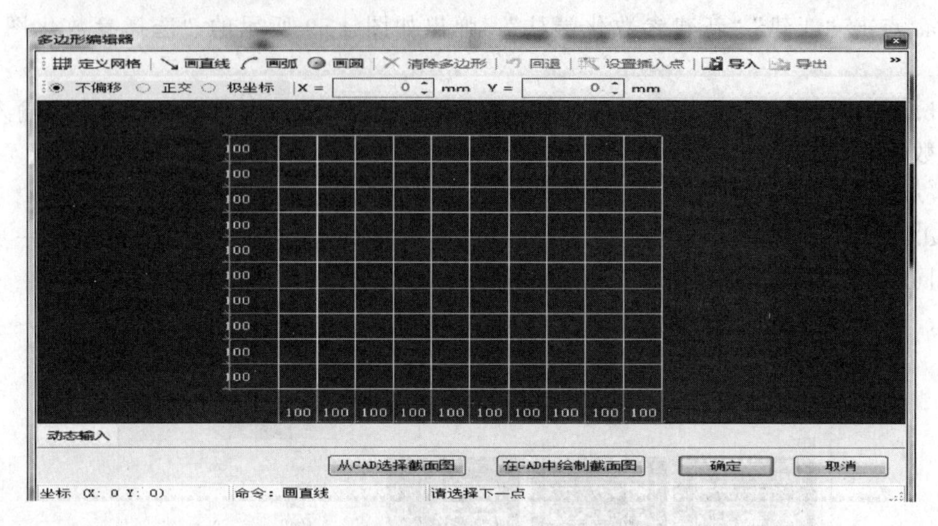

图 4-61　多边形编辑器

b. 定义网格，按照截面尺寸，修改网格参数。

c. 按照图纸信息绘制截面，单击“确定”按钮。此部分操作也可从 CAD 中导入端柱截面。

d. 返回属性编辑截面，此时“截面编辑”选项为“是”，在截面编辑对话框中绘制钢筋，输入配筋信息。

e. 定义完成后，进行绘图输入。

端柱的绘制可以采用“点”绘制，也可以选择“旋转点”绘制。当采用点绘制时，若端头方向与图纸方向不一致，可以选择“绘图工具条”中的“调整柱端头”来进行调整。

暗柱的定义和绘制可以采用端柱的定义和绘制方法，此外在绘制过程中还可以选择“自适应布置暗柱”，具体操作如下。

① 选择构件树状列表中的“暗柱”，切换到暗柱的图层，在“绘图工具栏”中选择“自适应布置柱”。

② 单击选择要布置柱的剪力墙交点，生成暗柱。

③ 构件绘制完成后，单击“属性”，弹出属性编辑器，在参数图中修改截面尺寸，在属性中输入钢筋信息，如图 4-62 所示。钢筋信息的输入方法与参数化端柱的输入方法一致。

先绘制图元，再修改属性信息的方法适用于各类柱的定义和绘制，在实际工程绘制中可以根据实际情况选择合适的方式绘制。

剪力墙中连梁的定义与框架梁类似，这里不再赘述。连梁的绘制可直接采用点或直线绘制的方法，也可以采用“智能布置”，“智能布置”的前提是已经画好门窗，根据门窗、洞口布置连梁。

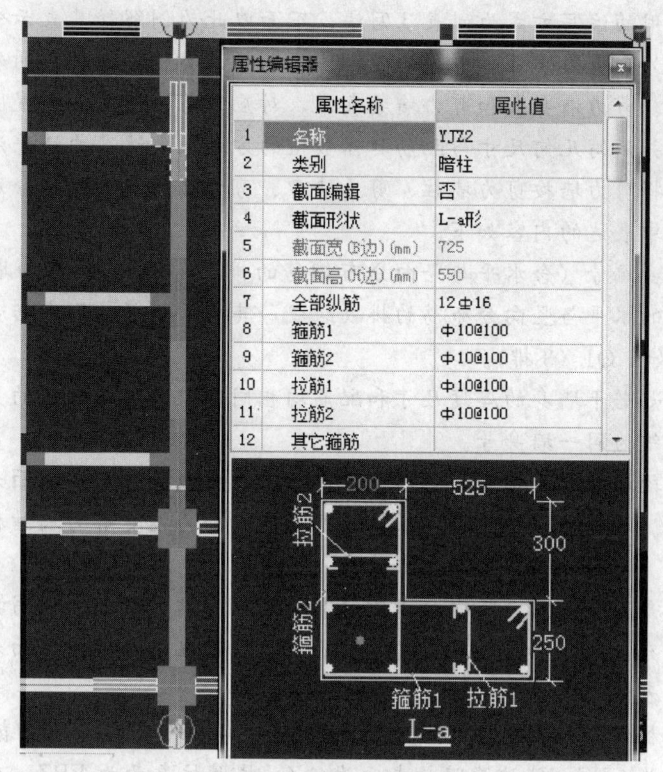

图 4-62 修改暗柱属性

【知识拓展】 框架结构中有时把框架梁柱之间的矩形空间设置一道现浇钢筋混凝土墙，用以加强框架的空间刚度和抗剪能力，这面墙就是剪力墙。这样的结构就称为“框架-剪力墙结构”，简称“框剪结构”。现在城市中越来越多的高层住宅楼不设置框架柱、框架梁，而把所有的外墙和内墙都做成混凝土墙，直接支撑混凝土楼板，人们称这样的结构为“纯剪结构”。

“剪力墙”的主要作用是抵抗水平地震力，一般抗震设计主要考虑水平地震力，这是基于建筑物不在地震中心，甚至远离地震中心假定的。地震冲击波是以震源为中心的球面波，因此地震力包括水平地震力和垂直地震力。在震中附近，地震力以垂直地震力为主，在离开震中较远的地方，地震力以水平地震力为主，从抵抗水平地震力出发设计的剪力墙，其主要受力钢筋就是水平分布筋。

从分析剪力墙承受水平地震力的过程来看，剪力墙受水平地震力作用来回摆动时，基本上以墙肢的垂直中线为拉压零点线，墙肢中线两侧一侧受拉一侧受压且周期性变化，拉应力或压应力值越往外越大，至边缘达到最大值。为了加强墙肢抵抗水平地震力的能力，需要在墙肢边缘处对剪力墙身进行加强，这就是为什么需要在墙肢边缘设置“边缘构件”（暗柱或端柱）的原因。所以说，暗柱或端柱不是墙身的支座，而是和墙身本身是一个共同工作的整体。

除了上述提到的墙身和边缘构件外，剪力墙结构还包含了三种墙梁，下面详细阐述各种构件平法施工图中的注写方式。

剪力墙平法施工图系在剪力墙平面布置图上采用列表注写方式或截面注写方式表

达。在施工中常用的注写方式为列表注写法，下面以此为例解释其表示含义。

剪力墙可视为由剪力墙柱、剪力墙身和剪力墙梁三类构件组成。列表注写方式系分别在剪力墙柱表、剪力墙身表和剪力墙梁表中，对应于剪力墙平面布置图上的编号，用绘制截面配筋图并注写几何尺寸与配筋具体数值的方式来表达剪力墙平法施工图。

编号规定：将剪力墙按剪力墙柱、剪力墙身、剪力墙梁三类构件分别编号。

剪力墙身表中表达的内容如下。

(1) 注写墙身编号（含水平与竖向分布钢筋的排数）。墙身编号由墙身代号、序号以及墙身所配置的水平与竖向分布筋的排数组成，其中，排数注写在括号内。当排数为2时可不注写。如：Q1 (3排)。

在编号中，如若干墙身的厚度尺寸和配筋均相同，仅墙厚与轴线的关系或墙身长度不同时，可将其编为同一墙身号。

(2) 注写各段墙身起止标高，自墙身根部往上以变截面位置或截面未变但配筋改变处为界分段注写。墙身根部标号系指基础顶面标高（如为框支剪力墙结构则为框支梁顶面标高)。

(3) 注写水平分布钢筋、竖向分布钢筋和拉结筋的具体数值。注写数值为一排水平分布筋和竖向分布筋的规格与间距，具体设置几排已经在墙身编号后面表达了。

剪力墙柱表表达的内容如下。

(1) 注写墙柱编号和绘制墙柱的截面配筋图。其中约束边缘构件表示为YBZ，构造边缘构件表示为GBZ，非边缘暗柱表示为AZ，扶壁柱表示为FBZ。在编号中，如若干墙柱的截面尺寸与配筋均相同，仅截面与轴线的关系不同时，可将其变为同一墙柱号。对于约束边缘墙柱，需增加标注几何尺寸 $b_c \times h_c$（端柱的长宽尺寸）。该柱在墙身部分的几何尺寸（翼缘长度）按16G101—1图集第13页约束端柱的标准构造图取值，设计不注。

(2) 注写各段墙柱的起止标高，自墙柱根部往上以变截面位置或截面未变但配筋改变处为界分段注写。墙身根部标号系指基础顶面标高（如为框支剪力墙结构则为框支梁顶面标高)。

(3) 注写各段墙柱的纵向钢筋，注写值应与在表中绘制的截面对应一致。纵向钢筋注写总配筋值；墙柱箍筋的注写方式与柱箍筋相同。对于约束边缘端柱、约束边缘暗柱、约束边缘翼墙（柱)、约束边缘转角墙（柱)，除注写16G101—1图集的相应标准构造详图中所示阴影部位内的箍筋外，尚应注写非阴影区内布置的拉筋（或箍筋)。

剪力墙梁表中表达的内容如下。

(1) 注写墙梁编号。其中连梁表示为LL，暗梁表示为AL，边框梁表示为BKL。在具体工程中，当某些墙身需要设置暗梁或边框梁时，宜在剪力墙平法施工图中绘制暗梁或边框梁的平面布置简图且编号，以明确其具体位置。

(2) 注写墙梁所在楼层号。

(3) 注写墙梁顶面标高高差，系指相对于墙梁所在结构层楼面标高的高差值，高于者为正值，低于者为负值，当无高差时不注。

(4) 注写墙梁截面尺寸 $b \times h$、上部纵筋、下部纵筋和箍筋的具体数值。

（5）墙梁侧面纵筋的配置：当墙身水平分布钢筋满足连梁、暗梁及边框梁的梁侧面构造钢筋的要求时，该筋配置同墙身水平分布钢筋，标注不注，施工按标准构造详图的要求即可；当不满足时，应在表中注明梁侧面纵筋的具体数值。

4.4 中间层钢筋工程构件绘图输入

一般工程中不同楼层间存在较多相同构件，可以通过层间复制功能快速绘制其他层构件。

4.4.1 层间复制

（1）复制选定图元到其他楼层

点击菜单栏“楼层”，选择“复制选定图元到其他楼层”，如图 4-63 所示。该功能可以选择复制单个或多个构件到其他楼层。

对于层间复制来说，需要选择首层中除轴网之外的全部构件复制到第 2 层，推荐使用“构件”菜单栏中的“批量选择”功能选择图元。如图 4-64 所示。

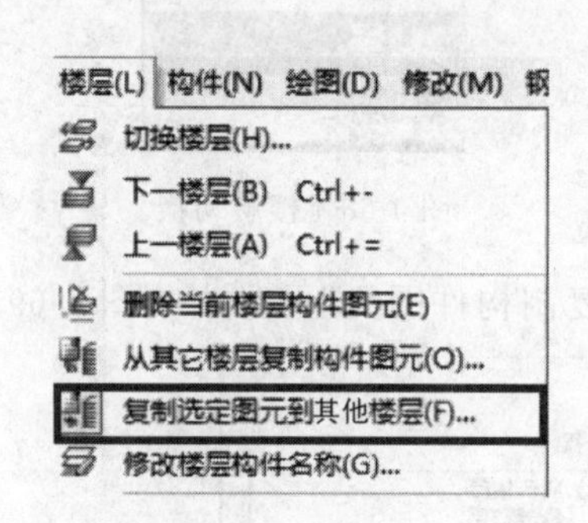

图 4-63 复制选定图元到其他楼层

图 4-64 批量选择

在首层，点击“批量选择”，弹出图 4-65 所示的选择构件图元对话框，选择除轴网和辅助轴线之外的全部构件，点击“确定”，选择图元完毕。

点击“楼层”，选择“复制选定图元到其他楼层”，弹出如图 4-66 所示对话框，选择“第 2 层”，点击“确定”，把选择的图元复制到第 2 层。

（2）从其他楼层复制构件图元

层间复制的第二种方法还可以使用“从其他楼层复制构件图元”功能。

点击菜单栏“楼层”，选择“从其他楼层复制构件图元”，如图 4-67 所示。该功能可以从首层复制图元到第 2 层。使用该种方法需要注意，需要切换到第 2 层平面，实现从首层复制图元到第 2 层的功能，如图 4-68 所示。

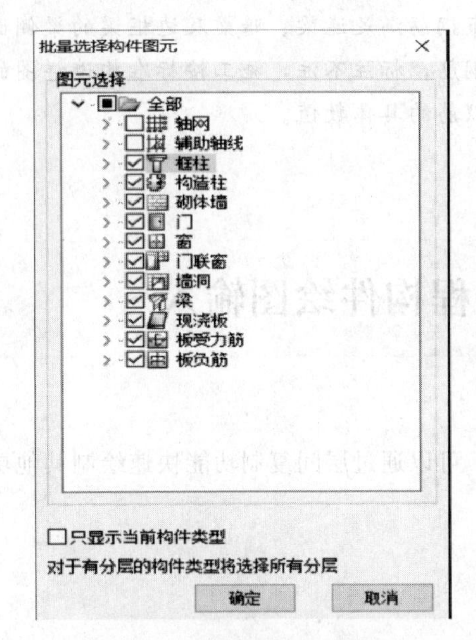

图 4-65　批量选择构件图元

图 4-66　复制图元到第 2 层

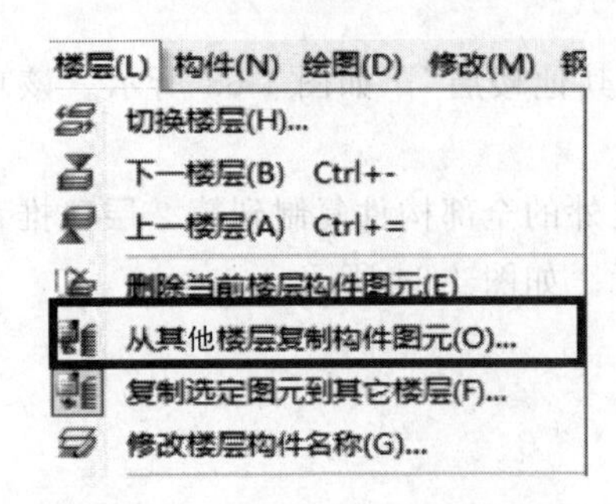

图 4-67　从其他楼层复制构件图元

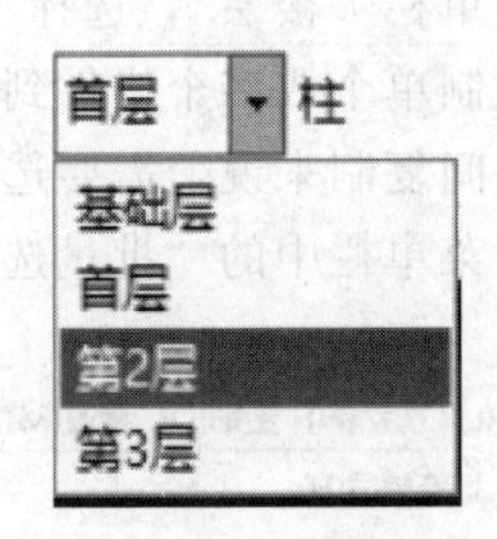

图 4-68　楼层切换

在第 2 层，点击“楼层”，选择“从其他楼层复制构件图元”。弹出如图 4-69 所示

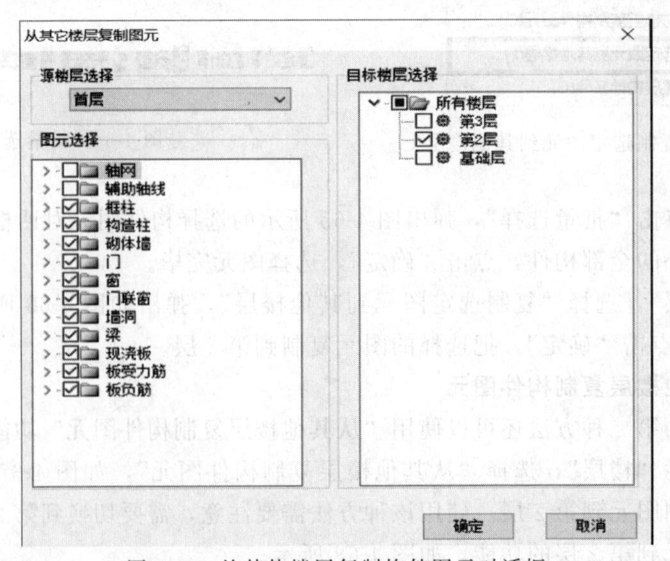

图 4-69　从其他楼层复制构件图元对话框

对话框，选择源楼层——首层，选择需要复制的构件——除轴网和辅助轴线之外的全部构件，目标楼层默认为第 2 层，点击“确定”，把首层的构件图元复制到第 2 层。

4.4.2　修改构件

对照图纸发现，第 2 层和首层不完全一致，需要对第 2 层构件进行修改。

(1) 柱修改

通过柱平面图及柱表发现，KZ3、KZ5、KZ3E、LZ3e 的顶标高是 3.55m，3.55m 是一层顶标高，由此表明第 2 层及顶层没有 KZ3、KZ5、KZ3E、LZ3e，利用“批量选择”功能，选中相应构件，删除即可。

(2) 墙修改

对比首层和第 2 层的平面图发现，需要删除Ⓕ轴上、Ⓛ轴上的①轴和③轴间墙体，选中相应图元，删除即可。注意删除墙体时，其对应自动生成的构造柱也需删除。

(3) 梁修改

对照首层和第 2 层的梁平面图，按照修改顺序，即采用先左后右、先上后下的顺序进行修改，以免出现遗漏。

KL-2：由 6 跨变 3 跨，Ⓕ～Ⓛ轴上的梁需要删除，Ⓐ～Ⓕ轴上梁的尺寸，钢筋与首层 KL-2 一致。选中图元 KL-2，点击修改工具栏中的“打断”，如图 4-70 所示，鼠标左键选择打断点，鼠标右键确定，出现“是否在指定位置打断”对话框，选择“是”，将 KL-2 打断成两部分，选择需要删除的Ⓕ～Ⓛ轴上的梁，删除即可。

删除 | 复制 镜像 | 移动 旋转 | 延伸 修剪 | 打断 合并

图 4-70　打断

KL-3：跨数、尺寸、钢筋、位置与首层相对比都有变化，根据 KL-2 的修改方法可以修改跨数，尺寸及钢筋信息在“属性编辑器”中及“原位标注”中修改。通过对比图纸发现，KL-3 的位置有变化，需要向左侧偏移 250mm，利用“Shift＋鼠标左键”偏移，基准点选择梁的中点，输入 $X=-250$，$Y=0$，点击“确定”，选择梁的终点，完成梁的偏移。

KL-15：尺寸、跨数、位置与首层的 KL-16 一致，因此选中 KL-16 点击“属性编辑”，将名称修改为 KL-15，重新进行原位标注。

L-1、L-2：Ⓖ轴～Ⓚ轴和②轴～③轴之间需新建非框架梁 L-1，而位于首层的原 L-1 在第 2 层需变为 L-2。此处可以先修改 L-1 变为 L-2，选中要修改的图元 L-1，点击“属性”按钮，在弹出的“属性编辑器”对话框中，点击“名称”属性值下拉列表，选择 L-2，此时弹出图 4-71 所示对话框，选择“是”。

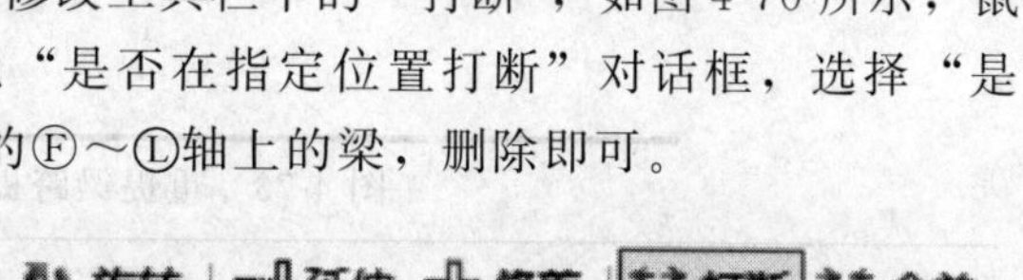

图 4-71　修改梁名称对画框

或者采用第二种方法：选中要修改的图元 L-1，在“构件”菜单下，选择“修改构件图元名称”功能，可以将 L-1 名称替换为 L-2。点击 L-1，利用“直线”绘制 L-1，修改尺寸等属性，点击“原位标注”输入原位标注信息。

按照相同的方法，完成第 2 层其它位置梁的修改。

对于梁的修改需要注意梁跨数的定义，一般情况下梁属性中的数据显示跨数，该跨数是软件根据所绘制的梁自动识别的跨数，软件自动判断支座数，并根据梁与支座的位置关系确定该梁的跨数。将跨数与图纸中梁属性中的跨数进行比较，如果不一致，可以进行“重提梁跨”，如图 4-72 所示。

图 4-72　重提梁跨

提取梁跨时如出现“当前图元的跨数量与识别产生的跨数量不一致，请调整支座修改跨数量”对话框，如图 4-73 所示，表明软件识别出的跨数与该梁属性中的跨数不相同。在做梁的原位标注或重提梁跨等操作时，软件会根据梁的支座重新判断梁跨数。

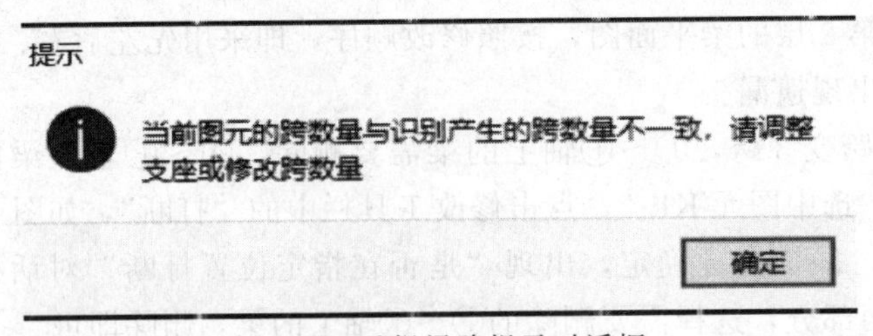

图 4-73　重提梁跨提示对话框

修改方法：选中出错的梁，查看该梁上的“△”符号（这个符号所在位置为梁支座位置），再对照设计图纸，用“删除支座”与“设置支座”功能，将不该有的支座删掉，或是将该有的支座添加上，然后把真实的跨数填入梁属性中的“跨数”一栏内。注意，填写数字时，该梁必须是处于选中状态。

(4) 板修改

对照首层和第 2 层的板平面图，主要在Ⓕ轴～Ⓛ轴和①轴～③轴之间有变化，需要对该区域进行删除。选中要删除的楼板，点击删除即可。同时还需删除板受力筋和板负筋，点击左侧树状导航栏，分别选择板受力筋和板负筋，删除相应的钢筋。如图 4-74 所示。

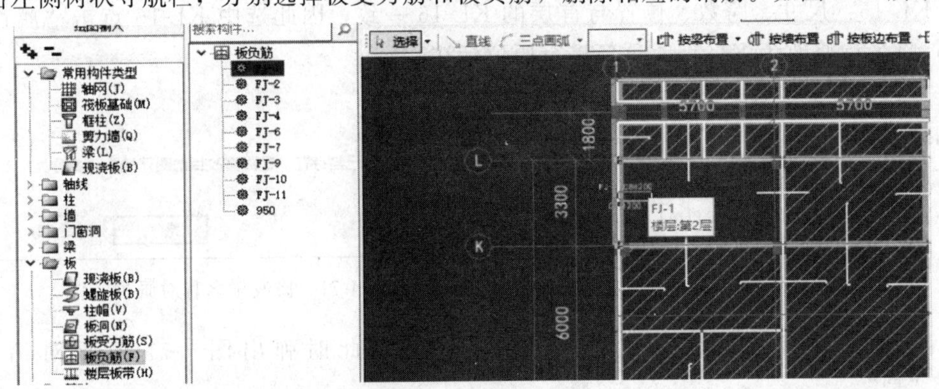

图 4-74　删除板负筋

Ⓚ轴上板负筋需要修改其标注尺寸，按照前面介绍的板绘制方法修改其属性，如图4-75所示。

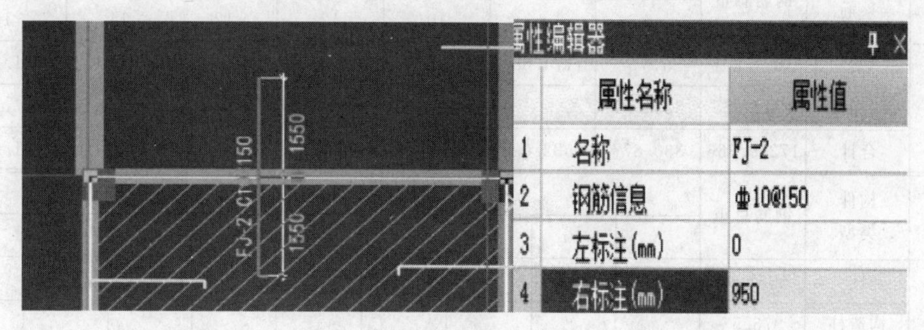

图 4-75　板负筋修改

其他构件也采用同样的方法，按照图纸进行修改，第 2 层钢筋工程完成成果如图 4-76所示。

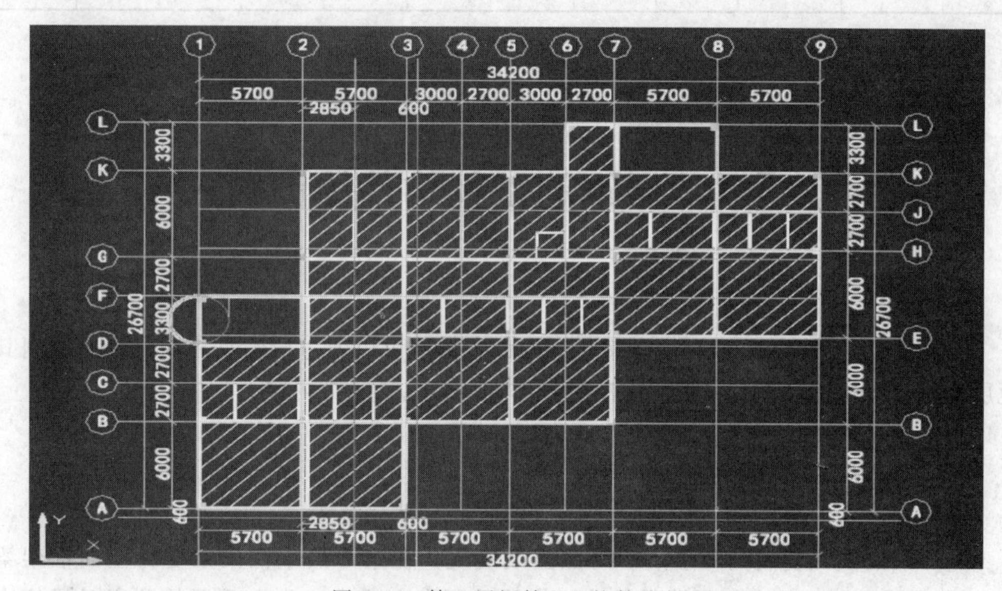

图 4-76　第 2 层钢筋工程构件绘制

4.4.3　计算结果

第 2 层所有构件钢筋量汇总表如表 4-6 所示（见报表中《楼层构件类型级别直径汇总表》）。

表 4-6　第 2 层构件钢筋汇总表　　单位：kg

楼层名称	构件类型	钢筋总重	HPB300				HRB335		
			6	8	10	12	12	14	16
第 2 层	柱	5965.94		1203.453	1453.066				
	构造柱	876.57		203.899			672.671		

续表

楼层名称	构件类型	钢筋总重	HPB300				HRB335		
			6	8	10	12	12	14	16
第 2 层	梁	5664.201	7.78	1174.683		61.538	40.99	32.51	21.295
	现浇板	4742.655	323.097						
	合计	17249.366	330.877	2582.035	1453.066	61.538	713.661	32.51	21.295

楼层名称	构件类型	钢筋总重	HRB400								
			8	10	12	14	16	18	20	22	25
第 2 层	柱	5965.94				78.113	1091.148	57.104	1526.727	556.33	
	构造柱	876.57									
	梁	5664.201				62.261	1773.109	1387.994	651.067	143.743	307.23
	现浇板	4742.655	1912.075	2214.524	292.96						
	合计	17249.366	1912.075	2214.524	292.96	140.373	2864.257	1445.098	2177.794	700.074	307.23

4.5 顶层钢筋工程构件绘图输入

顶层（3 层）与第 2 层存在较多相同构件，依然可以通过层间复制功能快速绘制其他层构件，再对构件进行修改的方法，具体方法参见 4.4.1 内容。

4.5.1 屋面框架梁的修改

将 2 层的图元复制到 3 层后，对照图纸发现，在第 3 层中框架梁变为屋面框架梁（WKL），需要对 KL 进行属性的修改，依然采用先左后右、先上后下的顺序对梁依次进行修改，以免出现遗漏。

以 WKL-1 为例，选中图元，在“属性编辑器”中将名称修改为“WKL-1”，类别修改为“屋面框架梁”，如图 4-77 所示。其他属性与框架梁的输入方法一致，进行集中标注与原位标注的修改。

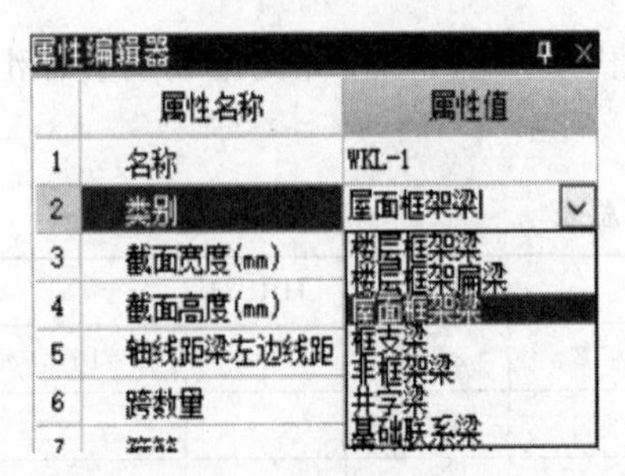

图 4-77　屋面框架梁类别选择

4.5.2 判断边角柱

在 4.2.2 中柱的绘制部分，柱属性中对于“柱的类型”是按照软件默认选择“中柱”，并没有对其进行修改。根据柱平法规则，顶层的中柱、边柱、角柱的钢筋构造是不同的，所以在顶层需要正确选择柱类型，保证钢筋计算的准确性。顶层的梁绘制完毕后，形成了封闭的区域，可以进行边、角柱的判断。

在第3层，选择柱构件，点击绘图工具栏中的“自动判断边角柱”，如图4-78所示，弹出对话框“自动判断成功”。对比发现，判断边角柱成功后，边柱和角柱的颜色发生改变，属性“柱类型”也随之变化，如图4-79所示，边柱-B表示该柱在顶层锚固时，B边长锚。在判断边、角柱时，不考虑悬挑跨。通过对边、角柱的判断，可以自动匹配边柱、角柱的计算节点，自动进行钢筋的计算，减少了手动调整计算的工作量，比较方便快捷。

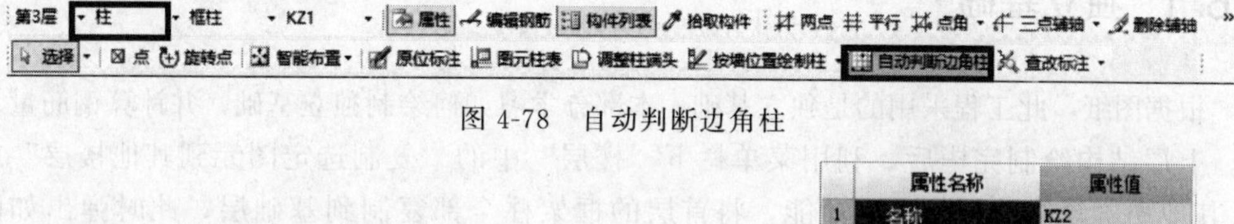

图4-78　自动判断边角柱

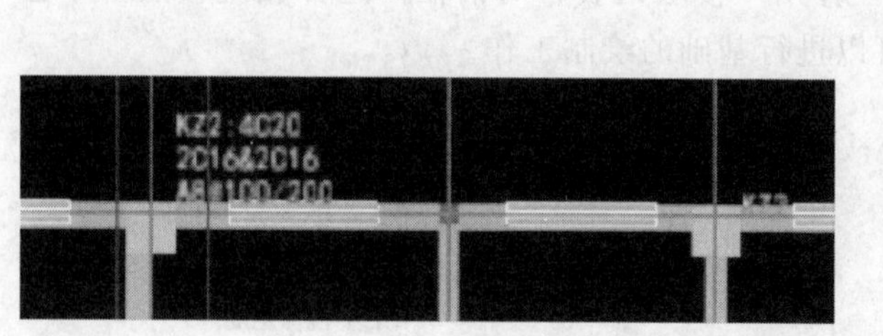

	属性名称	属性值
1	名称	KZ2
2	类别	框架柱
3	截面编辑	否
4	截面宽(B边)(mm)	500
5	截面高(H边)(mm)	500
6	全部纵筋	
7	角筋	4⏀20
8	B边一侧中部筋	2⏀16
9	H边一侧中部筋	2⏀16
10	箍筋	⏀8@100/200
11	肢数	4*4
12	柱类型	(边柱-B)

图4-79　边柱颜色和属性的变化

4.5.3　计算结果

第3层所有构件钢筋量汇总表如表4-7所示（见报表中《楼层构件类型级别直径汇总表》）

表4-7　第3层构件钢筋汇总表　　单位：kg

楼层名称	构件类型	钢筋总重	HPB300				HRB400		
			6	8	10	12	12	16	8
第3层	柱	5256.367		1158.223	1463.704				
	构造柱	930.355		214.975			715.38		
	梁	5555.252	78.554	1327.627		138.936	520.748	21.741	11.21
	现浇板	5275.994	333.503						1509.196
	合计	17017.968	412.057	2778.426	1463.704	138.936	1236.128	21.741	1520.406

楼层名称	构件类型	钢筋总重	HRB400							
			10	12	14	16	18	20	22	25
第3层	柱	5256.367			850.729	45.96	1249.543	488.207		
	构造柱	930.355								
	梁	5555.252			133.327	1486.775	1365.742	413.997		56.595
	现浇板	5275.994	3269.548	163.747						
	合计	17017.968	3269.548	163.747	133.327	2337.504	1411.702	1663.54	488.207	56.595

4.6 基础层钢筋工程构件绘图输入

4.6.1 独立基础

根据图纸，此工程采用的是独立基础。本部分学习如何绘制独立基础，并计算钢筋量。

上层结构绘制完毕后，利用菜单栏下“楼层”中的“复制选定图元到其他楼层”或“从其他楼层复制构件图元”功能，将首层的框架柱全部复制到基础层，此时弹出如图4-80所示对话框，点击“确定”，弹出“楼层列表”对话框，选择相应楼层，单击“确定”完成。在有柱的基础上就可以进行基础的绘制工作。

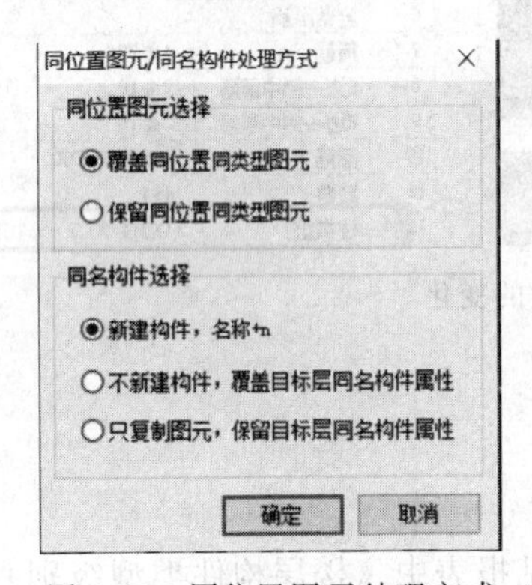

图 4-80　同位置图元处理方式

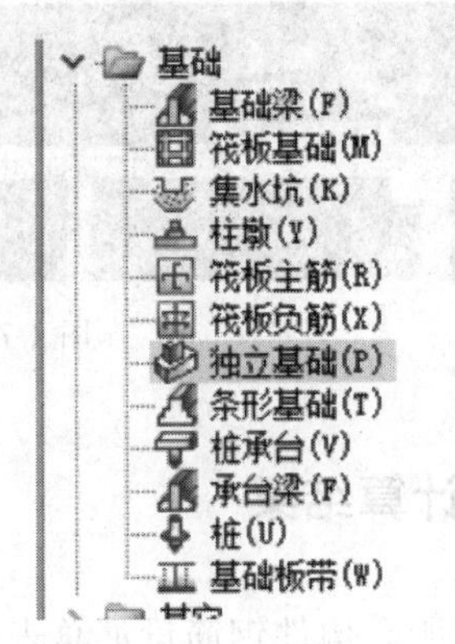

图 4-81　独立基础

(1) 阶梯形独立基础

将楼层切换为“基础层”，然后在左侧绘图栏中选中“基础”构件，选择“独立基础”，如图4-81所示。点击工具栏中“定义”，点击“新建”，选择“新建独立基础”，如图4-82所示。

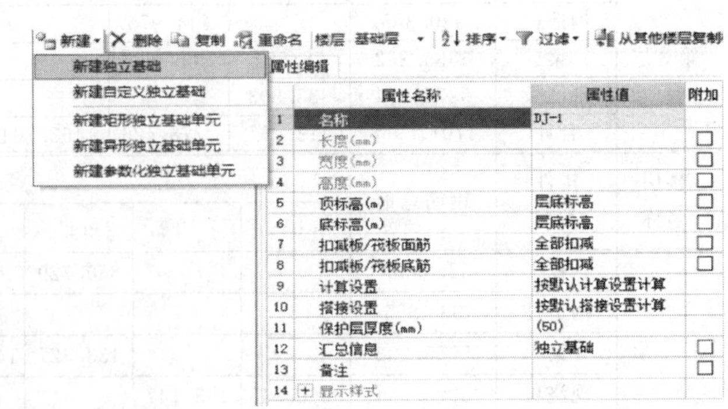

图 4-82　新建独立基础

新建独立基础后，在属性编辑器中发现基础的长、宽、高为灰色界面，无法进行属性编辑，这里需要特别注意，独立基础需要建立单元才可以进行属性编辑，再次点击“新建”，选择“新建矩形独立基础单元”，在属性编辑器里输入基础长度、宽度、高度和受力筋，同时还需调整基础底标高，软件默认是层底标高，根据工程实际情况填写，如图 4-83 所示。

新建 · 删除 复制 重命名 楼层 基础层 · 排序 · 过滤 · 从其他楼层复制

新建独立基础
新建自定义独立基础
新建矩形独立基础单元
新建异形独立基础单元
新建参数化独立基础单元

属性编辑

	属性名称	属性值	附加
1	名称	DJ-1-1	
2	截面长度(mm)	1000	☐
3	截面宽度(mm)	1000	☐
4	高度(mm)	500	☐
5	相对底标高(m)	-2	☐
6	横向受力筋	⌀12@200	☐
7	纵向受力筋	⌀12@200	☐
8	短向加强筋		☐
9	顶部柱间配筋		☐
10	其他钢筋		
11	备注		☐
12	+ 锚固搭接		

图 4-83　新建矩形独立基础单元

如果基础是两层阶梯，还需再次“新建矩形独立基础单元”，建立顶层阶梯基础单元，在属性编辑器中输入截面尺寸和受力钢筋信息，如图 4-84 所示。

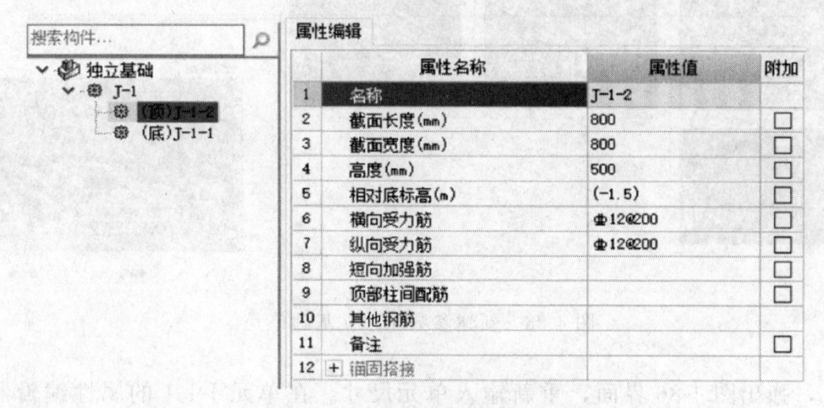

图 4-84　新建两层阶梯独立基础

独立基础属于点式构件，返回“绘图”界面，点击“点”，进行基础绘制。绘制结果如图 4-85 所示。

(2) 四棱锥台形独立基础

本工程为四棱锥台形独立基础。以 J-1 为例，利用上述方法“新建矩形基础”，修改名称为“J-1”，再点击“新建”，选择“新建参数化独立基础单元”，弹出图 4-86 所示界面，建立单元 J-1-1。

查看基础详图或大样图，按照图形标注尺寸，a 边和 b 边尺寸为底层平台长度和宽度，a_1 和 b_1 边尺寸为四棱锥台最上方长度和宽度，h 为底层平台高，h_1 为四棱锥台垂直高度，输入相应尺寸后，点击“确定”，单元 J-1-1 建立完成。此时，点开 J-1 和 J-1-1 的属性编辑器中可以看到长宽高尺寸为灰色，无法修改，如图 4-87 所示。

如需修改尺寸，需点击单元 J-1-1，在属性编辑器中选择“截面形状”，点击属性值

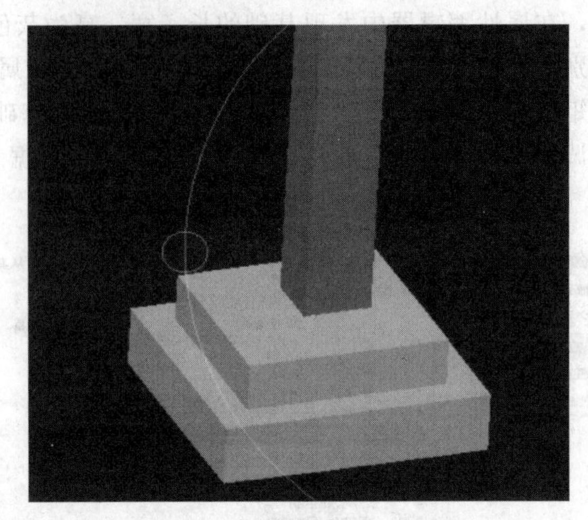

图 4-85　绘制阶梯形独立基础

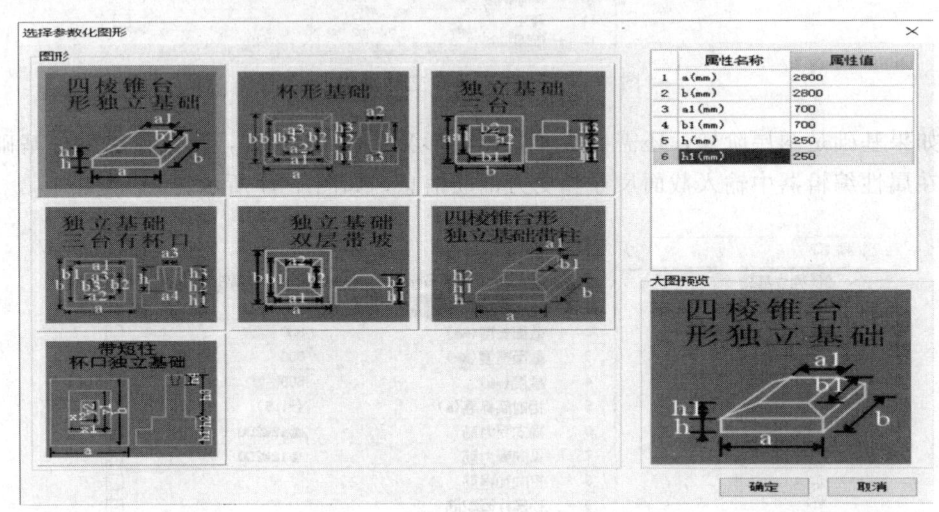

图 4-86　新建参数化独立基础单元

位置的···，弹出图 4-86 界面，重新输入单元尺寸。在单元 J-1-1 的属性编辑器中输入“相对底标高”为基础实际底标高，输入受力筋信息。

	属性名称	属性值
1	名称	J-1
2	长度(mm)	2800
3	宽度(mm)	2800
4	高度(mm)	500
5	顶标高(m)	层底标高+0.5
6	底标高(m)	层底标高
7	扣减板/筏板面筋	全部扣减
8	扣减板/筏板底筋	全部扣减
9	计算设置	按默认计算设置计算
10	搭接设置	按默认搭接设置计算
11	保护层厚度(mm)	(50)
12	汇总信息	独立基础
13	备注	
14	+ 显示样式	

	属性名称	属性值
1	名称	J-1-1
2	截面形状	四棱锥台形独立基础
3	截面长度(mm)	2800
4	截面宽度(mm)	2800
5	高度(mm)	500
6	相对底标高(m)	-2.5
7	横向受力筋	⌀12@150
8	纵向受力筋	⌀12@150
9	其他钢筋	
10	备注	
11	+ 锚固搭接	

图 4-87　属性编辑

返回“绘图”界面，点击“点”，根据平面图进行基础绘制。绘制结果如图 4-88 所示。第二种方法是采用绘图工具栏中的“智能布置”功能，按“柱”布置独立基础，框选所有图元，单击右键，完成绘制。

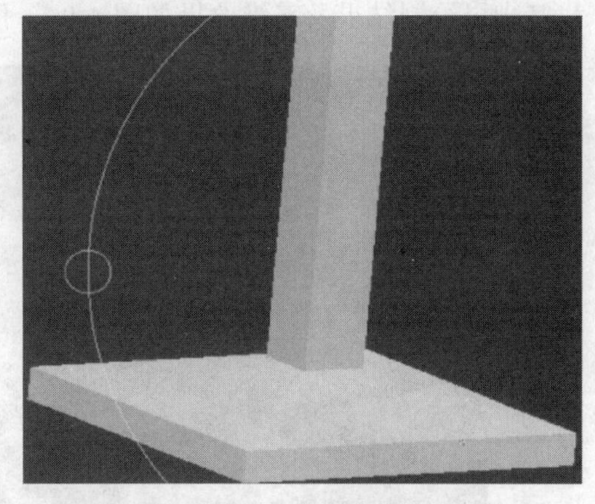

图 4-88 绘制四棱锥台形独立基础

4.6.2 地梁（DKL 和 DL）

基础中的梁绘制难点之一在于梁的类别选择：主要是基础梁和基础联系梁的区分。地梁一般认为是基础联系梁，因为基础梁主要起到承重作用，而基础联系梁的作用主要是竖向构件的联系作用，在本工程中，地梁和柱联系到一起，本工程地梁按照基础联系梁来进行绘制。如果在绘制时，选错梁类别，不用全部删除重新绘制，选中梁，点击鼠标右键，选择“构件转换”可以转换成正确的梁类别。

基础梁需要在左侧导航栏中“基础”下选择“基础梁”进行绘制，基础联系梁是按照新建框架梁的方法，在“梁”下选择“新建矩形梁”，修改梁类别为“基础联系梁”。

本工程中基础层地梁与首层梁的布置类似，通过层间复制的方法快速绘制首层梁构件，再对构件进行属性修改的方法，具体方法参见 4.3.3 内容。

属性编辑器

	属性名称	属性值
1	名称	DKL-2
2	类别	基础联系梁
3	截面宽度(mm)	楼层框架梁 楼层框架扁梁 屋面框架梁 框支梁 非框架梁 井字梁 基础联系梁
4	截面高度(mm)	
5	轴线距梁左边线距	
6	跨数量	
7	箍筋	

图 4-89 地梁类别选择

将首层的梁复制到基础层后，对照图纸发现，需要进行修改，依然采用先左后右、先上后下的顺序对地梁依次进行修改，以免出现遗漏。

以 DKL-2 为例，选中图元，在“属性编辑器”中将名称修改为“DKL-2”，类别修改为“基础联系梁”，如图 4-89 所示。其他属性与框架梁的输入方法一致，进行集中标注与原位标注的修改。属性编辑中注意标高的设置，在属性编辑器中“其他属性”中，起点顶标高和终点顶标高按照图纸实际地梁标高输入。

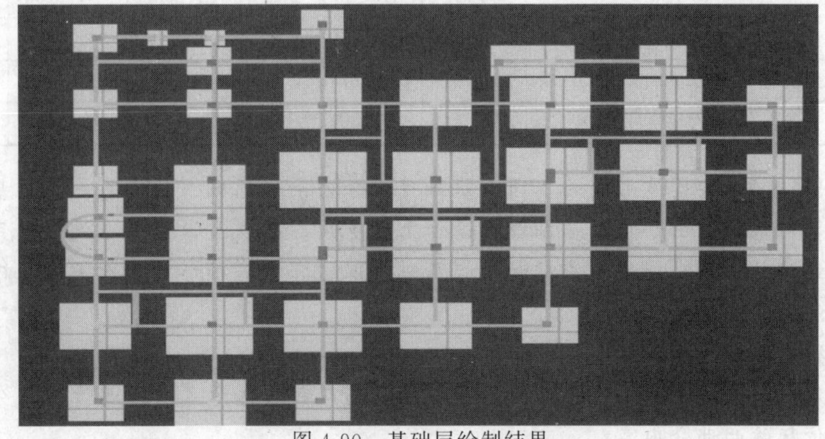

图 4-90 基础层绘制结果

基础层绘制结果及三维效果如图 4-90、图 4-91 所示。

图 4-91　地梁、独立基础和柱的三维效果

4.6.3　计算结果

基础层所有构件钢筋量汇总表如表 4-8 所示（见报表中《楼层构件类型级别直径汇总表》）。

表 4-8　基础层构件钢筋汇总表　　单位：kg

楼层名称	构件类型	钢筋总重	HPB300				HRB335		
			6	8	10	12	12	14	16
基础层	柱	6048.383		990.5	774.931				
	梁	4323.575	101.239	1112.563	50.532	22.413	47.632	15.546	19.058
	独立基础	6015.716							
	合计	16387.674	101.239	2103.063	825.463	22.413	47.632	15.546	19.058

楼层名称	构件类型	钢筋总重	HRB400						
			12	14	16	18	20	22	25
基础层	柱	6048.383		47.146	1419.156	256.64	1780.751	779.258	
	梁	4323.575	162.389	695.768	1685.17	117.768	291.186		2.31
	独立基础	6015.716	1605.984	1420.056	2989.676				
	合计	16387.674	1768.372	2162.971	6094.002	374.408	2071.937	779.258	2.31

【知识拓展】 按构造形式的不同，基础可以分为条形基础、独立基础、桩基础、筏形基础和箱形基础。由于箱形基础现在设计上很少用，所以淡出了标准设计。目前常用的基础形式为独立基础、条形基础和筏板基础，以这三种基础形式为例阐述基础平法施工图上各注写方式的含义。

(1) 独立基础

独立基础平法施工图上有平面注写和截面注写两种表达方式。平面注写又分为集中标注和原位标注两部分内容。

独立基础集中标注的内容有：基础编号、截面竖向尺寸、配筋信息以及基础底面标高。

① 注写基础编号。独立基础有两种类型，一种是普通独立基础，另一种为杯口独立基础。底板的截面形状也有两种，一种为阶形，一种为坡形。阶形独立基础表示为 DJ_J（BJ_J）；坡形独立基础表示为 DJ_P（BJ_P）。

② 注写独立基础截面竖向尺寸。尺寸标注的一般格式为：$h_1/h_2/h_3$，其中 h 为基础各阶尺寸。

例 10 当阶形截面普通独立基础的竖向尺寸注写为 400/300/200 时，表示基础从底面算起 $h_1=400$、$h_2=300$、$h_3=300$，基础底板总厚度为 1000。本例为三阶，当有更多阶时，各阶尺寸自下而上用“/”分隔顺写。

③ 注写独立基础配筋信息。独立基础配筋分为底板配筋、杯口独立基础顶部焊接钢筋网配筋信息、高杯口独立基础的杯壁外侧和短柱配筋信息以及普通独立深基础端柱竖向钢筋信息。

例 11 当独立基础底板配筋标注——B：*X*C16@150，*Y*C16@200，表示基础底板底部配置 HRB400 级钢筋，*X* 向直径为 16，分布间距 150，*Y* 向直径为 16，分布间距为 200。

例 12 杯口独立基础顶部钢筋网标注为：Sn2C14，表示杯口顶部每边配置 2 根 HRB400 级直径为 14 的焊接钢筋网。

例 13 当高杯口独立基础的杯壁外侧和短柱配筋标注——0：4C20/C16@200/C16@200，A10@150/300；表示高杯口独立基础的杯壁外侧和短柱配置 HRB400 级竖向钢筋和 HPB300 级箍筋。其竖向钢筋为：4 Ф 20 角筋、Ф 16@200 长边中部筋和 Ф 16@200 短边中部筋；其箍筋直径为 10，杯口范围间距 150，短柱范围间距 300。

例 14 当短柱配筋标注为 DZ：4C20/5C18/5C18，A10@100，−2.500～−0.050，表示独立基础的短柱设置在−2.500～−0.050 高度范围内，配置 HRB400 级竖向钢筋和 HPB300 级箍筋，其竖向钢筋为 4 Ф 20 角筋，5 Ф 18X 边中部筋和 5 Ф 18Y 边中部筋；其箍筋直径为 10，间距为 100。

④ 注写基础底面标高。当独立基础的底面标高与基础底面基准标高不同时，应将独立基础底面标高直接注写在括号内。

独立基础的原位标注，系在基础平面布置图上标注独立基础的平面尺寸。对相同编号的基础，可选择一个进行原位标注；当平面图形较小时，可将所选定进行原位标注的基础按比例适当放大；其他相同编号者仅注编号。

(2) 条形基础

条形基础整体上可分为两类：梁板式条形基础和板式条形基础。梁板式条形基础适用于钢筋混凝土框架结构、框架-剪力墙结构、部分框支剪力墙结构和钢结构，平法施工图将该基础分解为基础梁和条形基础底板分别进行表达；板式条形基础适用于钢筋混凝土剪力墙结构和砌体结构，平法施工图仅表达条形基础底板。

下面以平面注写方式为例阐述基础梁与基础底板平面注写含义。

基础梁（JL）的平面注写方式分为集中标注和原位标注两部分内容。集中标注的内容有：基础梁编号、截面尺寸、配筋信息和基础梁底面标高。

① 注写基础梁编号。表示为JL（×××）或（××A）或（××B），其中括号内为跨数及有无外伸信息，A表示一端有外伸，B表示两端有外伸。

② 注写基础梁截面尺寸。注写$b \times h$，表示梁截面宽度与高度。当为加腋梁时，注写方式与框架梁相同。

③ 注写基础梁配筋。基础梁配筋分为箍筋、梁底部纵向钢筋、顶部纵向钢筋和侧面纵向钢筋。当具体设计仅采用一种箍筋间距时，注写钢筋级别、直径、间距与肢数（箍筋肢数写在括号内）；当具体设计采用两种箍筋时，用“/”号分隔不同箍筋，按照从基础梁两端向跨中的顺序注写。先注写第一段箍筋（在前面加注箍筋道数），在斜线后再注写第二段箍筋（不再加注箍筋道数）。

例15　9C16@100/C16@200（6）

以B打头，注写梁底部贯通纵筋；以T打头，注写梁顶部贯通纵筋。当梁底部或顶部贯通纵筋多于一排时，用“/”将各排纵筋自上而下分开。以G打头注写梁两侧面对称设置的纵向构造钢筋的总配筋值。

④ 注写基础梁底面标高。当条形基础的底面标高与基础底面基准标高不同时，将条形基础底面标高注写在“（）”内。

基础梁（JL）的原位标注规定如下：原位标注基础梁端或梁在柱下区域的底部全部纵筋（包括底部非贯通纵筋和已集中注写的底部贯通纵筋）。其中当梁端或梁的柱下区域的底部纵筋多于一排时，用“/”将各排纵筋自上而下分开；当同排纵筋有两种直径时，用“+”将两种直径的纵筋相连；当梁中间支座或梁在柱下区域两边的底部纵筋配置不同时，需在支座两边分别标注；当梁中间支座两边的底部纵筋相同时，可仅在支座的一边标注；当梁端（柱下）区域的底部全部纵筋与集中注写过的底部贯通纵筋相同时，可不再重复原位标注。当集中标注的内容不符合某跨或外伸部位时，原位标注该部位具体内容，施工时原位标注取值优先。

条形基础底板TJB_P、TJB_J的平面注写方式分为集中标注和原位标注两部分内容。

条形基础底板的集中标注内容有：条形基础底板编号、截面竖向尺寸、配筋信息和条形基础底板底面标高。

① 注写条形基础底板编号。条形基础底板按截面形状分为两种编号注写方式，阶形截面表示为TJB_J××（××），坡形截面表示为TJB_P××（××）。

② 注写条形基础底板截面竖向尺寸。尺寸标注的一般格式为：$h_1/h_2/h_3$，其中h为基础各阶尺寸。

③ 注写条形基础底板底部及顶部配筋信息。以B打头，注写条形基础底板底部的横向受力钢筋；以T打头，注写条形基础底板顶部的横向受力钢筋；注写时用“/”分隔条形基础底板的横向受力钢筋与构造钢筋。

例16　当条形基础底板配筋标注为：B：C14@150/A8@250表示为条形基础底板底部配置HRB400级横向受力钢筋，直径为14mm，分布间距为150mm；配置HPB300级构造钢筋，直径为8mm，分布间距为250mm。

④ 注写条形基础底板底面标高。当条形基础底板的底面标高与条形基础底面基准标高不同时，应将条形基础底板底面标高注写在“（）”内。

条形基础底板的原位标注注写条形基础底板的平面尺寸。

(3) 筏板基础

筏板基础又称为筏形基础或者满堂基础，包括两种类型：梁板式筏形基础和平板式筏形基础。梁板式筏形基础由基础主梁JL、基础次梁JCL和基础平板LPB构成；平板式筏形基础由柱下板带ZXB、跨中板带KZB构成，当设计部分板带时，平板式筏形基础则可按基础平板BPB进行表达。

梁板式筏形基础的平法标注包括基础主梁JL、基础次梁JCL和基础平板LPB的平法标注。基础主梁和基础次梁又分为集中标注和原位标注。集中标注包括基础梁的编号、基础梁的截面尺寸、基础梁的箍筋信息、基础梁的底部贯通纵筋和顶部贯通纵筋信息、基础梁的侧面纵向钢筋信息和基础梁底面标高高差。原位标注包括两端（支座）区域的底部全部纵筋、基础梁的附加箍筋（吊筋）信息、外伸部分的几何尺寸及修正内容。此部分内容与前述内容类似，不再赘述。

基础平板LPB集中标注的内容有基础平板的编号、截面尺寸、底部和顶部贯通纵筋及其跨数。原位标注的内容有底部附加非贯通纵筋，与楼板扣筋的原位标注类似，与楼板非贯通纵筋不同的是，基础平板底部附加非贯通纵筋是直形钢筋，而楼板的扣筋是弯折形钢筋，导致计算公式有所不同。

与梁板式筏形基础类似，平板式筏形基础的平法标注中也要进行集中标注和原位标注。

柱下板带和跨中板带集中标注的内容包括板带的编号、板带的截面尺寸、底部和顶部贯通纵筋。其中截面尺寸为柱下板带的宽度。原位标注的内容为底部附加非贯通纵筋。标注方式与前述内容类似。

4.7 楼梯钢筋工程构件绘图输入

4.7.1 楼梯的组成

楼梯主要包括梯柱、梯梁、平台板、梯板几部分组合而成。梯梁、梯柱和平台板可以在模块导航栏的“绘图输入”中按照柱、梁、板构件来进行绘制。而梯板在“绘图输入”中是没有相应构件的，因此无法进行“新建、定义、绘制”，这时需要采用模块导航栏中的“单构件输入”工具栏。

4.7.2 梯柱、梯梁、平台板的绘制

(1) 梯柱（TZ）

建立方法和绘制方法与框架柱一致。按照新建矩形框柱、编辑属性、按“点”绘制

的方法绘制梯柱。为方便绘制可以选择隐藏部分构件，隐藏梁的快捷键“L”，隐藏板的快捷键“B”，隐藏墙的快捷键“Q”。

(2) **梯梁**（TL）

建立方法和框架梁相同，按照新建矩形梁、编辑属性、按“直线”绘制的方法绘制梯梁。编辑属性时应特别注意梯梁起点顶标高和终点顶标高要按照图纸中实际的梯梁顶标高设置。梯梁属性输入及绘制结果如图 4-92 所示。

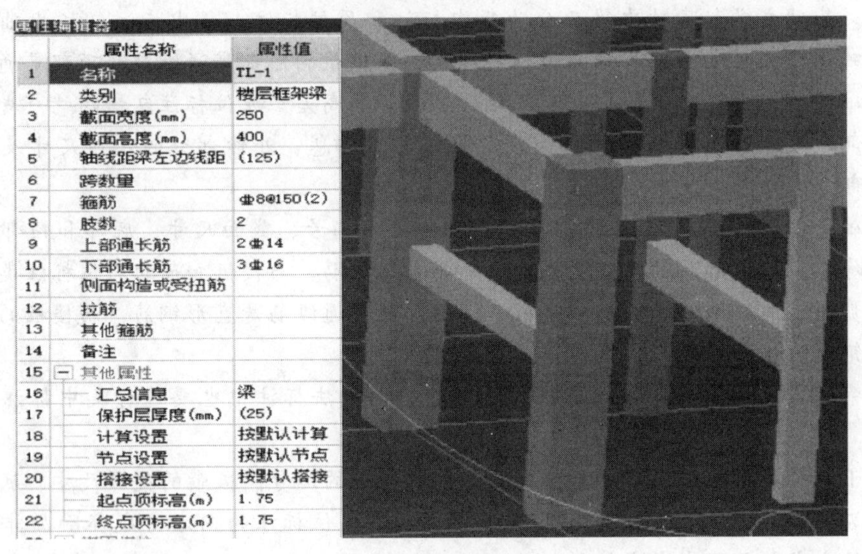

属性编辑器

	属性名称	属性值
1	名称	TL-1
2	类别	楼层框架梁
3	截面宽度(mm)	250
4	截面高度(mm)	400
5	轴线距梁左边线距	(125)
6	跨数量	
7	箍筋	C8@150(2)
8	肢数	2
9	上部通长筋	2C14
10	下部通长筋	3C16
11	侧面构造或受扭筋	
12	拉筋	
13	其他箍筋	
14	备注	
15	− 其他属性	
16	汇总信息	梁
17	保护层厚度(mm)	(25)
18	计算设置	按默认计算
19	节点设置	按默认节点
20	搭接设置	按默认搭接
21	起点顶标高(m)	1.75
22	终点顶标高(m)	1.75

图 4-92　梯梁绘制

(3) **平台板**（PTB）

建立方法和现浇板相同，平台板分为休息平台板和楼层平台板，本工程休息平台板为 PTB-1，楼层平台板为 PTB-2，编辑属性时需注意板顶标高要按照图纸实际的标高设置，休息平台板顶标高和对应位置梯梁顶标高一致，楼层板顶标高为本楼层层顶标高，属性值输入如图 4-93 所示。

属性编辑器

	属性名称	属性值
1	名称	PTB-1
2	混凝土强度等级	(C25)
3	厚度(mm)	(100)
4	顶标高(m)	1.75
5	保护层厚度(mm)	(15)
6	马凳筋参数图	
7	马凳筋信息	
8	线形马凳筋方向	平行横向受力
9	拉筋	
10	马凳筋数量计算方	向上取整+1
11	拉筋数量计算方式	向上取整+1
12	归类名称	(PTB-1)
13	汇总信息	现浇板
14	备注	
15	+ 显示样式	

属性编辑器

	属性名称	属性值
1	名称	PTB-2
2	混凝土强度等级	(C25)
3	厚度(mm)	(100)
4	顶标高(m)	层顶标高
5	保护层厚度(mm)	(15)
6	马凳筋参数图	
7	马凳筋信息	
8	线形马凳筋方向	平行横向受力
9	拉筋	
10	马凳筋数量计算方	向上取整+1
11	拉筋数量计算方式	向上取整+1
12	归类名称	(PTB-2)
13	汇总信息	现浇板
14	备注	
15	+ 显示样式	

图 4-93　平台板绘制

楼梯平台板绘制结果如图 4-94 所示。

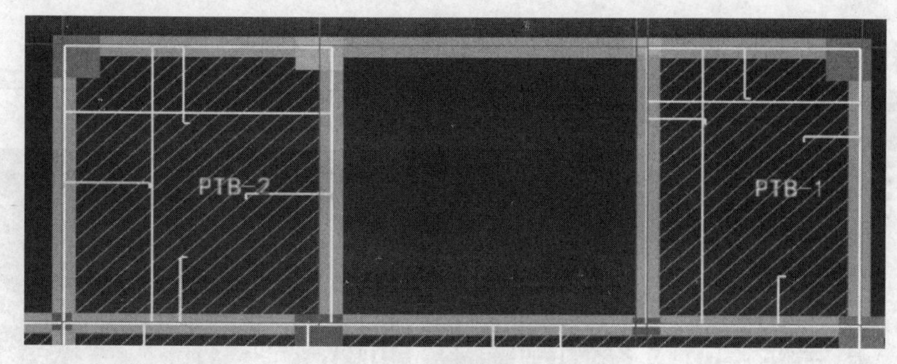

图 4-94　平台板绘制

4.7.3 单构件输入

单构件输入主要是针对复杂构件，通过选择标准图集找到对应的构件，进行相应修改后应用到本工程中的一种方法。梯板正是利用这种方法进行创建构件。

以 AT-1 为例，在左侧模块导航栏中选择“单构件输入”，点击“构件管理”，选择“楼梯”，点击“添加构件”，修改构件名称为“AT-1”，构件数量输入“2”，预制类型选择“现浇”，点击“确定”，完成梯板的创建，如图 4-95 所示。

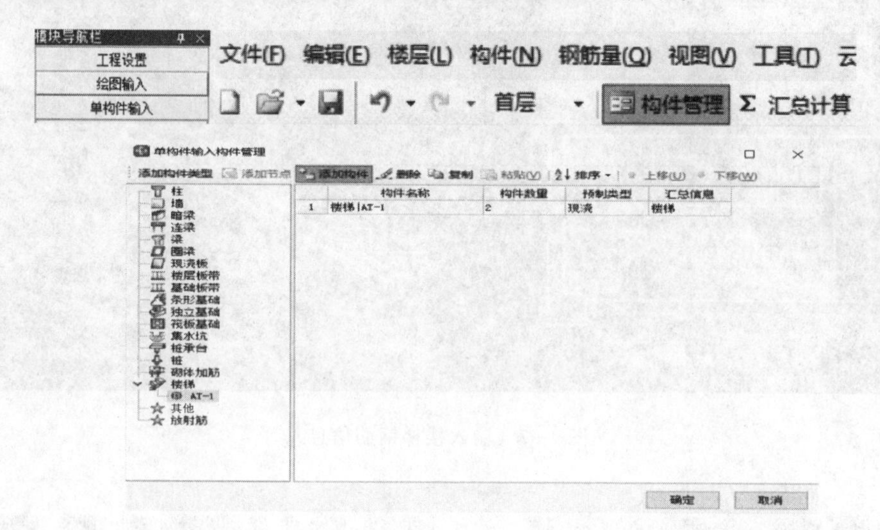

图 4-95　新建梯板

梯板 AT-1 可以参照标准图集进行创建，点击工具栏中的“参数输入”，进入参数输入界面，点击“选择图集”，可以找到软件内置的各种不同梯板构件平法图集。软件中包含 03G101、11G101 以及 16G101 图集，16G101 图集中只包含 03G101、11G101 的基础上新增的两种楼梯类型，所以 AT-1 直接从 11G101 图集中选择，点开“11G101-2 楼梯”图集，选择“AT 型楼梯”，点击“选择”，如图 4-96 所示。

在楼梯的图集参数图中，绿色字体表示常用值，这些常用值可以根据工程实际情况进行修改，按照图纸输入各位置的钢筋信息和截面信息，如图 4-97 所示，点击“计算

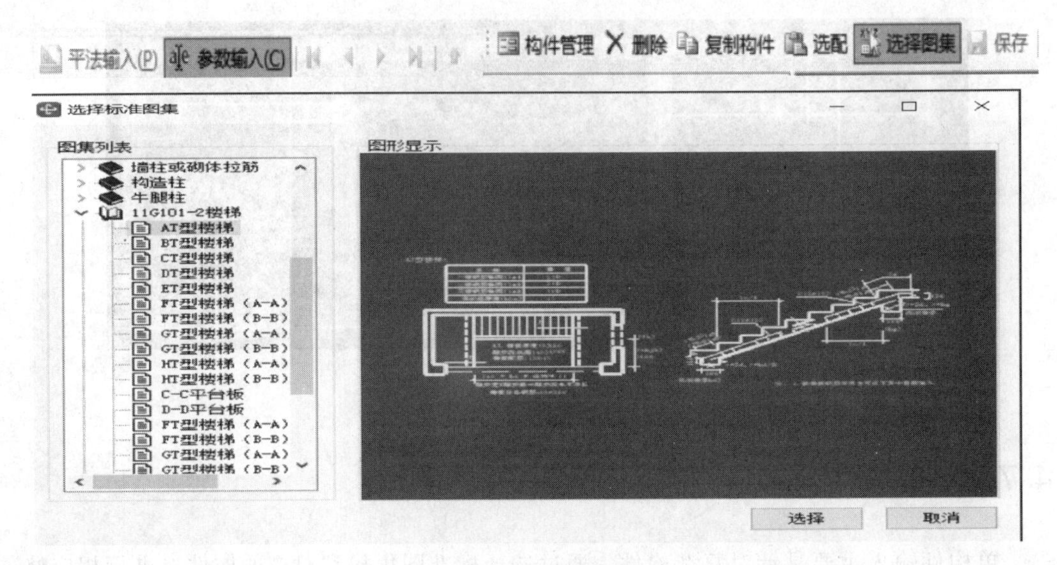

图 4-96　选择图集

退出”。点击 AT-1，可以看到楼梯的钢筋计算信息，如图 4-98 所示。

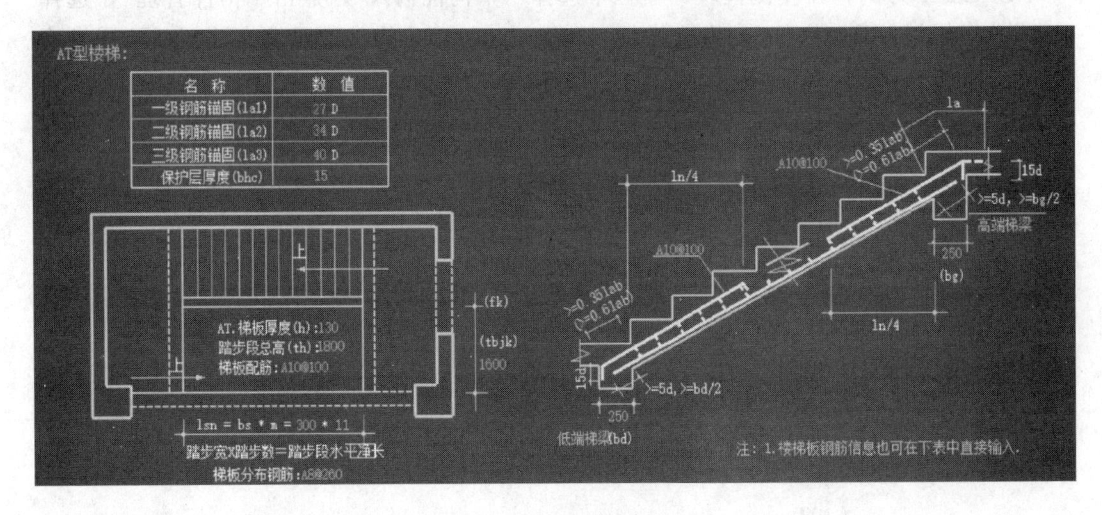

图 4-97　输入楼梯钢筋信息

	筋号	直径(mm)	级别	图号	图形	计算公式	公式描述	长度(mm)	根数	搭接	损耗(%)	单重(kg)	总重(kg)	钢筋归类	搭接形式	钢筋类型
1*	梯板下部纵筋	10	ф	3	3598	3598+12.5*d		3723	16	0	0	2.297	36.753	直筋	绑扎	普通钢筋
2	下梯梁端上部纵筋	10	ф	149	150 1061 600 90	1209+6.25*d		1272	16	0	0	0.785	12.557	直筋	绑扎	普通钢筋
3	梯板分布钢筋	8	ф	3	1495	1495+12.5*d		1595	24	0	0	0.63	15.121	直筋	绑扎	普通钢筋
4	上梯梁端上部纵筋	10	ф	149	58 1061 600 90	1209+6.25*d		1272	16	0	0	0.785	12.557	直筋	绑扎	普通钢筋

图 4-98　梯板钢筋计算量

该种方法的优点是不用直接到软件中建模绘图，而是通过利用图集直接出钢筋量。

4.7.4 计算结果

单构件楼梯钢筋量汇总表如表 4-9 所示（报表预览-构件汇总信息明细表）。

表 4-9 单构件楼梯钢筋量汇总表

汇总信息	钢筋总重/kg	构件名称	构件数量	HPB300 钢筋重量/kg
楼层名称：首层（单构件输入）				175.087
楼梯	338.744	楼梯|AT-1	2	175.087
		楼梯|AT-2	2	163.657
		合计		338.744
楼层名称：第 2 层（单构件输入）				175.087
楼梯	338.744	楼梯|AT-1	2	175.087
		楼梯|AT-2	2	163.657
		合计		338.744
楼层名称：第 3 层（单构件输入）				175.087
楼梯	338.744	楼梯|AT-1	2	175.087
		楼梯|AT-2	2	163.657
		合计		338.744

【知识拓展】

从结构形式不同可以把现浇混凝土楼梯分为板式楼梯、梁式楼梯、悬挑楼梯和旋转楼梯等。板式楼梯的踏步段是一块斜板，这块踏步段斜板支撑在高端梯梁和低端梯梁上，或者直接与高端平板和低端平板连成一体；梁式楼梯踏步段的左右两侧是两根楼梯斜梁，把踏步板支撑在楼梯斜梁上，这两根楼梯斜梁支撑在高端梯梁上。这些高端梯梁和低端梯梁一般都是两端支撑在墙或者柱上；悬挑楼梯的梯梁一端支撑在墙或者柱上，形成悬挑梁的结构，踏步板支撑在梯梁上，也有的悬挑楼梯直接把楼梯踏步做成悬挑板（一端支撑在墙或者柱上）；旋转楼梯一改普通楼梯两个踏步段斜线上升的形式，采用围绕一个轴心螺旋上升的做法。旋转楼梯往往与悬挑楼梯相结合，作为旋转中心的柱就是悬挑踏步板的支座，楼梯踏步围绕中心柱形成一个螺旋向上的踏步形式。

16G101—2 标准图集只适用于板式楼梯。图集中包含了 12 种常用的现浇混凝土板式楼梯，它们的编号以 AT～GT 的字母打头，而这 12 种板式楼梯又分为“一跑楼梯”和“双跑楼梯”两大类，此外还可根据是否抗震分为抗震楼梯和非抗震楼梯两类。下面以板式楼梯为例阐述施工图上的识读内容。

板式楼梯包含的构件有踏步段、层间梯梁、层间平板、楼层梯梁和楼层平板等。平法注写方式有平面注写、剖面注写和列表注写三种表示方法。

板式楼梯平面标注方式是指在楼梯平面布置图上标注截面尺寸和配筋具体数值的方式来表达楼梯施工图，包括集中标注和外围标注两部分。集中标注的内容有五项，分别是楼梯类型代号与序号、梯板厚度、踏步段总高度和踏步级数、梯板支座上部纵筋和下部纵筋、梯板分布筋。

例 17 AT1，$h=140$ 表示AT型楼梯，编号为1，梯板厚度为140mm；

1800/12 表示踏步段总高度/踏步级数；

C12@200；C12@150 表示上部纵筋与下部纵筋；

FA10@250 表示梯板分布筋。

楼梯外围标注的内容包括楼梯间的平面尺寸、楼层结构标高、层间结构标高、楼梯的上下方向、梯板的平面几何尺寸、平台板配筋、梯梁及梯柱配筋等。

楼梯的剖面注写方式是指在楼梯平法施工图中绘制楼梯平面布置图和楼梯剖面图，标注方式分平面标注和剖面标注两部分。楼梯平面布置图标注内容包括楼梯间的平面尺寸、楼层结构标高、层间结构标高、楼梯的上下方向、梯板的平面几何尺寸、梯板类型及编号、平台板配筋、梯梁及梯柱配筋等；楼梯剖面图标注内容包括梯梁集中标注、梯梁梯柱编号、梯板水平及竖向尺寸、楼层结构标高、层间结构标高等。

楼梯列表注写方式是指用列表方式标注梯板截面尺寸和配筋具体数值的方式来表达楼梯施工图。列表标注方式的具体要求同剖面标注方式，仅将剖面标注方式中的梯板配筋标注项改为列表标注项即可。

4.8 钢筋工程量计算、查看及报表预览

4.8.1 汇总计算

某一楼层的水平构件（梁）绘制完成后，就可以汇总计算钢筋工程量，但由于上下层的搭接关系，竖向构件（柱）需要各层全部绘制完成后才可以进行汇总计算。在绘图输入界面中，点击工具栏中的“汇总计算”或者选择“钢筋量”菜单下的“汇总计算”，弹出对话框，可以选择任一楼层或者全部楼层。我们以全部楼层计算为例，点击“全选”，注意框选上“单构件输入”，点击“计算”，如图4-99所示。软件开始汇总计算选中楼层构件的钢筋量，计算完毕会弹出“计算成功”的对话框。

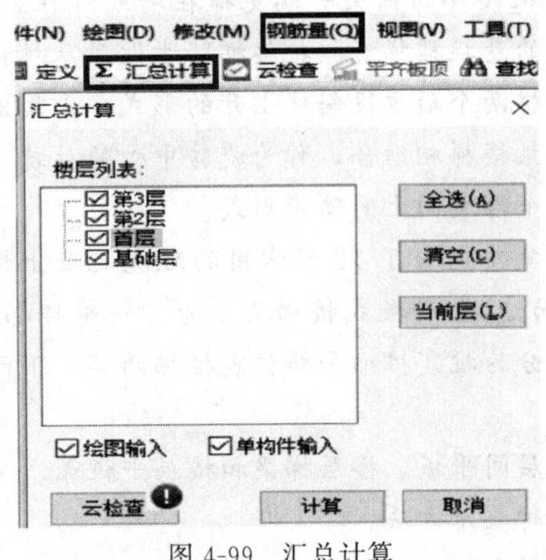

图4-99 汇总计算

4.8.2 查看钢筋

(1) 查看钢筋量

在进行汇总计算后，软件中有针对同类钢筋构件的查看功能。点击工具栏中的“查

看钢筋量”，或者在“钢筋量”菜单下选择“查看钢筋量”，选择需要查看钢筋量的图元。可以用鼠标左键选择一个或多个图元，也可以拉框选择多个图元，计算结果在绘图区下方显示，如图 4-100 所示，显示所选图元的计算结果。选择多个同类型构件时，推荐使用“批量选择”，或按“F3”快捷键，选择相应的构件，再“查看钢筋量”。

查找图元 查看钢筋量 批量选择 钢筋三维 绘图(D) 修改(M) 钢筋量(Q) 视图(V)

钢筋总重量（Kg）：463.858

	构件名称	钢筋总重量（Kg）	HPB300			HRB400			
			8	10	合计	16	20	22	合计
1	KZ1[6]	215.681	0	115.636	115.636	0	62.402	37.643	100.045
2	KZ2[20]	129.959	58.458	0	58.458	40.132	31.369	0	71.501
3	KZ5[53]	118.218	58.458	0	58.458	32.788	26.972	0	59.761
4	合计	463.858	116.915	115.636	232.551	72.92	120.743	37.643	231.307

图 4-100　查看钢筋量

（2）编辑钢筋

钢筋计算完毕后，想要查看单个图元的具体计算结果，可以使用“编辑钢筋”功能。在工具栏中选择“编辑钢筋”或在“钢筋量”菜单下选择“编辑钢筋”，在绘图区下方显示钢筋编辑列表，如图 4-101 所示。在编辑钢筋列表中可以查看钢筋的直径、级别、图形、计算公式、长度、根数等信息。

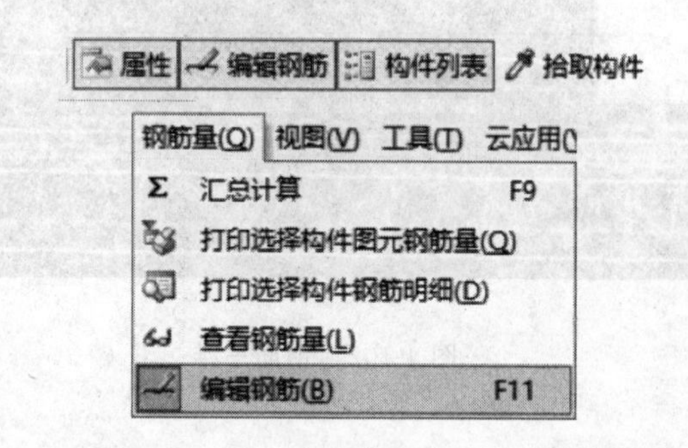

插入 删除 缩尺配筋 钢筋信息 钢筋图库 其他· 关闭 单构件钢筋总重(kg)：215.681

	筋号	直径(mm)	级别	图号	图形	计算公式	公式描述	长度(mm)	根数	搭接
1*	B边纵筋.1	20	Φ	1	3158	3700-1750+max(3050/6,500,500)+1*max(35*d,500)	层高-本层的露出长度+上层露出长度+错开距离	3158	2	1
2	B边纵筋.2	20	Φ	1	3158	3700-1050+max(3050/6,500,500)	层高-本层的露出长度+上层露出长度	3158	2	1
3	H边纵筋.1	20	Φ	1	3158	3700-1750+max(3050/6,500,500)+1*max(35*d,500)	层高-本层的露出长度+上层露出长度+错开距离	3158	2	1
4	H边纵筋.2	20	Φ	1	3158	3700-1050+max(3050/6,500,500)	层高-本层的露出长度+上层露出长度	3158	2	1
5	角筋.1	22	Φ	1	3158	3700-1050+max(3050/6,500,5	层高-本层的露出长度+上层	3158	2	1

图 4-101　编辑钢筋

在编辑钢筋中，可以对列表进行编辑和输入，列表中的每个单元都可以进行手动修改，软件计算的结果显示为淡绿色填充色，手动修改后的单元显示白色填充色，便于区分。修改后的结果需注意要进行锁定，如果不进行锁定，重新汇总计算时，软件会按照属性中的钢筋信息重新计算，手动输入的信息会被覆盖，在“构件”菜单下选择“锁定”功能。

(3) 钢筋三维

汇总计算和编辑钢筋后，还可以利用“钢筋三维”查看构件的钢筋三维排布，该功能能清晰地显示钢筋骨架，看到钢筋的长度、形状和搭接等。

以 KL-17 为例，选中 KL-17 图元，点击“钢筋三维”，出现如图 4-102 所示界面，可以在“钢筋显示控制面板”中选择想要显示的钢筋。在三维模型汇总，可以单独选中某根钢筋，对应编辑钢筋列表中会高亮显示。

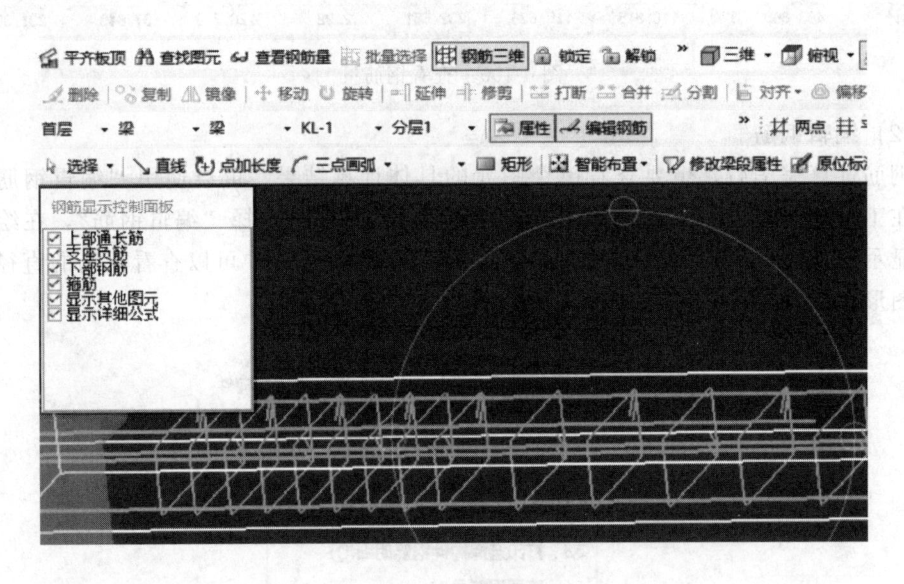

图 4-102　钢筋三维

4.8.3 报表预览

(1) 查看报表

汇总计算整个工程楼层后，可以通过“报表预览”查看构件钢筋的汇总量。点击模块导航栏中的“报表预览”，可以看到各类钢筋工程的明细表和汇总表，如图 4-103 所示。

(2) 设置报表范围

点击“设置报表范围”。可以按照不同楼层、构件、钢筋类型、钢筋直径分类等选择查看的报表范围，如图 4-104 所示。可以利用“导出”菜单将报表进行导出，如图 4-105所示。

(3) 计算结果

点击“构件类型级别直径汇总表”，查看整个建筑的钢筋量报表，如表 4-10 所示。

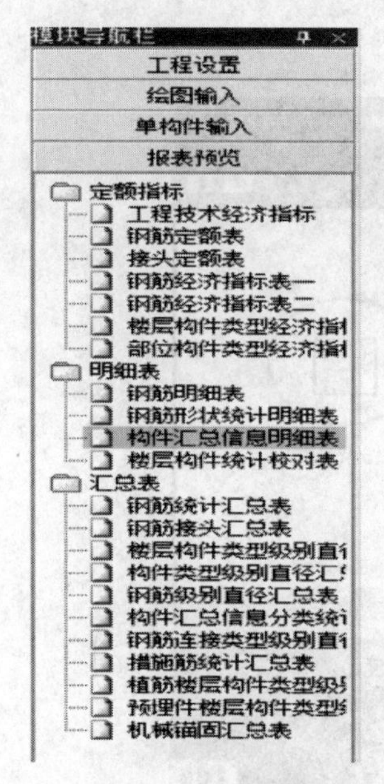

图 4-103　报表预览

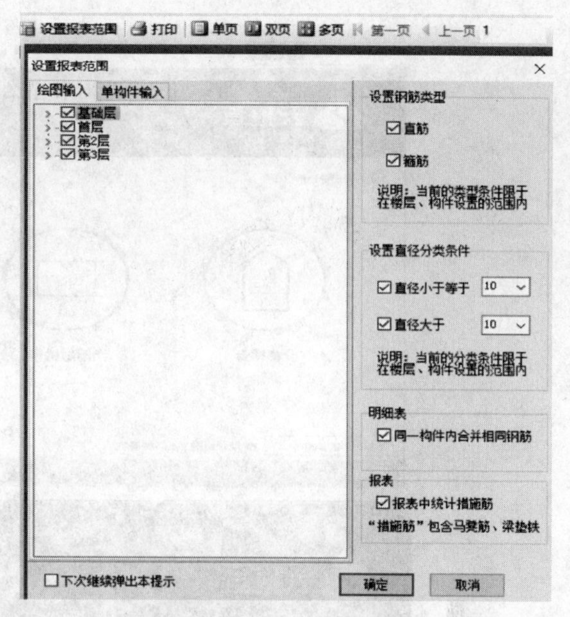

图 4-104　设置报表范围

4.8.4　云检查

钢筋全部绘制计算完成后，可以利用软件中的“云检查”功能，检查一下是否有错误。点击工具栏中的“云检查”，弹出图 4-106 界面，选择“全楼检查”，可以查看相应的错误，进行修改。

导出(O)　查看(V)　视图(V)　工具(T)
导出到 EXCEL
导出为 EXCEL 文件 (.XLS)
导出到已有的 EXCEL 文件

图 4-105　导出报表

表 4-10　整个建筑的钢筋量报表　　单位：kg

构件类型	钢筋总重	HPB300				HRB335		
		6	8	10	12	12	14	16
柱	24099.832		5118.701	5184.039				
构造柱	2874.985		665.662			2209.323		
梁	24149.727	213.829	5412.094	50.532	284.426	801.079	80.567	90.986
现浇板	15947.754	1054.76	45.848					
独立基础	6015.716							
楼梯	1016.233		193.937	822.296				
合计	74104.246	1268.59	11436.242	6056.867	284.426	3010.402	80.567	90.986

构件类型	钢筋总重	HRB400								
		8	10	12	14	16	18	20	22	25
柱	24099.832				240.461	4657.581	529.768	5963.469	2405.814	
构造柱	2874.985									
梁	24149.727	133.151		185.992	1148.686	7121.992	4672.23	2425.745	291.182	1237.236
现浇板	15946.754	5688.472	8491.866	666.808						
独立基础	6015.716			1605.984	1420.056	2989.676				
楼梯	1016.233									
合计	74104.246	5821.622	8491.866	2458.783	2809.203	14769.249	5201.998	8389.214	2696.995	1237.236

图 4-106 云检查

4.8.5 三维视图

工程全部完成后，可以查看整个建筑的三维视图。在“视图”菜单下选择“构件图元显示设置”中勾选全部图元，如图 4-107 所示。

在“视图”菜单下选择“动态观察”，或是直接在工具栏中选择“动态观察”，利用鼠标左键旋转角度，进行全部楼层构件的动态观察，三维视图如图 4-108 所示。

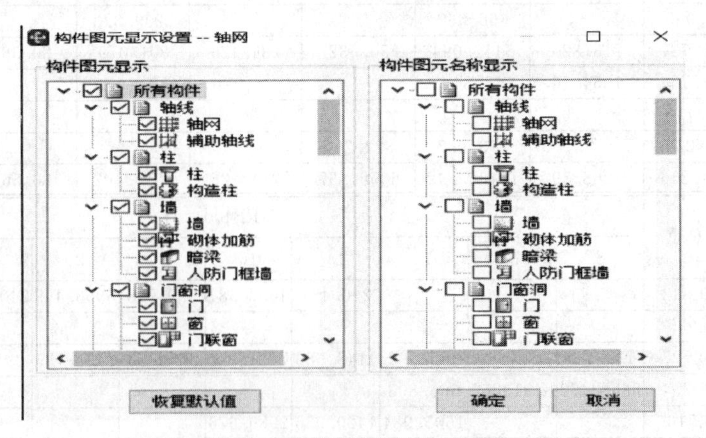

图 4-107 构件图元显示设置

图 4-108　三维视图

4.9　CAD 识别

4.9.1　CAD 识别的基本原理

CAD 识别是钢筋算量软件的另外一种建模绘图的方式，可以快速从 CAD 工程图中识别构件、图元，快速完成工程建模的方法，该方法原理与之前所讲的手工建模的方法类似，都需要识别构件、图元，根据图纸建立构件与图元的联系。CAD 识别可以作为手工绘图建模的补充，并不是必须使用的方法。CAD 识别的准确性在一定程度上取决于 CAD 图纸的规范性和标准性，且进行 CAD 识别的基础是已具备钢筋算量软件的基本绘图能力。

CAD 识别的基本原理是通过导入图纸、提取构件、识别构件的方式，将 CAD 图中的线条和文字标注转化成钢筋算量软件中的基本构件图元，进而完成建模。

4.9.2　CAD 识别的操作流程

CAD 识别的操作流程如下：新建工程，建立相应楼层，进行工程信息的设置；先识别轴网，再识别柱、墙、梁、板和基础等其他构件，识别构件时，先进行首层构件识别，再进行其他层的构件识别，可以通过复制构件到其他楼层的方法进行识别。操作流程如图 4-109 所示。

图 4-109　CAD 识别操作流程

“新建工程”和“新建楼层”的方法见 4.2.1 和 4.2.2。此处主要讲解“识别轴网”

和“识别其他构件”的基本方法。

(1) 识别轴网

① CAD 草图。

第一步：点击导航栏“绘图输入”，进入绘图输入页面。

第二步：点导航栏“CAD 识别”，点击“CAD 草图”，进入 CAD 草图页面。点击图纸管理界面中的“添加图纸”，选择轴网较全的 CAD 图导入。如图 4-110 所示。

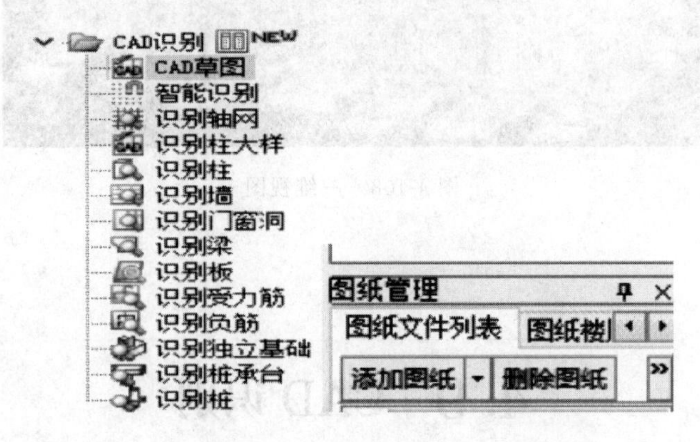

图 4-110　CAD 草图导入

有时，一个工程将多个楼层、多种构件类型的 CAD 图放在一张图纸里，为了识别方便，需要把图纸进行拆分，需要逐个把要用到的图单独导出为一个独立文件，再利用这些文件识别。拆分方法：单击导航栏中的“CAD 识别”，再单击“导出选中的 CAD 图形”，然后在绘图区域“拉框选择”想要导出的图。单击“右键”确定，弹出“另存为”对话框。在另存为的对话框中的“文件名”栏中，输入“文件名”，如柱平面图，单击“保存”，在弹出的“提示”对话框中，单击“确定”，完成导出保存拆分 CAD 图的操作。

如果导图出现错误需要删除图纸，可以选择“清除 CAD 图”功能：全部图纸导出保存后，单击“清除 CAD 图”按钮，这时，就可把全部原来的 CAD 图删除。

如需提取拆分的 CAD 图，首先切换到“基础层”，单击“导入 CAD 图”，弹出“导入 CAD 图形”对话框。选择“基础图”，单击“打开”，在弹出的“请输入原图比例”对话框，软件比例设置为 1∶1，单击“确定”。这样，就可以显示基础图。

② 识别轴网。识别轴网的基本步骤是：提取轴线边线、提取轴线标识、识别轴网。

第一步：提取轴线边线。点击“CAD 识别”下的“识别轴网”，进入识别轴网页面。点击“提取轴线边线”按钮。出现如图 4-111 所示对话框，选择“按图层选择”按钮，单击需要提取的轴线，此过程中也可以点选或框选需要提取的 CAD 图元，或者可以按“Ctrl”键同时点击任一轴线边线，则所有轴线边线均处于选中状态。点击鼠标右键确认选择，则选择的 CAD 图元自动消失，并存放在“已提取的 CAD 图层”——“轴线”中。

第二步：提取轴线标识。点击绘图工具条“提取轴线标识”按钮，按“Ctrl”键的同时点击任一轴线标识（轴线标识包括轴号、轴距等），则同一图层的轴线标识处于选中状态，如果一次未全部选中，可以选择多次。点击鼠标右键确认选择，则选择的

CAD图元自动消失，并存放在“已提取的CAD图层”——“轴线标识”中。

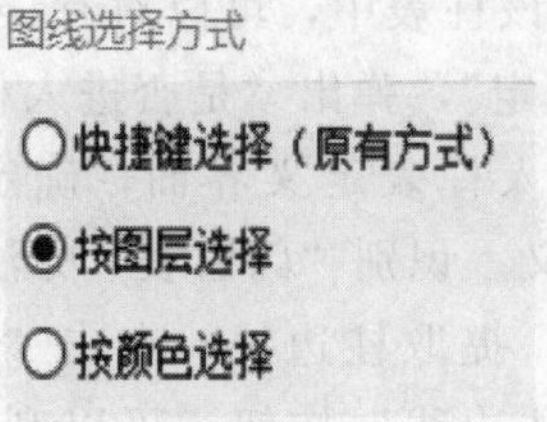

图线选择方式

○快捷键选择（原有方式）

◉按图层选择

○按颜色选择

图4-111　图线选择方式

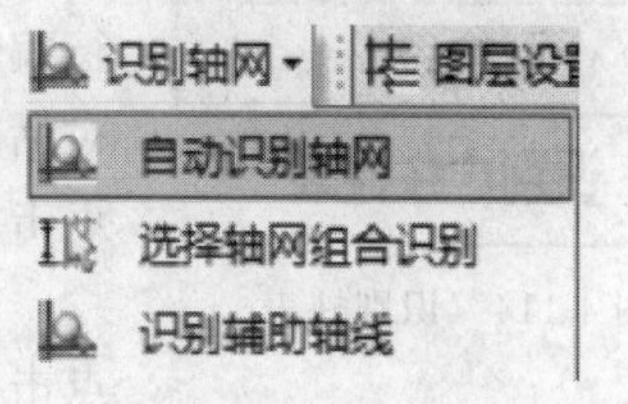

图4-112　识别轴网

第三步：识别轴网。点击工具栏中“识别轴网”，下拉菜单下选择“自动识别轴网”，如图4-112所示，则提取的轴线和轴线标识则被识别为软件中的轴网图元。选择“绘图输入”导航栏中的“轴网”，可查看建立的轴网，并进行编辑和完善。识别的轴网成果如图4-113所示。

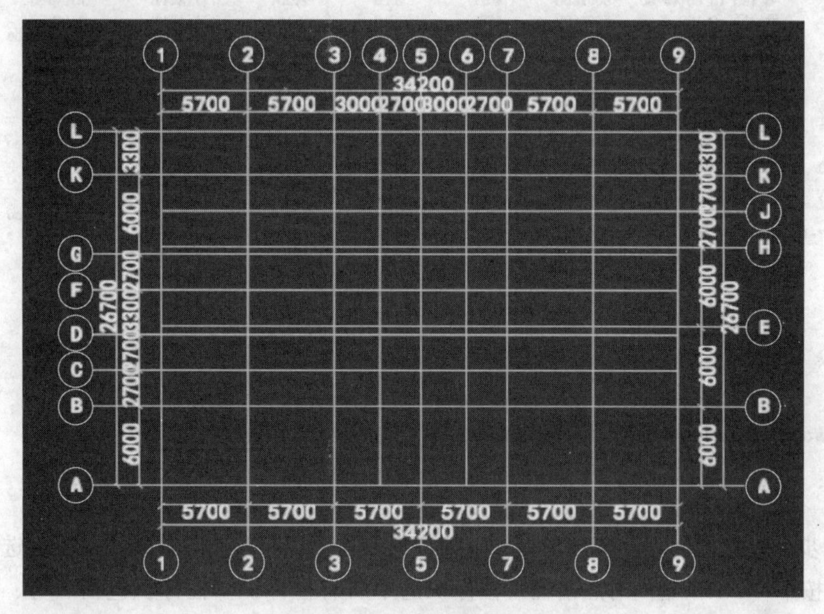

图4-113　识别轴网成果

在识别轴网后，如果发现部分轴线没有轴线标识，补画轴号的方法是：单击导航栏中的“轴线”选择“辅助轴线”，单击“修改轴号”按钮，选中没有“轴号”的轴线，弹出“请输入轴号”对话框。在“请输入轴号”对话框中的“轴号栏”里输入上相应的“轴号”。单击“确定”，这样没有轴线标识的轴线就有了标识。

在识别轴网过程中，有时需要把导过来的部分轴网合并成一个轴网。合并轴网可以利用“重新定位CAD图”的方法把两个轴网合并：在导入进来的CAD轴网图中，把鼠标移到下面轴网图的两交点（即第二个轴网起始点），单击左键，出现一根细白线，再移动鼠标至识别完的轴网交点，单击左键，这样两个轴网合并在一起了。

(2) 识别柱

① 识别柱表。按照上述方法，将柱结施图导入。利用“识别柱”中的“识别柱表”来定义柱。进入“CAD草图”界面，单击“识别柱表”，如图4-114所示。框选需要识

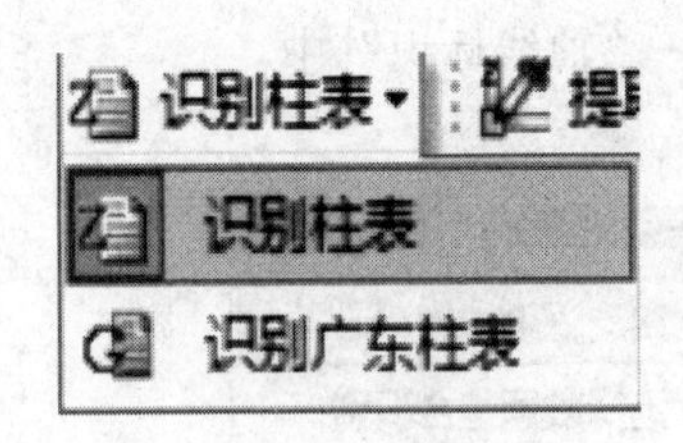

图 4-114　识别柱表

别的柱表范围，单击鼠标右键确定。软件自动弹出对话框，如图 4-115 所示。在该柱表中，可以对有误的地方进行编辑和修改，点击“确定”，弹出“是否进入柱表查看”对话框，点击“是”，进入柱表定义界面，确定无误后，点击“是”，完成柱的定义。识别“门窗表”方法同理。

② 识别柱。第一步：提取柱边线。点击“识别柱”，点击工具栏中的“提取柱边线”按钮，可以利用“快捷键”“按图层”“按颜色”任一种功能选中提取柱单元，右键确定，方法同轴网识别一样。

识别柱表 —选择对应列

<table>
<tr><th>柱号</th><th>标高(m)</th><th>b*h(圆柱直径</th><th>角筋</th><th>B边一侧中部</th><th>H边一侧中部</th><th>箍筋类型号</th><th>箍筋</th></tr>
<tr><td>柱号</td><td>标　高</td><td>bxh</td><td>角筋</td><td>b|中部筋|边</td><td>h|中部筋|边</td><td>箍筋|类型号</td><td>箍　筋</td></tr>
<tr><td>(KZ1a)|</td><td>承台顶~-0.150</td><td>500X500</td><td>4C22</td><td>2C20</td><td>2C20</td><td>1(4X4)</td><td>A10@100</td></tr>
<tr><td></td><td>-0.150~10.80(14.60)</td><td>500X500</td><td>4C22</td><td>2C20</td><td>2C20</td><td>1(4X4)</td><td>A10@100</td></tr>
<tr><td>KZ2</td><td>承台顶~-0.150</td><td>500X500</td><td>4C20</td><td>2C16</td><td>2C16</td><td>1(4X4)</td><td>A10@100</td></tr>
<tr><td></td><td>-0.150~10.800</td><td>500X500</td><td>4C20</td><td>2C16</td><td>2C16</td><td>1(4X4)</td><td>A8@100/200</td></tr>
<tr><td>KZ3</td><td>承台顶~-0.150</td><td>500X500</td><td>4C22</td><td>2C18</td><td>2C18</td><td>1(4X4)</td><td>A10@100</td></tr>
<tr><td></td><td>-0.150~3.550</td><td>500X500</td><td>4C22</td><td>2C18</td><td>2C18</td><td>1(4X4)</td><td>A8@100</td></tr>
<tr><td>KZ4</td><td>承台顶~-0.150</td><td>500X400</td><td>4C22</td><td>2C18</td><td>2C18</td><td>1(4X4)</td><td>A10@100</td></tr>
<tr><td></td><td>-0.150~10.800</td><td>500X400</td><td>4C22</td><td>2C18</td><td>2C18</td><td>1(4X4)</td><td>A10@100</td></tr>
<tr><td>KZ5</td><td>承台顶~-0.150</td><td>500X500</td><td>4C20</td><td>2C16</td><td>2C16</td><td>1(4X4)</td><td>A10@100</td></tr>
<tr><td></td><td>-0.150~3.550</td><td>500X500</td><td>4C20</td><td>2C16</td><td>2C16</td><td>1(4X4)</td><td>A8@100/200</td></tr>
<tr><td>KZ6</td><td>承台顶~-0.150</td><td>500X1100</td><td>4C20</td><td>2C16</td><td>12C16</td><td>1(4X4)</td><td>A10@100</td></tr>
<tr><td></td><td>-0.150~10.800</td><td>500X1100</td><td>4C20</td><td>2C16</td><td>12C16</td><td>1(4X6)</td><td>A8@100/200</td></tr>
<tr><td>KZ7</td><td>承台顶~-0.150</td><td>500X500</td><td>4C20</td><td>2C16</td><td>2C16</td><td>1(4X4)</td><td>A10@100</td></tr>
<tr><td></td><td>-0.150~14.600</td><td>500X500</td><td>4C20</td><td>2C16</td><td>2C16</td><td>1(4X4)</td><td>A8@100/200</td></tr>
<tr><td>KZ3a|LZ</td><td>承台顶~4.200</td><td>240X600</td><td>4C16</td><td>2C16</td><td>2C16</td><td>1(2X4)</td><td>A8@100</td></tr>
<tr><td></td><td>-0.150~4.200</td><td>240X500</td><td>4C16</td><td>2C16</td><td>2C16</td><td>1(2X4)</td><td>A8@100</td></tr>
</table>

批量替换　删除行　删除列　确定　取消

插入行　插入列

提示：请在第一行的空白行中单击鼠标从下拉框中选择列对应关系

图 4-115　识别柱表对话框

第二步：提取柱标识。选择工具栏中的“提取柱标识”按钮，选择“快捷键选择”提取柱标识，按下“Ctrl”键同时点击任一柱标识选中所有柱标识（柱标识包括名称、截面、钢筋标注等），如果一次未全部选中，可以选择多次。右键确定，选择所有柱的标注及引线。

第三步：识别柱。点击工具栏中“识别柱”下拉菜单选择“自动识别柱”。如图 4-116所示。完成识别后，弹出识别柱个数的对话框，单击“确定”，完成柱的识别。

识别柱还可以选择“按名称识别柱”功能，与自动选识别柱非常相似，只是在选择完柱标识后不需要选择柱边线即可识别柱构件。操作步骤：完成提取柱边线和提取柱标识操作后，点击绘图工具栏“识别柱-按名称识别柱”，则弹出“识别柱”窗口；点击需要识别的柱 CAD 图元标识 KZ1，则“识别柱”窗口自动识别柱标识信息；按图中标识补齐“B 边中部筋”和“H 边中部筋”；点击“确定”按钮，如图 4-117 所示，此时满足所选柱标识的所有柱边线会自动识别为柱构件，并弹出识别成功的提示。

(3) 识别梁

识别梁的方法同柱类似，仍然是采用导图、提取边线、提取标识、识别构件的步骤进行操作，只是识别梁需要比识别柱多一个识别梁原位标注的步骤。

第一步：先导入梁结构施工图，选择导航栏中的“识别梁”，进入识别梁页面。

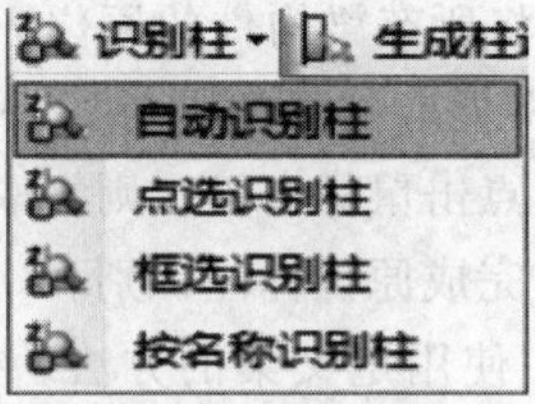

图 4-116　自动识别柱

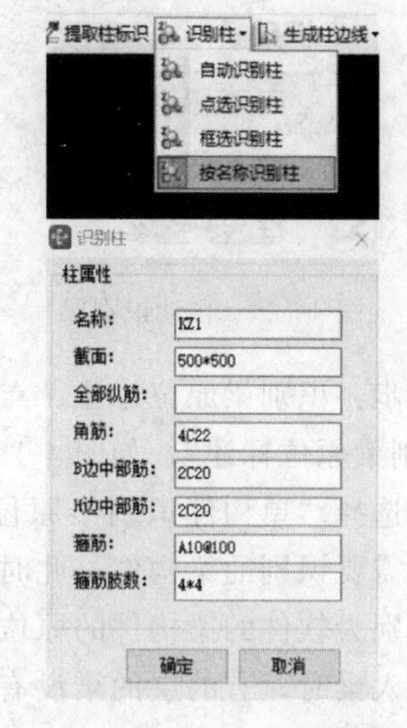

图 4-117　按名称识别柱

第二步：提取梁边线。点击工具栏中“提取梁边线”，可以利用“快捷键”“按图层”“按颜色”任一种功能选中提取梁单元，右键确定。

第三步：提取梁标注。点击工具栏中的“提取梁标注”下的“自动提取梁标注”，可以利用“快捷键”“按图层”“按颜色”任一种功能选中需要提取的梁标注 CAD 图元，如图 4-118 所示。鼠标右键确定，弹出如图 4-119 所示对话框，点击“确定”，软件会自动区分梁的集中标注和原位标注。

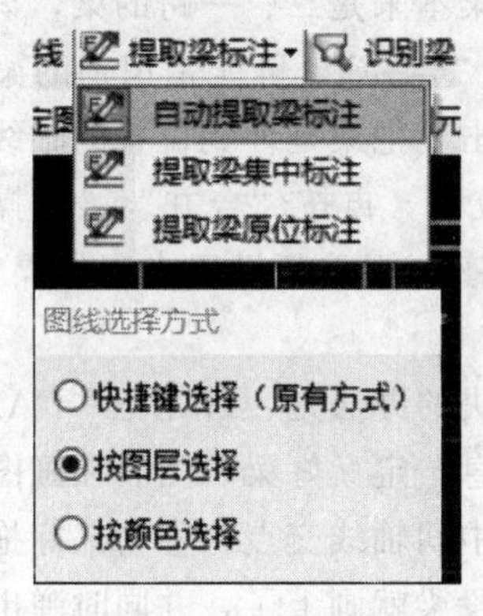

图 4-118　提取梁标注

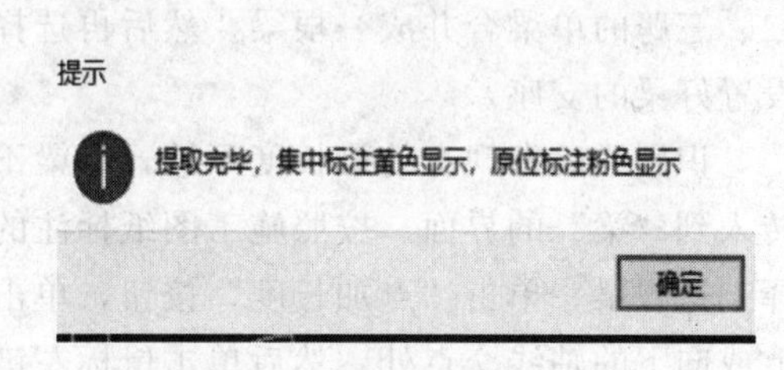

图 4-119　提取梁标注对话框

第四步：识别梁。点击工具栏中的“识别梁”，选择下拉菜单中的“自动识别梁”，如图 4-120 所示，则提取的梁边线和梁集中标注被识别为软件的梁构件。建议识别梁之前先画好柱、墙构件，这样识别梁跨更为准确。或者可选择“点选识别梁”功能，则弹出“梁集中标注信息”窗口；点击需要识别的梁集中标注，则“梁集中标注信息”窗口自动识别梁集中标注信息；点击“确定”按钮，点击梁的起始跨和末跨，鼠标右键确认选择，此时所选梁边线则被识别为梁构件，同时“识别梁”窗口再次弹出，继续点选识别其他梁标识，直至识别完毕为止。

图 4-120 自动识别梁

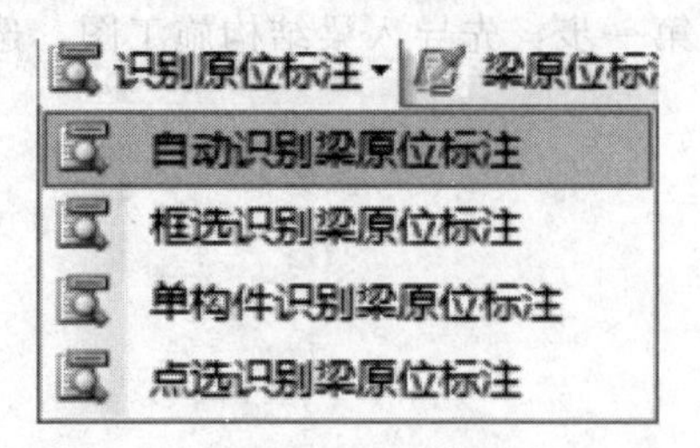

图 4-121 自动识别梁原位标注

第五步：识别梁原位标注。点击工具栏中的“识别原位标注”，选择下拉菜单中的“自动识别梁原位标注”，如图 4-121 所示，该功能可以将所有梁构件的原位标注批量识别。或者选择“单构件识别梁原位标注”功能，可以将提取的梁原位标注一次全部识别。点选需要识别的梁构件，此时构件处于选择状态，点击鼠标右键，则提取的梁原位标注被识别为软件的梁构件的原位标注，点右键确认，完成原位标注识别。

在导入梁时，有的层的梁没有完全导入过来，可用使用定义梁的方法。按照 CAD 图标注梁的编号、尺寸、配筋，重新定义，然后再在这张电子版图纸中找到灰色的梁，即没识别过的梁，在其所标注的位置画上即可。

在导入梁时，有的梁没有完全导入到位，其解决的方法是：单击“延伸”按钮，单击要把梁延伸到位置的轴线，轴线变色，再单击要“延伸的梁”，这时这根梁就延伸到位了。用同样的方法把所有没完全导入到位的梁全部画好。

识别完梁后，还要进行“重提梁跨”的操作，把梁每跨的截面尺寸、支座、上部、下部、吊筋、箍筋的加筋逐一在表格中输入或修改准确，才能计算汇总的钢筋工程量。

在进行“重新提取梁跨”的操作时，发现的个别梁本来是二、三跨的梁，识别后变成单跨梁了。这就需要“合并”梁的操作，如果无法“合并”，可能是识别的梁实际上并没连起来。解决的办法是：单击“延伸”按钮，单击要把梁延伸到位置的轴线，轴线变色，再单击要“延伸的梁”，这时这根梁就延伸到位了。再按“合并”梁的操作，把二、三跨的单梁合并成一根梁。然后再选择“设置支座”用重新设置支座的操作方法，设置好梁的支座。

识别梁后发现有的梁长度不够，即梁不完整。解决的办法是：首先把“CAD 识别”转入到“梁”的界面。按照施工图纸标注的“梁的信息”定义好梁，然后在画图界面选择上这根梁。单击“点加长度”按钮，单击这根梁的中间轴线交点，移动鼠标拖拽到向上或向下的轴线交点处，然后单击鼠标左键，这时一段梁就画上了，并同时弹出了“点加长度设置”对话框，在“长度”栏可以输入这根梁的从“中间轴线交点”到“上一交点”的长度值，在“反向延伸长度”栏输入梁的长度值。单击“确定”，这样识别不完整的梁就画完整了。

(4) 识别板筋

在进行板钢筋识别之前，需要进行板的绘制，绘制方法参见 4.3.4 中板的绘制方法。导入板配筋图，板的钢筋识别分为受力筋识别和负筋识别。

① 识别板受力筋。第一步：提取钢筋线。点击导航栏中的“识别受力筋”，切换到识别受力筋页面。点击工具栏中“提取板钢筋线”，可以利用“快捷键”“按图层”“按

颜色”任一种功能选中提取板受力筋单元，右键确定。

第二步：提取板钢筋标注。使用同样方法提取所有的板钢筋标注，右键确定。

第三步：自动识别板筋。点击工具栏中的“自动识别板筋”，依次选择下拉菜单的“提取支座线”和“自动识别板筋”功能，如图 4-122 所示，弹出如图 4-123 所示对话框，点击确定，完成板受力筋的识别。

或者选择工具栏中的“识别板受力筋”，弹出“受力筋信息”窗口，如图 4-124 所示，点选受力筋的钢筋线，确认“受力筋信息”窗口准确无误后，点“确定”。选择布筋范围，将鼠标移动到该受力筋所属的板内，板边线加亮显示，此亮色区域即为受力筋的布筋范围，点左键，则提取的板钢筋线和板钢筋标注被识别为软件的板受力筋构件。

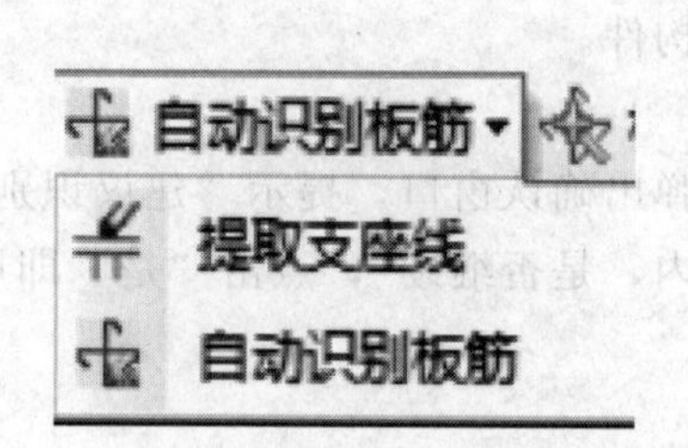

图 4-122　自动识别板筋

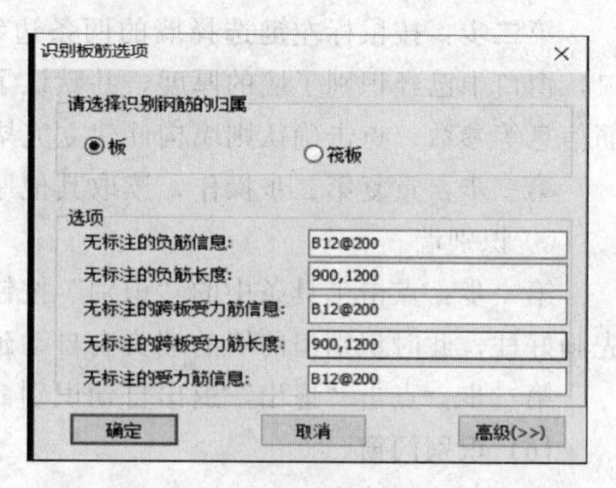

图 4-123　识别板筋选项

② 识别板负筋。识别板负筋的步骤与板受力筋类似，仍然是提取钢筋线、提取钢筋标注、自动识别板筋，各功能键分布如图 4-125 所示。

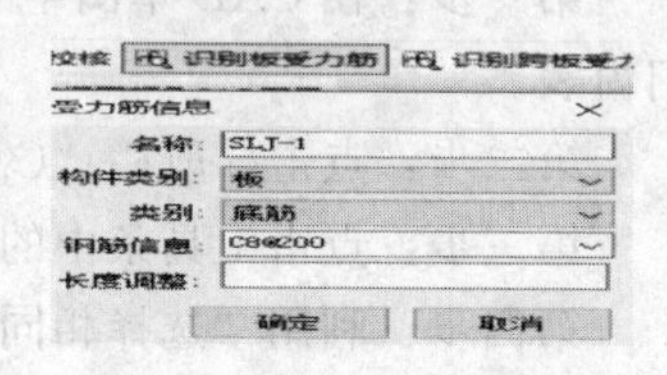

图 4-124　识别板受力筋

第一步：提取板钢筋线。点“CAD 识别”下的“识别负筋”，进入识别板负筋页面。点击工具栏中的“提取板钢筋线”，步骤同板受力筋，点选负筋钢筋线。鼠标右键确认选择。

图 4-125　识别板负筋功能键

第二步：提取钢筋标注。方法同上。

第三步：自动识别板筋。依次选择下拉菜单的“提取支座线”和“自动识别板筋”功能，完成板负筋的识别。或者选择工具栏中的“识别负筋”，则弹出“负筋信息”窗口；在已提取的 CAD 图元中选中负筋钢筋线，此时软件自动匹配与其最近的钢筋标注做为该钢筋线钢筋信息，并识别到“负筋信息”窗口中；确认“负筋信息”窗口准确无误后，点击“确定”按钮。选择负筋布筋方式进行负筋的绘制，画线布置，则提取的板钢筋线和板钢筋标注被识别为软件的板负筋构件。

(5) 识别墙

① 提取墙边线。

第一步：导入CAD图，CAD图中需包括可用于识别的墙。

第二步：点击导航栏“CAD识别”下的“识别墙”。

第三步：点击工具条“提取墙边线”。

第四步：利用“选择相同图层的CAD图元”或“选择相同颜色的CAD图元”的功能选中需要提取的墙边线CAD图元，点击鼠标右键确认选择。

② 读取墙厚。

第一步：点击绘图工具条“读取墙厚”，此时绘图区域只显示刚刚提取的墙边线。

第二步：按鼠标左键选择墙的两条边线，然后点击右键将弹出“创建墙构件”窗口，窗口中已经识别了墙的厚度，并默认了钢筋信息，只需要输入墙的名称，并修改钢筋信息等参数，点击确认则墙构件建立完毕。

第三步：重复第二步操作，读取其他厚度的墙构件。

③ 识别墙。

第一步：点击工具条中的“识别”按钮，软件弹出确认窗口，提示“建议识别墙前先画好柱，此时识别出的墙的端头会自动延伸到柱内，是否继续”，点击“是”即可。

第二步：点击“退出”退出自动识别命令。

(6) 识别门窗

① 提取门窗标识。

第一步：在CAD草图中导入CAD图，CAD图中需包括可用于识别的门窗，识别门窗表。

第二步：点击导航栏“CAD识别”下的“识别门窗洞”。

第三步：点击工具条中的“提取门窗标识”。

第四步：利用“选择相同图层的CAD图元”或“选择相同颜色的CAD图元”的功能选中需要提取的门窗标识CAD图元，点击鼠标右键确认选择。

② 提取墙边线。

第一步：点击绘图工具条“提取墙边线”。

第二步：利用“选择相同图层的CAD图元”或“选择相同颜色的CAD图元”的功能选中需要提取的墙边线CAD图元，点击鼠标右键确认选择。

③ 自动识别门窗。

第一步：点击“设置CAD图层显示状态”或按“F7”键打开“设置CAD图层显示状态”窗口，将已提取的CAD图层中门窗标识、墙边线显示，将CAD原始图层隐藏。

第二步：检查提取的门窗标识和墙边线是否准确，如果有误还可以使用“画CAD线”和“还原错误提取的CAD图元”功能对已经提取的门窗标识和墙边线进行修改。

第三步：点击工具条“自动识别门窗”下的“自动识别门窗”，则提取的门窗标识和墙边线被识别为软件的门窗构件，并弹出识别成功的提示。注意：在识别门窗之前一定要确认已经绘制了墙并建立了门窗构件。

(7) 识别独立基础

本工程为独立基础，选择“CAD识别”中的“识别独立基础”。对于多阶梯独立基础来说，识别独立基础的步骤可概括为：CAD导图、定义独立基础属性、提取独立基础边线、提取独立基础标识、识别独立基础。

① 定义独立基础属性。点击绘图输入导航栏下的“基础”，选择“独立基础”，进入独立基础定义页面。显示CAD图（或按快捷键“F10”显示CAD图），对照CAD的基础详图，根据构件列表中属性，定义好独立基础的各阶梯的属性，包括截面、高度、钢筋信息等，具体步骤详见4.6.1。

② 提取独立基础边线。在“CAD识别”下选择“识别独立基础”，进入CAD识别独立基础界面，选择工具栏中的“提取独立基础边线”功能，仍然是利用“快捷键”“按图层”“按颜色”任一种功能选中独立基础边线，右键确定。操作方法同前面所讲方法类似。

③ 提取独立基础标识。点击“提取独立基础标识”，利用“快捷键”“按图层”“按颜色”任一种功能选中独立基础边线，右键确定。如图4-126所示。

④ 识别独立基础。点击工具栏中的“识别独立基础”，选择下拉菜单中的“自动识别独立基础”，如图4-127所示，软件会根据名称及独立基础的底阶单元截面信息匹配已经建立的构件。如果没有被自动识别到的，可以用点选识别或手动绘制上去，避免遗漏。

提取独立基础边线 提取独立基础标识

图4-126 提取独立基础边线与标识

图4-127 识别独立基础

(8) 识别其他基础构件

如果工程中有其他类型的基础，如基础梁、承台、桩基础等，同样可以利用“CAD识别”功能。

① 基础梁。

第一步：定义基础梁构件。

a. 点导航栏“基础-基础梁”，进入基础梁构件定义页面。

b. 点“新建-新建矩形基础梁”，按“结施-04，承台、基础梁大样图”定义基础梁属性。

第二步：识别基础梁图元。

a. 点工具栏“绘图”，进入绘图页面。

b. 点导航栏“CAD识别-CAD草图”，进入CAD导图页面，导入基础梁CAD图。

第三步：识别基础梁。

a. 点导航栏“CAD识别-识别梁”，进入CAD识别梁页面。

b. 提取梁边线：点工具栏“提取梁边线”，选择完梁边线，点击鼠标右键。

c. 提取梁标注：点工具栏“提取梁标注-提取梁集中标注”，选择完梁标注，点击鼠标右键。注意：此处的基础梁标注只有名称，且无引线，选择自动提取梁标注，会默认为原位标注。

d. 识别基础梁。

点工具栏“识别梁-点选识别梁”（按点选识别梁，主要是修改梁类别为基础梁）。

点基础梁图元名称，在弹出的“梁集中标注信息”中，类别选“基础主梁”，点“确定”。

根据CAD底图，画梁起跨和末跨，点右键。依次识别所有图元。识别的梁呈粉色显示。

点绘图工具栏“识别原位标注-自动识别”，梁图元呈绿色显示。

② 承台。第一步：定义承台构件。

a. 点导航栏“基础-桩承台”，进入承台构件定义页面。

b. 点“新建-新建桩承台”，CT1\CT2\CT4点“新建-新建矩形桩承台单元”，CT3点“新建-新建参数化桩承台单元”。

第二步：CAD识别承台图元。

a. 点工具栏“绘图”，进入绘图页面。点导航栏“CAD识别-CAD草图”，进入CAD导图页面，导入桩承台CAD图。

b. 识别桩承台：点导航栏“CAD识别-识别桩承台”，进入CAD识别桩承台页面。

c. 提取桩承台边线：点工具栏“提取承台边线”，选择完承台边线，点右键。

d. 提取桩承台标识：点工具栏“提取承台标识”，选择完承台标识，点右键。

e. 识别桩承台：点工具栏“识别桩承台-自动识别桩承台”，点“确定”。

③ 桩基础。

第一步：定义桩基础。

a. 点导航栏“CAD识别-CAD草图”，进入CAD识别的CAD草图页面。导入桩CAD图。

b. 点菜单栏“CAD识别-CAD识别选项”，桩的高度多数都是一个高度，在弹出的“CAD识别选项”对话框中，修改桩高度＝桩有效长度＋桩尖。

第二步：识别桩。

a. 提取桩边线：点导航栏“CAD识别-识别桩”，进入CAD识别下的识别桩页面。点工具栏“提取桩边线”，然后用“Ctrl”键选择同图层或同颜色桩边线，选中后缩小看是否所有边线都选中，若没有选中，按住“Ctrl”键点击未选中边线，全部选完后，右键确认。

b. 提取桩标识：点击工具栏“提取桩标识”，同样，缩小检查下是否全部选中，然后右键确认。

c. 识别桩：直接点击自动识别桩即可；针对没有被自动识别到的，可以用点选识别或手动绘制上去，避免遗漏。

d. 修改桩属性：修改名称与图纸桩名称相同，并修改其他属性。

思 考 题

1. BIM钢筋工程量计算的步骤？

2. 楼层体系对计算钢筋有哪些影响？

3. 建立轴网的作用是什么？根据哪张图纸建立轴网最合适？

4. 剪力墙包含哪些构件？如何绘制端柱？

5. 梁模型的建立步骤和绘制顺序?

6. 梁的原位标注和平法表格的区别?

7. 如何判断边角柱?

8. 异形柱如何定义和绘制?

9. 识别轴网、识别柱的基本步骤?

第5章
BIM土建工程量计算

BIM 土建算量软件算量原理

BIM 土建算量软件基本知识

5.1 BIM土建算量软件算量原理

BIM土建算量软件算量原理是将手工算量的思路内置在软件中，根据建筑施工图及结构施工图中的图形信息，建立虚拟仿真模型，依靠设定的计算及扣减规则，高效、完整地计算出所有细部的工程量。软件中层高确定高度，轴网确定位置，属性确定截面。使用者只需按照图纸将点形构件、线形构件和面形构件绘制到软件中，软件就能根据相应的计算规则快速、准确地计算出所需要的工程量。

土建算量软件能够计算的工程量包括：土石方工程量、砌体工程量、混凝土及模板工程量、屋面工程量、天棚工程量、楼地面及墙柱面工程量。其基本操作流程如图5-1所示。

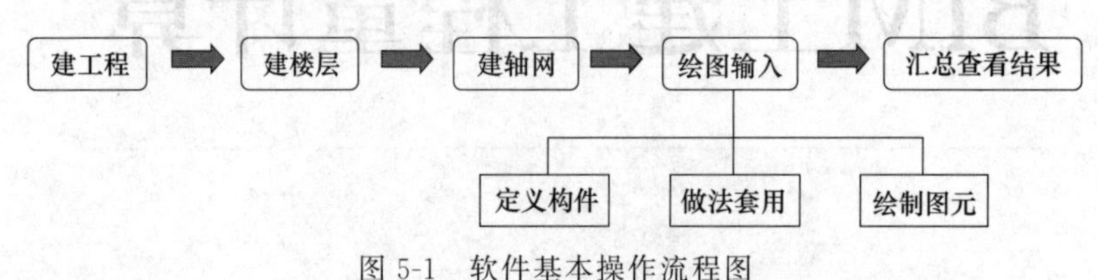

图5-1 软件基本操作流程图

5.2 BIM土建算量软件基本知识

5.2.1 BIM土建工程工程信息设置

(1) 新建工程

① 双击桌面“广联达图形算量软件GCL2013”图标，启动软件，进入新建界面。如图5-2所示。

② 鼠标左键单击“新建向导”按钮，弹出新建工程向导窗口，输入工程名称“某幼儿园12＃楼”，清单规则选择“房屋建筑与装饰工程计量规范计算规则”，清单库选择“工程量清单项目计量规范”，做法模式选择“纯做法模式”，如图5-3所示。

注意：工程量清单招标模式，选择“清单规则”和“清单库”，工程量清单投标模式，应同时设置“清单规则”“定额规则”“清单库”和“定额库”。其中“定额规则”和“定额库”应根据所在地区选择。

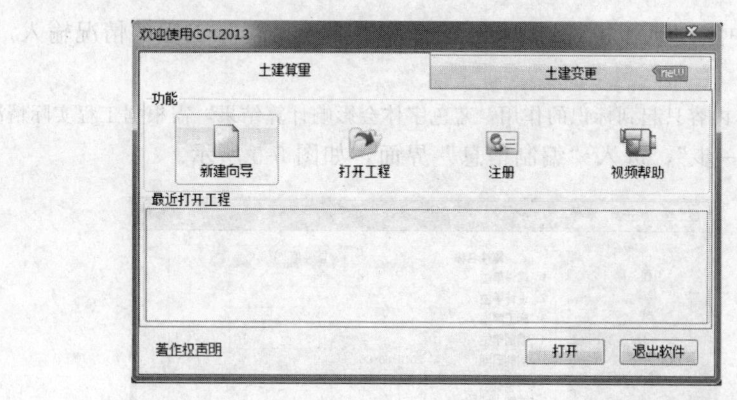

图 5-2　新建界面

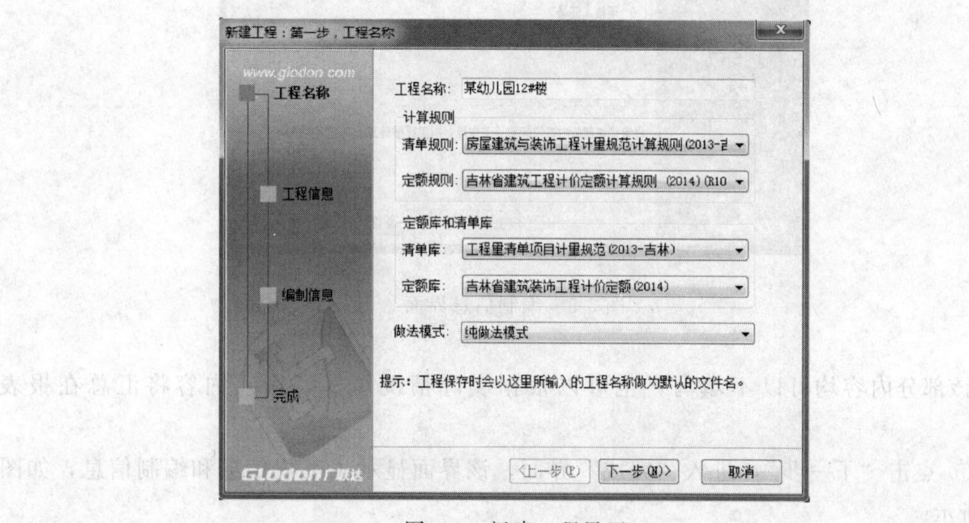

图 5-3　新建工程界面

③ 点击“下一步”，进入“工程信息”编辑界面，如图 5-4 所示。

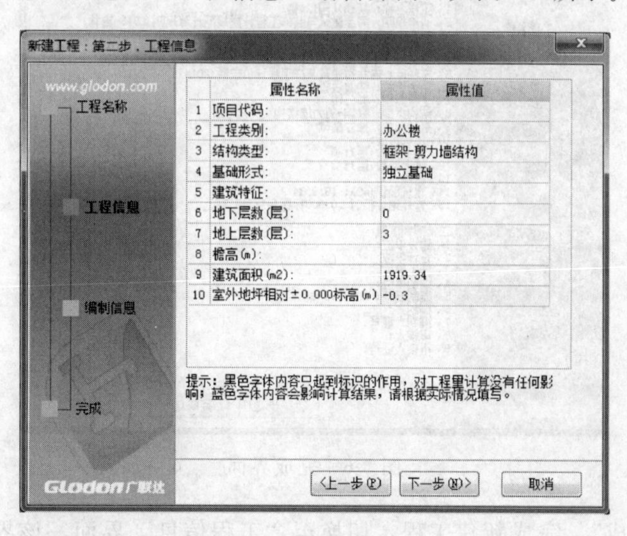

图 5-4　工程信息界面

在工程信息中室外地坪相对±0.000的标高，要根据实际工程的情况输入。本工程为－0.3m。

注意：黑色字体内容只起到标识的作用，蓝色字体会影响计算结果，需根据工程实际情况填写。

④ 点击“下一步”，进入“编制信息”界面，如图5-5所示。

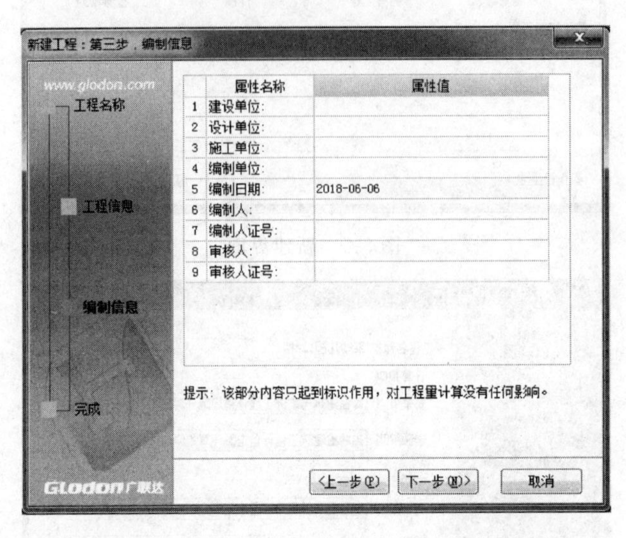

图5-5　编制信息界面

该部分内容均可以不填写，也可以根据实际情况填写，输入内容将汇总在报表部分。

⑤ 点击“下一步”，进入“完成”界面，该界面显示了工程信息和编制信息，如图5-6所示。

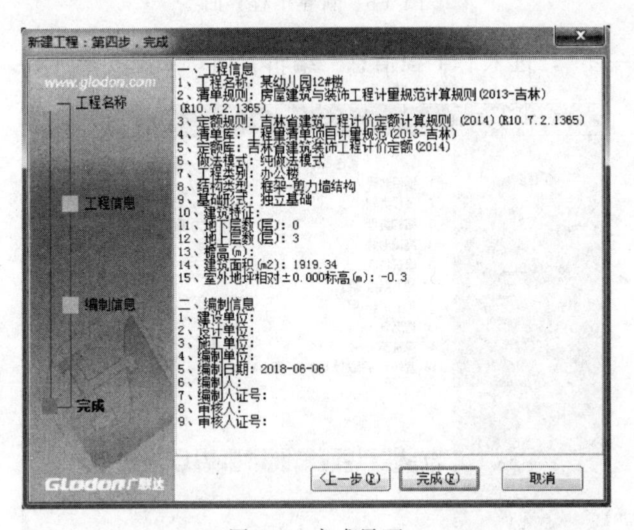

图5-6　完成界面

⑥ 点击“完成”，完成新建工程，切换至“工程信息”界面，该界面显示了之前输入的工程信息，可查看和修改，如图5-7所示。

属性名称	属性值
1 工程信息	
2 工程名称:	某幼儿园12#楼
3 清单规则:	房屋建筑与装饰工程计量规范计算规则(2013-吉林)(R10.7.2.1365)
4 定额规则:	吉林省建筑工程计价定额计算规则 (2014)(R10.7.2.1365)
5 清单库:	工程量清单项目计量规范(2013-吉林)
6 定额库:	吉林省建筑装饰工程计价定额(2014)
7 做法模式:	纯做法模式
8 项目代码:	
9 工程类别:	办公楼
10 结构类型:	框架-剪力墙结构
11 基础形式:	独立基础
12 建筑特征:	
13 地下层数(层):	0
14 地上层数(层):	3
15 檐高(m):	
16 建筑面积(m2):	1919.34
17 室外地坪相对±0.000标高(m):	-0.3
18 冻土厚度(mm):	0
19 编制信息	
20 建设单位:	
21 设计单位:	
22 施工单位:	
23 编制单位:	
24 编制日期:	2018-06-06
25 编制人:	
26 编制人证号:	
27 审核人:	
28 审核人证号:	

图 5-7　工程信息界面

(2) 工程设置

用户在新建工程后，可以在导航栏中的工程设置查看做法模式、计算规则的版本号及定额库和清单库等信息。

(3) 楼层管理

建立楼层，层高的确定按照结施 13-4 中的结构层高表建立。

① 软件默认给出首层和基础层。在本工程中，基础层的厚度为 2.35m，在基础层的层高位置输入“2.35”；

② 首层的结构底标高输入为“－0.15”，层高输入为“3.7”；

③ 鼠标左键选择首层所在的行，单击“插入楼层”，添加第 2 层，第 2 层的输入高度为“3.6”；

④ 单击“插入楼层”，建立屋顶层层高的输入高度为“3.65”。

注意：a. 基础层与首层楼层编码及其名称不能修改，且建立楼层必须连续；

b. 顶层因涉及屋面工程量的计算，必须单独定义；

c. 软件中的标准层指每一层的建筑部分相同、结构部分相同、每一道墙体的混凝土强度等级、砂浆强度等级相同、每一层的层高相同。

各层建立后，如图 5-8 所示。

	楼层序号	名称	层高(m)	首层	底标高(m)	相同层数	现浇板厚(mm)	建筑面积(m2)	备注
1	3	第3层	3.650	☐	7.150	1	120		
2	2	第2层	3.600	☐	3.550	1	120		
3	1	首层	3.700	☑	-0.150	1	120		
4	0	基础层	2.350		-2.500	1	120		

图 5-8　楼层设置界面

(4) 强度等级设置

由结构设计总说明及结施 13-4 可知，各层混凝土强度等级如表 5-1 所示。

表 5-1 构件混凝土强度等级

构件类型	混凝土强度等级
基础垫层	C10
柱、基础、结构梁板、楼梯	C30
过梁、圈梁	C25

在“楼层设置”下方是软件中“标号设置”，用于集中管理构件混凝土强度等级、类型以及砂浆强度等级、类型。在设置过程中，若大部分构件混凝土强度等级相同，可在修改其中一个后，将鼠标放在混凝土标号列，当出现“＋”符号时下拉表格统一修改混凝土强度等级。首层混凝土强度等级修改后，可通过“复制到其他楼层”命令快速完成其他楼层的混凝土强度等级设置。

定义完成后如图 5-9 所示。

	构件类型	砼标号	砼类别	砂浆标号	砂浆类别	备注
1	基础	C30	商品混凝土	M5	混合砂浆	包括除基础梁、垫层以外的基础构件
2	垫层	C10	商品混凝土	M5	混合砂浆	
3	基础梁	C30	商品混凝土			
4	砼墙	C30	商品混凝土			包括连梁、暗梁、端柱、暗柱
5	砌块墙			M5	混合砂浆	
6	砖墙			M5	混合砂浆	
7	石墙			M5	混合砂浆	
8	梁	C30	商品混凝土			
9	圈梁	C25	商品混凝土			
10	柱	C30	商品混凝土	M5	混合砂浆	包括框架柱、框支柱、普通柱、芯柱
11	构造柱	C25	商品混凝土			
12	现浇板	C30	商品混凝土			包括螺旋板、柱帽
13	预制板	C30	商品混凝土			
14	楼梯	C30	商品混凝土			包括楼梯类型下的楼梯、直形梯段、螺旋梯段
15	其他	C25	商品混凝土	M5	混合砂浆	除上述构件类型以外的其他混凝土构件类型

图 5-9 强度等级设置界面

5.2.2 BIM 土建工程构件绘图输入

5.2.2.1 柱构件布置

(1) 基础知识

① 柱的分类。按照柱的形状可分为矩形柱、圆形柱、异形柱等。

按照制造和施工方法，可分为现浇柱和预制柱。现浇钢筋混凝土柱整体性好，但支模工作量大。预制钢筋混凝土柱施工比较方便，但要保证节点连接质量。

按配筋的方式，柱可分为普通钢箍柱、螺旋形钢箍柱和劲性钢筋柱。普通钢箍柱适用于各种截面形状，是基本的、主要的柱类型，普通钢箍柱用以约束纵向钢筋的横向变位。螺旋形钢箍柱用以提高构件的承载能力，柱截面一般是圆形或多边形。劲性钢筋混凝土柱在柱的内部或外部配置型钢，型钢分担很大一部分荷载，用钢量大，但可减小柱的截面和提高柱的刚度；在未浇筑混凝土前，柱的型钢骨架可以承受施工荷载和减少模板支撑用材。

按受力情况，柱可分为中心受压柱和偏心受压柱，偏心受压柱是受压兼受弯构件，实际工程中绝大多数柱都是偏心受压柱。

② 计算规则。

a. 清单计算规则（表 5-2）。

表 5-2 柱清单计算规则

编号	项目名称	单位	计算规则
010502001	矩形柱	m^3	按设计图示尺寸以体积计算 柱高 1. 有梁板的柱高：应自柱基上表面（或楼梯上表面）至上一层楼板上表面之间的高度计算； 2. 无梁板的柱高：应自柱基上表面（或楼梯上表面）至柱帽下表面之间的高度计算； 3. 框架柱的柱高：应自柱基上表面至柱顶高度计算； 4. 构造柱按全高计算，嵌接墙体部分（马牙槎）并入柱身体积； 5. 依附柱上的牛腿和升板的柱帽，并入柱身体积计算。
011701002	矩形柱模板	m^2	按模板与现浇混凝土构件的接触面积计算，柱、梁、墙、板相互连接的重叠部分均不计算模板面积

b. 定额计算规则（表 5-3）。

表 5-3 柱定额计算规则

编号	项目名称	单位	计算规则
A4-0018 A4-0019 A4-0020	现浇混凝土矩形柱	m^3	按设计图示尺寸以体积计算 柱高 1. 有梁板的柱高：应自柱基上表面（或楼梯上表面）至上一层楼板上表面之间的高度计算； 2. 无梁板的柱高：应自柱基上表面（或楼梯上表面）至柱帽下表面之间的高度计算； 3. 框架柱的柱高：应自柱基上表面至柱顶高度计算； 4. 构造柱按全高计算，嵌接墙体部分（马牙槎）并入柱身体积； 5. 依附柱上的牛腿和升板的柱帽，并入柱身体积计算。
A9-0018 A9-0019 A9-0020	矩形柱模板	m^2	按现浇混凝土工程量计算规则计算

③ 软件操作步骤。完成柱构件布置的基本步骤是：先进行构件定义，编辑属性，套用清单项目和定额子目，然后绘制构件，最后汇总计算得出相应工程量。

(2) 实例分析

本工程中，柱子需要计算混凝土和模板工程量，分析结施 13-4，首层层高 3.7m，本层框架柱、梁上柱均为矩形，框架柱为 KZ1～KZ7，梁上柱为 LZ3e。主要信息见表 5-4。

(3) 实操练习

① 柱的定义。

a. 柱属性定义。

(a) 新建柱。在绘图输入的树状构件列表中选择“柱”，单击“定义”按钮，进入柱的定义界面，在构件列表中单击“新建”→“新建矩形柱”，如图 5-10 所示。然后，用户可根据图纸实际情况在“属性编辑器”中输入柱的信息，包括柱类别、截面信息和标高信息等。下面以“某幼儿园 12＃楼”KZ1 为例介绍柱构件的属性输入。

表 5-4　柱表

序号	类型	柱号	混凝土强度等级	截面尺寸/(mm×mm)	标高/m	备注
1	框架柱	KZ1	C30	500×500	层顶标高	
		KZ2	C30	500×500	层顶标高	
		KZ3	C30	500×500	层顶标高	
		KZ4	C30	500×400	层顶标高	
		KZ5	C30	500×500	层顶标高	
		KZ6	C30	500×1100	层顶标高	
		KZ7	C30	500×500	层顶标高	
		KZ3e	C30	240×600	承台顶～－0.15	
			C30	240×500	－0.15～4.20	
2	梁上柱	LZ3e	C30	240×600	承台顶～－0.15	
			C30	240×500	－0.15～4.20	

(b) 属性编辑。名称：软件默认 KZ1、KZ2 顺序生成，可根据图纸实际情况，手动进行修改。

类别：KZ1 的类别选框架柱。不同类别的柱在计算的时候会采用不同的规则，因此需对照图纸准确进行设置。

截面高度和截面宽度：按图纸输入“500”“500”，如图 5-11 所示。

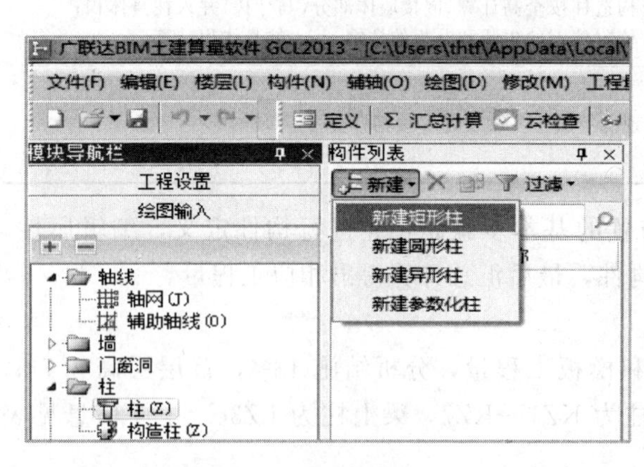

图 5-10　新建矩形柱

图 5-11　输入截面高度和截面宽度

按照同样的方法，根据不同的类别，定义本层的所有柱，输入属性信息。

b. 做法套用。柱构件定义好后，需要套用做法。套用做法是指构件按照计算规则计算汇总出做法工作量，方便进行同类项汇总，同时与计价软件数据接口。

(a) 清单套用。

第一步：在“定义”页面，选中 KZ1；

第二步：套混凝土清单。点击“查询匹配清单”页签，在匹配清单列表中双击“010502001”，将其添加到做法表中；软件默认“按构件类型过滤”，也可选择“按构件属性过滤”查询匹配清单，如图 5-12 所示。

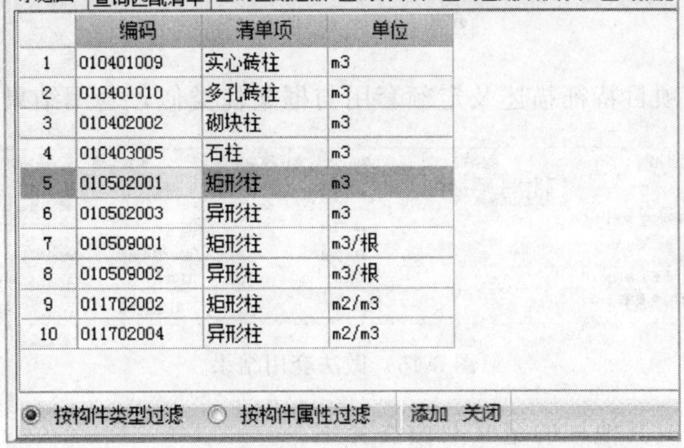

示意图 查询匹配清单 查询匹配定额 查询清单库 查询匹配外部清单 查询措施

	编码	清单项	单位
1	010401009	实心砖柱	m3
2	010401010	多孔砖柱	m3
3	010402002	砌块柱	m3
4	010403005	石柱	m3
5	010502001	矩形柱	m3
6	010502003	异形柱	m3
7	010509001	矩形柱	m3/根
8	010509002	异形柱	m3/根
9	011702002	矩形柱	m2/m3
10	011702004	异形柱	m2/m3

按构件类型过滤 按构件属性过滤 添加 关闭

图 5-12 柱清单套用

第三步：套模板清单。单击“查询措施”页签，在如图 5-13 所示的“混凝土模板及支架（撑）”的清单列表中双击“011702002”将其添加到做法表中。

示意图 查询匹配清单 查询匹配定额 查询清单库 查询匹配外部清单 查询措施 查询定额库

章节查询 条件查询

措施项目
脚手架工程
混凝土模板及支架(撑)
垂直运输
超高施工增加
大型机械设备进出场及安
施工排水、降水
安全文明施工及其他措施

	编码	清单项	单位
1	011702001	基础	m2/m3
2	011702002	矩形柱	m2/m3
3	011702003	构造柱	m2/m3
4	011702004	异形柱	m2/m3
5	011702005	基础梁	m2/m3
6	011702006	矩形梁	m2/m3
7	011702007	异形梁	m2/m3
8	011702008	圈梁	m2/m3
9	011702009	过梁	m2/m3
10	011702010	弧形、拱形梁	m2/m3
11	011702011	直形墙	m2/m3
12	011702012	弧形墙	m2/m3
13	011702013	短肢剪力墙、	m2/m3

图 5-13 柱模板清单套用

（b）项目特征描述及定额套用。第一步：选中清单项目“010502001”，点击工具栏上的“项目特征”。

第二步：在项目特征列表中添加“混凝土种类”的特征值为“商品混凝土”，“混凝土强度等级”的特征值为“C30”，填写完成后的柱混凝土项目特征如图 5-14 所示，也可通过双击工具栏中“项目特征”，点击三点的按钮，弹出“编写项目特征”的对话框，填写特征值，然后单击确定。

第三步：选择匹配定额。单击“查询匹配定额”页签，弹出的匹配定额如图 5-15 所示，在匹配定额列表中选择“A4-1020”定额子目，将其添加到清单“010502001”项下。

示意图　查询匹配清单　查询匹配定额　查询清单库　查询匹配外部清单　查询措施　查询定额库　项目特征

	特征	特征值	输出
1	混凝土种类	商品混凝土	☑
2	混凝土强度等级	C30	☑

图 5-14　项目特征描述

框架柱模板的项目特征描述及定额套用与框架柱类似，套用结果如图 5-15 所示。

	编码	类别	项目名称	项目特征	单位	工程量表达式	表达式说明	单价	综合单价	措施项目	专业
1	010502001001	项	矩形柱	1.混凝土种类:商品混凝土 2.混凝土强度等级:C30	m3	TJ	TJ<体积>			☐	建筑装饰工程
2	A4-1020	定	商品混凝土 现浇矩形柱 周长1.8m以外 混凝土		m3	TJ	TJ<体积>	5277.47		☐	土
3	011702002001	项	矩形柱		m2	MBMJ	MBMJ<模板面积>			☑	建筑装饰工程
4	A9-0020	定	模板 现浇矩形柱周长 1.8m以外		m3	TJ	TJ<体积>	3172.82		☑	土
5	A9-0161	定	模板 支撑超高增加费 支撑3.6m以上每增加1.2m 柱		m3	CGTJ	CGTJ<超高体积>	322.55		☑	土

图 5-15　做法套用结果

以此类推，完成其他柱的定义及做法套用。

② 柱的绘制。柱定义完毕后，单击“绘图”按钮，切换到绘图界面。

a. 点布置。通过构件列表选择要绘制的构件 KZ1，鼠标捕捉①轴和Ⓐ轴的交点。单击鼠标左键完成 KZ-1 柱的绘制，如图 5-16 所示。“点绘制”是最常用的柱的绘制方法，采用同样的方法可绘制其他柱。

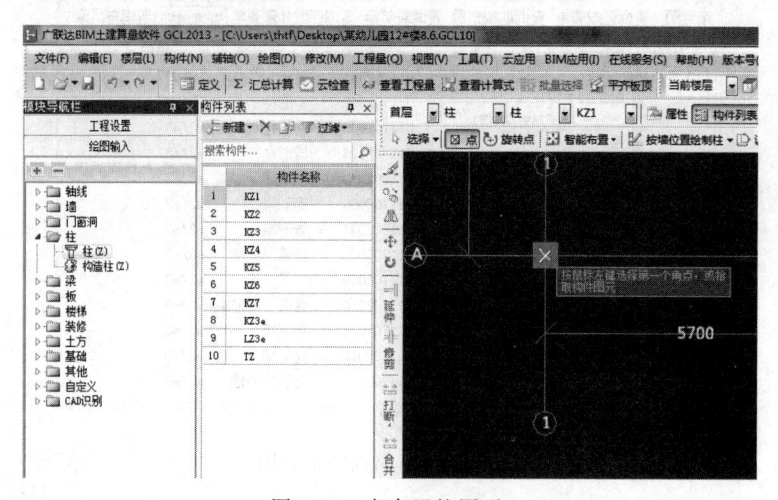

图 5-16　点布置柱图元

b. 偏移绘制。偏移绘制常用于绘制不在轴线交点处的柱，如②轴与Ⓐ轴交点处的 KZ2，不能直接进行点绘制，需要使用“Shift＋鼠标左键”相对于基准点进行偏移设置。

绘制方法如下：将鼠标放在②轴与Ⓐ轴交点处，同时按下键盘上的“Shift＋鼠标左键”，弹出“输入偏移量”对话框。由图纸可知，KZ2 的中心相对于②轴与Ⓐ轴交点向上向右各偏移 150mm，因此在对话框中输入 X 为“150”，Y 为“150”，表示水平向向右偏移 150mm，竖直方向向上偏移 150mm，如图 5-17 所示。

单击“确定”，KZ2 就偏移到指定位置，如图 5-18 所示。

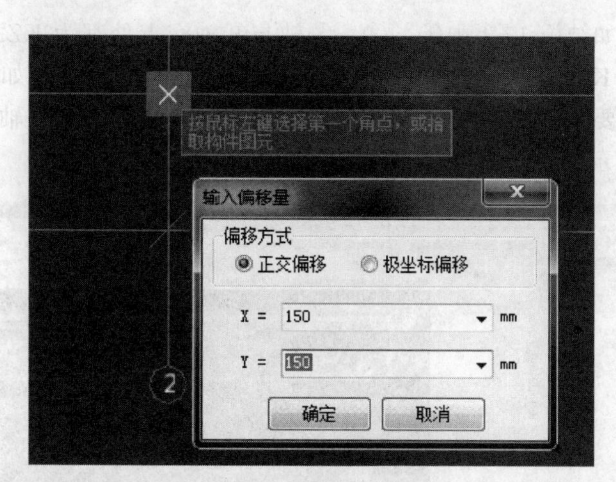

图 5-17　设置偏移量

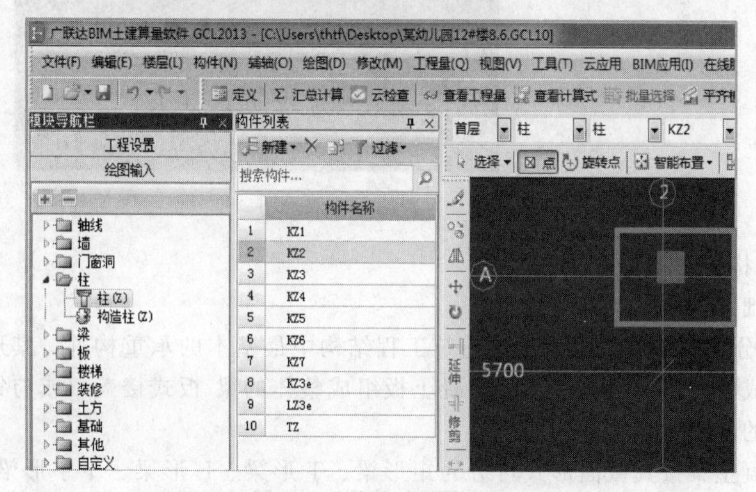

图 5-18　偏移绘制效果图

c. 智能布置。若图纸中某区域轴线相交处的柱都相同，此时可采用“智能布置”

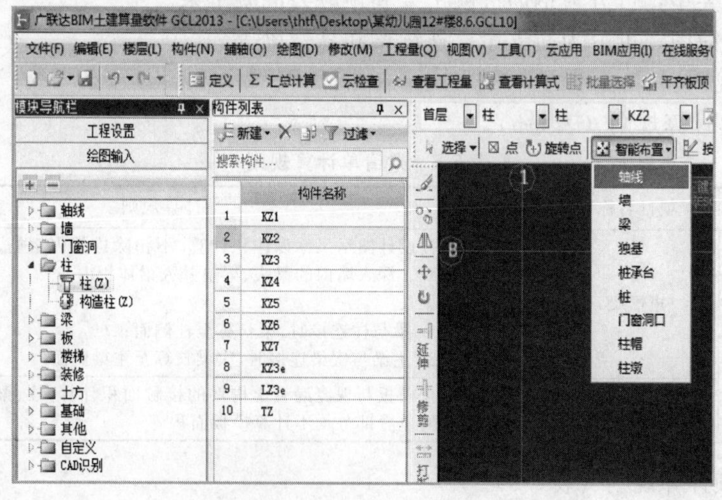

图 5-19　智能布置设定

的方法来绘制柱。如结施 13-4 中①、②、③轴与Ⓑ轴交点处都为 KZ2，即可利用此功能快速布置，选择 KZ2，单击绘图工具栏“智能布置”→“轴线”，如图 5-19 所示。

然后，框选需要布置的范围，软件则会自动在所选范围内所有轴线相交处布置上 KZ2，如图 5-20 所示。

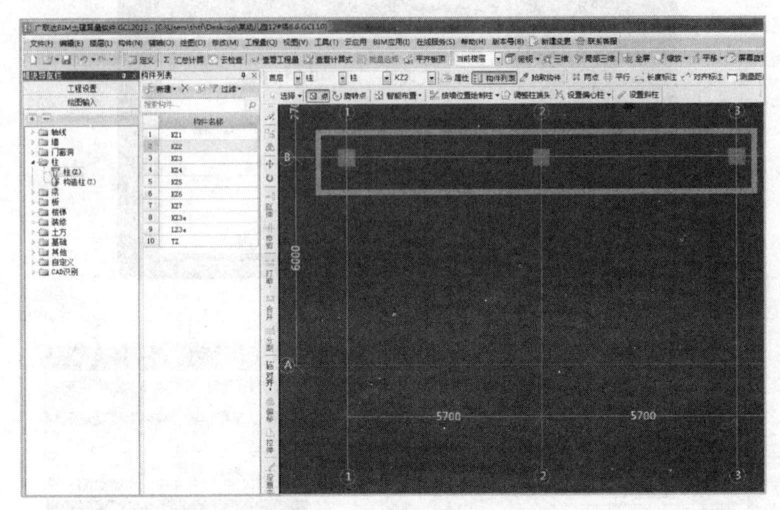

图 5-20　智能布置效果图

5.2.2.2　梁构件布置

(1) 基础知识

① 梁的分类。钢筋混凝土梁是建筑工程结构中最基本的承重构件，其形式多种多样，既可做成独立梁，也可与钢筋混凝土板组成整体的梁-板式楼盖，或与钢筋混凝土柱组成整体的单层或多层框架。

钢筋混凝土梁按其截面形式可分为矩形梁、T 形梁、L 形梁、十字形梁、工字梁、槽形梁和箱形梁。

按其施工方法，可分为现浇梁、预制梁和预制现浇叠合梁。

按其配筋类型，可分为钢筋混凝土梁和预应力混凝土梁。

按其结构简图，可分为简支梁、连续梁和悬臂梁等。

② 计算规则。

a. 梁清单计算规则（表 5-5）。

表 5-5　梁清单计算规则

编号	项目名称	单位	计算规则
010503002	矩形梁	m^3	按设计图示尺寸以体积计算，不扣除构件内钢筋、预埋铁件所占体积。深入墙内的梁头、梁垫并入梁体积内 梁长 1. 梁与柱连接时，梁长算至柱侧面； 2. 主梁与次梁连接时，次梁长算至主梁侧面
011702006	矩形梁	m^2	按模板与现浇混凝土构件的接触面积计算，柱、梁、墙、板相互连接的重叠部分均不计算模板面积

b. 梁定额计算规则（表 5-6）。

③ 软件操作步骤。完成梁构件布置的基本步骤是：先进行构件定义，编辑属性，

套用清单项目和定额子目，然后绘制构件，最后汇总计算得出相应工程量。

表 5-6 梁定额计算规则

编号	项目名称	单位	计算规则
A4-0037 A4-0038	现浇混凝土有梁板	m^3	按设计图示尺寸以体积计算，不扣除构件内钢筋、预埋铁件所占体积。深入墙内的梁头、梁垫并入梁体积内
A9-0037 A9-0038	模板有梁板	m^3	按现浇混凝土工程量计算规则计算

在定义楼层时，每个楼层是从层底的板顶面到本层上面的板顶面。因此，框架梁和楼层板一般绘制在屋顶，即应把首层屋顶的框架梁绘制在首层。

(2) 实例分析

本工程中，分析结施 13-6，首层有框架柱、非框架梁 2 种，框架梁为 KL1～KL19，非框架梁 L1-L3，主要信息见表 5-7。

表 5-7 梁表

序号	类型	梁号	混凝土强度等级	截面尺寸/(mm×mm)	标高/m	备注
1	框架梁	KZ1	C30	250×400	层顶标高	
		KZ2	C30	250×550	层顶标高	
		KZ3	C30	250×400	层顶标高	
		KZ4	C30	250×500	层顶标高	
		KZ5	C30	250×500	层顶标高	
		KZ6	C30	250×400	层顶标高	
		KZ7	C30	250×500	层顶标高	
		KZ8	C30	250×500	层顶标高	
		KZ9	C30	250×500	层顶标高	
		KZ10	C30	250×550	层顶标高	
		KZ11	C30	250×500	层顶标高	
		KZ12	C30	250×500	层顶标高	
		KZ13	C30	250×500	层顶标高	
		KZ14	C30	250×400	层顶标高	
		KZ15	C30	250×500	层顶标高	
		KZ16	C30	250×500	层顶标高	
		KZ17	C30	250×550	层顶标高	
		KZ18	C30	250×400	层顶标高	
		KZ19	C30	250×550	层顶标高	
2	非框架梁	L1	C30	200×450	层顶标高	
		L2	C30	200×400	层顶标高	
		L3	C30	200×700	4.15	
		L3e	C30	200×700	4.15	

(3) 实操练习

① 梁的定义。

a. 梁属性定义。

(a) 新建梁。在绘图输入的树状构件列表中选择“梁”，单击“定义”按钮，进入梁的定义界面，在构件列表中单击“新建”→“新建矩形梁”，如图 5-21 所示。然后，用户可根据图纸中梁的集中标注在“属性编辑器”中输入梁的信息。下面以“某幼儿园12＃楼”KL10 为例介绍梁构件的属性输入。

(b) 属性编辑。

名称：按照图纸输入“KL10”。

类别：KL10 的类别选“框架梁”。

截面尺寸：KL10 的截面尺寸为 250mm×550mm，因此截面宽度和高度分别输入“250”和“550”，如图 5-22 所示。

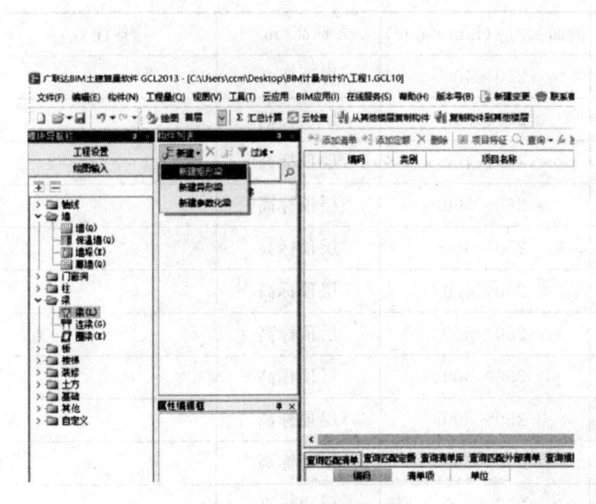

图 5-21　新建矩形梁

属性编辑框

属性名称	属性值	附加
名称	KL-1	
类别1	框架梁	☐
类别2	有梁板	☐
板厚	10cm以外	☐
材质	现浇混凝	☐
砼标号	(C30)	☐
砼类型	商品混凝	☐
截面宽度(	250	☐
截面高度(	400	☐
截面面积(m	0.1	☐
截面周长(m	1.3	☐
起点顶标高	层顶标高	☐
终点顶标高	层顶标高	☐
轴线距梁左	(125)	☐
砖胎膜厚度	0	☐
是否计算单	否	☐
是否为人防	否	☐
备注		☐
⊞ 计算属性		
⊞ 显示样式		

图 5-22　梁属性编辑

按照同样的方法，根据不同的类别，定义本层的所有梁，输入属性信息。

b. 做法套用。梁构件定义好后，需要套用做法，才能计算对应清单、定额工程量。

(a) 清单套用

第一步：在“定义”页面，选中 KL10。

第二步：选择匹配清单。点击“查询匹配清单”页签，如图 5-23 所示，在匹配清单列表中双击“010503002”，将其添加到做法表中。

第三步：套模板清单。单击“查询措施”页签，在如图 5-24 所示的“混凝土模板及支架（撑）”的清单列表中双击“011702006”将其添加到做法表中。

(b) 项目特征描述及定额套用。

第一步：选中清单项目“010503002”，点击工具栏上的“项目特征”。

第二步：在项目特征列表中添加“混凝土种类”的特征值为“商品泵送混凝土”，“混凝土强度等级”的特征值为“C30”，填写完成后的梁混凝土项目特征如图 5-25 所示。

第三步：选择匹配定额。单击“查询匹配定额”页签，弹出匹配定额，在匹配定额

查询匹配清单 查询匹配定额 查询清单库 查询匹配外部清单 查询措施 查询定额库

	编码	清单项	单位
1	010503002	矩形梁	m3
2	010503003	异形梁	m3
3	010503006	弧形、拱形梁	m3
4	010510001	矩形梁	m3/根
5	010510002	异形梁	m3/根
6	010510004	拱形梁	m3/根
7	010510005	鱼腹式吊车梁	m3/根
8	010510006	其他梁	m3/根
9	011702006	矩形梁	m2/m3
10	011702007	异形梁	m2/m3
11	011702010	弧形、拱形梁	m2/m3

◉ 按构件类型过滤 ○ 按构件属性过滤 添加 关闭

图 5-23 梁的清单套用

查询匹配清单 查询匹配定额 查询清单库 查询匹配外部清单 查询措施 查询定额库 项目特征

章节查询 条件查询

措施项目
- 脚手架工程
- 混凝土模板及支架(撑)
- 垂直运输
- 超高施工增加
- 大型机械设备进出场及安
- 施工排水、降水
- 安全文明施工及其他措施

	编码	清单项	单位
1	011702001	基础	m2/m3
2	011702002	矩形柱	m2/m3
3	011702003	构造柱	m2/m3
4	011702004	异形柱	m2/m3
5	011702005	基础梁	m2/m3
6	011702006	矩形梁	m2/m3
7	011702007	异形梁	m2/m3
8	011702008	圈梁	m2/m3
9	011702009	过梁	m2/m3
10	011702010	弧形、拱形梁	m2/m3
11	011702011	直形墙	m2/m3
12	011702012	弧形墙	m2/m3
13	011702013	短肢剪力墙、电梯井壁	m2/m3

图 5-24 梁模板清单套用

查询匹配清单 查询匹配定额 查询清单库 查询匹配外部清单 查询措施 查询定额库 项目特征

	特征	特征值	输出
1	混凝土种类	商品混凝土	☑
2	混凝土强度等级	C25	☑

图 5-25 项目特征描述

列表中选择“A4-1038”定额子目，将其添加到清单“010503002”项下。

框架梁模板的项目特征描述及定额套用与框架梁类似，套用结果如图 5-26 所示。

	编码	类别	项目名称	项目特征	单位	工程量表达式	表达式说明	单价	综合单价	措施项目	专业
1	010503002001	项	矩形梁	1.混凝土种类:商品混凝土 2.混凝土强度等级:C25	m3	TJ	TJ<体积>			☐	建筑装饰工程
2	A4-1038	定	商品混凝土 现浇有梁板 100mm以外混凝土		m3	TJ	TJ<体积>	4719.79		☐	土
3	011702006001	项	矩形梁		m2	MBMJ	MBMJ<模板面积>			☑	建筑装饰工程
4	A9-0038	定	模板 现浇有梁板 100mm以外		m3	MBTJ	MBTJ<模板体积>	4235.58		☑	土
5	A9-0163	定	模板 支撑超高增加费 支撑3.6m以上每增加1.2m 梁		m3	CGTJ	CGTJ<超高体积>	664.78		☑	土

图 5-26 做法套用结果

以此类推，完成其他梁的定义及做法套用。

② 梁的绘制。梁定义完毕后，单击“绘图”按钮，切换到绘图界面。

a. 直接绘制。在绘图界面，选中“直线”，点击 KL10 的起点Ⓐ轴和①轴交点，再点击梁的终点Ⓐ轴和③轴交点即可。

b. 偏移绘制。考虑到 KL10 的外侧与柱平齐，因此需进行偏移，偏移绘制的方法与柱类似，偏移量为 $X=0$，$Y=25$，结果如图 5-27 所示。

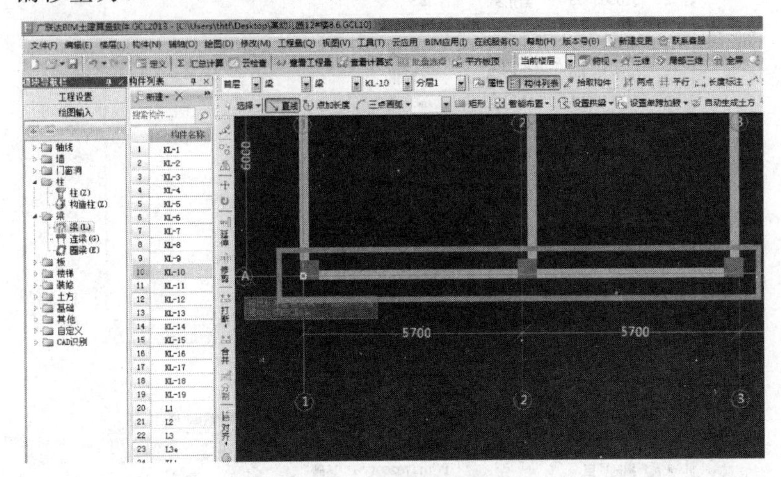

图 5-27 偏移绘制效果图

c. 智能布置。为了提高梁的绘制速度，通常可采用智能布置。在绘制梁的界面，点击绘图界面的“智能布置”下的“轴线”按钮，然后选择需要绘制梁的轴线即可，但此时绘制出的梁没有偏移，因此还需要选中之后手动进行偏移。

参照 KL10 的绘制方法，绘制其他梁，首层梁绘制完成后结果如图 5-28 所示。

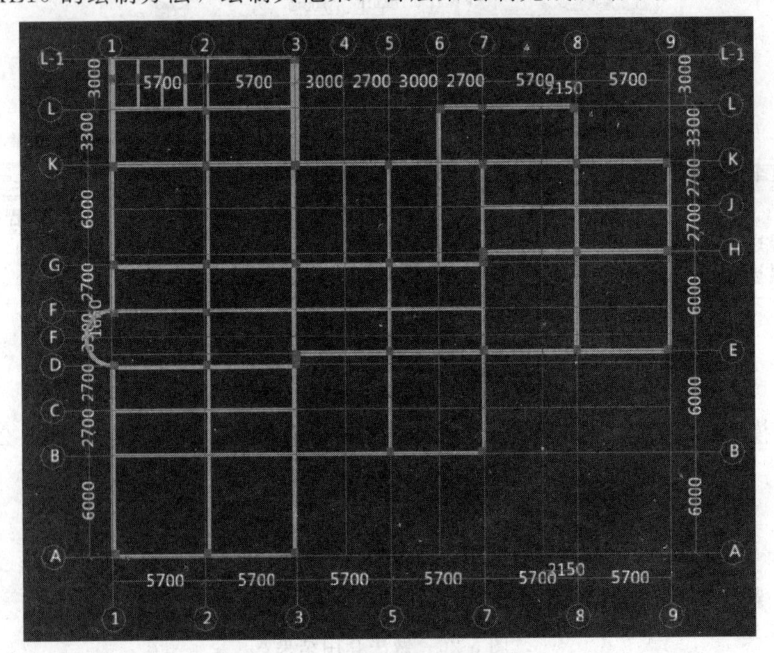

图 5-28 首层梁绘制效果图

5.2.2.3 板构件布置

(1) 基础知识

① 板的分类。板的形式有很多种，包括有梁板、无梁板、平板、弧形板、悬挑

板等。

有梁板：是指由梁和板连成一体的钢筋混凝土板，包括梁板式肋形板和井字肋形板。

无梁板：是指板无梁，直接用柱头支撑，包括板和柱帽。

平板：是指既无柱支承，又非现浇板结构，周边直接由墙来支承的现浇钢筋混凝土板。这种板多用于较小跨度的房间，如建筑中的浴室、卫生间、走廊等跨度在 3m 以内，厚度 60～80mm 的板。

② 计算规则。

a. 清单计算规则。板清单计算规则见表 5-8。

表 5-8　板清单计算规则

编号	项目名称	单位	计算规则
010505001	有梁板	m^3	按设计图示尺寸以体积计算，有梁板（包括主、次梁与板）按梁板体积之和计算
011702014	有梁板	m^2	按模板与现浇混凝土构件的接触面积计算

b. 定额计算规则。板定额计算规则见表 5-9。

表 5-9　板定额计算规则

编号	项目名称	单位	计算规则
A4-0037 A4-0038	现浇混凝土有梁板	m^3	按设计图示尺寸以体积计算，不扣除构件内钢筋、预埋铁件所占体积。深入墙内的梁头、梁垫并入梁体积内
A9-0037 A9-0038	模板 有梁板	m^3	按现浇混凝土工程量计算规则计算
A9-0164	模板 支撑超高增加费 支撑 3.6m 以上每增 1.2m 板	m^3	按相应构件 3.6m 以上混凝土工程量计算，支撑高度超过 3.6m，每超过 1.2m 计算一个增加层

③ 软件操作步骤。完成板构件布置的基本步骤是：先进行构件定义，编辑属性，套用清单项目和定额子目，然后绘制构件，最后汇总计算得出相应工程量。

(2) 实例分析

本工程总首层层高 3.7m，板需要计算混凝土和模板工程量，分析资料和图纸，可得到首层顶板的截面信息。如表 5-10 所示。

表 5-10　板表

序号	类型	名称	混凝土强度等级	板厚 h/mm	标高/m	备注
1	普通楼板	LB1	C30	100	层顶标高	
		LB2	C30	160	层顶标高	

(3) 任务实操

① 板的定义。

a. 板的属性定义。

（a）新建现浇板。在绘图输入的树状构件列表中选择“板”，单击“定义”按钮，进入板的定义界面，在构件列表中单击“新建-新建现浇板”，如图 5-29 所示。然后，用户可根据图纸中首层顶板的集中标注在“属性编辑器”中输入板的信息。下面以“某幼儿园 12＃楼”LB1 为例介绍板构件的属性输入。

（b）属性编辑。

名称：按照图纸输入“LB1”。

类别：LB1 的类别选“有梁板”。

板厚度：根据图纸中标注的厚度输入，图中“$h=100$”，故输入“100”即可。

顶标高：板的顶标高，按照实际情况输入，一般按照默认的“层顶标高”即可。

属性编辑如图 5-30 所示。

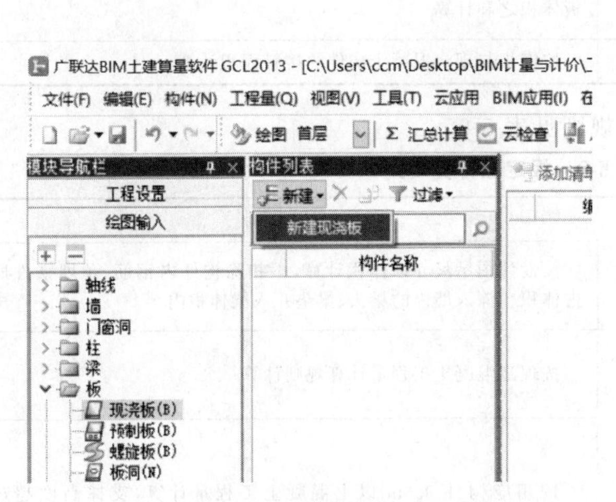

图 5-29 新建现浇板

属性编辑框

属性名称	属性值	附加
名称	LB1	
类别	有梁板	□
材质	现浇混凝	□
砼标号	(C25)	□
砼类型	商品混凝	□
厚度(mm)	100	□
顶标高(m)	层顶标高	□
是否是楼板	是	□
是否是空心	否	□
备注		□
+ 计算属性		
+ 显示样式		

图 5-30 板属性编辑

按照同样的方法，根据不同的类别，定义本层的所有板，输入属性信息。

b. 做法套用。

板构件定义好后，需要套用做法，才能计算对应清单、定额工程量。下面以首层板 LB1 为例介绍板的清单做法套用、工程量清单项目特征描述及定额做法套用的方法。

（a）清单套用。

第一步：在“定义”页面，选中 LB1。

第二步：选择匹配清单。点击“查询匹配清单”页签，在匹配清单列表中双击“010505001”，将其添加到做法表中；软件默认“按构件属性过滤”，也可选择“按构件类型过滤”查询匹配清单，如图 5-31 所示。

第三步：套模板清单。单击“查询措施清单”页签，在如图 5-32 所示的清单列表中双击“011702014”将其添加到做法表中。

（b）项目特征描述及定额套用。

第一步：选中清单项目“010505001”，点击工具栏上的“项目特征”。

第二步：在项目特征列表中添加“混凝土种类”的特征值为“商品混凝土”，“混凝

查询匹配清单 | 查询匹配定额 | 查询清单库 | 查询匹配外部清单 | 查询措施 | 查询定额库

	编码	清单项	单位
1	010505001	有梁板	m3
2	010505002	无梁板	m3
3	010505003	平板	m3
4	010505004	拱板	m3
5	010505005	薄壳板	m3
6	010505006	栏板	m3
7	010505009	空心板	m3
8	010505010	其他板	m3
9	011702014	有梁板	m2/m3
10	011702015	无梁板	m2/m3
11	011702016	平板	m2/m3
12	011702017	拱板	m2/m3
13	011702018	薄壳板	m2/m3

◉ 按构件类型过滤 ○ 按构件属性过滤 添加 关闭

图 5-31 板清单套用

查询匹配清单 | 查询匹配定额 | 查询清单库 | 查询匹配外部清单 | 查询措施 | 查询定额库

章节查询 | 条件查询

- 措施项目
  - 脚手架工程
  - 混凝土模板及支架(撑)
  - 垂直运输
  - 超高施工增加
  - 大型机械设备进出场及安
  - 施工排水、降水
  - 安全文明施工及其他措施

	编码	清单项	单位
12	011702012	弧形墙	m2/m3
13	011702013	短肢剪力墙、电梯井壁	m2/m3
14	011702014	有梁板	m2/m3
15	011702015	无梁板	m2/m3
16	011702016	平板	m2/m3
17	011702017	拱板	m2/m3
18	011702018	薄壳板	m2/m3
19	011702021	栏板	m2/m3
20	011702022	天沟、檐沟	m2/m3
21	011702023	雨篷、悬挑板、阳台板	m2/m3
22	011702024	楼梯	m2/m3
23	011702025	其他现浇构件	m2/m3
24	011702026	电缆沟、地沟	m2/m3

图 5-32 模板清单套用

土强度等级”的特征值为“C30”，填写完成后的混凝土项目特征如图 5-33 所示。

	特征	特征值	输出
1	混凝土种类	商品混凝土	☑
2	混凝土强度等级	C30	☑

图 5-33 项目特征描述

第三步：选择匹配定额。单击“查询匹配定额”页签，弹出的匹配定额如图 5-34 所示，在匹配定额列表中选择“A4-1038”定额子目，将其添加到清单“010505001”项下。

楼板模板的项目特征描述及定额套用与楼板类似，套用结果如图 5-34 所示。

	编码	类别	项目名称	项目特征	单位	工程量表达式	表达式说明	单价	综合单价	措施项目	专业
1	− 010505001	项	有梁板	1.混凝土种类:商品混凝土 2.混凝土强度等级:C30	m3	TJ	TJ<体积>			☐	建筑装饰工程
2	A4-1038	定	商品混凝土 现浇有梁板 100mm以外 混凝土		m3	TJ	TJ<体积>	4719.79		☐	土
3	− 011702014	项	有梁板		m2	MBMJ	MBMJ<底部模板面积>			☑	建筑装饰工程
4	A9-0038	定	模板 现浇有梁板 100mm以外		m3	MBTJ	MBTJ<模板体积>	4235.58		☑	土
5	A9-0164	定	模板 支撑超高增加费 支撑3.6m以上 每增加1.2m 板		m3	CGTJ	CGTJ<超高体积>	514.9		☑	土

图 5-34 做法套用结果

以此类推，完成其他板的定义及做法套用。

② 现浇板的绘制。

a. 点绘制。在本工程中，板下的梁已经绘制完毕，围成了封闭区域，因此可直接采用“点”画法来布置板图元。在“绘图工具栏”选择“点”按钮，在板围成的封闭区域单击鼠标左键，即完成板图元的绘制，如图 5-35 所示。

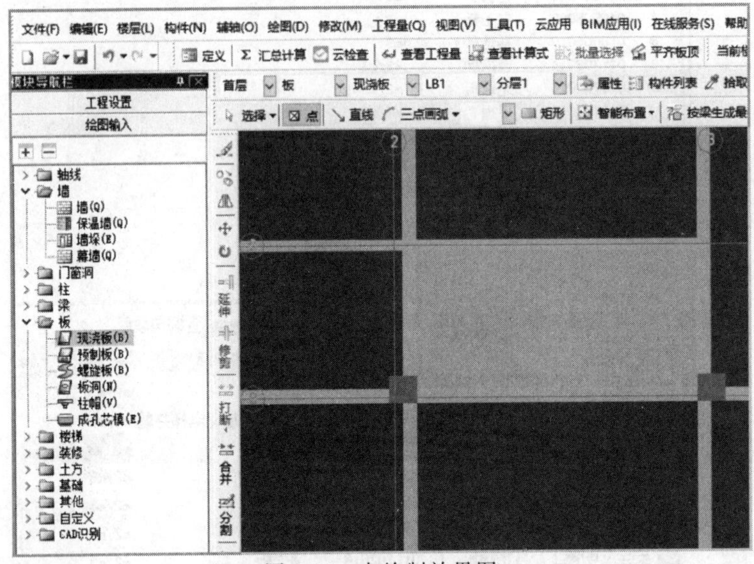

图 5-35　点绘制效果图

b. 矩形绘制。如图中没有围成封闭区域，可采用“矩形”画法来绘制板。在“绘图工具栏”选择“矩形”按钮，然后选择板图元的一个顶点，再选择对角的顶点，即可绘制一块矩形板。

根据以上绘制方法绘制出首层楼板，绘制结果如图 5-36 所示。

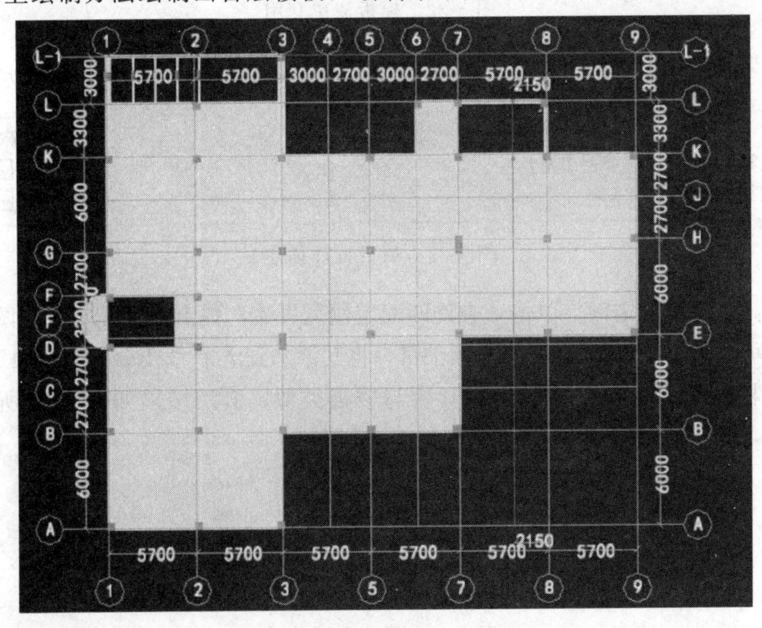

图 5-36　首层楼板绘制效果图

5.2.2.4 墙构件布置

(1) 基础知识

① 墙的分类。墙体是建筑物的重要组成部分，主要作用是承重、围护或分隔空间。

按墙体所处的位置，可分为内墙和外墙两种，外墙是指建筑物四周与外界交界的墙体；内墙是指建筑物内部的墙体。

按布置方向，可以分为纵墙和横墙两种。纵墙是指与屋长轴方向一致的墙；横墙是指与房屋短轴方向一致的墙。外纵墙通常称为檐墙，外横墙通常称为山墙。

按受力情况，可以分为承重墙和非承重墙。承重墙是指承受来自上部荷载的墙，非承重墙是指不承受上部荷载的墙。

按墙体的构成材料，可以分为砖墙、石墙、砌块墙、混凝土墙、钢筋混凝土墙、轻质板材墙等。

② 计算规则。

a. 清单计算规则。墙清单计算规则见表 5-11。

表 5-11　墙清单计算规则

编号	项目名称	单位	计算规则
010504001	直形墙	m^3	按设计图示尺寸以体积计算，扣除门窗洞口及单个面积>0.3m^2 的孔洞所占体积，墙垛及突出墙面部分并入墙体体积内计算
011702011	直形墙	m^2	按模板与现浇混凝土构件的接触面积计算

b. 定额计算规则。墙定额计算规则见表 5-12。

表 5-12　墙定额计算规则

编号	项目名称	单位	计算规则
A4-0032 A4-0033 A4-0034 A4-0035	现浇直形墙 电梯井壁	m^3	按设计图示尺寸以体积计算，不扣除构件内钢筋、预埋铁件所占体积。深入墙内的梁头、梁垫并入梁体积内
A9-0032 A9-0033 A9-0034 A9-0035	现浇直形墙 电梯井壁	m^3	按现浇混凝土工程量计算规则计算
A9-0162	模板支撑超高增加费/支撑 3.6m 以上每增 1.2m 墙	m^3	按相应构件 3.6m 以上混凝土工程量计算，支撑高度超过 3.6m，每超过 1.2m 计算一个增加层

③ 软件操作步骤。完成墙构件布置的基本步骤是：先进行构件定义，编辑属性，套用清单项目和定额子目，然后绘制构件，最后汇总计算得出相应工程量。

(2) 实例分析

分析图纸建筑设计总说明及建施 13-03“一层平面图”可知本工程墙体为 200mm 厚炉渣混凝土空心砌块，室内隔墙为 100mm 厚炉渣混凝土空心砌块。

(3) 任务实操

① 砌体墙的定义。

a. 砌体墙的属性定义。

（a）新建砌体墙。以内墙为例，在绘图输入的树状构件列表中选择“墙”，单击“定义”按钮，进入墙的定义界面，在构件列表中单击“新建-新建内墙”，如图 5-37所示。然后，用户可根据平面图的标注在“属性编辑器”中输入墙的信息。下面以“某幼儿园 12＃楼”Q-1 为例介绍墙构件的属性输入。

（b）属性编辑。属性编辑如图 5-38 所示。

名称：按照图纸输入“Q-1”。

类别及材质：Q-1 的类别选“填充墙”；Q-1 的材质选“砌体”。

厚度：墙厚输入 200mm。

图 5-37　新建内墙

属性名称	属性值	附加
名称	Q-1	
类别	填充墙	☐
材质	砌块	☐
砂浆标号	M5	☐
砂浆类型	(混合砂浆	☐
厚度(mm)	200	☐
轴线距左墙	(100)	☐
内/外墙标	内墙	☑
图元形状	直形	☐
砌块尺寸		☐
起点顶标高	层顶标高	☐
起点底标高	层底标高	☐
终点顶标高	层顶标高	☐
终点底标高	层底标高	☐
砂浆搅拌方		☐
是否为人防	否	☐
备注		☐
− 计算属性		
— 超高底面	按默认计	

图 5-38　墙属性编辑

按上述方法完成外墙及隔墙的定义。

b. 做法套用。同柱、梁、板一样，墙构件定义好后，需要套用做法，才能计算对应清单、定额工程量。套用方法与柱、梁、板类似。需要注意的是墙厚不同，套用的定额子目不一样，因此要根据墙厚分别套用清单及定额。下面以 Q-1 为例进行简要介绍。

（a）清单套用。

第一步：在“定义”页面，选中 Q-1。

第二步：选择匹配清单。点击“查询匹配清单”页签，在匹配清单列表中双击“010402001”，将其添加到做法表中，如图 5-39 所示。

（b）项目特征描述及定额套用。

第一步：选中清单项目“010402001”，点击工具栏上的“项目特征”。

第二步：在项目特征列表中添加“砖品种、规格、强度等级”的特征值为“200 厚炉渣混凝土空心砌块”；“墙体类型”的特征值为“内墙”；“砂浆强度等级”的特征值为“M5 混合砂浆”。填写完成后的项目特征如图 5-40 所示。

第三步：选择匹配定额。单击“查询匹配定额”页签，弹出匹配定额，在匹配定额列表中选择“A3-0083”定额子目，将其添加到清单“010402001”项下，如图 5-41 所示。

以此类推，完成所有墙的定义及做法套用。

查询匹配清单	查询匹配定额	查询清单库	查询匹配外部清单	查询措施	查询定额库	项目特征

	编码	清单项	单位
5	010401006	空斗墙	m3
6	010401007	空花墙	m3
7	010401008	填充墙	m3
8	010402001	砌块墙	m3
9	010403002	石勒脚	m3
10	010403003	石墙	m3
11	010403004	石挡土墙	m3
12	010502001	矩形柱	m3
13	010502003	异形柱	m3
14	010504001	直形墙	m3
15	010504002	弧形墙	m3
16	010504003	短肢剪力墙	m3
17	010504004	挡土墙	m3

◉ 按构件类型过滤　○ 按构件属性过滤　添加　关闭

图 5-39　清单套用

	特征	特征值	输出
1	砖品种、规格、强度等级		☐
2	墙体类型	内墙	☑
3	填充材料种类及厚度	200厚炉渣混凝土空心砌块	☑
4	砂浆强度等级、配合比	M5混合砂浆	☑

图 5-40　项目特征描述

	编码	类别	项目名称	项目特征	单位	工程量表达式	表达式说明	单价	综合单价	措施项目	专业
1	010402001001	项	砌块墙	1.砖品种、规格、强度等级:200厚陶粒空心砌块 2.砂浆强度等级、配合比:M5混合砂浆	m3	TJ	TJ<体积>			☐	建筑装饰工程
2	A3-0083	定	砌块墙 炉渣砌块		m3	TJ	TJ<体积>	3709.78		☐	土

图 5-41　做法套用结果

② 砌体墙的绘制。墙定义完毕后，单击“绘图”按钮，切换到绘图界面。

a. 直线绘制。以②轴与Ⓐ～Ⓑ轴的内墙为例，在构件列表选择要绘制的构件 Q-1，在绘图界面，选中“直线”，单击②轴与Ⓐ轴交点，再单击②轴与Ⓑ轴交点即可，如图 5-42 所示。

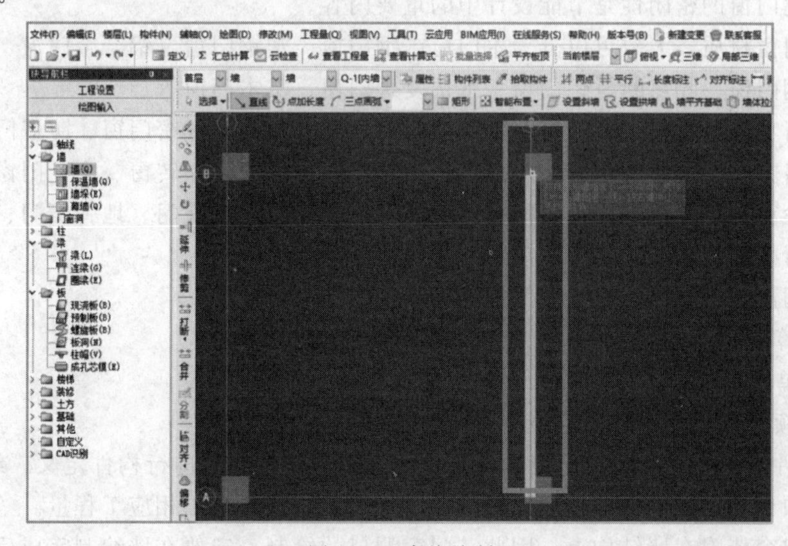

图 5-42　直线绘制

b. 智能布置。砌体墙的智能布置同梁的智能布置方法类似，在绘图界面，点击智能布置下的“轴线”或者是“梁轴线”，然后选择要布置位置的轴线或梁即可。

按照上述方法绘制首层的其他墙体，绘制结果如图 5-43 所示。

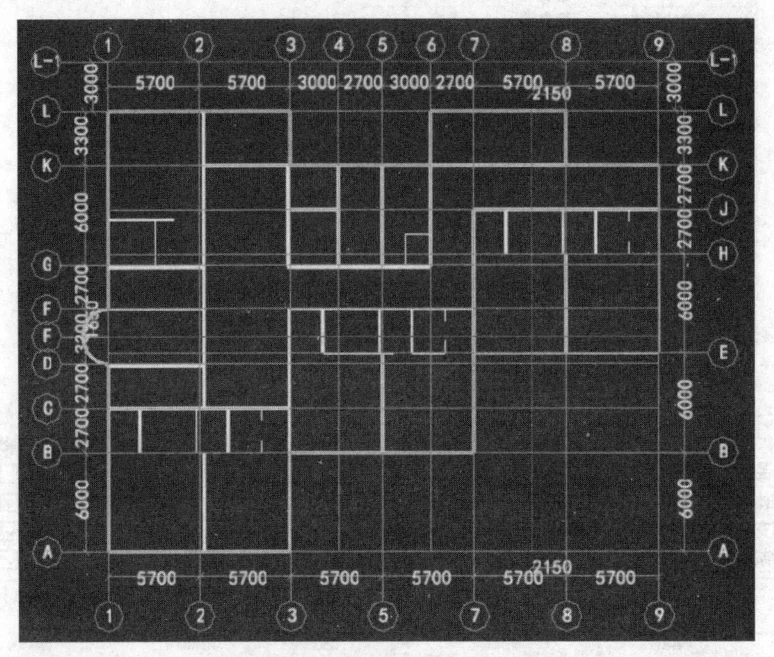

图 5-43　首层墙体绘制效果图

5.2.2.5　门窗构件布置

(1) 基础知识

① 门窗的分类。门和窗是建筑物围护结构系统中重要的组成部分，按其所处位置不同分为围护构件或分隔构件，根据不同的设计要求可分别具有保温、隔热、隔声、防水、防火等功能。据统计，在寒冷的地区由门窗缝隙而损失的热量占全部耗热量的25%，因此门窗的密闭性是节能设计中的重要内容。

依据门窗材质，大致可以分为木门窗、钢门窗、塑钢门窗、铝合金门窗、玻璃钢门窗、不锈钢门窗、隔热断桥铝门窗、木铝复合门窗、实木门窗等。

按门窗功能分为隔声型门窗、保温型门窗、防火门窗、气密门窗、防盗门等。

按开启方式可分为固定窗、上悬窗、中悬窗、下悬窗、立转窗、平开门窗、滑轮平开窗、滑轮窗、平开下悬门窗、推拉门窗、推拉平开窗、折叠门、地弹簧门、提升推拉门、推拉折叠门等。

按应用部位分为内门窗、外门窗。

② 计算规则。

a. 清单计算规则。门窗清单计算规则如表 5-13 所示。

b. 定额计算规则。门窗定额计算规则如表 5-14 所示。

③ 软件操作步骤。完成门窗构件布置的基本步骤是：先进行构件定义，编辑属性，套用清单项目和定额子目，然后绘制构件，最后汇总计算得出相应工程量。

由于门窗依附在墙结构上，因此，门窗洞口的绘制一定要在墙绘制完成后进行。

表 5-13　门窗清单计算规则

编号	项目名称	单位	计算规则
010801001	木质门	m^2	1. 以樘计量，按设计图示数量计算； 2. 以平方米计量，按设计图示洞口尺寸以面积计算
010802001	金属（塑钢）门	m^2	
010802003	钢质防火门		
010801004	木质防火门		
010807001	金属（塑钢、断桥）窗		

表 5-14　门窗定额计算规则

编号	项目名称	单位	计算规则
B4-0050	夹板装饰门 装饰板门扇制作 木骨架	$100m^2$	按设计图示洞口尺寸以面积计算
B4-0051	夹板装饰门 装饰板门扇制作 基层	$100m^2$	
B4-0052	夹板装饰门 装饰板门扇制作 装饰面层	$100m^2$	
B4-0053	夹板装饰门 装饰门安装	扇	按设计图示数量计算
B4-0074	金属平开门 平开门	$100m^2$	按设计图示洞口尺寸以面积计算
B4-0105	全玻自由门 带固定亮子 框制作	$100m^2$	
B4-0106	全玻自由门 带固定亮子 框安装	$100m^2$	
B4-0107	全玻自由门 带固定亮子 扇制作	$100m^2$	
B4-0108	全玻自由门 带固定亮子 扇安装	$100m^2$	
B4-0091	防火门 钢质	$100m^2$	
B4-0058	木质防火门 成品安装	$100m^2$	
B4-0242	塑钢窗	$100m^2$	

（2）实例分析

根据建筑设计说明结合各层平面图，本工程中一共有 10 种门、7 种窗，具体信息见表 5-15 所示。

表 5-15　门窗表

序号	类型	名称	数量/个	宽/mm	高/mm	离地高度/mm	备注
1	门	BM1830	2	1800	3000	0	
2		FM 乙 1221	2	1200	2100	0	
3		FM 乙 1321	3	1300	2100	0	
4		M0821	4	800	2100	0	
5		M0921	1	900	2100	0	
6		M1021	4	1000	2100	0	

续表

序号	类型	名称	数量/个	宽/mm	高/mm	离地高度/mm	备注
7	子母门	ZM1221	8	1200	2100	0	
8	组合门	MLC	1	1500	2100	0	
9		MLC1	1	4250	3000	0	
10		MLC2	1	3600	3000	0	
11	窗	C0621	4	600	2100	600	
12		C0912	1	900	1200	600	
13		C1024	5	1000	2400	600	
14		C1424	12	1400	2400	600	
15		C1524	3	1500	2400	600	
16		C3612	1	3600	1200	600	
17	弧窗	HC3006	1	3000	600	600	

(3) 任务实操

① 门窗的属性定义。

a. 门的属性定义。

(a) 新建门。在模块导航栏中单击“门窗洞-门”，单击“定义”按钮，进入门的定义界面，在构件列表中单击“新建-新建矩形门”，如图5-44所示。然后，用户可根据图纸信息输入对应属性值。下面以M0821为例，介绍门构件的属性输入。

(b) 属性编辑。门的属性编辑如图5-45所示。

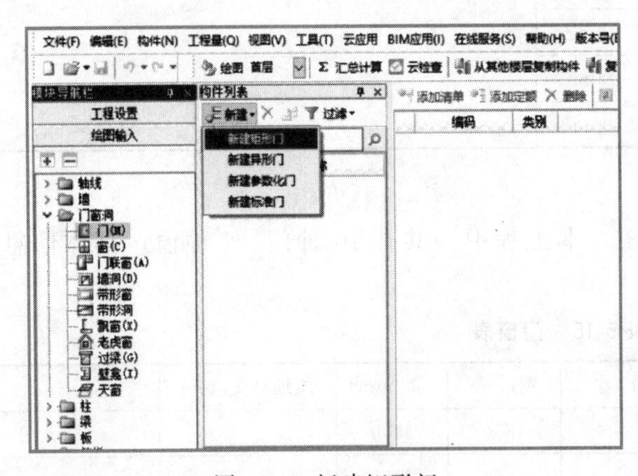

图5-44 新建矩形门

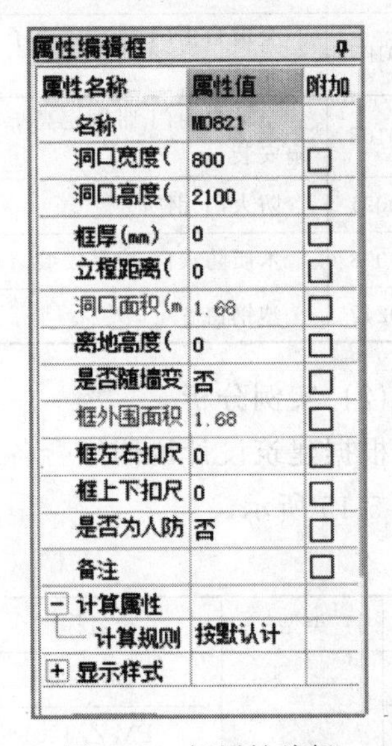

图5-45 门属性编辑

名称：按照图纸输入“M0821”。

洞口宽度：从门窗表上可查到，宽度为800mm，输入“800”。

洞口高度：从门窗表上可查到，高度为2100mm，输入“2100”。

框厚：输入门实际的框厚尺寸，对墙面块料面积的计算有影响，本工程输入为“0”。

立樘距离：门框中心线与墙中心线间的距离，默认为“0”。如果门框中心线在墙中心线左边，该值为负，反之为正。

离地高度：输入“0”。

按上述方法完成其他门的定义及属性输入。

b. 窗的属性定义。

（a）新建窗。软件提供了矩形窗、异形窗以及参数化窗三种类型。本工程所有窗均为矩形窗，以C0621为例，在绘图输入的树状构件列表中选择“窗”，单击“定义”按钮，进入窗的定义界面，在构件列表中单击“新建-新建矩形窗”，如图5-46所示。然后，用户可根据图纸信息输入对应属性值。

（b）属性编辑。窗的属性编辑如图5-47所示。

名称：按照图纸输入“C0621”。

洞口宽度：从门窗表上可查到，宽度为600mm，输入“600”。

洞口高度：从门窗表上可查到，高度为2100mm，输入“2100”。

离地高度：输入“600”。

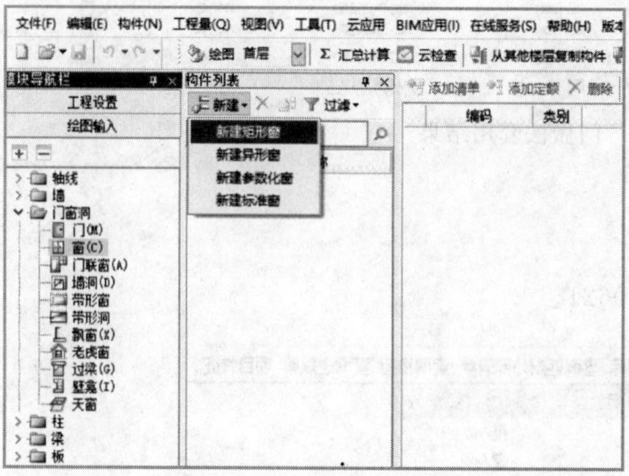

图5-46　新建矩形窗

属性编辑框

属性名称	属性值	附加
名称	C0621	
类别	普通窗	□
洞口宽度(	600	□
洞口高度(	2100	□
框厚(mm)	0	□
立樘距离(	0	□
洞口面积(m	1.26	□
离地高度(	600	□
是否随墙变	是	□
框外围面积	1.26	□
框上下扣尺	0	□
框左右扣尺	0	□
备注		□
− 计算属性		
计算规则	按默认计	
+ 显示样式		

图5-47　窗的属性编辑

按上述方法完成其他窗的定义及属性输入。

② 做法套用。

a. 门的做法套用。

（a）清单套用。

第一步：在“定义”页面，选中M0821。

第二步：选择匹配清单。点击“查询匹配清单”页签，在匹配清单列表中双击“010801001”，将其添加到做法表中，如图5-48所示。

（b）项目特征描述及定额套用。

查询匹配清单 查询匹配定额 查询清单库 查询匹配外部清单 查询措施 查询定额库 项目特征

	编码	清单项	单位
1	010801001	木质门	樘/m2
2	010801002	木质门带套	樘/m2
3	010801003	木质连窗门	樘/m2
4	010801004	木质防火门	樘/m2
5	010801005	木门框	樘/m
6	010801006	门锁安装	个/套
7	010802001	金属(塑钢)门	樘/m2
8	010802002	彩板门	樘/m2
9	010802003	钢质防火门	樘/m2
10	010802004	防盗门	樘/m2
11	010803001	金属卷帘(闸)门	樘/m2
12	010803002	防火卷帘(闸)门	樘/m2
13	010804001	木板大门	樘/m2

◉ 按构件类型过滤 ○ 按构件属性过滤 添加 关闭

图 5-48 门的清单套用

第一步：选中清单项目“010801001”，点击工具栏上的“项目特征”。

第二步：在项目特征列表中添加“门代号”的特征值为“M0821”；“洞口尺寸”的特征值为“800×2100”；“门类型”的特征值为“木质夹板门”。

第三步：选择匹配定额。单击“查询匹配定额”页签，弹出匹配定额，在匹配定额列表中分别选择“B4-0050、B4-0051、B4-0052、B4-0053”的定额子目，将其添加到清单“010801001”项下，套用结果如图 5-49 所示。

	编码	类别	项目名称	项目特征	单位	工程量表达式	表达式说明	单价	综合单价	措施项目	专业
1	− 010801001	项	木质门	1.门代号：M0821 2.洞口尺寸:800*2100 3.门类型：木质夹板门	樘	SL	SL<数量>			□	建筑装饰工程
2	B4-0050	定	夹板装饰门 装饰板门扇制作 木骨架		m2	DKMJ	DKMJ<洞口面积>	6167.07		□	饰
3	B4-0051	定	夹板装饰门 装饰板门扇制作 基层		m2	DKMJ	DKMJ<洞口面积>	7067.52		□	饰
4	B4-0052	定	夹板装饰门 装饰板门扇制作 装饰面层		m2	DKMJ	DKMJ<洞口面积>	13788.04		□	饰
5	B4-0053	定	夹板装饰门 装饰门 安装		扇	SL	SL<数量>	426.32		□	饰

图 5-49 门做法套用结果

b. 窗的做法套用。

(a) 清单套用。

第一步：在“定义”页面，选中 C0621。

查询匹配清单 查询匹配定额 查询清单库 查询匹配外部清单 查询措施 查询定额库 项目特征

	编码	清单项	单位
1	010806001	木质窗	樘/m2
2	010806002	木飘（凸）窗	樘/m2
3	010806003	木橱窗	樘/m2
4	010806004	木纱窗	樘/m2
5	010807001	金属（塑钢、断桥）窗	樘/m2
6	010807002	金属防火窗	樘/m2
7	010807003	金属百叶窗	樘/m2
8	010807004	金属纱窗	樘/m2
9	010807005	金属格栅窗	樘/m2
10	010807006	金属（塑钢、断桥）橱窗	樘/m2
11	010807007	金属（塑钢、断桥）飘(凸)窗	樘/m2
12	010807008	彩板窗	樘/m2
13	010807009	复合材料窗	樘/m2

◉ 按构件类型过滤 ○ 按构件属性过滤 添加 关闭

图 5-50 窗的清单套用

第二步：选择匹配清单。点击“查询匹配清单”页签，在匹配清单列表中双击“010807001”，将其添加到做法表中，如图 5-50 所示。

(b) 项目特征描述及定额套用。

第一步：选中清单项目“010807001”，点击工具栏上的“项目特征”。

第二步：在项目特征列表中添加“窗代号”的特征值为“C0621”；“洞口尺寸”的特征值为“600×2100”；“窗类型”的特征值为“塑钢窗”。

第三步：选择匹配定额。单击“查询匹配定额”页签，弹出的匹配定额如图 5-51 所示，在匹配定额列表中选择“B4-0242”定额子目，将其添加到清单“010807001001”项下。

	编码	类别	项目名称	项目特征	单位	工程量表达式	表达式说明	单价	综合单价	措施项目	专业
1	− 010807001001	项	金属（塑钢、断桥）窗	1. 窗代号：C0621 2. 洞口尺寸：600*2100 3. 窗类型：塑钢窗	樘	DKMJ	DKMJ<洞口面积>			☐	建筑装饰工程
2	B4-0242	定	塑钢窗 单层		m2	DKMJ	DKMJ<洞口面积>	24853.01		☐	饰

图 5-51 窗的做法套用结果

③ 门窗的绘制。门窗洞口是墙的附属构件，因此需绘制在墙上。

a. 点绘制。点绘制是门窗绘制最常用的方法。对于计算而言，只要门窗绘制在墙上，软件即可实现对门窗洞口面积的自动扣减，因此，一般对于门窗位置的要求不用很精确，可直接采用点绘制。在点绘制时，软件默认开启动态输入的数据框，可直接输入一边距墙端头的距离，还可通过“Tab”键切换两端输入框。下面以 C0621 为例进行简要介绍。

第一步：在绘图界面，选择拟布置的门或窗的构件名称（C0621）。

第二步：选择后，绘图界面会默认点绘制，对照图纸找到 C0621 的位置，以①轴与Ⓖ轴交点附近的 C0621 为例，通过查阅图纸可知，C0621 到Ⓖ轴的距离为 750mm，故在如图 5-52 所示的数据框中输入 750mm（注：可采用“Tab”键切换两端输入框），点击回车键即可完成绘制，如图 5-52。

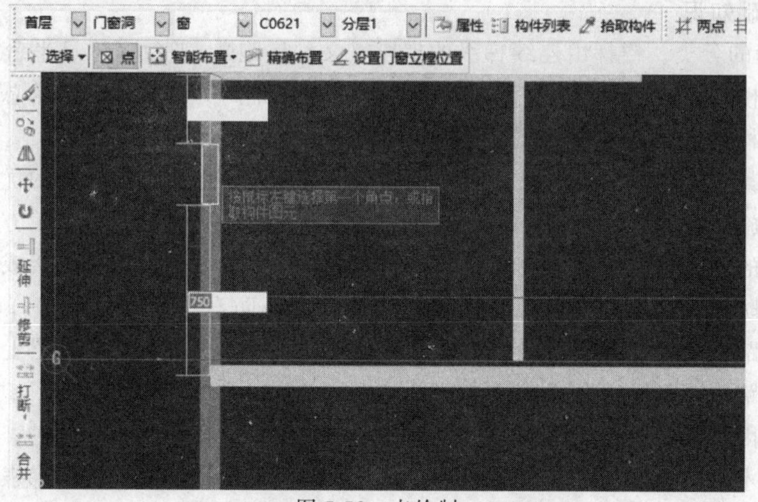

图 5-52 点绘制

b. 精确布置。精确布置是绘制门窗的另一种方法，较点绘制更为精确，尤其适用于当门窗紧邻柱等构件时，考虑上部过梁与柱、墙扣减关系，需要对门窗进行精确定位。下面继续以 C0621 为例进行介绍。

第一步：在绘图界面，选择拟布置的门或窗的构件名称（C0621）；点击绘图界面的“精确布置”按钮，此时光标会变成小方块。

第二步：根据界面出现的提示选择需要布置门的墙，此处选择①轴的墙，然后根据提示选择插入点，即选择①轴与Ⓖ轴交点。

第三步：界面弹出“请输入偏移值”的对话框（图 5-53），根据图纸偏移值输入“−750mm”，点击确定即可完成 C0621 的精确布置。

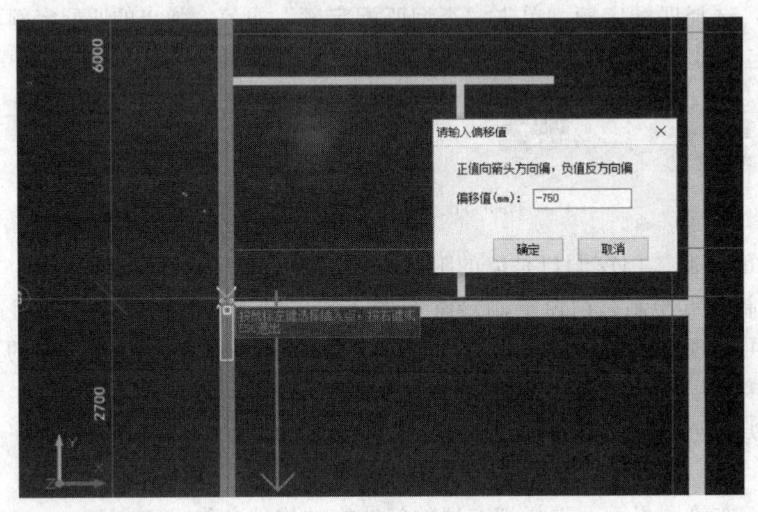

图 5-53 设定偏移量

门的绘制与窗的绘制方法一样，即切换到门的界面，选择对应的门进行绘制即可，此处不再赘述。

5.2.2.6 楼梯构件布置

(1) 基础知识

① 楼梯的分类。楼梯由连续梯级的梯段（又称梯跑）、平台（休息平台）和围护构件等组成、楼梯的最低和最高一级踏步间的水平投影距离为梯长，梯级的总高为梯高。

楼梯按材料可分为钢筋混凝土楼梯、钢楼梯、木楼梯等。

钢筋混凝土楼梯在结构刚度、耐火性及造价以及造型方面都有较大的优势，应用最为普遍。其施工方法有整体现浇、预制装配、部分现浇部分装配三种施工方法。

钢楼梯的承重构件通常用型钢制作，各构件节点一般用螺栓连接锚接或焊接，构件表面用涂料防锈。踏步和平台板宜用压花或隔片钢板防滑。为减轻噪声，增加装饰效果，可在钢踏板上铺设弹性面层或混凝土、石料等面层，也可直接在钢梁上铺设钢筋混凝土或石料踏步，形成组合式楼梯。

木楼梯因不能防火，应用范围受到限制，可分为明步式和暗步式两种。其中踏步钉于斜梁三角木上的为明步式，镶嵌于楼梯斜梁凹槽内的为暗步式。木楼梯表面采用涂料进行防腐。

② 计算规则。

a. 清单计算规则。楼梯清单计算规则见表 5-16。

b. 定额计算规则。楼梯定额计算规则见表 5-17。

表 5-16　楼梯清单计算规则

编号	项目名称	单位	计算规则
010513001	楼梯	m^2	按设计图示尺寸以楼梯(包括踏步、休息平台及≤500mm 的楼梯井)水平投影面积计算。楼梯与楼地面相连时,算至梯口梁内侧边沿,无梯口梁者,算至最上一层踏步边沿加 300mm
011702024	楼梯	m^2	

表 5-17　楼梯定额计算规则

编号	项目名称	单位	计算规则
A4-0049	现浇直形楼梯混凝土	m^2	按设计图示尺寸以楼梯(包括踏步、休息平台及≤500mm 的楼梯井)水平投影面积计算。楼梯与楼地面相连时,算至梯口梁内侧边沿,无梯口梁者,算至最上一层踏步边沿加 300mm
A9-0049	现浇直形楼梯 模板	m^2	按现浇混凝土工程量计算规则计算

③ 软件操作步骤。完成楼梯构件布置的基本步骤是：先进行构件定义，编辑属性，套用清单项目和定额子目，然后绘制构件，最后汇总计算得出相应工程量。

(2) 实例分析

根据建施 13-11、建施 13-12 以及结施 13-12、结施 13-13 可知，本案例中共有两种类型楼梯，详细信息如表 5-18 所示。

表 5-18　楼梯表　　单位：mm

序号	类型	名称	踏步级数	踏步高度	平台长度	楼梯宽度	梯井宽度	备注
1	标准双跑 I	A♯楼梯	11×270	150	1100	3300	150	
2		B♯楼梯	11×300	150	2150	3300	150	

(3) 任务实操

① 参数化楼梯的定义。

a. 参数化楼梯属性定义。

(a) 新建参数化楼梯。在模块导航栏中单击“楼梯”，单击“定义”按钮，进入楼梯定义界面，在构件列表中单击“新建-新建参数化楼梯”，由图纸可知本工程为标准双跑楼梯Ⅰ，选中后确定即可。然后，用户可根据图纸信息输入对应属性值。下面以 A♯楼梯为例，介绍楼梯构件的属性输入。

(b) 属性编辑。对照图纸，将楼梯参数输入到相应位置，设置后如图 5-54 所示，点击“保存退出”即可。

按上述方法完成 B♯楼梯的定义及属性输入。

b. 做法套用。楼梯的清单、定额套用相对于其他构件的做法比较复杂，除了套用相应的混凝土及模板的量外，还应套用相应的栏杆扶手、踢脚等项目清单和定额子目的做法。

根据建施 13-11、建施 13-12 以及结施 13-12、结施 13-13，楼梯的完整做法如图 5-55所示。

② 参数化楼梯的绘制。参数化楼梯的绘制关键在于找到插入点，辅以偏移、旋转、镜像、移动等功能进行绘制。需要注意的是参数化楼梯中有平台板和梯梁，如果在板、梁界面下已经绘制过平台板和梯梁，则此时需将已绘制的梯平台板和梯梁删除再绘制楼

梯。绘制完成如图 5-56 所示。

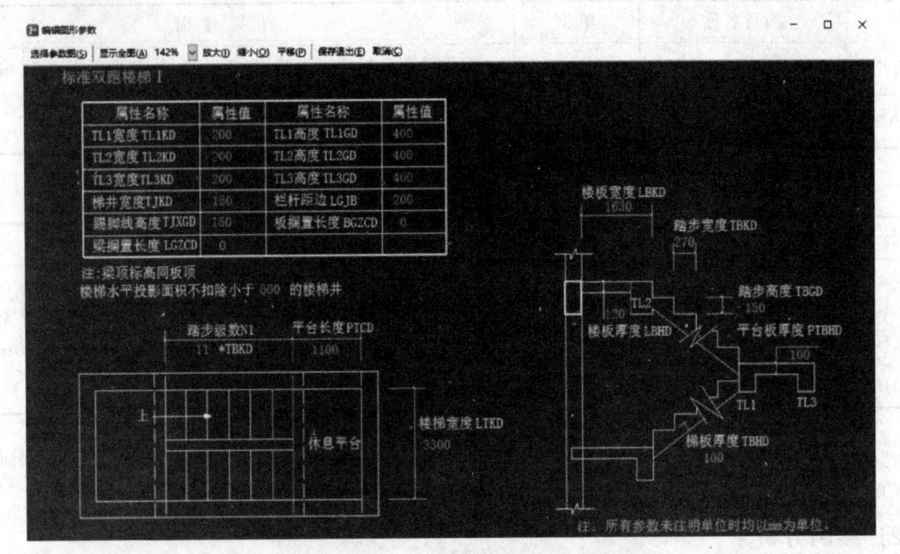

图 5-54 楼梯参数设置

	编码	类别	项目名称	项目特征	单位	工程量表达式	表达式说明	单价	综合单价	措施项目	专业
1	− 010513001002	项	楼梯	1. 楼梯类型:标准双跑楼梯I 2. 混凝土强度等级:C30	m2	TYMJ	TYMJ<水平投影面积>			☐	建筑装饰工程
2	A4-0049	定	现浇直形楼梯 混凝土		m2	TYMJ	TYMJ<水平投影面积>	1233.79		☐	土
3	− 011702024002	项	楼梯	1. 类型:标准双跑楼梯I	m2	MBMJ	MBMJ<模板面积>			☑	建筑装饰工程
4	A9-0049	定	现浇直形楼梯 模板		m2	MBMJ	MBMJ<模板面积>	1443.56		☑	土
5	− 011503002002	项	硬木扶手、栏杆、栏板	1. 扶手材料种类、规格:硬木扶手 2. 栏杆材料种类、规格:铁花栏杆	m	LGCD	LGCD<栏杆扶手长度>			☐	建筑装饰工程
6	B1-0232	定	硬木扶手 直形 100*60		m	LGCD	LGCD<栏杆扶手长度>	6272.2		☐	饰
7	B1-0240	定	铁花栏杆 型钢		m	LGCD	LGCD<栏杆扶手长度>	7659.63		☐	饰

图 5-55 楼梯做法套用结果

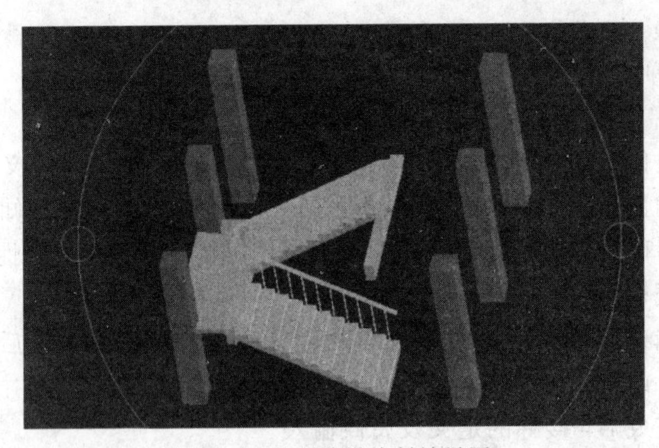

图 5-56 A＃楼梯绘制效果图

5.2.2.7 基础构件布置

(1) 基础知识

① 基础的分类。基础分为独立基础、桩基础、条形基础、筏板基础等多种类型。

独立基础：建筑物上部结构采用框架结构或单层排架结构承重时，常采用圆柱形和多边形等形式的独立式基础，独立基础又可分为阶形基础、坡形基础、杯形基础三种形式。

桩基础：桩基础由基桩和连接于桩顶的承台共同组成。若桩身全部埋于土中，承台底面与土体接触，则称为低承台桩基；若桩身上部露出地面而承台底位于地面之上，则称为高承台桩基。建筑桩基通常为低承台桩基础，且广泛应用于高层建筑中。

条形基础：是指基础长度远远大于宽度的一种基础形式，通常情况下，基础的长度大于或等于10倍基础的宽度。按上部结构分为墙下条形基础和柱下条形基础。

筏板基础：筏板基础由底板、梁等整体组成。建筑物荷载较大，地基承载力较弱，常采用混凝土底板承受建筑物荷载，形成筏基，其整体性好，能很好地抵抗地基的不均匀沉降。

② 计算规则。

a. 清单计算规则。基础清单计算规则见表5-19。

表5-19 基础清单计算规则

编号	项目名称	单位	计算规则
010501003	独立基础	m^3	按设计图示尺寸以体积计算。不扣除伸入承台基础的桩头所占体积
011702001	基础	m^2	按模板与现浇混凝土构件的接触面积计算

b. 定额计算规则。基础定额计算规则见表5-20。

表5-20 基础定额计算规则

编号	项目名称	单位	计算规则
A4-0007	现浇独立基础 钢筋混凝土	m^2	按设计图示尺寸以体积计算。不扣除伸入承台基础的桩头所占体积
A9-0007	模板独立基础 钢筋混凝土	$10m^3$	按现浇混凝土工程量计算规则计算

③ 软件操作步骤。完成基础构件布置的基本步骤是：先进行构件定义，编辑属性，套用清单项目和定额子目，然后绘制构件，最后汇总计算得出相应工程量。

(2) 实例分析

根据结施13-3可知，该工程有基础J-1～J-8/J-1e，主要信息见表5-21。

表5-21 基础表

序号	类型	名称	混凝土强度等级	高度(基础/边缘)/(mm/mm)	截面信息(下/上)/(mm×mm)	基底标高/m
1	独立基础	J-1	C30	500/250	2800×2800	−2.5
2		J-2	C30	500/250	2200×2200	−2.5
3		J-3	C30	550/250	3600×3600	−2.5
4		J-4	C30	600/250	4000×4000	−2.5
5		J-5	C30	700/250	4400×4400	−2.5
6		J-6	C30	500/250	3000×3000	−2.5
7		J-7	C30	800/250	3600×5000	−2.5
8		J-8	C30	500/250	2400×4200	−2.5
9		J-1e	C30	500/250	1000×1200	−2.5

(3) 任务实操

① 独立基础定义。注意要将楼层切换到基础层的界面下，然后进行定义和绘制。

a. 独立基础属性定义。

(a) 新建独立基础。在模块导航栏中单击“基础-独立基础”，单击“定义”按钮，进入基础的定义界面，在构件列表中单击“新建-新建独立基础-新建参数化独基单元”，由图纸可知本工程为四棱锥台形独立基础，用户可根据图纸信息输入对应属性值。下面以J-1为例，介绍独立基础构件的属性输入。

(b) 属性编辑。对照图纸，将J-1参数输入到相应位置，如图5-57所示，点击“保存退出”即可。

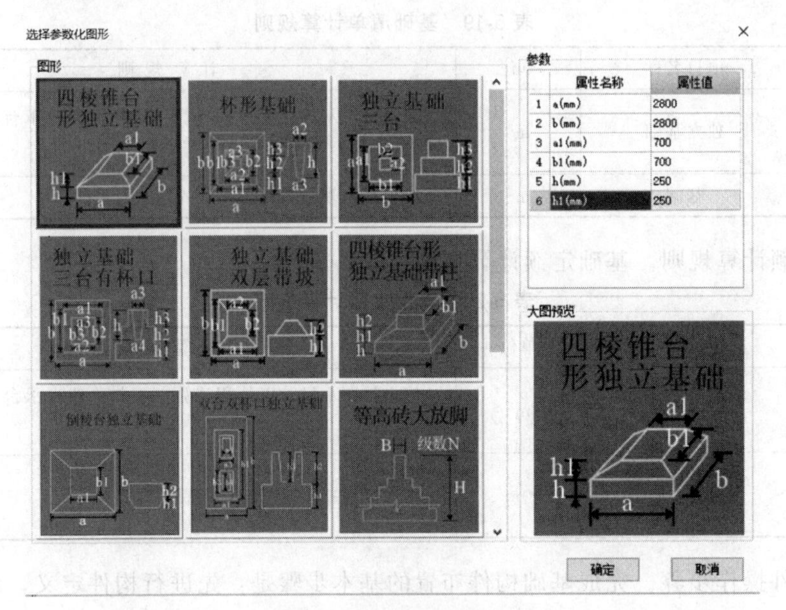

图 5-57　独立基础参数设置

按上述方法完成基础层其余基础的定义及属性输入。

b. 做法套用。

(a) 清单套用。

第一步：在“定义”页面，选中J-1。

第二步：选择匹配清单。点击“查询匹配清单”页签，在匹配清单列表中双击“010501003”，将其添加到做法表中。

(b) 项目特征描述及定额套用。

第一步：选中清单项目“010501003”，点击工具栏上的“项目特征”。

第二步：在项目特征列表中添加“混凝土种类”的特征值为“商品混凝土”；“混凝土强度等级”的特征值为“C30”。

第三步：选择匹配定额。单击“查询匹配定额”页签，弹出匹配定额，在匹配定额列表中选择“A4-0007”定额子目，将其添加到清单“010501003”项下。

基础模板项目特征只需描述基础类型，即选中清单项目“011702001”，点击“项目特征”，在编辑项目特征的对话框中输入“独立基础”，点击“确定”即可。基础模板选择匹配定额方法与基础类似，即在匹配定额列表中选择“A9-0007”定额子目，将其添加到清单“011702001”项下。

独立基础J-1的项目特征描述及定额套用结果如图5-58所示，按此方法，完成其他基础的做法套用。

	编码	类别	项目名称	项目特征	单位	工程量表达式	表达式说明	单价	综合单价	措施项目	专业
1	− 010501003	项	独立基础	1.混凝土种类:商品混凝土 2.混凝土强度等级:C30	m3	TJ	TJ<体积>			☐	建筑装饰工程
2	A4-0007	定	现浇独立基础 钢筋混凝土		m3	TJ	TJ<体积>	3157.87		☐	土
3	− 011702001	项	基础	1.基础类型:独立基础	m2	MBMJ	MBMJ<模板面积>			☑	建筑装饰工程
4	A9-0007	定	模板 独立基础 钢筋混凝土		m3	MBTJ	MBTJ<模板体积>	998.32		☑	土

图5-58　基础做法套用结果

② 独立基础的绘制。定义完毕后，单击“绘图”按钮，切换到绘图界面。

a. 直接绘制。若基础恰好处于轴网交点上，则可直接通过“点绘制”设置。若基础不在轴网交点上，如本工程中独立基础J-1，则需采用“Shift＋鼠标左键”进行“偏移绘制”。将鼠标放在①轴与Ⓐ轴交点处，同时按下“Shift＋鼠标左键”，弹出“输入偏移量”对话框。

由图纸可知，J-1的中心相对于①轴与Ⓐ轴交点向上偏移量为150mm，向右偏移量为150mm，故在对话框中输入“$X=150$”，“$Y=150$”如图5-59所示。

b. 设置偏心基础。将基础按照“点绘制”在轴网交点进行一一绘制，待所有基础绘制完成后，点击“设置偏心独立基础”，界面将显示基础对应的偏心尺寸，然后对照图纸，将实际尺寸一一输入即可。

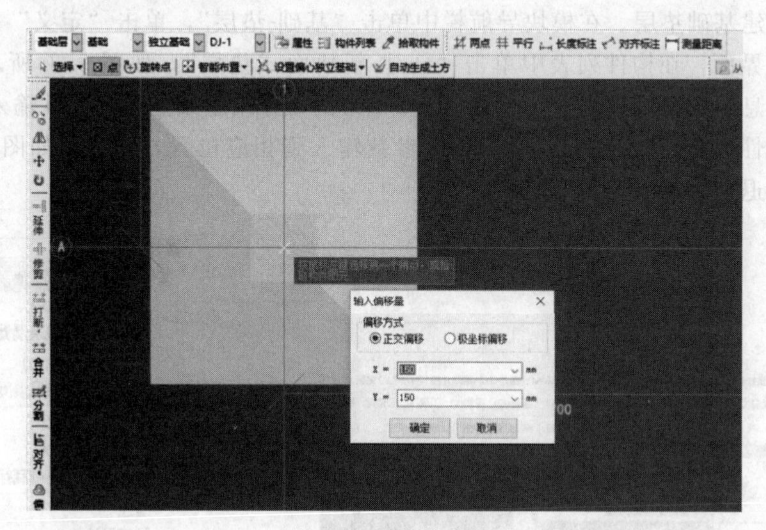

图5-59　设定偏移量

5.2.2.8　基础垫层布置

(1) 基础知识

基础垫层：是基础与地基土的中间层，其作用是使地基表面平整，便于绑扎钢筋。同时起到保护基础，防止基础不均匀沉降的作用，通常采用素混凝土。

① 计算规则。

a. 清单计算规则。土方清单计算规则见表5-22。

表 5-22 土方清单计算规则

编号	项目名称	单位	计算规则
010501001	垫层	m^3	按设计图示尺寸以体积计算，不扣除伸入承台基础的桩头所占的体积
011702001	基础	m^2	按模板与现浇混凝土构件的接触面积计算

b. 定额计算规则。土方定额计算规则见表 5-23。

表 5-23 土方定额计算规则

编号	项目名称	单位	计算规则
A4-0017	现浇基础垫层混凝土	$10m^3$	按设计图示尺寸以体积计算。不扣除伸入承台基础的桩头所占体积
A9-0017	模板基础垫层	$10m^3$	按现浇混凝土工程量计算规则计算

② 软件操作步骤。完成基础垫层构件布置的基本步骤是：先进行构件定义，编辑属性，套用清单项目和定额子目，然后绘制构件，最后汇总计算得出相应工程量。

(2) 实例分析

本工程为独立基础，所以垫层采用面式垫层来定义。

(3) 任务实操

① 基础垫层的定义。

a. 基础垫层的属性定义。

(a) 新建基础垫层。在模块导航栏中单击“基础-垫层”，单击“定义”按钮，进入基础的定义界面，在构件列表中单击“新建-新建面式垫层”，如图 5-60 所示，用户可根据图纸信息输入对应属性值。下面以 DC-1 为例，介绍基础垫层的属性输入。

(b) 属性编辑。对照图纸，将 DC-1 参数输入到相应位置，设置后如图 5-61 所示，点击“保存退出”即可。

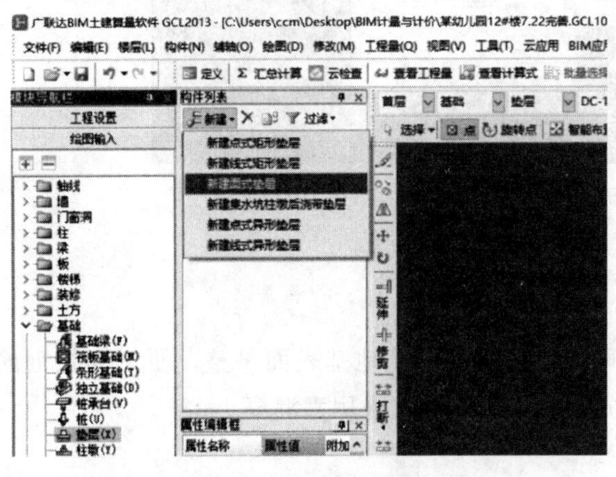

图 5-60 新建面式垫层

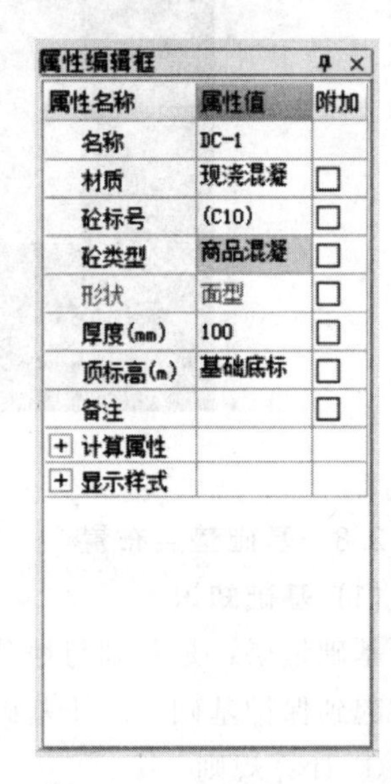

图 5-61 基础垫层属性编辑

按上述方法完成其余基础垫层的定义及属性输入。

b. 做法套用。

(a) 清单套用。

第一步：在“定义”页面，选中 DC-1。

第二步：选择匹配清单。点击“查询匹配清单”页签，在匹配清单列表中双击“010501001”及“011702001”，将其添加到做法表中。

选择清单项目后，要检查单位和工程量表达式输入是否正确。尤其是工程量表达式，若不正确，应点击表达式进行修改。

(b) 项目特征描述及定额套用。

第一步：选中清单项目“010501001”，点击工具栏上的“项目特征”。

第二步：在项目特征列表中添加“混凝土种类”的特征值为“商品混凝土”；“混凝土强度等级”的特征值为“C10”。

第三步：选择匹配定额。单击“查询匹配定额”页签，弹出匹配定额，在匹配定额列表中选择“A4-0017”定额子目，将其添加到清单“010501001”项下。

基础垫层模板项目特征只需描述基础类型，即选中清单项目“011702001”，点击“项目特征”，在编辑项目特征的对话框中输入“独立基础垫层”，点击“确定”即可。基础模板选择匹配定额方法与基础类似，即在匹配定额列表中选择“A9-0017”定额子目，将其添加到清单“011702001”项下。

独立基础垫层 DC-1 的项目特征描述及定额套用结果如图 5-62 所示，按此方法，完成其余基础垫层的做法套用。

	编码	类别	项目名称	项目特征	单位	工程量表达式	表达式说明	单价	综合单价	措施项目	专业
1	− 010501001	项	垫层	1. 混凝土种类：商品混凝土 2. 混凝土强度等级：C10	m3	TJ	TJ<体积>			☐	建筑装饰工程
2	A4-0017	定	现浇基础垫层 混凝土		m3	TJ	TJ<体积>	3368.51		☐	土
3	− 011702001	项	基础	1. 基础类型：独立基础垫层	m2	MBMJ	MBMJ<模板面积>			☑	建筑装饰工程
4	A9-0017	定	模板 基础垫层		m3	MBTJ	MBTJ<模板体积>	401.55		☑	土

图 5-62　基础垫层做法套用结果

② 基础垫层的绘制。定义基础垫层的属性后，单击“绘图”按钮，切换到绘图界面。采用独立基础智能布置的方法进行绘制，即单击绘图界面的“智能布置-独基”，然后鼠标框选所有独立基础，右键弹出“请输入出边距离”的对话框，输入“100”，点击“确定”即可，绘制结果如图 5-63 所示。

5.2.2.9　土方工程量计算

(1) 基础知识

① 土方的分类。在做基础时，往往会伴随着土方开挖及回填等施工过程。

a. 基础土方开挖：是指将土和岩石进行松动、破碎、挖掘并运出的工程。

b. 基础回填土方：基础做好后，其与基坑和基槽四周的空隙需进行土方回填，以达到图纸规定的室内外高差要求。

② 计算规则。

a. 清单计算规则。土方清单计算规则见表 5-24。

b. 定额计算规则。土方定额计算规则见表 5-25。

③ 软件操作步骤。完成基础土方构件布置的基本步骤是：先进行构件定义，编辑

属性，套用清单项目和定额子目，然后绘制构件，最后汇总计算得出相应工程量。

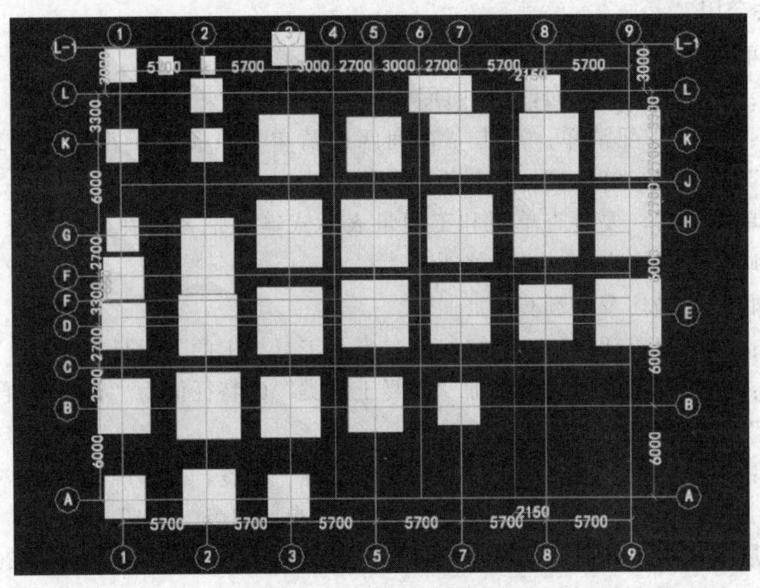

图 5-63　独立基础绘制效果图

表 5-24　土方清单计算规则

编号	项目名称	单位	计 算 规 则
010101004	挖基础土方	m^3	按设计图示尺寸以体积计算
010103001	回填方	m^3	按设计图示尺寸以体积计算 1. 场地回填：回填面积乘平均回填厚度 2. 室内回填：主墙间面积乘以回填厚度，不扣除间壁墙 3. 基础回填：按挖方清单项目工程量减去自然地坪以下埋设的基础体积(包括基础垫层及其他构筑物)

表 5-25　土方定额计算规则

编号	项目名称	单位	计 算 规 则
A1-0083	挖掘机挖沟槽、基坑土方一、二类土斗容量 1.8 m^3	1000m^3	按设计图示尺寸以体积计算
A1-0178	土石方回填土、夯填	100m^3	按现浇混凝土工程量计算规则计算

(2) 实例分析

土建软件中，基础的土石方和回填土也均在基础层进行定义和绘制。

(3) 任务实操

① 基坑土方。

a. 基坑土方的属性定义

(a) 新建基坑土方。在模块导航栏中单击“土方-基坑土方”，单击“定义”按钮，进入基础的定义界面，在构件列表中单击“新建-新建矩形基坑土方”，如图 5-64

所示，用户可根据图纸信息输入对应属性值。下面以 JK-1 为例，介绍基坑土方的属性输入。

(b) 属性编辑。对照图纸，将 JK-1 参数输入到相应位置，设置后如图 5-65 所示。

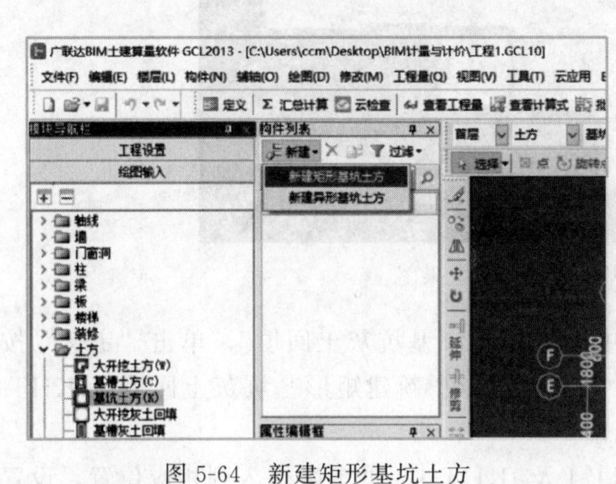

图 5-64　新建矩形基坑土方

属性编辑框

属性名称	属性值	附加
名称	JK-1	
深度(mm)	(2200)	□
坑底长(mm)	2400	□
坑底宽(mm)	2400	□
工作面宽(	300	□
放坡系数	0.25	□
顶标高(m)	底标高加	□
底标高(m)	层底标高	□
挖土方式	机械挖土	□
冻土厚度(	(0)	□
土壤类别	二类土	□
斗容量	1.8M3	□
回填方式	夯填	□
备注		□
+ 计算属性		
+ 显示样式		

图 5-65　基坑土方属性编辑

b. 做法套用

(a) 清单套用。

第一步：在“定义”页面，选中 JK-1。

第二步：选择匹配清单。点击“查询匹配清单”页签，在匹配清单列表中双击“010101004”，将其添加到做法表中。

(b) 项目特征描述及定额套用。

第一步：选中清单项目“010101004”，点击工具栏上的“项目特征”。

第二步：在项目特征列表中添加“土壤类别”的特征值为“二类土”；“挖土深度”的特征值为“2.2m”。

第三步：选择匹配定额。单击“查询匹配定额”页签，弹出匹配定额，在匹配定额列表中选择“A1-0083”定额子目，将其添加到清单“010101004001”项下。

基坑土方 JK-1 的项目特征描述及定额套用结果如图 5-66 所示，按此方法，完成剩余基坑土方的做法套用。

	编码	类别	项目名称	项目特征	单位	工程量表达式	表达式说明	单价	综合单价	措施项目	专业
1	− 010101004001	项	挖基坑土方	1. 土壤类别：二类土 2. 挖土深度：2.2m	m3	TFTJ	TFTJ<土方体积>			□	建筑装饰工程
2	A1-0083	定	挖掘机挖沟槽、基坑土方一、二类土 斗容量 1.8m3		m3	TFTJ	TFTJ<土方体积>	1985.53		□	土

图 5-66　基坑土方做法套用结果

c. 基坑土方的绘制。绘制完成基础垫层后，在垫层的绘图界面，单击“智能布置-独基”，绘制结果如图 5-67 所示。

② 基础回填土。

a. 基础回填土的属性定义。

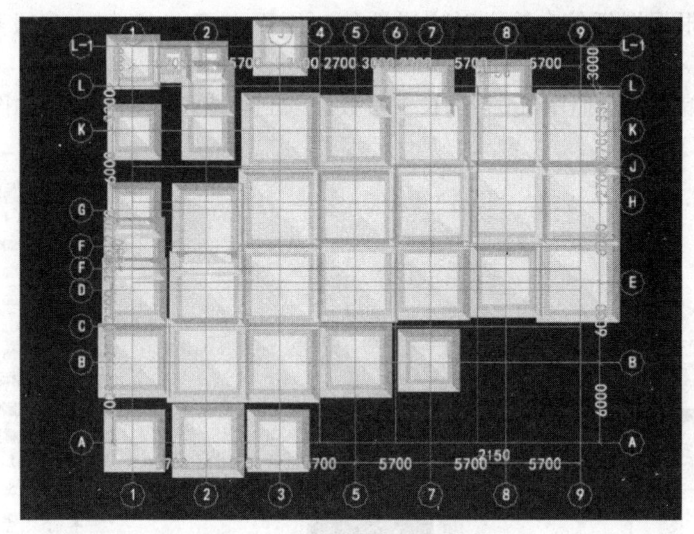

图 5-67　基坑土方绘制效果图

(a) 新建基坑土方。在模块导航栏中单击“土方-基坑灰土回填”，单击“定义”按钮，进入基础的定义界面，在构件列表中单击“新建-新建矩形基坑灰土回填（JKHT-1)-新建基坑灰土回填单元”(JKHT-1-1)。

(b) 属性编辑。对照图纸，将 JKHT-1 及 JKHT-1-1 的参数输入到相应位置，设置后如图 5-68 所示。

属性编辑框

属性名称	属性值	附加
名称	JKHT-1	
深度(mm)	2200	☐
放坡系数	0	☐
坑底长(mm)	3000	☐
坑底宽(mm)	3000	☐
顶标高(m)	层底标高+	☐
底标高(m)	层底标高	☐
工作面宽(	0	☐
备注		☐
+ 计算属性		
+ 显示样式		

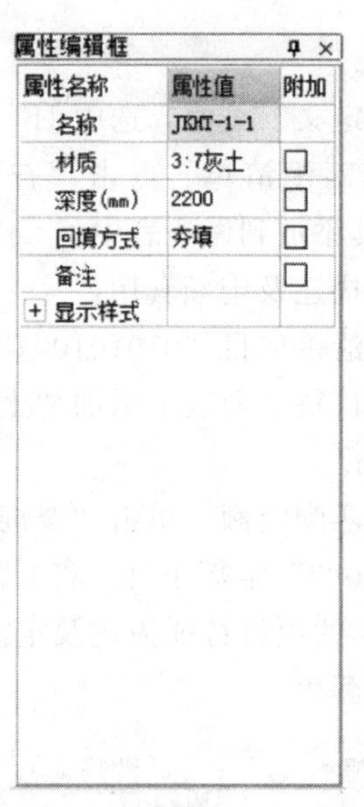
属性编辑框

属性名称	属性值	附加
名称	JKHT-1-1	
材质	3:7灰土	☐
深度(mm)	2200	☐
回填方式	夯填	☐
备注		☐
+ 显示样式		

图 5-68　基础回填土属性设置

b. 做法套用。

(a) 清单套用。

第一步：在“定义”页面，选中 JKHT-1-1。

第二步：选择匹配清单。点击“查询匹配清单”页签，在匹配清单列表中双击“010103001”，将其添加到做法表中。

(b) 项目特征描述及定额套用。

第一步：选中清单项目“010103001”，点击工具栏上的“项目特征”。

第二步：在项目特征列表中添加“填方来源”的特征值为“原土”。

第三步：选择匹配定额。单击“查询匹配定额”页签，弹出匹配定额，在匹配定额列表中选择“A1-0178”定额子目，将其添加到清单“010103001001”项下。

基础回填 JKHT-1-1 的项目特征描述及定额套用结果如图 5-69 所示，按此方法，完成剩余基坑回填的做法套用。

	编码	类别	项目名称	项目特征	单位	工程量表达式	表达式说明	单价	综合单价	措施项目	专业
1	− 010103001001	项	回填方	1.填方来源：原土	m3	HTHTTJ	HTHTTJ<基坑灰土回填体积>			□	建筑装饰工程
2	A1-0178	定	土、石方回填土 夯填		m3	HTHTTJ	HTHTTJ<基坑灰土回填体积>	998.31		□	土

图 5-69　基坑回填做法套用结果

c. 基坑回填土的绘制。

在绘图界面，单击“智能布置-独基”，选择要布置的独立基础，绘制结果如图 5-70 所示。

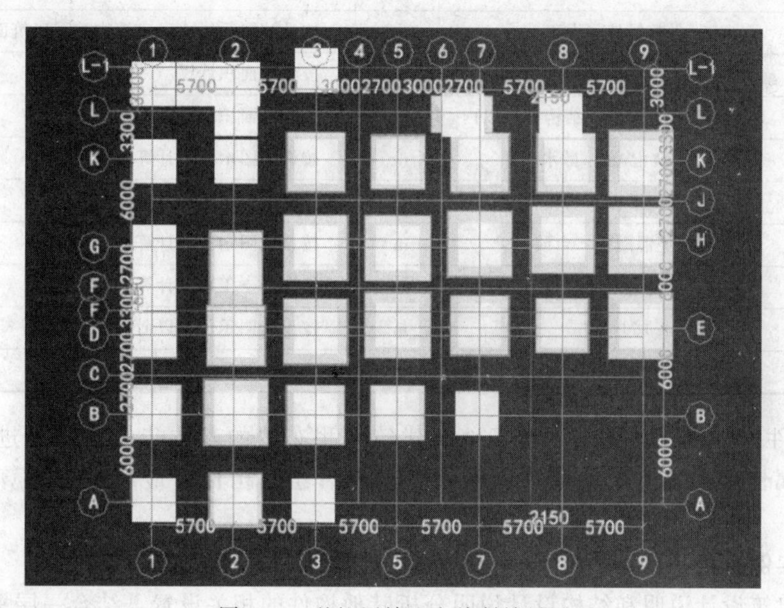

图 5-70　基坑回填土方绘制效果图

5.2.2.10　其他构件布置

(1) 基础知识

① 其他构件的分类。其他构件主要包括平整场地、建筑面积、散水、台阶等。

a. 平整场地：是指室外设计地坪与自然地坪平均厚度在±0.3m 以内的挖、填、找平。

b. 散水：为了保护墙基不受雨水侵蚀，常在外墙四周将地面做成向外倾斜的坡面，以便将屋面集散下来的雨水排至远处，这种坡面称之为散水。散水是保护建筑基础的有效措施之一。

② 计算规则。

a. 清单计算规则。其他构件的清单计算规则见表 5-26。

表 5-26　其他构件的清单计算规则

编号	项目名称	单位	计算规则
010101001	平整场地	m^2	按设计图示尺寸以建筑物首层建筑面积计算
011701001	综合脚手架	m^2	按建筑面积计算
011703001	垂直运输	m^2	按建筑面积计算
010507001	散水、坡道	m^2	按设计图示尺寸以水平投影面积计算
011702029	散水	m^2	按模板与散水的接触面积计算
010507004	台阶	m^2	按设计图示尺寸以面积计算
011702027	台阶	m^2	按图示台阶水平投影面积计算，台阶端头两侧不另计算模板面积。架空式混凝土台阶，按现浇楼梯计算

b. 定额计算规则。其他构件定额计算规则见表 5-27。

表 5-27　其他构件的定额计算规则

编号	项目名称	单位	计算规则
A1-0001	平整场地　人工	m^2	按设计图示尺寸以建筑物首层建筑面积计算
A10-0006	综合脚手架框架结构 6 层以内	m^2	按建筑面积计算
A11-0005	建筑物垂直运输框架结构 6 层以内	m^2	按建筑面积计算
A4-0056	现浇混凝土 散水	m^3	按设计图示体积计算
A9-0056	现浇散水　模板	m^3	按混凝土工程量计算
A4-0052	现浇混凝土　台阶	m^3	按设计图示体积计算
A9-0052	现浇台阶　模板	m^3	按混凝土工程量计算
A1-0180	原土打夯	m^2	按设计图示尺寸以面积计算
A4-0250	垫层 砂	m^3	按设计图示尺寸以体积计算

③ 软件操作步骤。完成平整场地及建筑面积布置的基本步骤是：先进行构件定义，编辑属性，套用清单项目和定额子目，然后绘制构件，最后汇总计算得出相应工程量。

(2) 实例分析

通过建筑设计说明和结构设计说明分析其他构件的相关设置，结合一层平面图及立面图和剖面图可知台阶及散水的参数如表 5-28 所示。

表 5-28　构件信息表

序号	类型	名称	混凝土强度等级	截面信息
1	散水	SS-1	C20	散水宽 700mm
2	台阶	TAIJ-1	C15	踏步高 150mm，宽 300mm

(3) 任务实操

① 平整场地。

a. 平整场地属性定义。在模块导航栏中单击“其他-平整场地”，单击“定义”按钮，进入平整场地的定义界面，在构件列表中单击“新建-新建平整场地”，如图 5-71 所示。属性如图 5-72 所示。

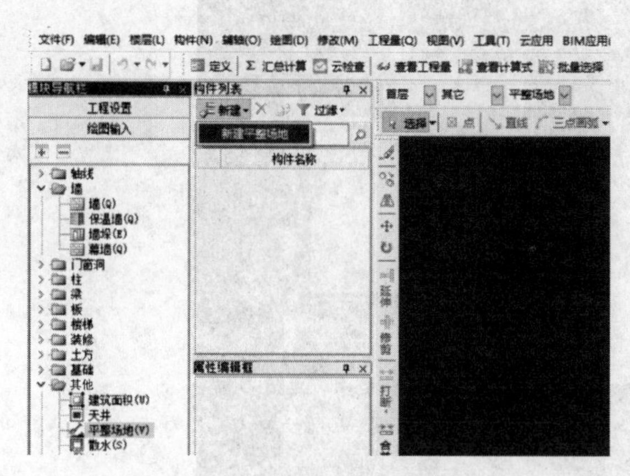

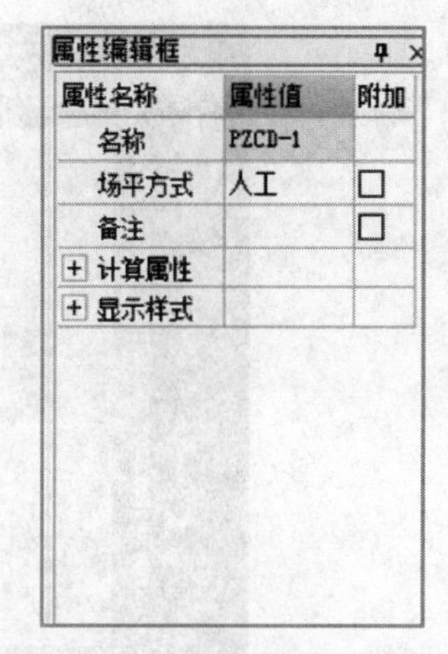

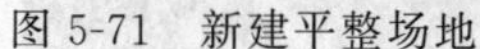
图 5-71　新建平整场地

图 5-72　平整场地属性编辑

b. 做法套用。

(a) 清单套用。

第一步：在“定义”页面，选中 PZCD-1。

第二步：选择匹配清单。点击“查询匹配清单”页签，在匹配清单列表中双击“010101001”，将其添加到做法表中。

(b) 项目特征描述及定额套用。

第一步：选中清单项目“010101001”，点击工具栏上的“项目特征”。

第二步：在项目特征列表中添加“土壤类别”的特征值为“二类土”。

第三步：选择匹配定额。单击“查询匹配定额”页签，弹出匹配定额，在匹配定额列表中选择“A1-0001”定额子目，将其添加到清单“010101001”项下。

平整场地的项目特征描述及定额套用结果如图 5-73 所示。

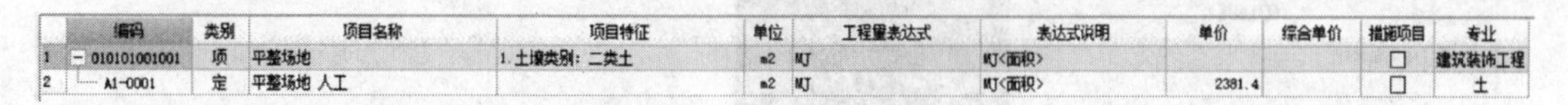

	编码	类别	项目名称	项目特征	单位	工程量表达式	表达式说明	单价	综合单价	措施项目	专业
1	− 010101001001	项	平整场地	1. 土壤类别：二类土	m2	MJ	MJ<面积>			□	建筑装饰工程
2	A1-0001	定	平整场地 人工		m2	MJ	MJ<面积>	2381.4		□	土

图 5-73　平整场地做法套用结果

c. 平整场地的绘制。

平整场地属于面式构件，可以采用点布置、直线布置或智能布置，下面以智能布置为例，点击“智能布置”，选择外墙轴线，点击“确定”即可。绘制结果如图 5-74 所示。

② 建筑面积。

a. 建筑面积属性定义。在模块导航栏中单击“其他-建筑面积”，单击“定义”按钮，进入建筑面积的定义界面，在构件列表中单击“新建-新建建筑面积”，如图 5-75 所示。属性如图 5-76 所示。

b. 做法套用。

(a) 清单套用。

第一步：在“定义”页面，选中 JZMJ-1。

第二步：选择匹配清单。点击“查询匹配清单”页签，在匹配清单列表中双击“011701001”“011703001”，将其添加到做法表中。

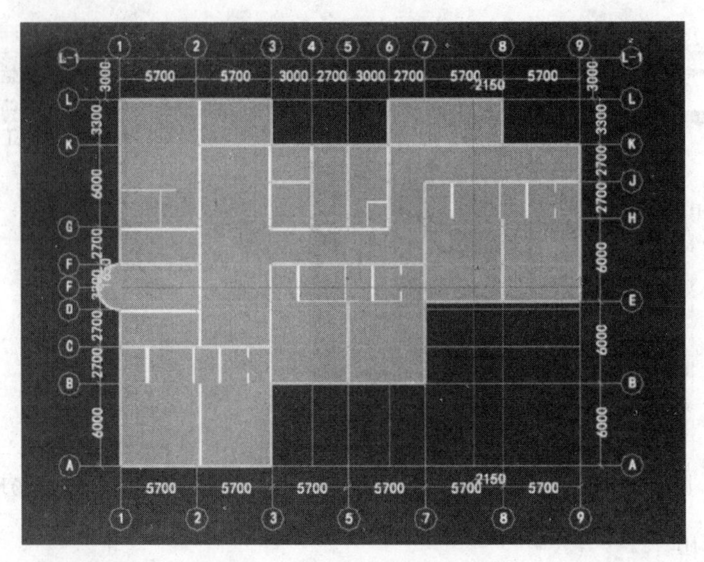

图 5-74　平整场地绘制效果图

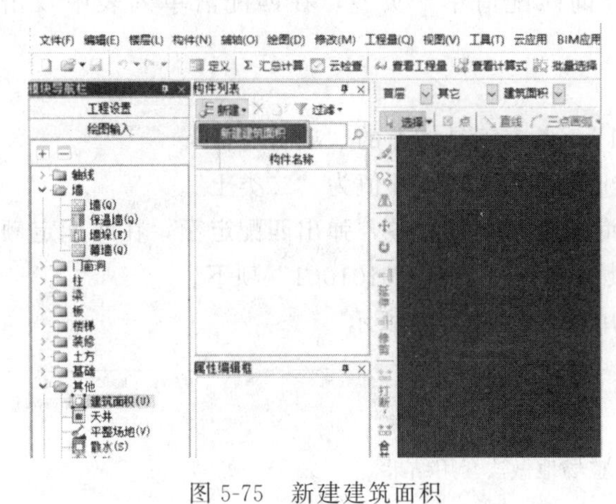

图 5-75　新建建筑面积

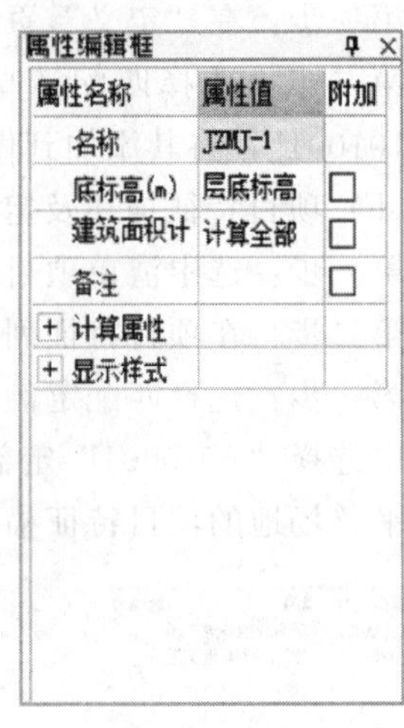

图 5-76　建筑面积属性编辑

（b）项目特征描述及定额套用。

第一步：选中清单项目“011701001”，点击工具栏上的“项目特征”。

第二步：在项目特征列表中添加“建筑结构形式”的特征值为“框架结构”；“檐口高度”的特征值为“14.6”。

第三步：选择匹配定额。单击“查询匹配定额”页签，弹出匹配定额，在匹配定额列表中选择“A10-0006”定额子目，将其添加到清单“011701001”项下。

同理，将“A11-0005”定额子目，将其添加到清单“011703001”项下。

建筑面积的项目特征描述及定额套用结果如图 5-77 所示。

c. 建筑面积的绘制。

建筑面积的绘制可以采用“点布置”“直线布置”或“矩形布置”，以“矩形布置”为例，点击“矩形布置”，选择相应对角点，单击确定即可。

	编码	类别	项目名称	项目特征	单位	工程量表达式	表达式说明	单价	综合单价	措施项目	专业
1	− 011701001001	项	综合脚手架	1.建筑结构形式：框架结构 2.檐口高度：14.6	m2	ZHJSJMJ	ZHJSJMJ<综合脚手架面积>			☑	建筑装饰工程
2	A10-0006	定	综合脚手架 框架结构 6层以内		m2	ZHJSJMJ	ZHJSJMJ<综合脚手架面积>	2650.54		☑	土
3	− 011703001	项	垂直运输	1.建筑物建筑类型及结构形式：框架结构 2.建筑物檐口高度、层数：14.6、3	m2					☑	建筑装饰工程
4	A11-0005	定	建筑物垂直运输 框架结构 6层以内		m2			1975.35		☑	土

图 5-77　建筑面积做法套用结果

③ 台阶。

a. 台阶属性定义。

在模块导航栏中单击“其他-台阶”，单击“定义”按钮，进入台阶的定义界面，在构件列表中单击“新建-新建台阶”，如图 5-78 所示。属性如图 5-79 所示。

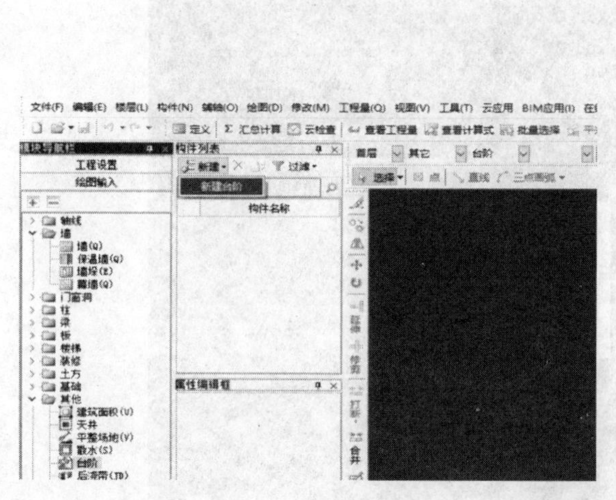

图 5-78　新建台阶

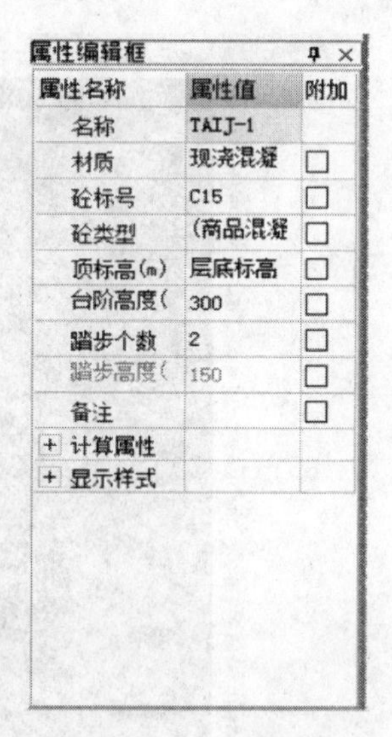

图 5-79　台阶属性编辑

b. 做法套用。

(a) 清单套用。

第一步：在“定义”页面，选中 TAIJ-1。

第二步：选择匹配清单。点击“查询匹配清单”页签，在匹配清单列表中双击“010507004”“011702027”，将其添加到做法表中。

(b) 项目特征描述及定额套用。

第一步：选中清单项目“010507004”，单击“项目特征”框内的三点按钮，弹出“编写项目特征”的对话框，填写特征值：“1. 素土夯实；2. 500 厚废砂垫层；3. 80 厚 C15 混凝土；4. 25 厚机刨面防滑花岗石铺面”。

第二步：选择匹配定额。单击“查询匹配定额”页签，弹出匹配定额，在匹配定额列表中选择“A4-0052、A4-0250、B1-0266”定额子目，将其添加到清单“010507004”项下。

同理，将“A9-0056”定额子目，添加到清单“011702027”项下。

台阶的项目特征描述及定额套用结果如图 5-80 所示。

c. 台阶的绘制。

台阶属于面式构件，可以采用“点绘制”“直线绘制”“矩形布置”。以“直线布置”

	编码	类别	项目名称	项目特征	单位	工程量表达式	表达式说明	单价	综合单价	措施项目	专业
1	− 010507004	项	台阶	1.素土夯实 2.500厚废砂垫层 3.80厚C15混凝土 4.25厚机刨面防滑花岗石铺面	m2	MJ	MJ<台阶整体水平投影面积>			☐	建筑装饰工程
2	A4-0052	定	现浇台阶 混凝土		m3	TJ	TJ<体积>	4266.78		☐	土
3	A4-0250	定	垫层 砂		m3	TJ	TJ<体积>	1132.23		☐	土
4	B1-0266	定	石材台阶面 台阶 花岗岩 水泥砂浆		m2	MJ	MJ<台阶整体水平投影面积>	29633.39		☐	饰
5	− 011702027	项	台阶	1.台阶踏步宽:300	m2	MJ	MJ<台阶整体水平投影面积>			☑	建筑装饰工程
6	A9-0052	定	现浇台阶 模板		m3	TJ	TJ<体积>	2918.96		☑	土

图 5-80　台阶做法套用结果

为例，首先做好辅助轴线，使辅助轴线与原有轴线形成封闭区域，点击“直线”，选择闭合区域的各个交点，确定后再设置台阶踏步边。

设置台阶踏步边的方法：单击“设置台阶踏步边”，左键选中踏步边线，单击右键确定，在弹出的“踏步宽度”对话框中输入“300”，确定即可。如图 5-81 所示。

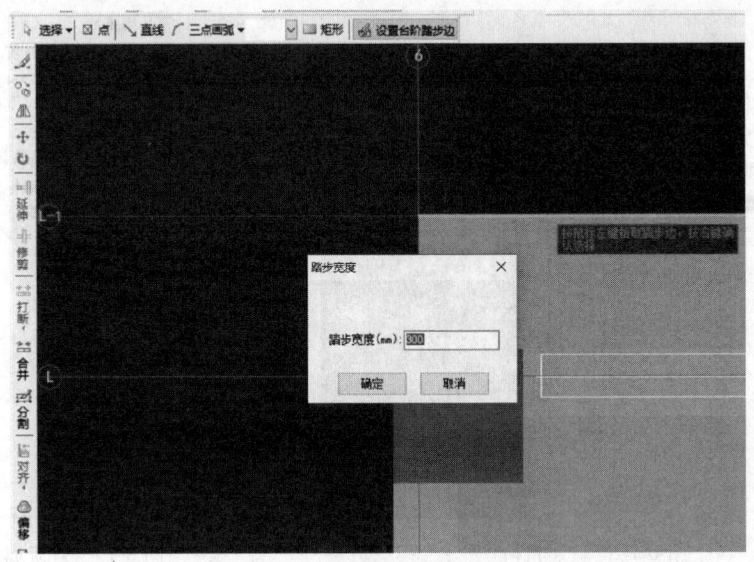

图 5-81　设置台阶踏步宽度

④ 散水。

a. 散水属性定义。在模块导航栏中单击“其它-散水”，单击“定义”按钮，进入散水的定义界面，在构件列表中单击“新建-新建散水”，如图 5-82 所示。属性如图 5-83 所示。

b. 做法套用。

(a) 清单套用。

第一步：在“定义”页面，选中 SS-1。

第二步：选择匹配清单。点击“查询匹配清单”页签，在匹配清单列表中双击“010507001”“011702029”，将其添加到做法表中。

(b) 项目特征描述及定额套用。

第一步：选中清单项目“010507001”，单击“项目特征”框内的三点按钮，弹出“编写项目特征”的对话框，填写特征值：“1. 素土夯实；2. 500 厚废砂垫层；3. 80 厚 C20 细石混凝土”。

第二步：选择匹配定额。单击“查询匹配定额”页签，弹出匹配定额，在匹配定额列表中选择“A4-0056、A4-0250、A1-0180”定额子目，将其添加到清单“010507001”项下。

同理，将“A9-0056”定额子目，添加到清单“011702029”项下。

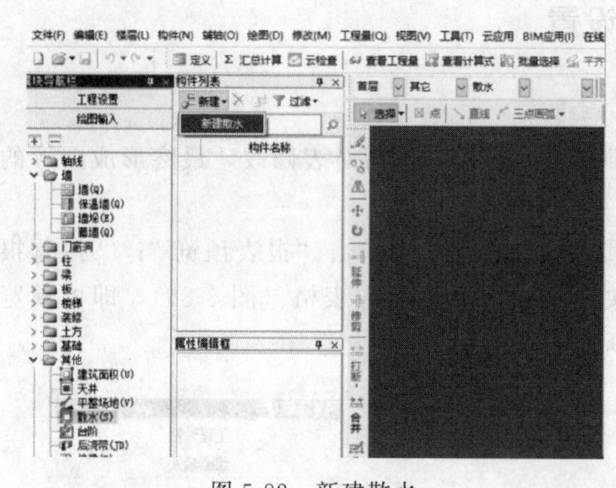

图 5-82　新建散水

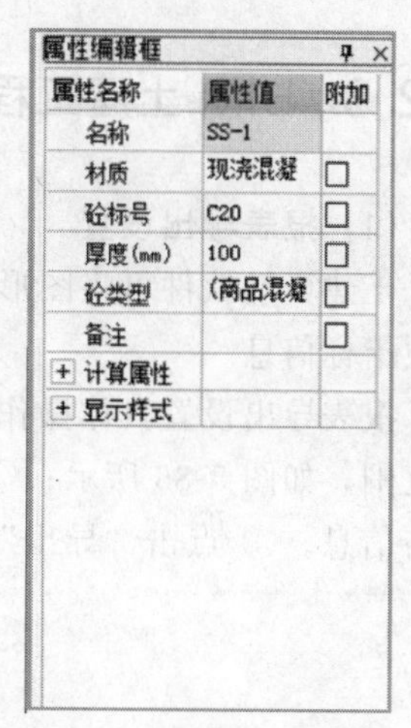

图 5-83　散水属性编辑

散水的项目特征描述及定额套用结果如图 5-84 所示。

	编码	类别	项目名称	项目特征	单位	工程量表达式	表达式说明	单价	综合单价	措施项目	专业
1	010507001001	项	散水、坡道	1.素土夯实 2.500厚顶砂垫层 3.80厚C20细石混凝土	m2	MJ	MJ<面积>			☐	建筑装饰工程
2	A4-0056	定	现浇散水 混凝土		m3	MJ*0.08	MJ<面积>*0.08	3904.6		☐	土
3	A4-0250	定	垫层 砂		m3	MJ*0.5	MJ<面积>*0.5	1132.23		☐	土
4	A1-0180	定	原土打夯		m2	MJ	MJ<面积>	1196.41		☐	土
5	011702029001	项	散水		m2	MBMJ	MBMJ<模板面积>			☑	建筑装饰工程
6	A9-0056	定	现浇散水 模板		m3	MJ*0.08	MJ<面积>*0.08	2335.15		☑	土

图 5-84　散水做法套用结果

c. 散水的绘制。散水属于面式构件，可以采用“点绘制”“直线绘制”以及“智能绘制”。通常采用“智能布置”，即先将外墙进行延伸或收缩处理，让外墙间形成封闭区域，点击“智能布置-外墙外边线”，在弹出的对话框中输入“700”，确定即可。绘制结果如图 5-85 所示。

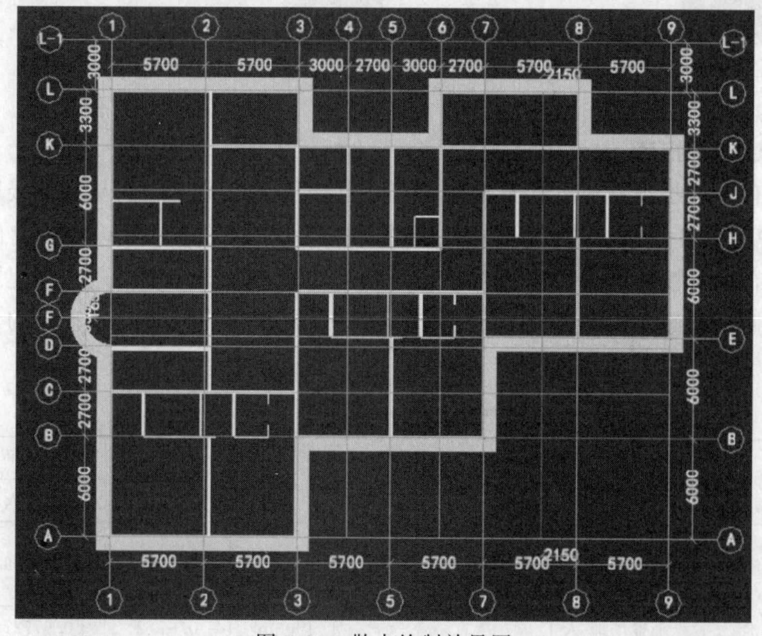

图 5-85　散水绘制效果图

5.2.3　BIM 土建工程文件报表设置

(1) 报表导出设置

土建算量软件可将图形工作量导出到 Excel 表中，然后对表修改，最终形成图形的各项指标信息。

报表导出设置具体操作步骤如下：①在模块导航栏中单击“报表预览”；②设置报表范围，如图 5-86 所示；③ 在左侧模块导航栏中选择相应表格（图 5-86），即可预览表格信息。④ 点击“导出”，即可导出所需表格。

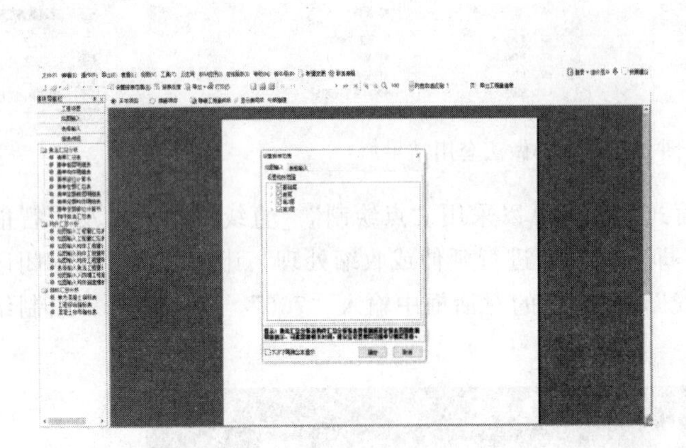

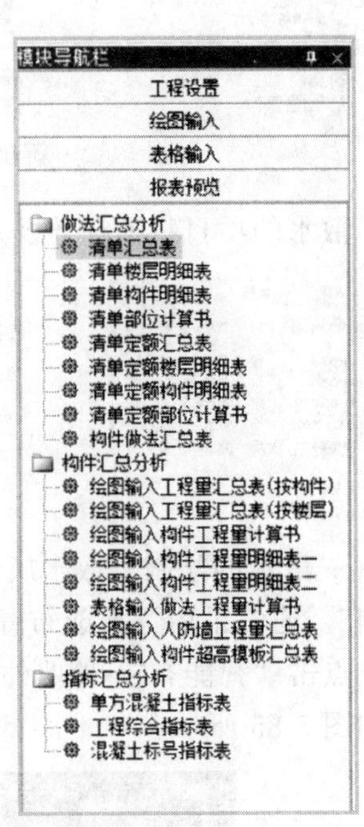

图 5-86　设置报表范围

(2) 土建结果报表

首层所有构件绘制完成后，其他楼层可通过楼层下拉菜单中“从其他楼层复制构件图元”，快速完成其他楼层的构件绘制。在复制之前，要充分考虑首层与其他楼层构件的异同点，有针对性地进行复制，对于不同的构件需要在其他楼层进行新建或者在复制过来的基础上进行修改，最终完成土建模型的建立，进而完成土建工程量的计算。结果见表 5-29。

表 5-29　土建清单定额汇总表

序号	编码	项目名称	单位	工程量	工程量明细	
					绘图输入	表格输入
1	010101001001	平整场地 1. 土壤类别:二类土	m^2	677.1608	677.1608	0
	A1-0001	平整场地 人工	$1000m^2$	0.6772	0.6772	0

续表

序号	编码	项目名称	单位	工程量	工程量明细	
					绘图输入	表格输入
2	010101004001	挖基坑土方 1. 土壤类别：二类土 2. 挖土深度：2.2m	m^3	1955.2729	1955.2729	0
	A1-0083	挖掘机挖沟槽、基坑土方一、二类土 斗容量 $1.8m^3$	$1000m^3$	1.9553	1.9553	0
3	010103001001	回填方 1. 填方来源：原土	m^3	576.6828	576.6828	0
	A1-0178	土、石方回填土 夯填	$100m^3$	5.7668	5.7668	0
4	010402001001	砌块墙 1. 砖品种、规格、强度等级：200 厚陶粒空心砌块 2. 砂浆强度等级、配合比：M5 混合砂浆	m^3	243.078	243.078	0
	A3-0087	砌块墙 陶粒砌块	$10m^3$	14.3589	14.3589	0
	A3-0083	砌块墙 炉渣砌块	$10m^3$	8.7335	8.7335	0
5	010402001002	砌块墙 1. 砖品种、规格、强度等级：200 厚陶粒空心砌块 2. 砂浆强度等级、配合比：M5 混合砂浆	m^3	120.1065	120.1065	0
	A3-0083	砌块墙 炉渣砌块	$10m^3$	1.1295	1.1295	0
	A3-0087	砌块墙 陶粒砌块	$10m^3$	10.2178	10.2178	0
6	010402001003	砌块墙 1. 砖品种、规格、强度等级：200 厚陶粒空心砌块 2. 砂浆强度等级、配合比：M5 混合砂浆	m^3	73.8778	73.8778	0
	A3-0087	砌块墙 陶粒砌块	$10m^3$	6.9272	6.9272	0
7	010501001001	垫层 1. 混凝土种类：商品混凝土 2. 混凝土强度等级：C10	m^3	51.0723	51.0723	0
	A4-1017	商品混凝土 现浇基础垫层 混凝土	$10m^3$	5.1072	5.1072	0
8	010501003001	独立基础 1. 混凝土种类：商品混凝土 2. 混凝土强度等级：C30	m^3	332.463	332.463	0
	A4-0007	现浇独立基础 钢筋混凝土	$10m^3$	33.2463	33.2463	0

续表

序号	编码	项目名称	单位	工程量	工程量明细	
					绘图输入	表格输入
9	010502001001	矩形柱 1. 混凝土种类:商品混凝土 2. 混凝土强度等级:C30	m^3	113.9238	113.9238	0
	A4-1020	商品混凝土 现浇矩形柱 周长 1.8m 以外 混凝土	$10m^3$	10.9513	10.9513	0
	A4-1019	商品混凝土 现浇矩形柱 周长 1.8m 以内 混凝土	$10m^3$	0.4411	0.4411	0
10	010502001002	矩形柱 1. 混凝土种类:商品混凝土 2. 混凝土强度等级:C30	m^3	1.0656	1.0656	0
	A4-1019	商品混凝土 现浇矩形柱 周长 1.8m 以内 混凝土	$10m^3$	0.1066	0.1066	0
11	010502001003	矩形柱 1. 混凝土种类:商品混凝土 2. 混凝土强度等级:C30	m^3	0.444	0.444	0
	A4-1018	商品混凝土 现浇矩形柱 周长 1.2m 以内 混凝土	$10m^3$	0.0444	0.0444	0
12	010503001001	基础梁 1. 混凝土种类:商品混凝土 2. 混凝土强度等级:C30	m^3	0.0076	0.0076	0
	A4-0025	现浇基础梁 混凝土	$10m^3$	0.0008	0.0008	0
13	010503002001	矩形梁 1. 混凝土种类:商品混凝土 2. 混凝土强度等级:C30	m^3	30.6002	30.6002	0
	A4-0026	现浇单梁、连续梁 混凝土	$10m^3$	2.7471	2.7471	0
	A4-1038	商品混凝土 现浇有梁板 100mm 以外 混凝土	$10m^3$	0.3129	0.3129	0
14	010503002002	矩形梁 1. 混凝土种类:商品混凝土 2. 混凝土强度等级:C30	m^3	9.9763	9.9763	0
	A4-1038	商品混凝土 现浇有梁板 100mm 以外 混凝土	$10m^3$	0.2905	0.2905	0
	A4-0026	现浇单梁、连续梁 混凝土	$10m^3$	0.4139	0.4139	0
15	010503002003	矩形梁 1. 混凝土种类:商品混凝土 2. 混凝土强度等级:C30	m^3	0.265	0.265	0
	A4-1026	商品混凝土 现浇单梁、连续梁 混凝土	$10m^3$	0.0265	0.0265	0

续表

序号	编码	项目名称	单位	工程量	工程量明细	
					绘图输入	表格输入
16	010503002004	矩形梁 1. 混凝土种类:商品混凝土 2. 混凝土强度等级:C30	m^3	0.0056	0.0056	0
	A4-1038	商品混凝土 现浇有梁板 100mm 以外 混凝土	$10m^3$	0.0006	0.0006	0
17	010505001001	有梁板 1. 混凝土种类:商品混凝土 2. 混凝土强度等级:C25	m^3	298.276	298.276	0
	A4-1038	商品混凝土 现浇有梁板 100mm 以外 混凝土	$10m^3$	13.7204	13.7204	0
	A4-1037	商品混凝土 现浇有梁板 100mm 以内 混凝土	$10m^3$	16.1072	16.1072	0
18	010505001002	有梁板 1. 混凝土种类:商品混凝土 2. 混凝土强度等级:C25	m^3	1.0013	1.0013	0
	A4-1037	商品混凝土 现浇有梁板 100mm 以内 混凝土	$10m^3$	0.1001	0.1001	0
19	010507001001	散水、坡道 1. 素土夯实 2. 500 厚废砂垫层 3. 80 厚 C20 细石混凝土	m^2	88.1479	88.1479	0
	A4-0056	现浇散水 混凝土	$10m^3$	0.7052	0.7052	0
	A4-0250	垫层 砂	$10m^3$	4.4074	4.4074	0
	A1-0180	原土打夯	$1000m^2$	0.0881	0.0881	0
20	010507004001	台阶 1. 素土夯实 2. 500 厚废砂垫层 3. 80 厚 C15 混凝土 4. 25 厚机刨面防滑花岗石铺面	m^2	5.3708	5.3708	0
	A4-0052	现浇台阶 混凝土	$10m^3$	0.1293	0.1293	0
	A4-0250	垫层 砂	$10m^3$	0.1293	0.1293	0
	B1-0266	石材台阶面 台阶 花岗岩 水泥砂浆	$100m^2$	0.0537	0.0537	0
21	010513001001	楼梯 1. 楼梯类型:标准双跑楼梯 I 2. 混凝土强度等级:C30	m^2	28.5673	28.5673	0
	A4-0049	现浇直形楼梯 混凝土	$10m^2$	2.8567	2.8567	0
22	010513001002	楼梯 1. 楼梯类型:标准双跑楼梯 I 2. 混凝土强度等级:C30	m^2	35.03	35.03	0
	A4-0049	现浇直形楼梯 混凝土	$10m^2$	3.503	3.503	0

续表

序号	编码	项目名称	单位	工程量	工程量明细	
					绘图输入	表格输入
23	010801001002	木质门	樘	10	10	0
	A5-0001	木板大门 平开带采光窗 扇制作	$100m^2$	0.1008	0.1008	0
	A5-0002	木板大门 平开带采光窗 扇安装	$100m^2$	0.1008	0.1008	0
	B4-0050	夹板装饰门 装饰板门扇制作 木骨架	$100m^2$	0	0	0
	B4-0051	夹板装饰门 装饰板门扇制作 基层	$100m^2$	0	0	0
	B4-0052	夹板装饰门 装饰板门扇制作 装饰面层	$100m^2$	0	0	0
	B4-0053	夹板装饰门 装饰门 安装	扇	0	0	0
24	010801001003	木质门	樘	1	1	0
	B4-0050	夹板装饰门 装饰板门扇制作 木骨架	$100m^2$	0	0	0
	B4-0051	夹板装饰门 装饰板门扇制作 基层	$100m^2$	0	0	0
	B4-0052	夹板装饰门 装饰板门扇制作 装饰面层	$100m^2$	0	0	0
	B4-0053	夹板装饰门 装饰门 安装	扇	0	0	0
25	010801001004	木质门	樘	12	12	0
	A5-0001	木板大门 平开带采光窗 扇制作	$100m^2$	0.168	0.168	0
	A5-0002	木板大门 平开带采光窗 扇安装	$100m^2$	0.168	0.168	0
	B4-0050	夹板装饰门 装饰板门扇制作 木骨架	$100m^2$	0	0	0
	B4-0051	夹板装饰门 装饰板门扇制作 基层	$100m^2$	0	0	0
	B4-0052	夹板装饰门 装饰板门扇制作 装饰面层	$100m^2$	0	0	0
	B4-0053	夹板装饰门 装饰门 安装	扇	0	0	0
26	010801001005	木质门	樘	24	24	0
	A5-0001	木板大门 平开带采光窗 扇制作	$100m^2$	0.6624	0.6624	0
	A5-0002	木板大门 平开带采光窗 扇安装	$100m^2$	0.6624	0.6624	0
27	010801003001	木质连窗门	樘	3	3	0
	A5-0001	木板大门 平开带采光窗 扇制作	$100m^2$	0.0945	0.0945	0
	A5-0002	木板大门 平开带采光窗 扇安装	$100m^2$	0.0945	0.0945	0
28	010801003002	木质连窗门	樘	1	1	0
	A5-0001	木板大门 平开带采光窗 扇制作	$100m^2$	0.1275	0.1275	0
	A5-0002	木板大门 平开带采光窗 扇安装	$100m^2$	0.1275	0.1275	0
29	010801003003	木质连窗门	樘	1	1	0
	A5-0001	木板大门 平开带采光窗 扇制作	$100m^2$	0.108	0.108	0
	A5-0002	木板大门 平开带采光窗 扇安装	$100m^2$	0.108	0.108	0

续表

序号	编码	项目名称	单位	工程量	工程量明细	
					绘图输入	表格输入
30	010801004001	木质防火门	樘	7	7	0
	A5-0005	木板大门 推拉带采光窗 扇制作	100m²	0.1911	0.1911	0
	A5-0006	木板大门 推拉带采光窗 扇安装	100m²	0.1911	0.1911	0
31	010802003001	钢质防火门	樘	4	4	0
	A5-0023	全钢板大门 推拉式 扇制作	100m²	0.1008	0.1008	0
	A5-0024	全钢板大门 推拉式 扇安装	100m²	0.1008	0.1008	0
32	010805005001	全玻自由门	樘	2	2	0
	A5-0037	保温门 框制安	100m²	0.108	0.108	0
	A5-0038	保温门 扇制安	100m²	0.108	0.108	0
33	010807001001	金属(塑钢、断桥)窗	樘	4	4	0
	B4-0242	塑钢窗 单层	100m²	0.0504	0.0504	0
34	010807001002	金属(塑钢、断桥)窗	樘	3	3	0
	B4-0242	塑钢窗 单层	100m²	0.0324	0.0324	0
35	010807001005	金属(塑钢、断桥)窗	樘	2	2	0
	B4-0242	塑钢窗 单层	100m²	0.0432	0.0432	0
36	010807001007	金属(塑钢、断桥)窗	樘	13	13	0
	B4-0242	塑钢窗 单层	100m²	0.312	0.312	0
37	010807001009	金属(塑钢、断桥)窗	樘	36	36	0
	B4-0242	塑钢窗 单层	100m²	1.2096	1.2096	0
38	010807001011	金属(塑钢、断桥)窗	樘	13	13	0
	B4-0242	塑钢窗 单层	100m²	0.468	0.468	0
39	010807001012	金属(塑钢、断桥)窗	樘	1	1	0
	B4-0242	塑钢窗 单层	100m²	0.0432	0.0432	0
40	010807001013	金属(塑钢、断桥)窗	樘	3	3	0
	B4-0242	塑钢窗 单层	100m²	0.054	0.054	0
41	010902001001	屋面卷材防水 1. 卷材品种、厚度:SBS改性沥青防水卷材、4mm厚	m²	575.5133	575.5133	0
	B1-0288	楼地面找平层 水泥砂浆 混凝土或硬基层上 20mm	100m²	5.7428	5.7428	0
	A7-0065	屋面卷材防水 SBS改性沥青防水卷材 厚度4mm	100m²	5.7551	5.7551	0
42	011001001001	保温隔热屋面 1. 保温隔热材料品种、厚度:聚苯板、110厚 2. 隔气层材料品种:聚乙烯丙纶复合防水卷材	m²	574.2765	574.2765	0

续表

序号	编码	项目名称	单位	工程量	工程量明细	
					绘图输入	表格输入
42	A8-0205	保温隔热屋面 屋面保温 聚苯乙烯泡沫塑料板	$10m^3$	6.317	6.317	0
43	011503002001	硬木扶手、栏杆、栏板 1. 扶手材料种类、规格:硬木扶手 2. 栏杆材料种类、规格:铁花栏杆	m	17.0257	17.0257	0
	B1-0232	硬木扶手 直形 100×60	100m	0.1703	0.1703	0
	B1-0240	铁花栏杆 型钢	100m	0.1703	0.1703	0
44	011503002002	硬木扶手、栏杆、栏板 1. 扶手材料种类、规格:硬木扶手 2. 栏杆材料种类、规格:铁花栏杆	m	18.2997	18.2997	0
	B1-0232	硬木扶手 直形 100×60	100m	0.183	0.183	0
	B1-0240	铁花栏杆 型钢	100m	0.183	0.183	0
45	010503002001	补充项目 1. 混凝土种类:商品混凝土 2. 混凝土强度等级:C30	m	4.115	4.115	0
	A4-0026	现浇单梁、连续梁 混凝土	$10m^3$	0.4115	0.4115	0

思 考 题

1. 软件中新建工程的各项设置有哪些?
2. 工程楼层的设置是依据建筑标高还是结构标高?区别是什么?
3. 各种柱、梁、板在模型中的主要尺寸有哪些?从什么图中可以找到?
4. "Shift+左键"的方法可以用在哪些构件的绘制中?
5. 层间复制的方法有哪两种?两种方法有什么区别?

第6章 BIM工程计价

BIM计价软件简介

案例工程简介

新建项目结构

单位工程计价

常用功能

发布电子招标文件

报表实例

6.1 BIM计价软件简介

6.1.1 软件概述

广联达计价软件GBQ是广联达公司为BIM工程造价管理设计的整体解决方案中的核心产品，主要通过招标管理、投标管理、清单计价三大模块来实现电子招投标过程的计价业务，软件支持清单计价和定额计价两种模式，覆盖全国各省市、采用统一管理平台，追求造价专业分析精细化，实现批量处理工作模式，帮助工程造价人员在招投标阶段快速、准确完成招标控制价和投标报价工作。软件为具有工程造价编制和管理业务的单位与部门，如建设单位、咨询公司、施工单位、监理单位等提供BIM技术下的计价新模式，可以有效提高工作效率。

6.1.2 软件特点

(1) 计价全面高效

① 计价全面。软件包含清单与定额两种计价方式，提供清单计价转定额计价功能，满足不同工程的计价要求。软件覆盖全国30多个省市的定额，支持不同时期、不同专业的定额库。

② 组价调价高效。“查询”中的清单指引实现清单子目同时输入，快速组价。“统一记取安装费用”功能，自动计取对应安装费用。“调整工程造价”“统一调整人材机”功能，一次性调整单位工程或整个项目的投标报价。提供多种换算方式，实现调价过程。

③ 报表处理高效。常用功能中，“批量导出”可把报表一次性导出Excel或PDF格式。“批量打印”支持大批量且双面打印报表。局部汇总功能可使工程中只显示选定的内容，且人材机、取费、报表均按选定的清单子目来汇总并输出报表。

(2) 招标管理便捷

① 过程数据管理。全面处理一个工程项目的所有专业工程数据，自由导入导出专业工程数据，方便多人协作。合并工程数据，使数据管理更方便灵活。

② 清单变更管理。对生成的招标文件进行版本管理，自动记录招标文件不同版本间变更情况。可输出变更差异结果，生成变更说明。

③ 招标清单自检。检查招标清单中可能存在的漏项、错项、不完整项，避免招标清单因疏漏而重新修改。

(3) 投标管理安全

① 过程数据管理。软件可完整载入招标方提供的项目三级结构及清单，也可只载

入单位工程及清单数据，避免手工输入清单导致的错误操作，打通计量、计价两个软件。智能提取算量工程量、准确反查图元工程量计算式，一键输出计量、计价指标。

利用云存储技术，多终端多平台数据存储功能方便方案再利用，实现异地办公和数据共享。可找回之前某一时间段做的投标文件，避免因断电、死机等原因造成的当前工程损坏无法恢复数据等情况。

② 清单变更管理。对投标文件进行版本管理，自动记录对比不同版本间的变化情况，可输出项目因变更或调价而发生的变化结果。

③ 清单符合检查。自动对比当前投标清单数据与招标清单数据，进行一致性检查并列举不一致项，以供投标人修改。

④ 投标文件自检。自动检查投标文件数据计算的有效性，快速实现数据验证和错误修改，保证投标报价迅速准确。

6.1.3 软件界面组成

打开广联达计价软件 GBQ4.0，软件主界面组成及各部分名称如图 6-1 所示。

由图 6-1 可知，清单计价模式软件主界面由菜单栏、通用工具条、界面工具条、计价项目栏、导航栏、数据编辑区、属性窗口、属性窗口辅助工具栏和状态栏 9 部分组成。

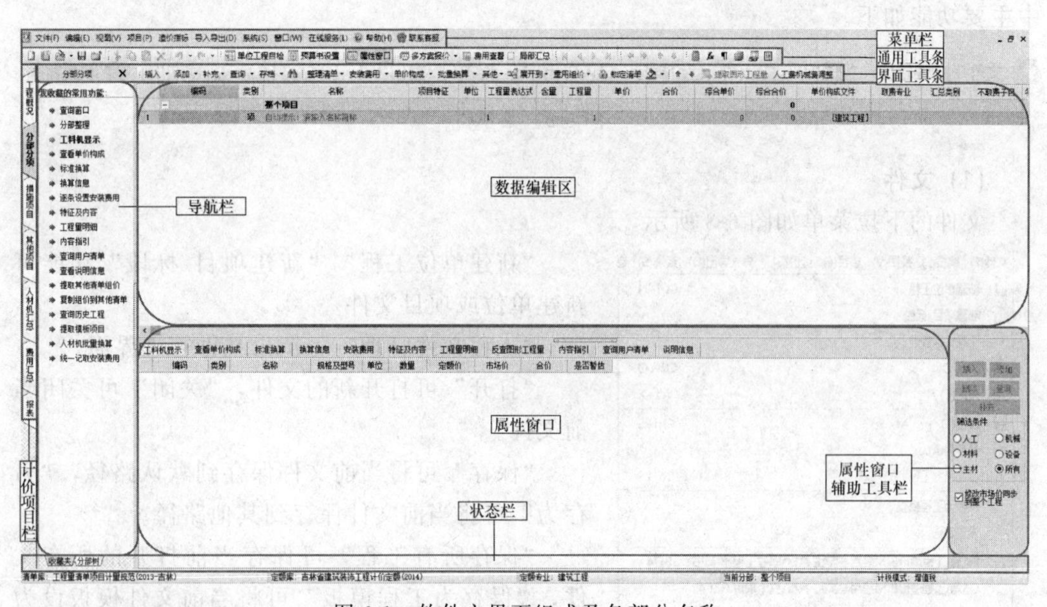

图 6-1　软件主界面组成及各部分名称

① 菜单栏。在软件主界面上方，集合了软件所有功能和命令，从整体控制工程造价。菜单栏不会随着界面的切换而变化。

② 通用工具条。在软件主界面上方，集合了软件的一些基本操作，不会随着界面的切换而发生变化。

③ 界面工具条。在软件主界面上方，集合了清单的基本操作功能，会随着界面的切换而发生变化。

④ 计价项目栏。在软件主界面左侧，可以切换到不同的编辑界面。

⑤ 导航栏。在软件主界面左侧，包括收藏夹和分部树，可以任意切换。收藏夹包含了软件常用功能，切换到任何一个编辑界面都有自己的功能菜单；分部树可显示不同级别的分部。

⑥ 数据编辑区。在软件主界面上方中间，切换到任何一个计价项目，数据编辑区都有自己的编辑界面。

⑦ 属性窗口。在软件主界面下方中间，切换到任何一个计价项目，属性窗口都有自己的编辑界面。

⑧ 属性窗口辅助工具栏。根据计价项目的不同而变化内容，对属性有辅助编辑功能，跟随属性窗口显示和隐藏。

⑨ 状态栏。当前工程预算书数据编辑的状态提示，包括清单库、定额库、定额专业、当前分部、计税模式等内容。

6.1.4 软件菜单栏介绍

广联达计价软件 GBQ4.0 菜单栏的布局如图 6-2 所示，由文件、编辑、视图、项目、造价指标、导入导出、系统、窗口、在线服务、帮助、联系客服 11 部分组成，其中主要功能如下。

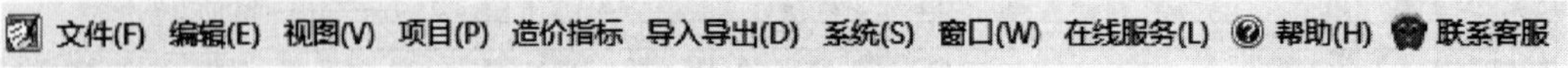

文件(F) 编辑(E) 视图(V) 项目(P) 造价指标 导入导出(D) 系统(S) 窗口(W) 在线服务(L) 帮助(H) 联系客服

图 6-2 菜单栏

(1) 文件

文件的下拉菜单如图 6-3 所示。

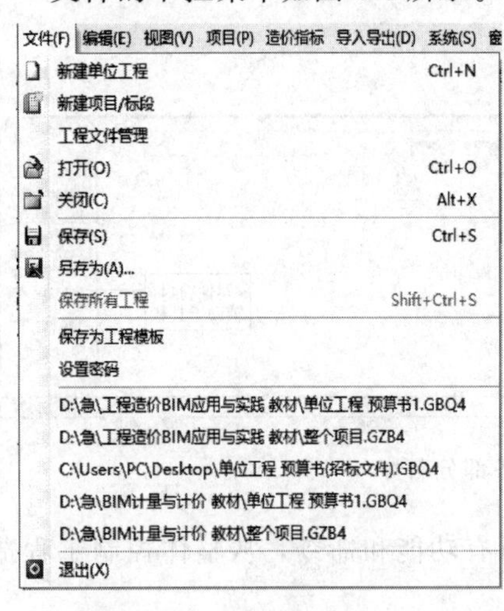

图 6-3 文件功能

“新建单位工程”“新建项目/标段”功能可新建单位或项目文件。

“工程文件管理”可调出文件管理界面。

“打开”可打开新的文件，“关闭”可关闭当前文件。

“保存”可将当前文件保存到默认路径，“另存为”可将当前文件保存到其他路径。

“保存所有工程”可保存当前打开的所有文件，“保存为工程模板”可将当前文件模板设为工程模板。

“设置密码”可为工程设置密码，密码输入错误工程文件无法打开。密码为空则密码取消。

“退出”可直接关闭此文件。

(2) 编辑

编辑的下拉菜单如图 6-4 所示。

编辑功能包含了撤销、恢复、剪切、复制、粘贴、删除等常用操作。

(3) 视图

视图的下拉菜单如图 6-5 所示。

视图功能包含了对导航栏、状态栏和各工具条的显示和隐藏。

(4) 项目

项目的下拉菜单如图 6-6 所示。

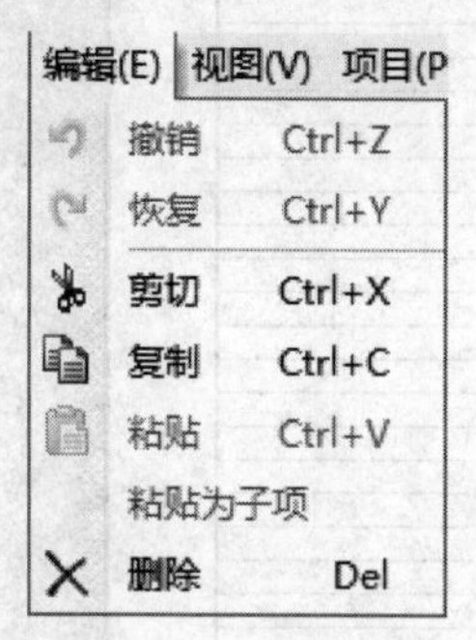

图 6-4 编辑功能

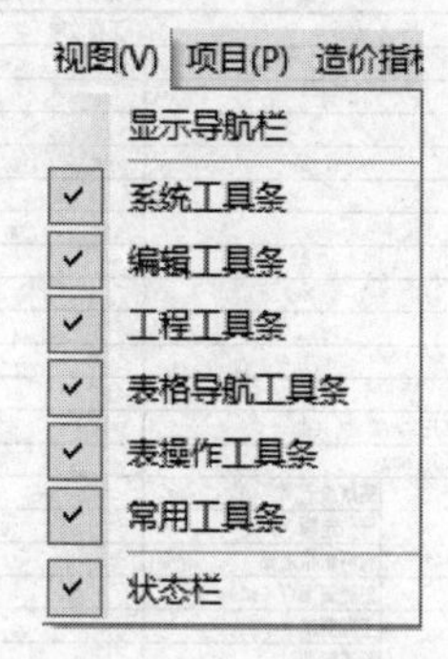

图 6-5 视图功能

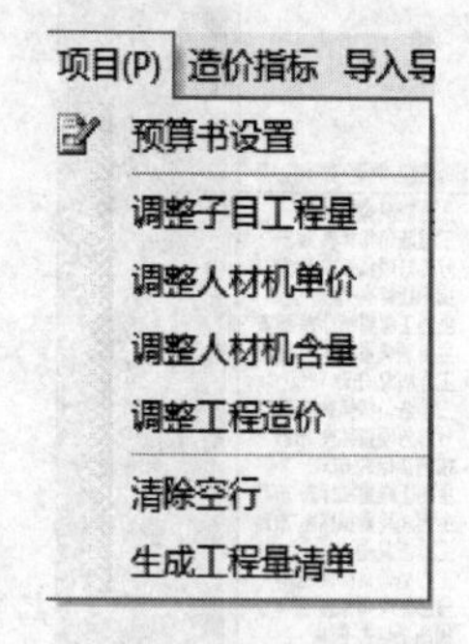

图 6-6 项目功能

项目功能可满足对整个项目的调整，包含了预算书设置、调整子目工程量、调整人材机单价、调整人材机含量、调整工程造价、清除空行、生成工程量清单功能。

“调整子目工程量”“调整人材机单价”和“调整人材机含量”都是调整相应系数。其中“调整人材机单价”是对整个项目进行调整；“调整子目工程量”和“调整人材机含量”可以选择是否对整个项目进行调整。

“调整工程造价”可选择调整方式，分别以子目工程量、人材机含量、人材机单价进行调整。当以人材机单价进行调整时，范围默认为整个项目，不需要选择范围；当以子目工程量、人材机含量进行调整时，可以选择是否对整个项目进行调整。

“清除空行”可删除空的分部、清单项、子目及措施项目行，整理整个清单项目方便快捷。

“生成工程量清单”可生成本单位工程预算书的工程量清单，另存为任意路径。

(5) 造价指标

造价指标功能可对项目指标进行分析，但只能针对项目文件，不支持单位工程。指标分析结果如图 6-7 和图 6-8 所示。

(6) 导入导出

导入导出的下拉菜单如图 6-9 所示。

导入导出功能是软件与外部数据传输的接口。可导入 Excel 文件、广联达单位工程计价文件 GBQ4.0、广联达土建算量工程文件、广联达安装算量工程文件、广联达精装算量工程文件、广联达变更算量工程文件和广联达市政算量工程文件，导出招标工程文件导出的是单位工程预算书。

(7) 系统

系统的下拉菜单如图 6-10 所示。

系统功能主要是对软件系统相关内容的一些基本设置。其中“特殊符号”是在钢筋级别符号输入时常用的功能。

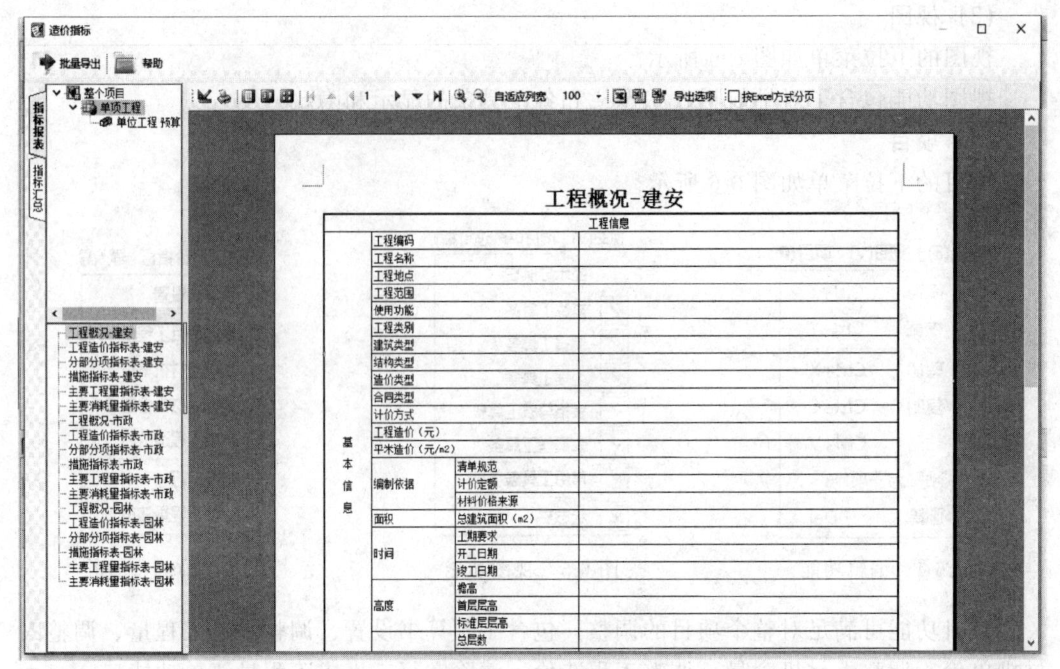

图 6-7　指标报表

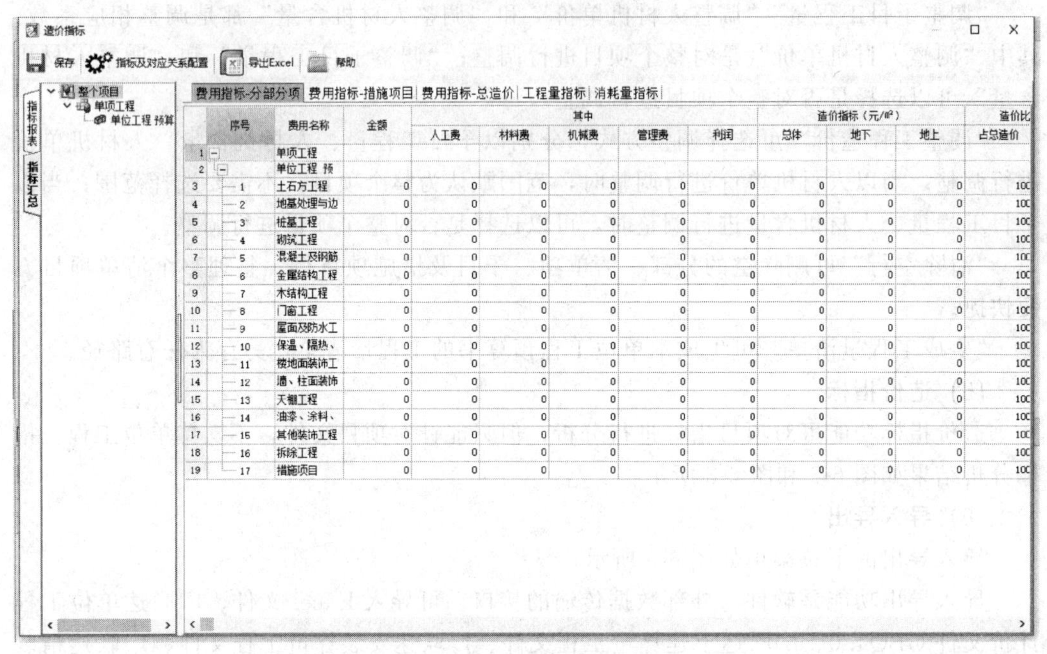

图 6-8　指标汇总

(8) 窗口

窗口的下拉菜单如图 6-11 所示。

窗口功能是当多个文件同时编辑时，可选择多个编辑窗口的排列方式。

(9) 在线服务

在线服务的下拉菜单如图 6-12 所示。

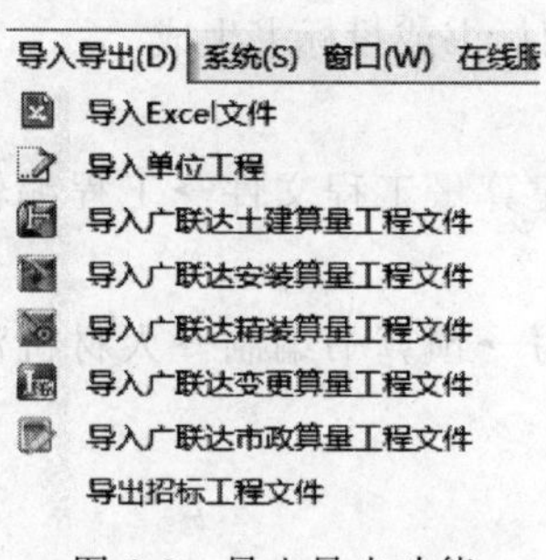

图 6-9　导入导出功能

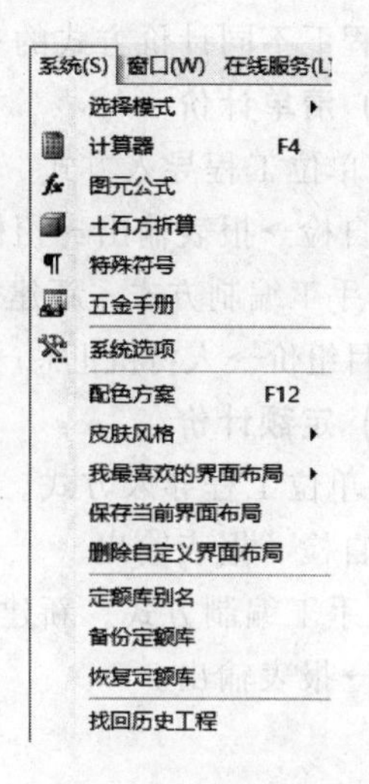

图 6-10　系统功能

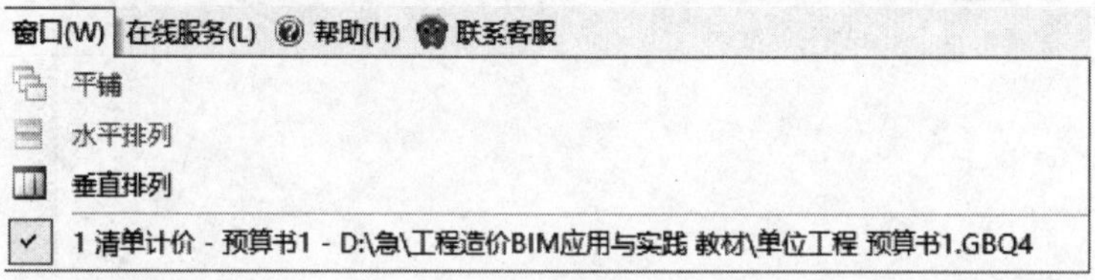

窗口(W) 在线服务(L) 帮助(H) 联系客服
平铺
水平排列
垂直排列
1 清单计价 - 预算书1 - D:\急\工程造价BIM应用与实践 教材\单位工程 预算书1.GBQ4

图 6-11　窗口功能

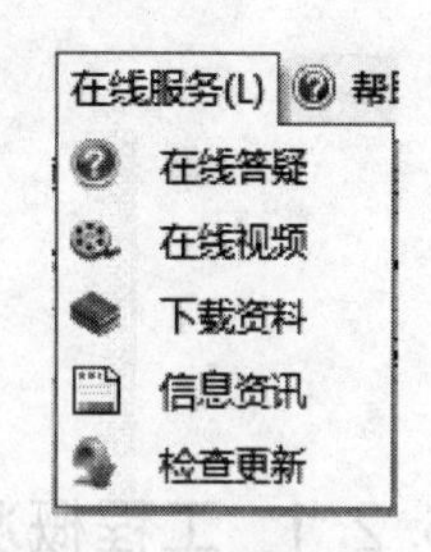

图 6-12　在线服务功能

在线服务功能是广联达公司为广联达计价软件 GBQ4.0 提供的一些在线服务，包括在线答疑、在线视频、下载资料、信息咨询和检查更新。

(10) 帮助

帮助的下拉菜单如图 6-13 所示。

帮助功能可提供一些文件的介绍、软件功能解读、版本特性等。

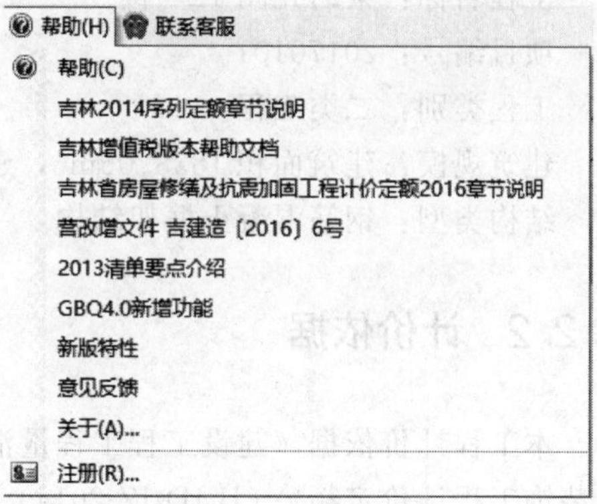

帮助(H) 联系客服
帮助(C)
吉林2014序列定额章节说明
吉林增值税版本帮助文档
吉林省房屋修缮及抗震加固工程计价定额2016章节说明
营改增文件 吉建造〔2016〕6号
2013清单要点介绍
GBQ4.0新增功能
新版特性
意见反馈
关于(A)...
注册(R)...

图 6-13　帮助功能

(11) 联系客服

联系客服功能可针对计价软件中遇到的问题进行提问，由客服进行解答。单击则弹出客服对话窗口，窗口左下方可以选择要问的软件及内容。

软件界面组成中的其他功能在后续对案例项目进行具体操作时会细致介绍。

6.1.5　软件操作流程

广联达计价软件 GBQ4.0 包含清单计价和定额计价两种计价方式，同时包含新建单位工程和新建项目两种情况，但二者最终都会到单位工程编辑界面。下面分别介绍在单位工程下不同计价方式的基本操作流程。

(1) 清单计价

① 单位工程导入方式。新建单位工程→导入土建算量工程文件→工程编辑→统一调价→自检→报表输出→招标书或投标书生成。

② 手工编制方式。新建单位工程→工程概况填写→分部分项组价→措施项目组价→其他项目组价→人材机汇总→费用汇总→报表输出→招标书或投标书生成。

(2) 定额计价

① 单位工程导入方式。新建单位工程→导入土建算量工程文件→工程编辑→统一调价→自检→报表输出。

② 手工编制方式。新建单位工程→工程概况填写→预算书编制→人材机汇总→费用汇总→报表输出。

6.2 案例工程简介

6.2.1 工程概况

工程名称：某幼儿园12#楼。

项目编号：20170101。

工程类别：二类工程。

建筑规模：建筑面积1838.06m²，建筑层数三层（地上），建筑高度11.30m。

结构类型：钢筋混凝土框架结构。

6.2.2 计价依据

本工程计价依据《建设工程工程量清单计价规范》(GB 50500—2013)、《吉林省建筑装饰工程计价定额》(JLJD-JZ-2014)及配套解释、相关规定，结合工程设计及相关资料、建设工程项目相关标准、规范、技术资料等文件。

6.2.3 计价要求

暂列金额为10万元。无专业工程暂估价。不考虑总承包服务费。

① 甲供材料一览表。见表6-1。

② 材料暂估单价表。见表6-2。

③ 计日工表。见表6-3。

表 6-1　甲供材料一览表

序号	名称	规格型号	单位	单价/元
1	商品混凝土	C25	m^3	395
2	抗渗商品混凝土	C30	m^3	430

表 6-2　材料暂估单价表

序号	名称	规格型号	单位	单价/元
1	圆钢	Φ8	t	3650
2	圆钢	Φ12	t	3700

表 6-3　计日工表

序号	名称	工程量	单位	单价/元	备注
1	人工				
	木工	10	工日	130	
	钢筋工	10	工日	130	
2	材料				
	水泥	5	t	450	
	中砂	5	m^3	70	
3	机械				
	载重汽车	1	台班	800	

6.2.4　招标控制价样表

根据工程案例背景，参照《建设工程工程量清单计价规范》（GB 50500—2013），编制招标控制价样表。

（1）招标控制价封面：封-2。

（2）招标控制价扉页：扉-2。

（3）总说明：表-01。

（4）工程项目招标控制价汇总表：表-02。

（5）单项工程招标控制价汇总表：表-03。

（6）单位工程招标控制价汇总表：表-04。

（7）分部分项工程和单价措施项目清单与计价表：表-08。

（8）综合单价分析表：表-09。

（9）总价措施项目清单与计价表：表-11。

（10）其他项目清单与计价汇总表：表-12。

（11）暂列金额明细表：表-12-1。

（12）材料（工程设备）暂估价及调整表：表-12-2。

（13）计日工表：表-12-4。

（14）规费、税金项目清单与计价表：表-13。

（15）主要材料和工程设备一览表：表-20、表-21或表-22。

6.3 新建项目结构

（1）基础知识

建设项目是具有设计任务书，按一个总体设计进行施工，经济上实行独立核算，建设和运营中具有独立法人负责的组织机构，并且由一个或几个相互关联的单项工程组成的新增固定资产投资项目的统称。例如：一个工厂、一所学校等。

建设项目可分为单项工程、单位工程、分部工程和分项工程。

① 单项工程。单项工程指在一个建设项目中，具有独立的设计文件，能够独立组织施工，竣工后可以独立发挥生产能力或效益的一组配套齐全的工程项目。例如：一所学校的教学楼、图书馆等。

② 单位工程。单位工程具有独立设计并具备独立施工条件，但竣工后不能独立发挥生产能力或效益的工程。例如：土建工程、给排水工程等。

③ 分部工程。分部工程按专业性质、建筑部位、材料种类等划分。例如：基础工程、砌筑工程、混凝土及钢筋混凝土工程等。

④ 分项工程。根据形成建筑产品基本构件的施工过程，分项工程按施工工艺、材料、设备类别等划分。例如：砌块砌体、现浇混凝土柱等。

工程造价顺序：单位工程→单项工程→建设项目。通常情况是以单位工程为最小单位进行工程造价。

（2）实践操作

打开广联达计价软件GBQ4.0，软件弹出窗口如图6-14所示。

在工程文件管理显示界面的左侧选择计价方式，清单计价或定额计价。在显示界面的上方选择新建项目结构，新建单位工程或新建项目。下面以现在常用的清单计价为例进行软件后续功能介绍，鼠标左键单击“清单计价”。

6.3.1 新建单位工程

适用于只有单位工程的一级结构的情况。

鼠标左键单击“新建单位工程”，弹出窗口如图6-15所示。

① 选择计价方式。这里仍可以选择清单计价或定额计价。

② 选择新建单位工程的方式。按向导新建或按模板新建。

“按向导新建”用户可以选择清单库、定额库、清单专业、定额专业、模板类别和计税方式。

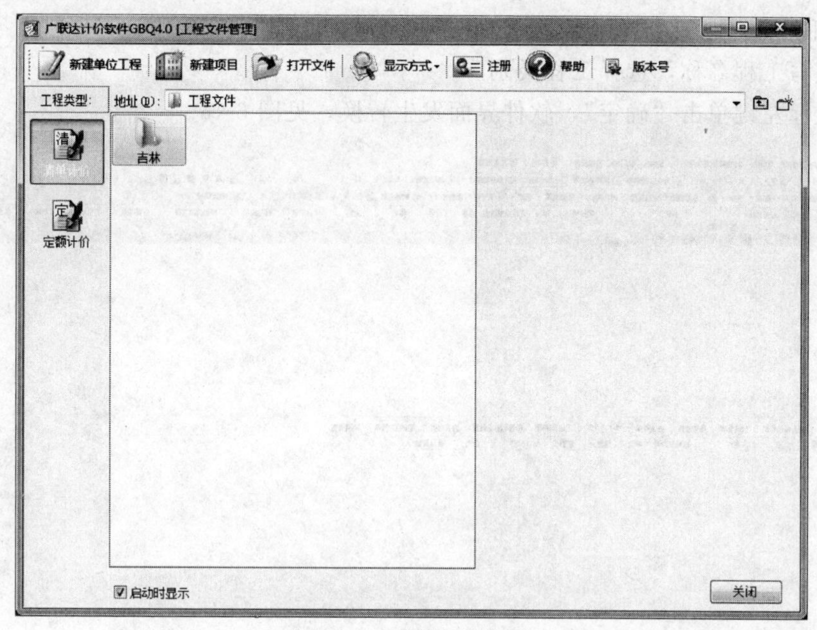

图 6-14 工程文件管理

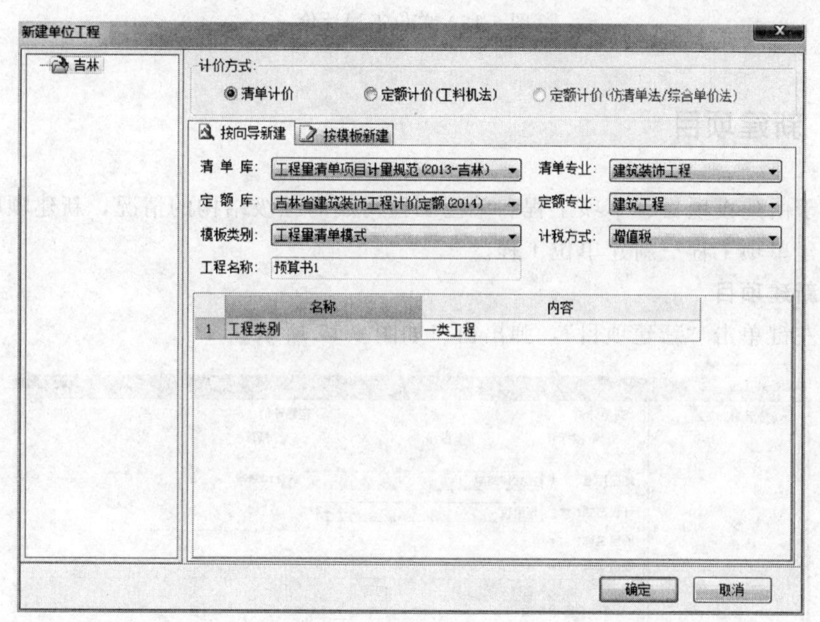

图 6-15 新建单位工程

“按模板新建”用户可以按照以前存档的模板快速新建单位工程，能选择组价定额库及存档模板。

通常选择按向导新建。

① 选择工程所在省份对应的清单库、定额库、清单专业和定额专业。

② 选择模板类别。模板类别包含工程量清单模式、招标控制价模式和投标模式，选择常用的工程量清单模式。

③ 选择计税方式。计税方式包含增值税和营业税，我国已实行营改增政策，通常

选择增值税。

④ 填写工程名称，选择工程类别。

⑤ 鼠标左键单击“确定”，软件界面发生转换，见图 6-16。

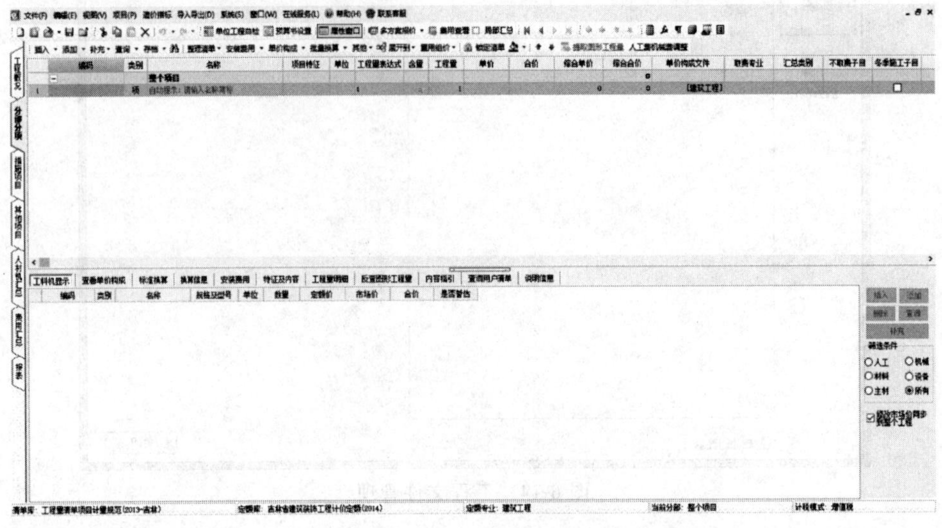

图 6-16　单位工程计价

6.3.2　新建项目

适用于由建设项目、单项工程和单位工程构成的三级结构的情况，新建顺序：新建项目→新建单项工程→新建单位工程。

(1) 新建项目

鼠标左键单击“新建项目”，弹出窗口如图 6-17 所示。

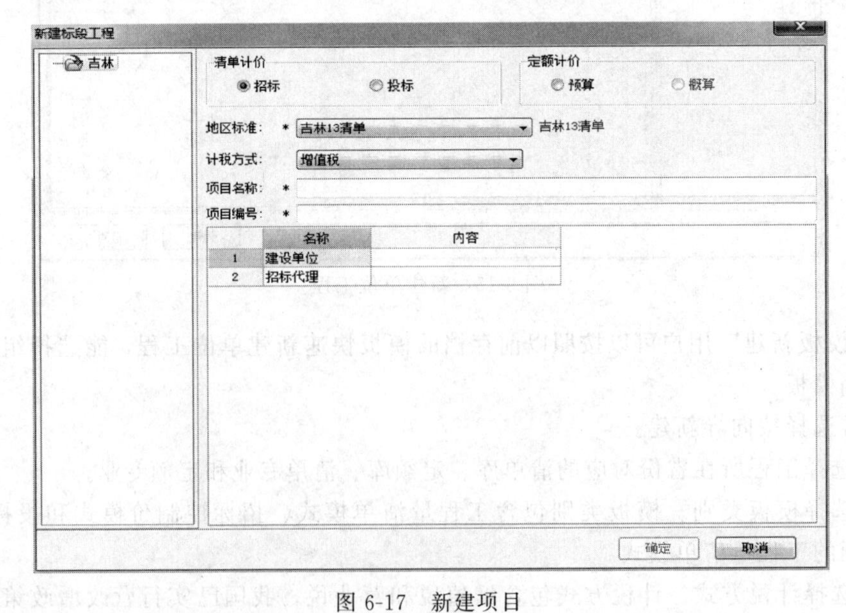

图 6-17　新建项目

① 选择计价方式。这里仍可以选择清单计价或定额计价。在清单计价下选择招标或投标。下面以招标为例进行软件后续功能介绍。

② 选择地区标准和计税方式。我国已实行营改增政策，通常选择增值税。

③ 填写项目名称、项目编号、建设单位和招标代理。

④ 鼠标左键单击“确定”。软件界面发生转换，见图 6-18。

（注：带 * 号是必填项）

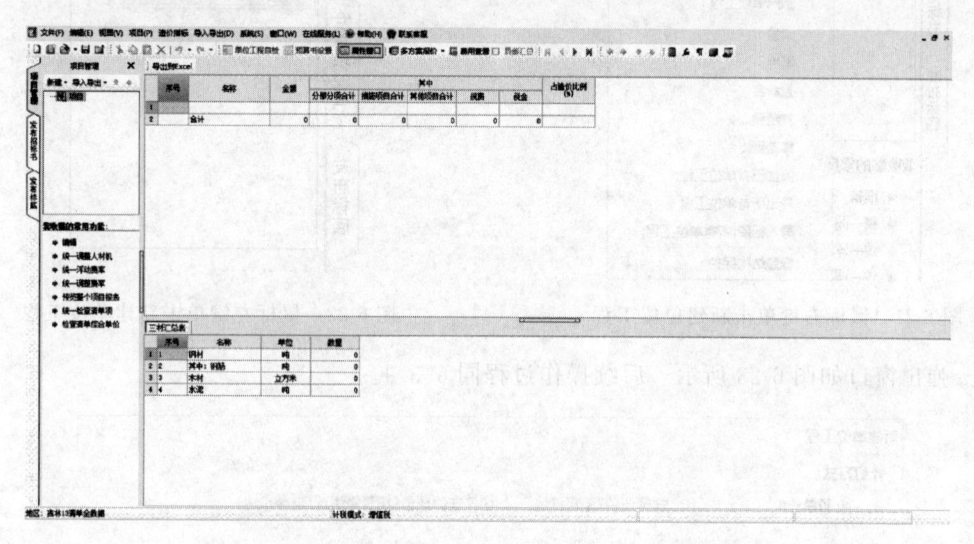

图 6-18　项目管理

(2) 新建单项工程

方法一：在显示界面的左上角鼠标右键单击“整个项目”→鼠标左键单击选择“新建单项工程”，如图 6-19 所示。

方法二：在显示界面的上方单击“新建-新建单项工程”，如图 6-20 所示。

(3) 新建单位工程

方法一：在显示界面的左上角鼠标右键单击“单项工程”→鼠标左键单击选择“新建单位工程”，如图 6-21 所示。

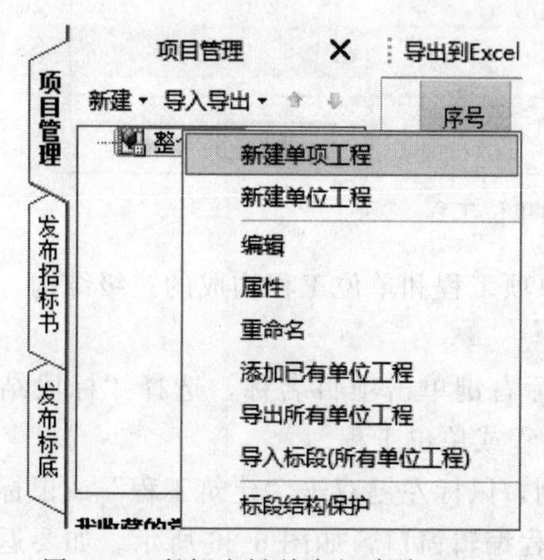

图 6-19　鼠标右键单击新建单项工程

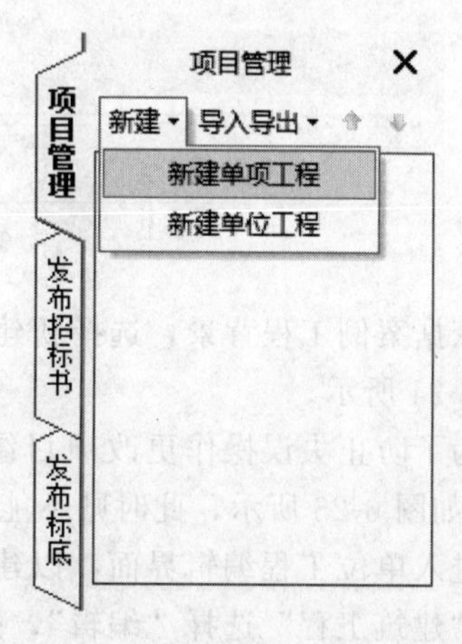

图 6-20　鼠标左键单击新建单项工程

方法二：在显示界面的上方单击“新建-新建单位工程”，如图 6-22 所示。

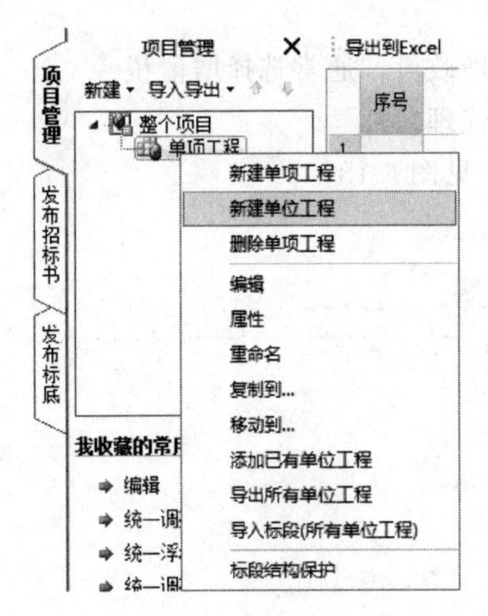

图 6-21 鼠标右键单击新建单位工程

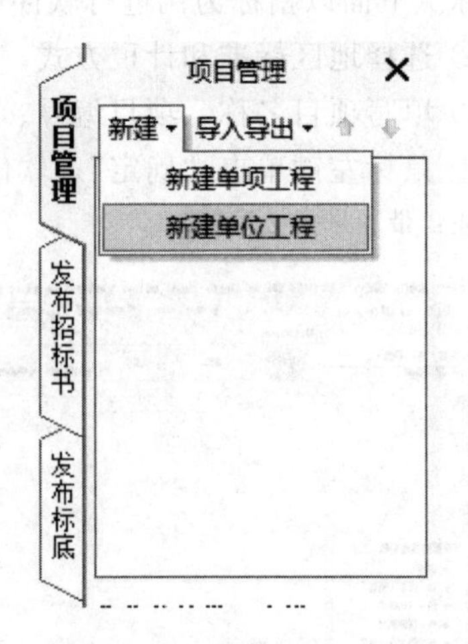

图 6-22 鼠标左键单击新建单位工程

弹出窗口如图 6-23 所示。后续操作过程同 6.3.1。

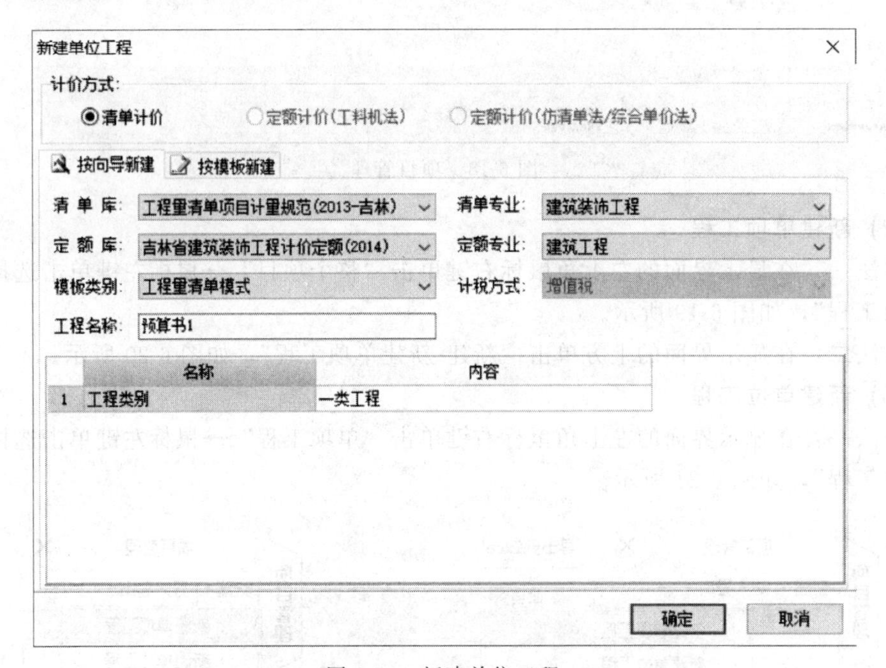

图 6-23 新建单位工程

依据案例工程背景，选择新建由项目、单项工程和单位工程构成的三级结构，结果如图 6-24 所示。

为了防止失误操作更改项目结构，可鼠标右键单击项目名称，选择“标段结构保护”，如图 6-25 所示，此时则不能新建单项工程或单位工程。

进入单位工程编辑界面：以建筑工程为例，鼠标左键双击“建筑工程”或鼠标右键单击“建筑工程”选择“编辑”，弹出建筑工程编辑窗口，如图 6-26 所示。如要返回项目管理界面，鼠标左键单击右上角“返回项目管理”。

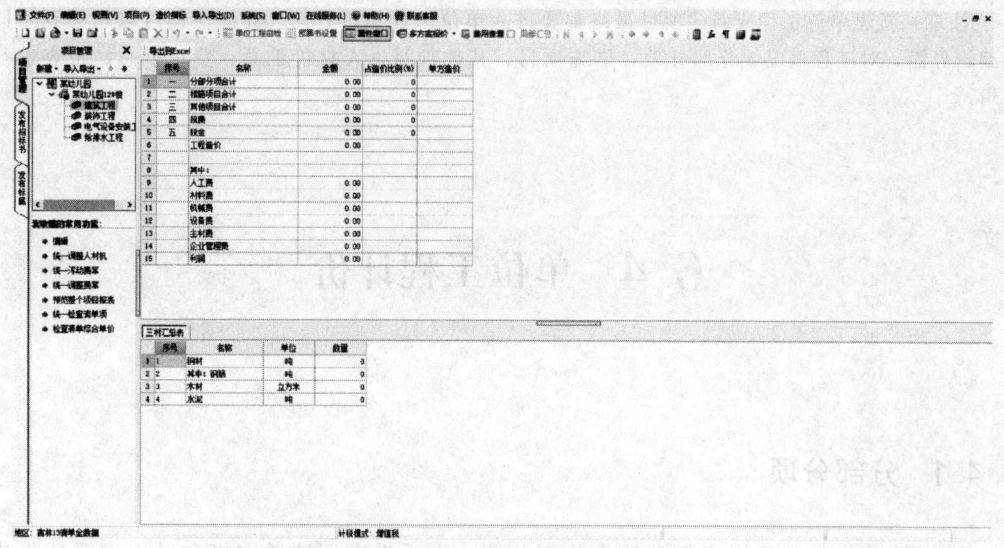

图 6-24　某幼儿园项目管理

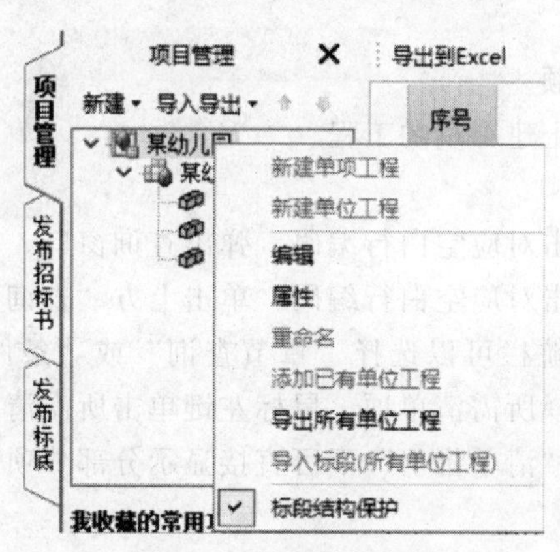

图 6-25　标段结构保护

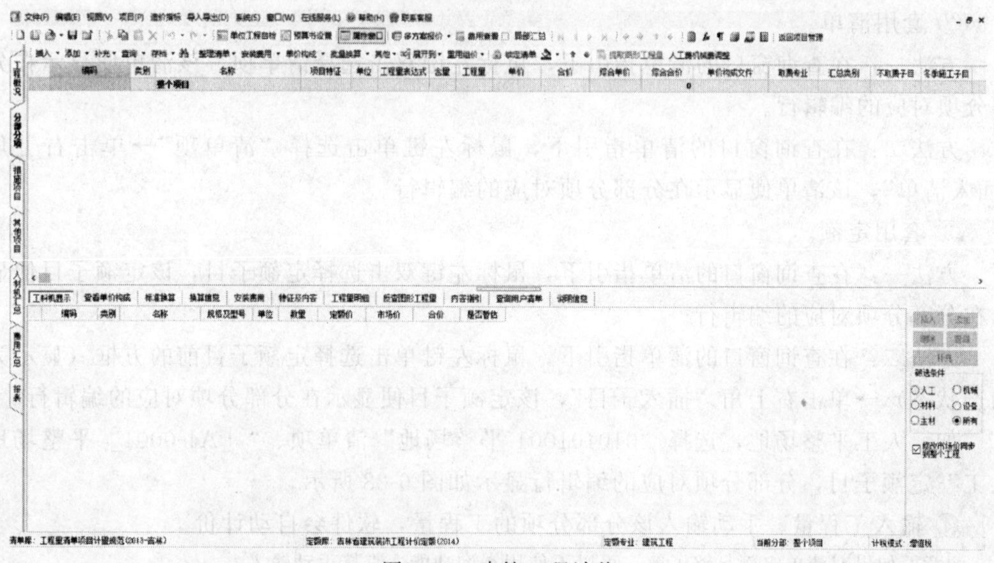

图 6-26　建筑工程计价

注意：新建单位工程或新建项目最终都要进入单位工程编辑界面。界面左侧可以切换到不同的编辑界面，对工程概况、分部分项、措施项目、其他项目、人材机汇总、费用汇总、报表进行编辑。

6.4 单位工程计价

6.4.1 分部分项

进入的单位工程编辑界面默认为分部分项，有手动套用清单定额和导入广联达土建算量工程文件两种方式。

(1) 手动套用清单定额

适用于没有做广联达土建算量的工程。

① 查询。

方法一：鼠标左键双击对应空白行编码，弹出查询窗口。

方法二：鼠标左键单击对应空白行编码，单击上方“查询”，弹出查询窗口。

在查询窗口的左侧导航栏可以选择“章节查询”或“条件查询”。在清单指引下、章节查询中，下拉三角选择所需清单项。鼠标左键单击所需清单项，右侧则会显示清单项下对应的可选定额，故“清单指引”下可直接显示分部分项工程相关的清单定额，十分方便。

例：平整场地查询结果如图 6-27 所示。

② 套用清单。

方法一：在查询窗口的清单指引下，鼠标左键双击选择清单项，该清单便显示在分部分项对应的编辑行。

方法二：在查询窗口的清单指引下，鼠标左键单击选择“清单项”→单击右上角“插入清单”，该清单便显示在分部分项对应的编辑行。

③ 套用定额。

方法一：在查询窗口的清单指引下，鼠标左键双击选择定额子目，该定额子目便显示在分部分项对应的编辑行。

方法二：在查询窗口的清单指引下，鼠标左键单击选择定额子目前的方框（显示为勾选状态）→单击右上角“插入子目”，该定额子目便显示在分部分项对应的编辑行。

如：人工平整场地，选择“010101001 平整场地”清单项、“［A1-0001］平整场地人工”定额子目，分部分项对应的编辑行显示如图 6-28 所示。

④ 输入工程量。手动输入该分部分项的工程量，软件会自动计价。

注意：如果对清单定额足够了解，可以不使用查询功能，直接手动输入。

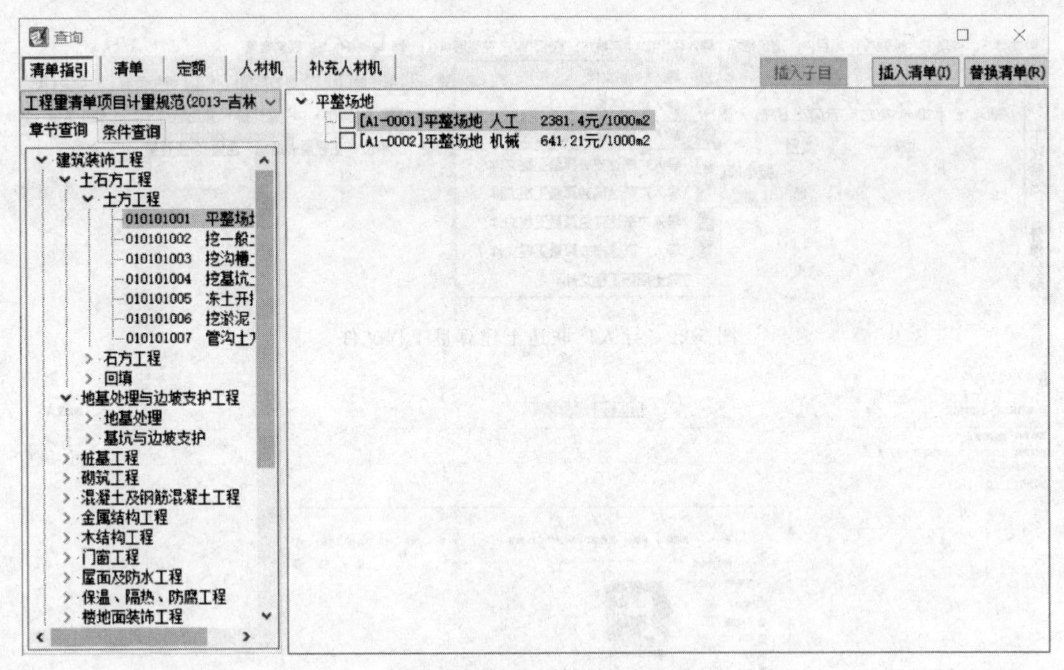

图 6-27 平整场地查询结果

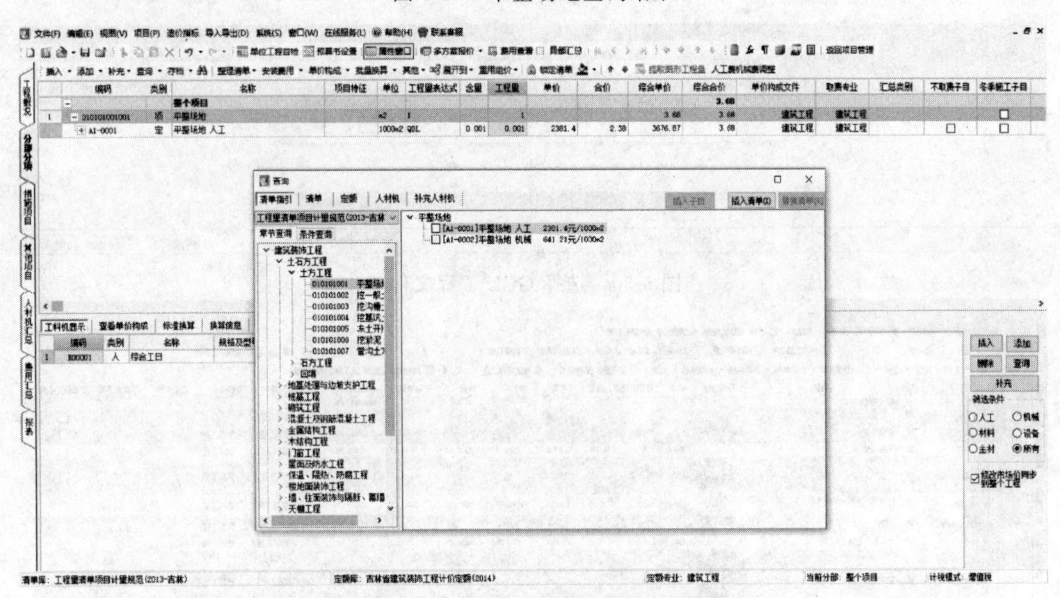

图 6-28 分部分项套用清单定额

(2) 导入广联达土建算量工程文件

适用于已经做完广联达土建算量的工程。

鼠标左键单击菜单栏的“导入导出-导入广联达土建算量工程文件”，如图 6-29 所示。

弹出选择 GCL 工程文件的窗口如图 6-30 所示，鼠标左键单击“浏览”选择 GCL 工程文件，检查列是否对应，无误后鼠标左键单击右下角的“导入”，即完成土建算量工程文件的导入。

如：某幼儿园 12＃楼，导入广联达土建算量工程文件，弹出窗口如图 6-31 所示。

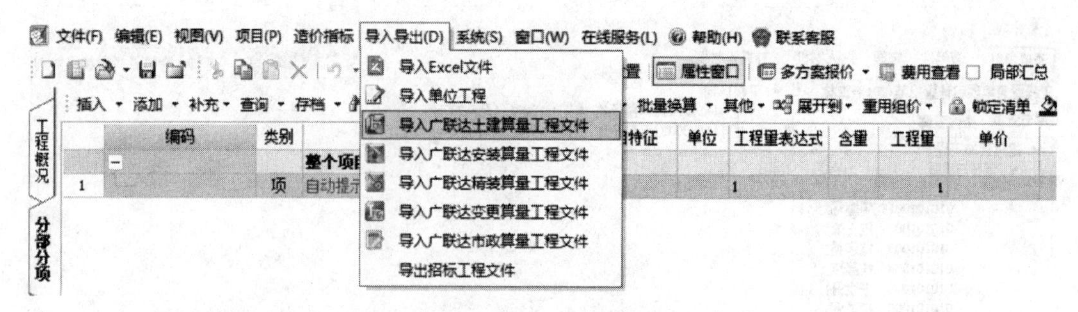

图 6-29 导入广联达土建算量工程文件

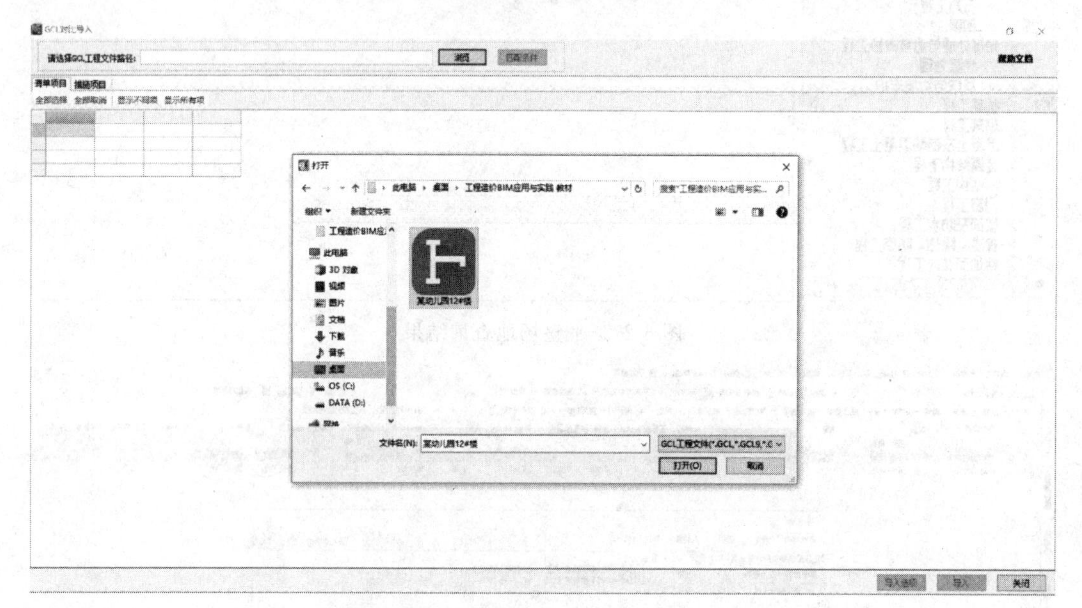

图 6-30 选择 GCL 工程文件

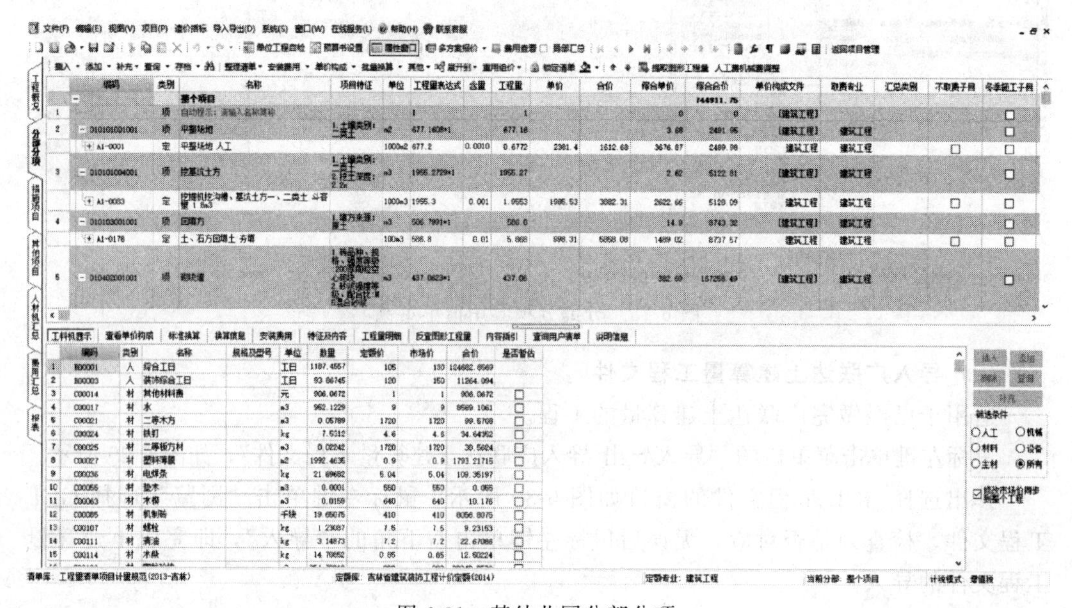

图 6-31 某幼儿园分部分项

(3) 编辑清单

在分部分项界面，需要对清单进行编辑，编辑过程如下。

① 整理清单。鼠标左键单击“整理清单-分部整理”，如图 6-32 所示。

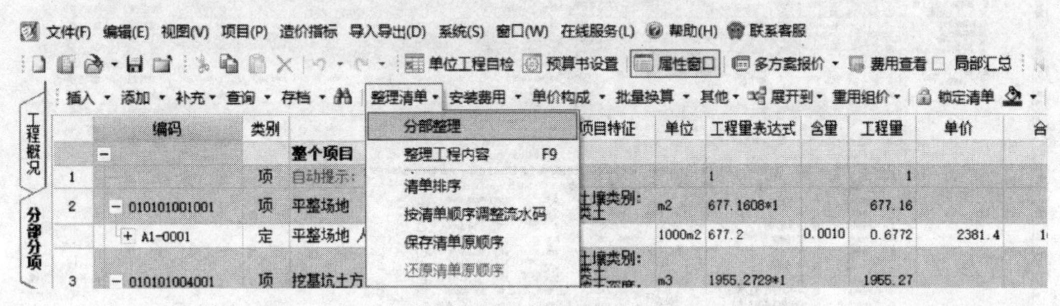

图 6-32 整理清单

在弹出窗口中鼠标左键分别单击“需要专业、章、节分部标题”前的方框（显示为勾选状态）→单击“确定”，如图 6-33 所示。

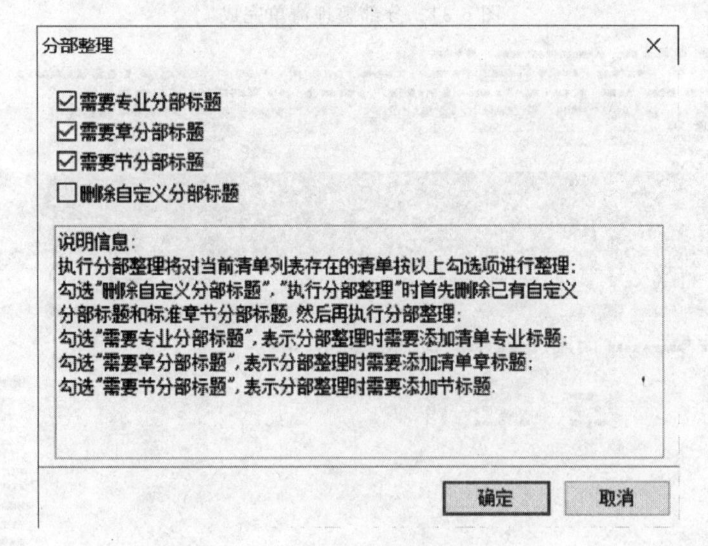

图 6-33 分部整理

整理清单完成后，界面左侧导航栏出现“分部树”，中间清单按照专业、章、节整理，如图 6-34 所示。

② 项目特征描述。清单的项目特征描述主要用以下两种方法。

方法一：鼠标左键单击选择清单项，在界面中间鼠标左键单击选择“特征及内容”，按“特征”选择“特征值”，鼠标左键单击特征值空白框→单击右侧“∨”选择相应特征值。选择好一项或多项特征值后，在界面右下角“清单名称显示规则”中鼠标左键单击选择“应用规则到所选清单项”或“应用规则到全部清单项”，则所勾选的特征值会自动出现在所选清单项对应行的项目特征列。此功能可以添加或修改项目特征。

如：“平整场地”清单项，选择“特征及内容”，项目特征及特征值如图 6-35 所示。

方法二：鼠标左键单击选择清单项→单击所选清单项对应行的项目特征列空白框→单击右侧“…”，弹出项目特征编辑窗口，可以添加或修改项目特征，如图 6-36 所示。

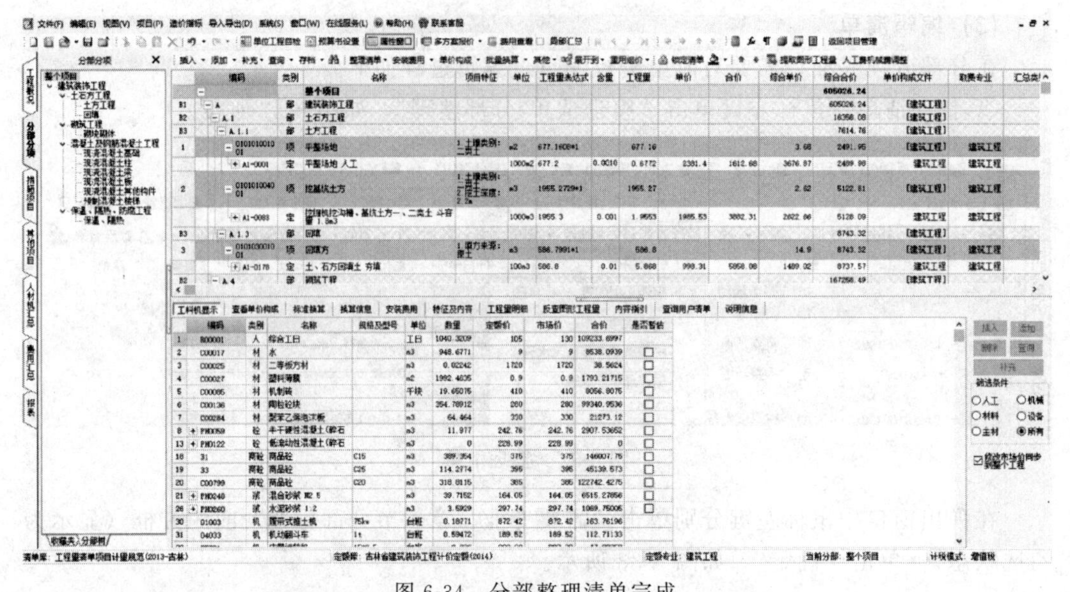

图 6-34　分部整理清单完成

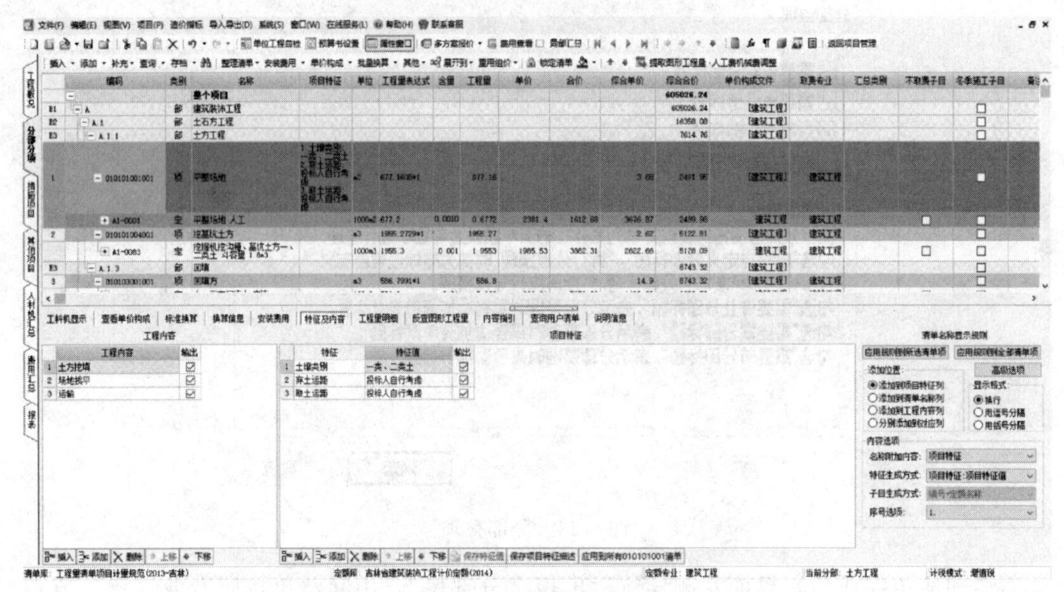

图 6-35　特征及内容选择

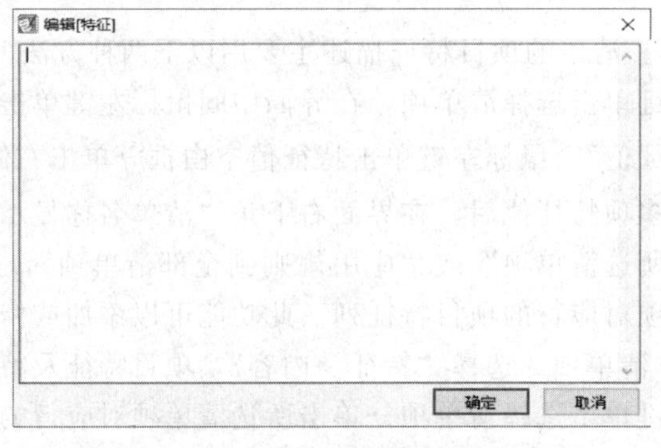

图 6-36　项目特征编辑

③ 补充清单项和定额子目。此功能用于分部分项清单不全时完善清单，有“添加”和“插入”两种方法。

方法一：添加。鼠标左键单击选择要插入清单项的上一项，在界面上方界面工具条中鼠标左键单击“添加”右侧的下拉三角→“添加清单项”“添加子目”，即显示为向下（该分部最后清单项后）添加了空白项。

如：选择 A.5.1 现浇混凝土基础分部下的“垫层”清单项，添加结果在该分部最后清单项“独立基础”后显示，如图 6-37 所示。

之后套用清单和定额，操作过程同 6.4.1（1）。

插入 · 添加 · 补充 · 查询 · 存档 · 整理清单 · 安装费用 · 单价构成 · 批量换算 · 其他 · 展开到 · 重用组价 · 锁定清单 · 提取图形工程量 人工费机械费调整

添加分部
添加子分部
添加清单项 Shift+Ctrl+Ins
添加子目 Shift+Ins

工程概况　分部分项　措施项目　其他项目　人材机汇总　费用

	编码	类别	名称	项目特征	单位	工程量表达式	含量	工程量	单价	合价	综合单价	综合合价	单价构成文件	取费专业	施工专业章节位置	汇总类别	不取费子目
4				1.砌块品种、规格、强度等级:200[illegible] 2.墙体类型:砌块墙 3.砂浆强度等级:M5[illegible]	m3	437.0623*1		437.06			382.89	167258.49	[建筑工程]	建筑工程	104020000		
	A3-0087	定	砌块墙 陶粒砌块		10m3	413.67	0.0946	41.37	3727.34	154200.06	4042.97	167257.67	建筑工程	建筑工程	103040100		□
B2	A.5	部	混凝土及钢筋混凝土工程									628054.67	[建筑工程]				
B3	A.5.1	部	现浇混凝土基础									173225.28	[建筑工程]				
5	010501001001	项	垫层	1.混凝土种类:商品混凝土 2.混凝土强度等级:C10	m3	51.0723*1		51.07			469.76	23990.64	[建筑工程]	建筑工程	105010000		
	A4-1017	定	商品混凝土 现浇基础垫层 混凝土		10m3	51.072	0.1000	5.11	4628.92	23653.78	4694.8	23990.43	建筑工程	建筑工程	307020205		□
6	010501003001	项	独立基础	1.混凝土种类:商品混凝土 2.混凝土强度等级:c30	m3	332.463*1		332.46			448.88	149234.64	[建筑工程]	建筑工程	105010000		
	A4-1007	定	商品混凝土 现浇独立基础 钢筋混凝土		10m3	332.463	0.1000	33.25	4469.83	148621.85	4488.25	149234.31	建筑工程	建筑工程	307020205		□
7		项	自动提示：请输入名称简称			1		1			0	0	[建筑工程]				
		定	自动提示：请输入名称简称					0	0	0	0	0	[建筑工程]				□

图 6-37　添加清单项和添加子目

方法二：插入。鼠标左键单击选择要插入清单项的下一项，在界面上方界面工具条中鼠标左键单击“插入”右侧的下拉三角→“插入清单项”“插入子目”，即显示为向上（该清单项前一项）插入了空白项。

如：选择 A.5.1 现浇混凝土基础分部下的“独立基础”清单项，添加结果在该清单项“独立基础”前一项显示，如图 6-38 所示。

之后套用清单和定额，操作过程同 6.4.1（1）。

插入 · 添加 · 补充 · 查询 · 存档 · 整理清单 · 安装费用 · 单价构成 · 批量换算 · 其他 · 展开到 · 重用组价 · 锁定清单 · 提取图形工程量 人工费机械费调整

插入分部 Ctrl+Ins
插入子分部 Ctrl+Alt+Ins
插入清单项 Ctrl+Q
插入子目 Alt+Ins

工程概况　分部分项　措施项目　其他项目　人材机汇总　费用

	编码	类别	名称	项目特征	单位	工程量表达式	含量	工程量	单价	合价	综合单价	综合合价	单价构成文件	取费专业	施工专业章节位置	汇总类别	不取费子目
			砌块墙	1.砌块品种、规格、强度等级:200[illegible] 2.墙体类型:砌块墙 3.砂浆强度等级:M5[illegible]	m3	437.0623*1		437.06			382.89	167258.49	[建筑工程]	建筑工程	104020000		
	A3-0087	定	砌块墙 陶粒砌块		10m3	413.67	0.0946	41.37	3727.34	154200.06	4042.97	167257.67	建筑工程	建筑工程	103040100		□
B2	A.5	部	混凝土及钢筋混凝土工程									628054.67	[建筑工程]				
B3	A.5.1	部	现浇混凝土基础									173225.28	[建筑工程]				
5	010501001001	项	垫层	1.混凝土种类:商品混凝土 2.混凝土强度等级:C10	m3	51.0723*1		51.07			469.76	23990.64	[建筑工程]	建筑工程	105010000		
	A4-1017	定	商品混凝土 现浇基础垫层 混凝土		10m3	51.072	0.1000	5.11	4628.92	23653.78	4694.8	23990.43	建筑工程	建筑工程	307020205		□
6		项	自动提示：请输入名称简称			1		1			0	0	[建筑工程]				
		定	自动提示：请输入名称简称					0	0	0	0	0	[建筑工程]				□
7	010501003001	项	独立基础	1.混凝土种类:商品混凝土 2.混凝土强度等级:c30	m3	332.463*1		332.46			448.88	149234.64	[建筑工程]	建筑工程	105010000		
	A4-1007	定	商品混凝土 现浇独立基础 钢筋混凝土		10m3	332.463	0.1000	33.25	4469.83	148621.85	4488.25	149234.31	建筑工程	建筑工程	307020205		□

图 6-38　插入清单项和插入子目

方法三：从查询窗口直接插入。鼠标左键双击要插入清单项位置的上一清单项编码（或单击清单项编码后单击上方界面工具条“查询”），弹出查询窗口。鼠标左键双击选择左侧清单项、右侧定额子目（或单击选择左侧清单项后单击右上角“插入清单”、单击勾选右侧定额子目前方框后单击右上角“插入子目”），即显示为在该清单项后插入了清单项和定额子目。

如：选择 A.1.1 土方工程分部下的“平整场地”清单项，插入“挖一般土方”清单项和“人工挖土方”定额子目，插入结果在该清单项“平整场地”后显示，如图6-39所示。

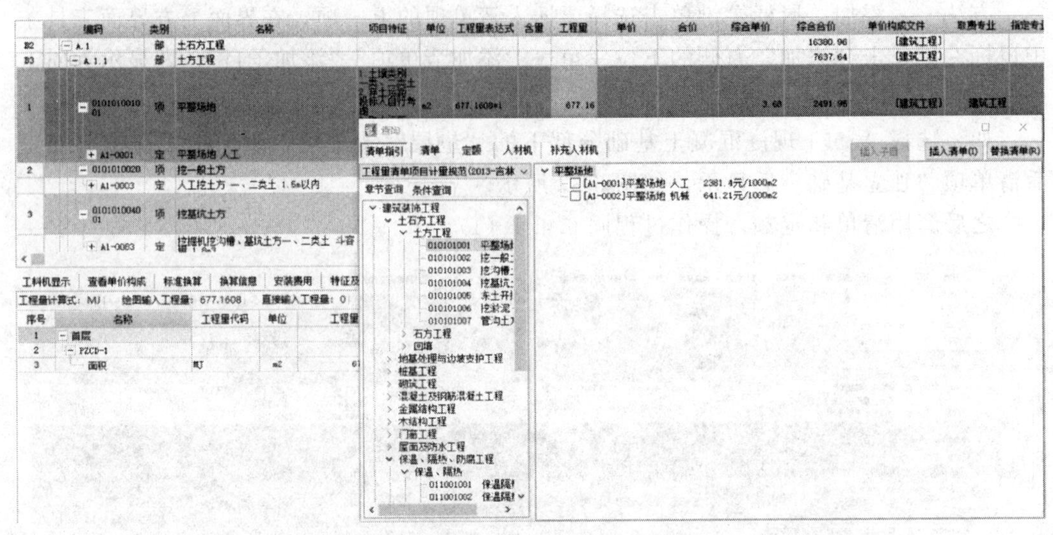

图 6-39　查询窗口直接插入清单项和定额子目

当导入广联达土建算量工程文件后清单里缺少钢筋清单项，需要补充。

依案例工程背景补充的钢筋清单项和定额子目如图 6-40 所示。

编码	类别	名称	项目特征	单位	工程量表达式	含量	工程量
− 010515001001	项	现浇构件钢筋	1. 钢筋种类、规格:圆钢 Φ8	t	0.205		0.205
+ A4-0160	定	现浇构件钢筋制作安装 圆钢 Φ10以内		t	QDL	1	0.205
− 010515001002	项	现浇构件钢筋	1. 钢筋种类、规格:圆钢 Φ10	t	0.381		0.381
+ A4-0160	定	现浇构件钢筋制作安装 圆钢 Φ10以内		t	QDL	1	0.381
− 010515001003	项	现浇构件钢筋	1. 钢筋种类、规格:圆钢 Φ12	t	0.038		0.038
+ A4-0161	定	现浇构件钢筋制作安装 圆钢 Φ10以外		t	QDL	1	0.038
− 010515001004	项	现浇构件钢筋	1. 钢筋种类、规格:螺纹钢 Φ10	t	8.426		8.426
+ A4-0162	定	现浇构件钢筋制作安装 螺纹钢 Φ10以内		t	QDL	1	8.426
− 010515001005	项	现浇构件钢筋	1. 钢筋种类、规格:螺纹钢 Φ12	t	5.823		5.823
+ A4-0163	定	现浇构件钢筋制作安装 螺纹钢 Φ10以外		t	QDL	1	5.823
− 010515001006	项	现浇构件钢筋	1. 钢筋种类、规格:螺纹钢 Φ14	t	2.67		2.67
+ A4-0163	定	现浇构件钢筋制作安装 螺纹钢 Φ10以外		t	QDL	1	2.67
− 010515001007	项	现浇构件钢筋	1. 钢筋种类、规格:螺纹钢 Φ16	t	14.785		14.785
+ A4-0163	定	现浇构件钢筋制作安装 螺纹钢 Φ10以外		t	QDL	1	14.785
− 010515001008	项	现浇构件钢筋	1. 钢筋种类、规格:螺纹钢 Φ18	t	5.227		5.227
+ A4-0163	定	现浇构件钢筋制作安装 螺纹钢 Φ10以外		t	QDL	1	5.227
− 010515001009	项	现浇构件钢筋	1. 钢筋种类、规格:螺纹钢 Φ20	t	8.202		8.202
+ A4-0163	定	现浇构件钢筋制作安装 螺纹钢 Φ10以外		t	QDL	1	8.202
− 010515001010	项	现浇构件钢筋	1. 钢筋种类、规格:螺纹钢 Φ22	t	2.681		2.681
+ A4-0163	定	现浇构件钢筋制作安装 螺纹钢 Φ10以外		t	QDL	1	2.681
− 010515001011	项	现浇构件钢筋	1. 钢筋种类、规格:螺纹钢 Φ25	t	1.237		1.237
+ A4-0163	定	现浇构件钢筋制作安装 螺纹钢 Φ10以外		t	QDL	1	1.237

图 6-40　钢筋清单项

④ 检查与整理。

a. 整体检查。

(a) 查看分部分项清单中是否有空行。

清除空行。如清单中有空行则要清除空行。鼠标左键单击菜单栏的“项目”→清除空行，如图 6-41 所示。

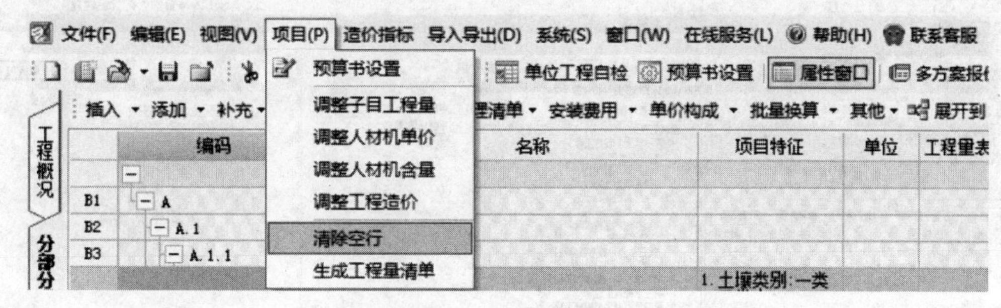

图 6-41 清除空行

(b) 检查分部分项中清单和定额的套用是否有误。

(c) 按清单项目特征校核套用定额的一致性。

替换清单项和定额子目。按清单项目特征校核套用定额的一致性时，如套用子目不合适，则需要替换子目。

方法一：鼠标左键单击要替换定额子目的编码→单击右侧“…”弹出选择窗口→单击相应子目进行替换，则新子目会显示在所选定额行。

如：“平整场地 人工”定额子目替换为“平整场地 机械”，如图 6-42 所示。

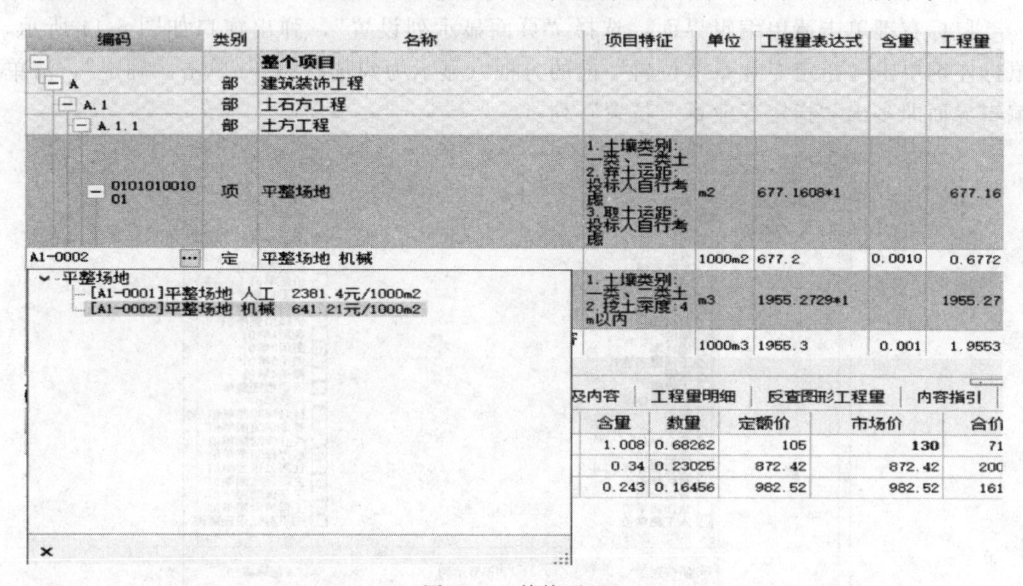

图 6-42 替换子目

方法二：鼠标左键双击要替换定额子目的编码（或单击该定额行→单击界面工具条“查询”）弹出查询窗口→单击相应子目→单击右上角“替换”，则新子目会显示在所选定额行。

此方法适用于替换清单项。

如：“平整场地 人工”定额子目替换为“平整场地 机械”，如图 6-43 所示。

(d) 查看清单工程量和定额工程量的数值差别是否正确。

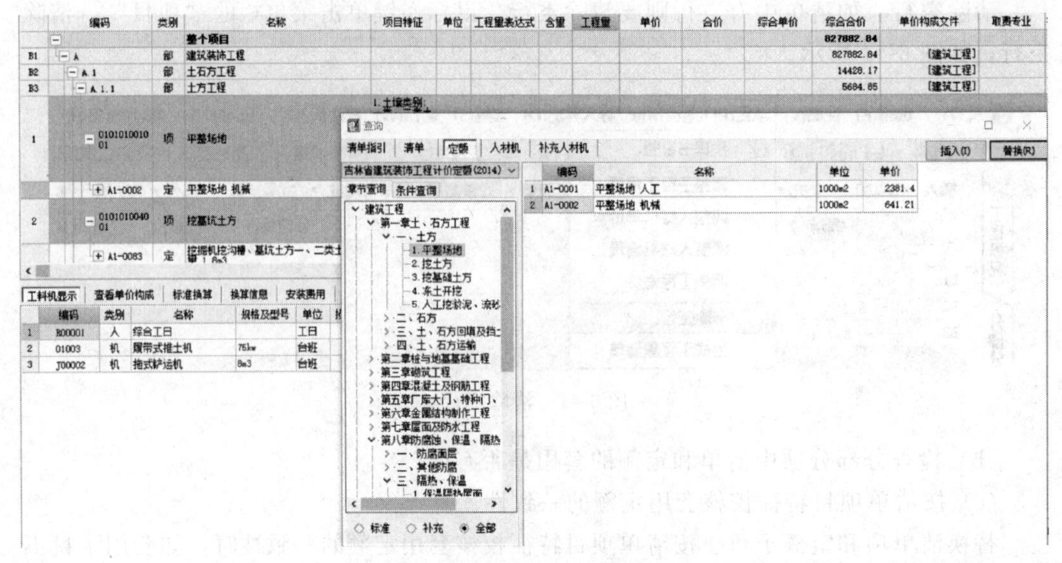

图 6-43　替换子目

b. 整体分部整理。对于分部整理后出现的清单类别里显示“补”字样的补充清单项或定额子目，软件内置清单和定额里不包含，可以调整专业章节位置至应该归类的分部，操作如下。

鼠标右键单击清单编辑界面，选择“页面显示列设置”，弹出窗口如图 6-44 所示，鼠标左键单击“指定专业章节位置”前的方框（显示为勾选状态）→单击“确定”，清单编辑界面即多出“指定专业章节位置”列。

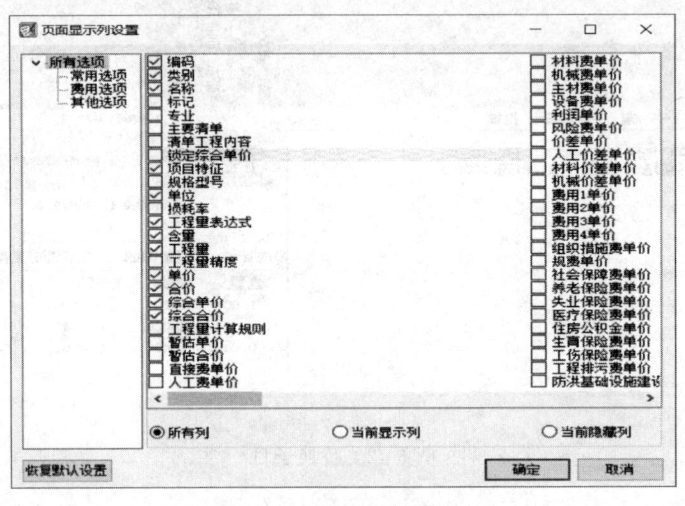

图 6-44　页面显示列设置

鼠标左键单击补充清单项或定额子目行的“指定专业章节位置”列空白框→单击右侧“▪▪▪”，弹出窗口如图 6-45 所示，鼠标左键单击选择相应的分部→单击“确定”，则指定专业章节位置列出现编码。然后“整理清单”→“分部整理”，操作过程同 6.4.1（3）①。

如：补“挖土方”，指定专业章节位置结果如图 6-46 所示。

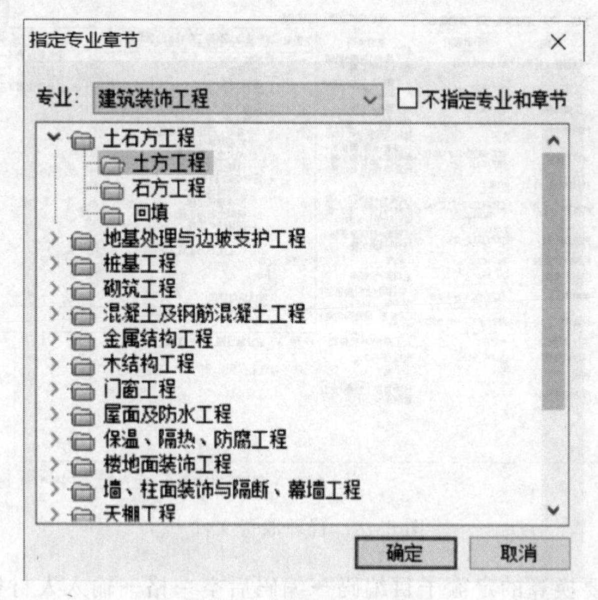

图 6-45　指定专业章节

编码	类别	名称	项目特征	单位	工程量表达式	含量	工程量	单价	合价	综合单价	综合合价	单价构成文件	取费专业	指定专业章节位置
− 010515001011	项	现浇构件钢筋	1.钢筋种类、规格:螺纹钢Φ25	t	1.237		1.237			4463.2	5520.98	建筑工程	建筑工程	105150000
+ A4-0163	定	现浇构件钢筋制作安装 螺纹钢 Φ10以外		t	QDL	1	1.237	4464.53	5522.62	4463.2	5520.98	建筑工程	建筑工程	104160100
− A.10	部	保温、隔热、防腐工程									24636.61	[建筑工程]		
− A.10.1	部	保温、隔热									24636.61	[建筑工程]		
− 011001001001	项	保温隔热屋面	1.保温隔热材料品种、规格、厚度:聚苯板、110厚 2.隔气层材料品种、厚度:聚乙烯丙纶复合防水卷材	m2	574.2765*1		574.28			42.9	24636.61	[建筑工程]	建筑工程	110010000
+ A8-0205	定	保温隔热屋面 屋面保温 聚苯乙烯泡沫塑料板		10m3	63.17	0.0110051	6.32	3871.79	24469.71	3898.18	24636.5	建筑工程	建筑工程	108030100
− 01010101	补项	挖土方		m3	1		1			0	0	建筑工程	建筑工程	101010000
B0001	补	人工挖土方		m3		0	0	0	0	0	0	建筑工程	建筑工程	101010200

图 6-46　指定专业章节位置结果

⑤ 单价构成。对清单进行补充、整理后，要对清单的单价构成进行费率调整。鼠标左键单击界面工具条的“单价构成”，如图 6-47 所示。

图 6-47　单价构成

在弹出的窗口中根据专业选择相应取费文件下的费率，鼠标左键单击选择费用行→单击所选费用行的费率列→单击右侧“…”弹出取费窗口→双击选择费率→单击“确定”，如图 6-48 所示。

(4) 计价中的换算

按清单项描述进行定额子目换算。

① 单个定额子目换算。

a. 人材机系数换算。当定额子目的人工、材料、机械和当前市场不符时，应进行人材机系数换算。

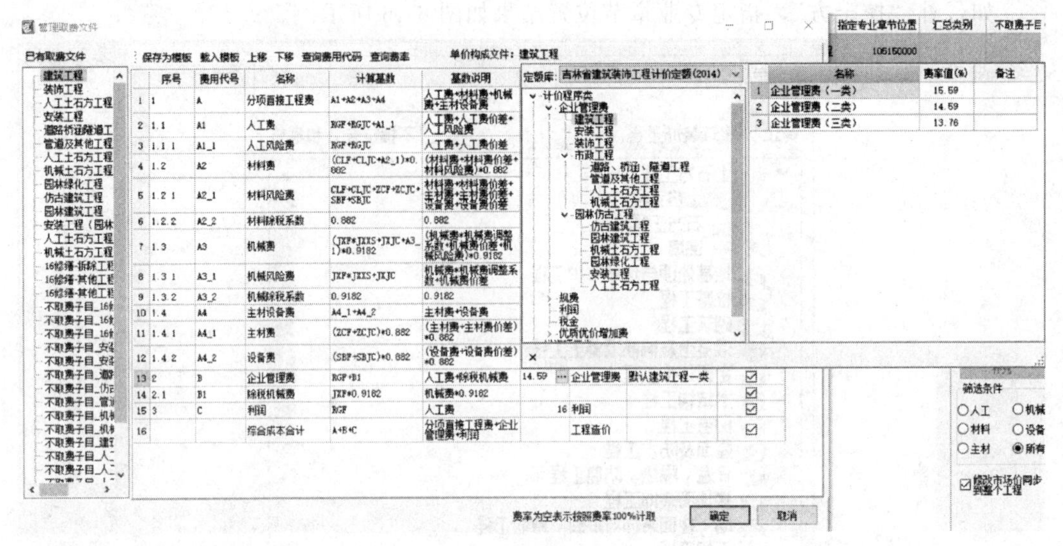

图 6-48 管理取费文件

鼠标左键单击要换算的定额子目编码→编码后空一格→输入人材机系数换算的公式（代号：人工 R、材料 C、机械 J，大小写均可，多项换算之间用“，”隔开）→回车键。该定额子目类别由“定”变为“换”，名称、单价、合价、综合单价、综合合价也会相应改变。

如：“平整场地 人工”定额子目人材机系数换算，在定额子目编码后输入“R* 1.2，C* 1.5，J* 1.2”，如图 6-49 所示。

编码	类别	名称	项目特征	单位	工程量表达式	含量	工程量	单价	合价	综合单价	综合合价
010101001001	项	平整场地	1.土壤类别:一类、二类土 2.弃土运距:投标人自行考虑 3.取土运距:投标人自行考虑	m2	677.1608*1		677.16			4.42	2993.05
A1-0001 R*1.2,C*1.5,J*1.2	换	平整场地 人工 人工*1.2,材料*1.5,机械*1.2		1000m2	677.2	0.0010001	0.6772	2857.68	1935.22	4412.25	2987.98

图 6-49 人材机系数换算

b. 子目系数换算。当定额子目的整体和当前市场不符时，可进行子目系数换算。鼠标左键单击要换算的定额子目编码→编码后直接乘以换算系数→回车键。该定额子目类别由“定”变为“换”，名称、单价、合价、综合单价、综合合价也会相应改变。

如：“砌块墙 陶粒砌块”定额子目系数换算，在定额子目编码后输入“* 1.5”，如图 6-50 所示。

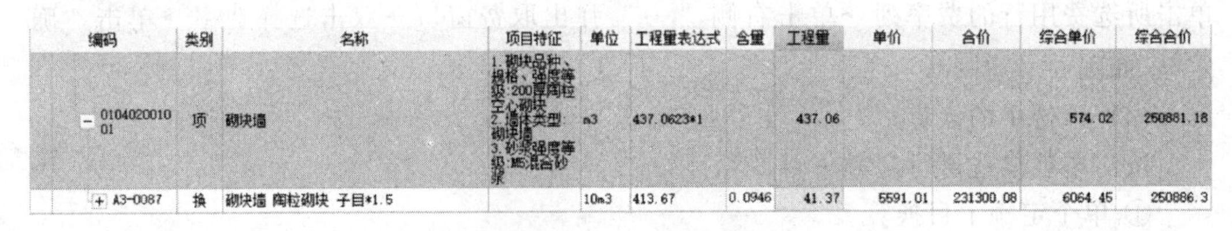

编码	类别	名称	项目特征	单位	工程量表达式	含量	工程量	单价	合价	综合单价	综合合价
010402001001	项	砌块墙	1.砌块品种、规格、强度等级:200厚陶粒空心砌块 2.墙体类型:砌块墙 3.砂浆强度等级:M5混合砂浆	m3	437.0623*1		437.06			574.02	250881.18
A3-0087	换	砌块墙 陶粒砌块 子目*1.5		10m3	413.67	0.0946	41.37	5591.01	231300.08	6064.45	250886.3

图 6-50 子目系数换算

c. 混凝土、砂浆等级标号换算。鼠标左键单击选择要换算的定额子目行→单击

"标准换算"→单击换算内容框右侧"···"→单击选择混凝土、砂浆等级标号。该定额子目类别由"定"变为"换",单价、合价、综合单价、综合合价也会相应改变。

如:"商品混凝土 现浇基础垫层"定额子目,混凝土标号换算,如图 6-51 所示。

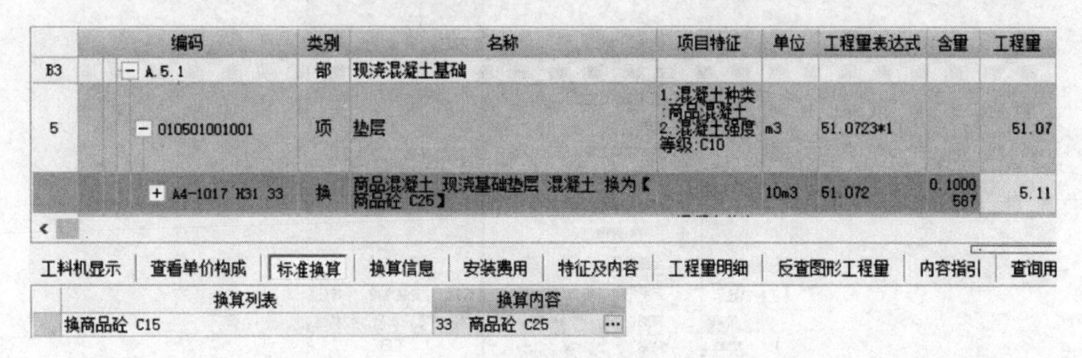

	编码	类别	名称	项目特征	单位	工程量表达式	含量	工程量
B3	− A.5.1	部	现浇混凝土基础					
5	− 010501001001	项	垫层	1.混凝土种类:商品混凝土 2.混凝土强度等级:C10	m3	51.0723*1		51.07
	+ A4-1017 H31 33	换	商品混凝土 现浇基础垫层 混凝土 换为【商品砼 C25】		10m3	51.072	0.1000587	5.11

工料机显示 | 查看单价构成 | 标准换算 | 换算信息 | 安装费用 | 特征及内容 | 工程量明细 | 反查图形工程量 | 内容指引 | 查询用

换算列表	换算内容
换商品砼 C15	33 商品砼 C25 ···

图 6-51 标准换算

d. 修改规格及型号。当项目特征要求材料与定额子目对应材料不符时,需要修改规格及型号。鼠标左键单击选择要修改的定额子目行→单击下方"工料机显示"→修改规格及型号。

如:钢筋工程按直径划分为圆钢ϕ12,定额子目中只有ϕ10 以内和以外划分,修改规格及型号由"ϕ10 以外"为"ϕ12",如图 6-52 所示。

	编码	类别	名称	项目特征	单位	工程量表达式	含量	工程量	单价	合价	综合
15	− 010515001003	项	现浇构件钢筋	1.钢筋种类、规格:圆钢 Φ12	t	0.038		0.038			4
	+ A4-0161	换	现浇构件钢筋制作安装 圆钢 ϕ10以外		t	QDL	1	0.038	4526.58	172.01	4

工料机显示 | 查看单价构成 | 标准换算 | 换算信息 | 安装费用 | 特征及内容 | 工程量明细 | 反查图形工程量 | 内容指引 | 查询用户清单 | 说明信息

	编码	类别	名称	规格及型号	单位	损耗率	含量	数量	定额价	市场价	合价	是否暂估	锁定数量	原始含量
1	R00001	人	综合工日		工日		5.022	0.19084	105	130	20.04		☐	5.022
2	3104	材	圆钢	ϕ12	t		1.03	0.03914	3700	3700	144.82	☐	☐	1.03
3	C00169	材	镀锌铁丝	22#	kg		3	0.114	4.5	4.5	0.51	☐	☐	3
4	C00036	材	电焊条		kg		8.4	0.3192	5.04	5.04	1.61	☐	☐	8.4
5	C00017	材	水		m3		0.14	0.00532	9	9	0.05	☐	☐	0.14
6	J00118	机	卷扬机	单筒快速 5t	台班		0.16	0.00608	160.14	160.14	0.97		☐	0.16
7	J00113	机	钢筋切断机		台班		0.08	0.00304	46.28	46.28	0.14		☐	0.08
8	07003	机	钢筋弯曲机	ϕ40mm	台班		0.16	0.00608	25.55	25.55	0.16		☐	0.16
9	09015	机	对焊机	75kVA	台班		0.072	0.00274	240.26	240.26	0.66		☐	0.072
10	J00121	机	直流电焊机	30kw	台班		0.392	0.0149	205.25	205.25	3.06		☐	0.392

图 6-52 修改规格及型号

e. 插入、替换、删除人材机。

(a) 插入、替换人材机。鼠标左键单击选择要换算的定额子目行→单击下方"工料机显示"→单击选择要换算的人材机行→单击名称框右侧"···"(或鼠标右键单击→单击"查询人材机库")→在弹出查询窗口中单击选择人材机行→单击"插入"或"替换",则所选人材机行会显示在工料机显示下。该定额子目类别由"定"变为"换",名称、单价、合价、综合单价、综合合价也会相应改变。

如:"商品混凝土 现浇独立基础 钢筋混凝土"定额子目,混凝土由"商混凝土 C15"替换为"抗渗商品混凝土 C30",如图 6-53、图 6-54、图 6-55 所示。

	编码	类别	名称
B2	− A.5	部	混凝土及钢筋混凝土工程
B3	− A.5.1	部	现浇混凝土基础
5			
			现浇基础垫层 混凝土 换为【
6			
			现浇独立基础 钢筋混凝土
B3	−		
7			

插入人材机 Ins
添加人材机 Shift+Ins
添加明细
删除人材机 Del
查询人材机库
查询补充人材机
补充 ▸
同步主材名称到子目名称
提取定额名称为主材
提取清单名称为主材
人材机存档
全部展开
全部折叠
复制 Ctrl+C
粘贴 Ctrl+V
剪切 Ctrl+X

工料机显示 | 算信息 | 安装费用 | 特征及

	编码	类别	名称	规格及型号	单位	损耗率
1	R00001				工日	
2	C00027				m2	
3	46	商砼	抗渗商品砼	C30	m3	
4	C00017	材	水		m3	
5	J00040	机	砼震捣器	插入式	台班	

图 6-53 查询人材机库

查询

人材机 | 补充人材机

吉林省建筑装饰工程计价定额(2014)

章节查询 | 条件查询

- 材料
  - 混凝土及砂浆配合比
    - 混凝土配合比
    - 砌筑砂浆配合比
    - 抹灰砂浆配合比
    - 特种砂浆、混凝土配合比
    - 垫层、保温层材料配合比
    - 商品混凝土、抗渗商品混
  - 黑色及有色金属
  - 水泥、砂石砖瓦、砼
  - 玻璃、陶瓷及墙地砖
  - 木、竹材及其制品
  - 装饰石材及地板等
  - 间壁墙及天棚材料
  - 装饰线条及装饰其它
  - 门窗制品
  - 五金制品
  - 油漆、涂料及防腐、防水材

○ 标准 ○ 补充 ◉ 全部

	编码	名称	规格型号	单位	预算价
1	C00799	商品砼	C20	m3	385
2	30	商品砼	C10	m3	365
3	31	商品砼	C15	m3	375
4	33	商品砼	C25	m3	395
5	34	商品砼	C30	m3	405
6	35	商品砼	C35	m3	425
7	36	商品砼	C40	m3	445
8	37	商品砼	C45	m3	495
9	38	商品砼	C50	m3	545
10	39	商品砼	C55	m3	565
11	40	商品砼	C60	m3	585
12	41	商品砼	C65	m3	625
13	42	抗渗商品砼	C10	m3	385
14	43	抗渗商品砼	C15	m3	400
15	44	抗渗商品砼	C20	m3	410
16	45	抗渗商品砼	C25	m3	420
17	46	抗渗商品砼	C30	m3	430
18	47	抗渗商品砼	C35	m3	450
19	48	抗渗商品砼	C40	m3	470

插入(I) 替换(R) 取消

图 6-54 人材机查询

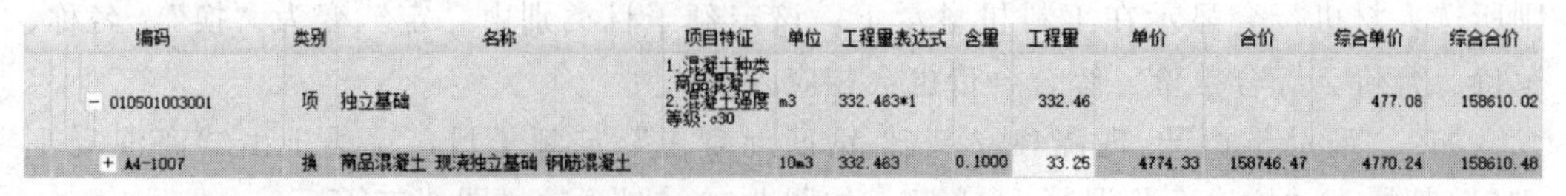

编码	类别	名称	项目特征	单位	工程量表达式	含量	工程量	单价	合价	综合单价	综合合价
− 010501003001	项	独立基础	1.混凝土种类:商品混凝土 2.混凝土强度等级:c30	m3	332.463*1		332.46			477.08	158610.02
+ A4-1007	换	商品混凝土 现浇独立基础 钢筋混凝土		10m3	332.463	0.1000	33.25	4774.33	158746.47	4770.24	158610.48

图 6-55 插入、替换人材机结果

（b）删除人材机。鼠标左键单击选择要换算的定额子目行→单击下方“工料机显示”→单击选择要换算的人材机行→单击鼠标右键→单击“删除人材机”。该定额子目类别由“定”变为“换”，名称、单价、合价、综合单价、综合合价也会相应改变。

② 批量换算。当多个定额子目的人材机换算内容相同时，可进行批量换算。批量换算后，多个所选定额子目类别由“定”变为“换”，名称、单价、合价、综合单价、综合合价也会相应改变。

a. 设置工料机系数。Ctrl键＋单击选择所有要换算的清单项行→单击上方界面工具条“批量换算”→在弹出批量换算窗口下方设置工料机系数→单击“确定”。设置系数后的人材机对应“调整系数后数量”会发生变化，且字体变红。

如：多个定额子目，人工、材料、机械系数分别修改为1.2、1.5、1.2，如图6-56所示。

b. 替换人材机。Ctrl键＋单击选择所有要换算的清单项行→单击上方界面工具条“批量换算”→在弹出批量换算窗口中单击选择要替换的人材机行→单击“替换人材机”→在弹出查询窗口中单击选择人材机行→单击“替换”（或双击选择人材机行）→单击“确定”。该人材机行会替换显示在批量换算窗口中，且字体变蓝。

批量换算

替换人材机 删除人材机 恢复

	编码	类别	名称	规格型号	单位	调整系数前数量	调整系数后数量	预算价	市场价
1	R00001	人	综合工日		工日	132.13312	158.55974	105	130
2	C00017	材	水		m3	106.1343	159.20145	9	9
3	C00027	材	塑料薄膜		m2	49.1001	73.65015	0.9	0.9
4	33	商砼	商品砼	C25	m3	114.2774	114.2774	395	395
5	− PH0260	浆	水泥砂浆 1:2		m3	3.5929	5.38935	297.74	297.74
6	— C00058	材	水泥	32.5	kg	2001.2453	3001.86795	0.42	0.42
7	— C00019	材	中砂		m3	3.37733	5.06599	65	65
8	— C00017	材	水		m3	1.07787	1.61681	9	9
9	06017	机	灰浆搅拌机	200L	台班	0.37088	0.44506	126.15	126.15
10	J00040	机	砼震捣器	插入式	台班	11.59	13.908	12.28	12.28

设置工料机系数

人工：1.2 材料：1.5 机械：1.2 设备：1 主材：1 单价：1 高级……

确定 取消

图6-56 设置工料机系数

c. 删除人材机。Ctrl键＋单击选择所有要换算的清单项行→单击上方界面工具条“批量换算”→在弹出批量换算窗口中单击选择要删除的人材机行→单击“删除人材机”→单击“确定”。该行则会删除，且字体变紫伴有删除线。

如：多个定额子目，删除材料“水”，如图6-57所示。

在所有清单补充完整后，可鼠标左键单击上方界面工具条“锁定清单”，如图6-58

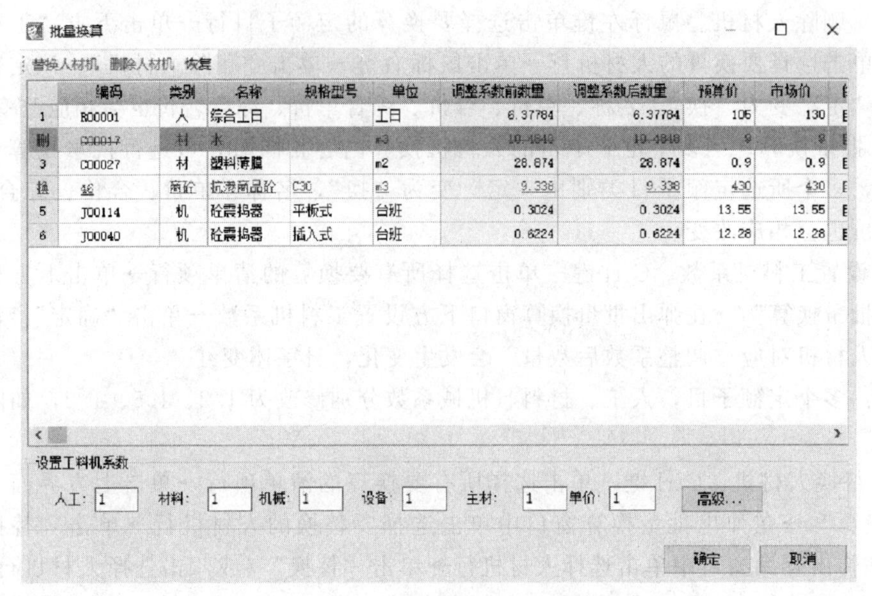

	编码	类别	名称	规格型号	单位	调整系数前数量	调整系数后数量	预算价	市场价
1	R00001	人	综合工日		工日	6.37784	6.37784	105	130
删	C00017	材	水		m3	19.4848	19.4848	9	9
3	C00027	材	塑料薄膜		m2	28.874	28.874	0.9	0.9
换	砼	商砼	抗渗商品砼	C30	m3	9.338	9.338	430	430
5	J00114	机	砼震捣器	平板式	台班	0.3024	0.3024	13.55	13.55
6	J00040	机	砼震捣器	插入式	台班	0.6224	0.6224	12.28	12.28

图 6-57 批量删除人材机

所示。此时清单被锁定，无法进行修改。如要进行修改，鼠标左键单击上方界面工具条“解除清单锁定”，如图 6-59 所示。

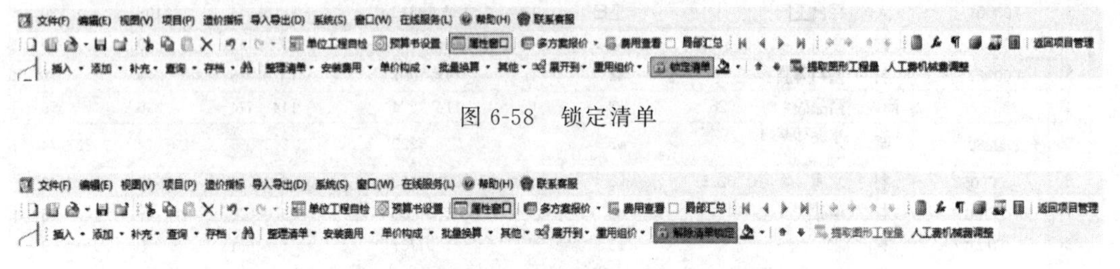

图 6-58 锁定清单

图 6-59 解除清单锁定

6.4.2 措施项目

在计价项目栏切换到措施项目编辑界面，措施项目包含总价措施和单价措施，如图 6-60 所示。

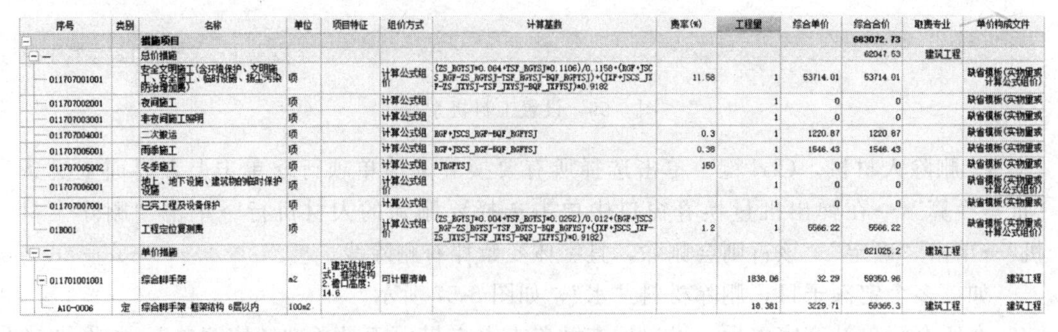

序号	类别	名称	单位	项目特征	组价方式	计算基数	费率(%)	工程量	综合单价	综合合价	取费专业	单价构成文件
−		措施项目								683072.73		
− 一		总价措施								62047.53	建筑工程	
011707001001		安全文明施工(含环境保护、文明施工、安全施工、临时设施、扬尘污染防治增加费)	项		计算公式组价	(ZS_RGYSJ*0.064+TSF_RGYSJ*0.1106)/0.1158+(RGF+JSCS_RGF-ZS_RGYSJ-TSF_RGYSJ-BQF_RGFYSJ)+(JXF+JSCS_JXF-ZS_JXYSJ-TSF_JXYSJ-BQF_JXFYSJ)*0.9182	11.58	1	53714.01	53714.01		缺省模板(实物量或计算公式组价)
011707002001		夜间施工	项		计算公式组			1	0	0		缺省模板(实物量或
011707003001		非夜间施工照明	项		计算公式组			1	0	0		缺省模板(实物量或
011707004001		二次搬运	项		计算公式组	RGF+JSCS_RGF-BQF_RGFYSJ	0.3	1	1220.87	1220.87		缺省模板(实物量或
011707005001		雨季施工	项		计算公式组	RGF+JSCS_RGF-BQF_RGFYSJ	0.38	1	1546.43	1546.43		缺省模板(实物量或
011707005002		冬季施工	项		计算公式组	DJRGFYSJ	150	1	0	0		缺省模板(实物量或
011707006001		地上、地下设施、建筑物的临时保护设施	项		计算公式组价			1	0	0		缺省模板(实物量或计算公式组价)
011707007001		已完工程及设备保护	项		计算公式组			1	0	0		缺省模板(实物量或
01B001		工程定位复测费	项		计算公式组价	(ZS_RGYSJ*0.004+TSF_RGYSJ*0.0252)/0.012+(RGF+JSCS_RGF-ZS_RGYSJ-TSF_RGYSJ-BQF_RGFYSJ+(JXF+JSCS_JXF-ZS_JXYSJ-TSF_JXYSJ-BQF_JXFYSJ)*0.9182)	1.2	1	5566.22	5566.22		缺省模板(实物量或计算公式组价)
− 二		单价措施								621025.2	建筑工程	
− 011701001001		综合脚手架	m2	1.建筑结构形式：框架结构 2.檐口高度：14.6	可计量清单			1838.06	32.29	59350.96		建筑工程
A10-0006	定	综合脚手架 框架结构 6层以内	100m2					18.381	3229.71	59365.3	建筑工程	建筑工程

图 6-60 措施项目

(1) 总价措施

总价措施项目是按项计费，组价方式是计算公式组价，用计算基数乘以费率，可以在项目对应计算基数和费率栏选择设定。如项目无夜间施工、二次搬运等费用，则此处不用填写。

注意：安全文明施工费必须按国家或省级、行业建设主管部门的规定计算，不得作为竞争性费用。造价人员要时刻关注信息动态，因软件尚未更新，如有计算基数和费率调整，需要及时进行手动调整。

(2) 单价措施

单价措施项目是按量计费，组价方式是可计量清单，采用工程量清单计价，可以手动输入工程量套用清单定额，也可以从广联达土建算量工程文件直接导入。

① 提取模板项目。适用于没有导入广联达土建算量工程文件或导入的广联达土建算量工程文件中没有套用模板子目的情况。

在上方界面工具条鼠标左键单击选择“提取模板项目”，选择提取位置，正确选择对应模板子目及需要计算超高的子目，如图 6-61 所示。

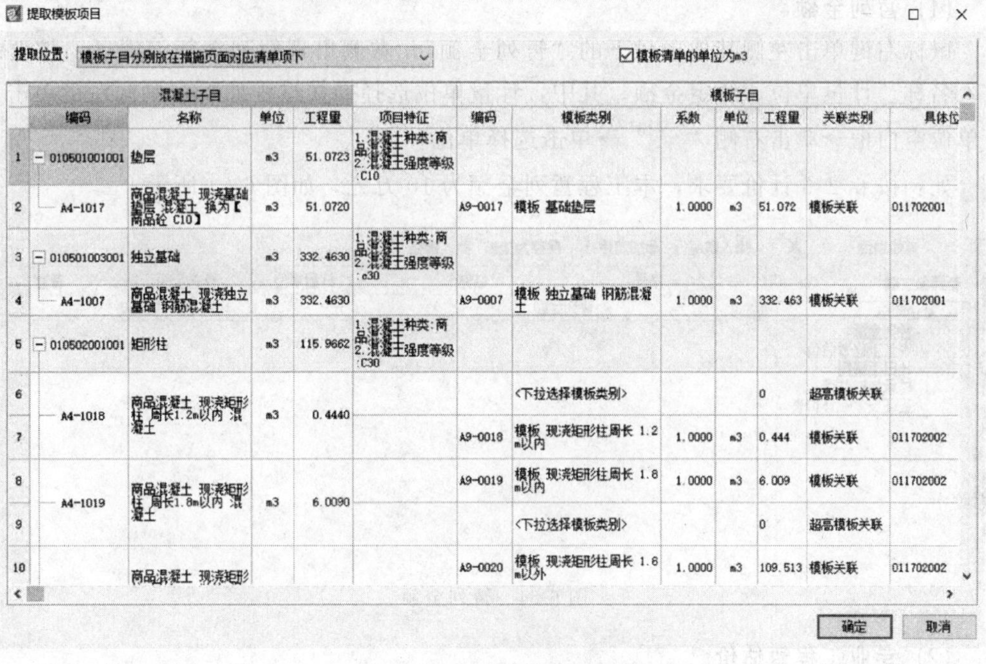

提取模板项目

提取位置：模板子目分别放在措施页面对应清单项下　　☑模板清单的单位为m3

	混凝土子目					模板子目						
	编码	名称	单位	工程量	项目特征	编码	模板类别	系数	单位	工程量	关联类别	具体位
1	010501001001	垫层	m3	51.0723	1.混凝土种类:商品混凝土 2.混凝土强度等级:C10							
2	A4-1017	商品混凝土 现浇基础垫层 混凝土 换为【商品砼 C10】	m3	51.0720		A9-0017	模板 基础垫层	1.0000	m3	51.072	模板关联	011702001
3	010501003001	独立基础	m3	332.4630	1.混凝土种类:商品混凝土 2.混凝土强度等级:c30							
4	A4-1007	商品混凝土 现浇独立基础 钢筋混凝土	m3	332.4630		A9-0007	模板 独立基础 钢筋混凝土	1.0000	m3	332.463	模板关联	011702001
5	010502001001	矩形柱	m3	115.9662	1.混凝土种类:商品混凝土 2.混凝土强度等级:C30							
6	A4-1018	商品混凝土 现浇矩形柱 周长1.2m以内 混凝土	m3	0.4440			<下拉选择模板类别>			0	超高模板关联	
7						A9-0018	模板 现浇矩形柱周长 1.2m以内	1.0000	m3	0.444	模板关联	011702002
8	A4-1019	商品混凝土 现浇矩形柱 周长1.8m以内 混凝土	m3	6.0090		A9-0019	模板 现浇矩形柱周长 1.8m以内	1.0000	m3	6.009	模板关联	011702002
9							<下拉选择模板类别>			0	超高模板关联	
10		商品混凝土 现浇矩形				A9-0020	模板 现浇矩形柱周长 1.8m以外	1.0000	m3	109.513	模板关联	011702002

确定　取消

图 6-61　提取模板项目

② 编制脚手架和垂直运输。完成垂直运输和脚手架的编制，以某幼儿园工程为例，如图 6-62 所示。

序号	类别	名称	单位	项目特征	组价方式	计算基数	费率(%)	工程量	综合单价	综合合价	取费专业	单价构成文件
二		单价措施								621025.2	建筑工程	
011701001001		综合脚手架	m2	1.建筑结构形式:[illegible] 2.檐口高度:14.6	可计量清单			1838.06	32.29	59350.96		建筑工程
A10-0006	定	综合脚手架 框架结构 6层以内	100m2					18.381	3229.71	59365.3	建筑工程	建筑工程
011703001001		垂直运输	m2	1.建筑物建筑类型及结构形式:[illegible] 2.建筑物檐口高度、层数:14.6、3	可计量清单			1838.06	24.6	45216.28		建筑工程
A11-0005	定	建筑物垂直运输 框架结构 6层以内	100m2					18.381	2459.3	45204.39	建筑工程	建筑工程

图 6-62　脚手架和垂直运输

③ 添加和插入。界面工具条的“添加”可以添加措施项、添加清单、添加子目，“插入”可以插入措施项、插入清单、插入子目，操作同 6.4.1（3）③。

6.4.3 其他项目

在计价项目栏切换到其他项目编辑界面，其他项目包含的费用如图 6-63 所示。

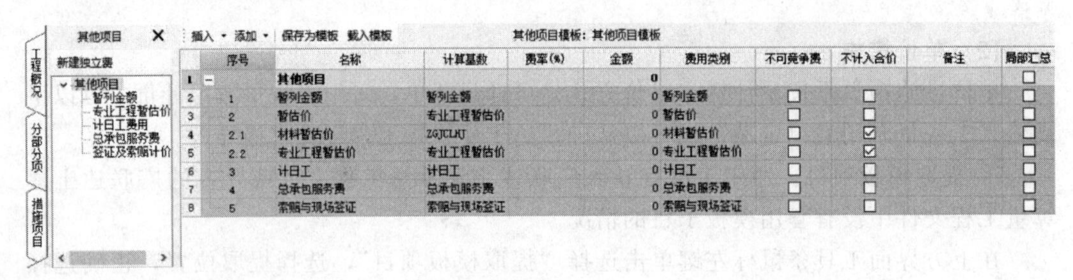

图 6-63 其他项目

(1) 暂列金额

鼠标左键单击左侧其他项目下的“暂列金额”，右侧出现暂列金额编辑区，按要求输入名称、计量单位、暂定金额。其中，计量单位选择操作过程如下：鼠标左键单击计量单位空白框→单击右侧“ ”→单击选择单位。

如：按 6.2.3 计价要求，本工程暂列金额为 10 万元，如图 6-64 所示。

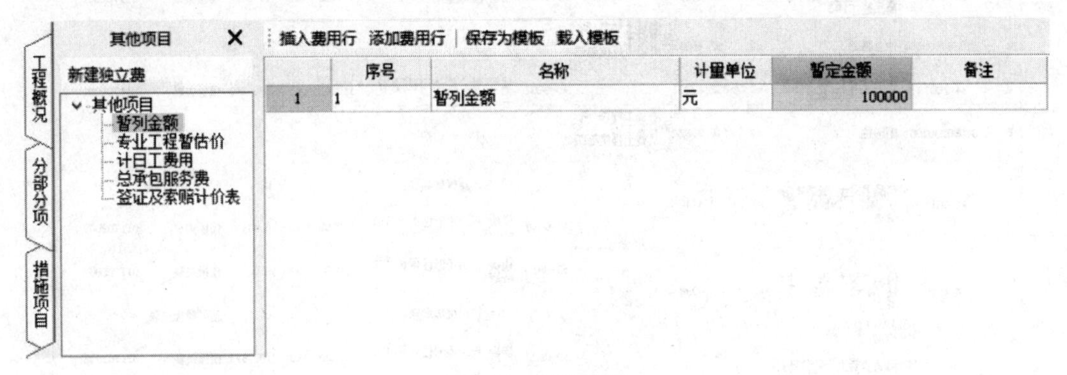

图 6-64 暂列金额

(2) 专业工程暂估价

鼠标左键单击左侧其他项目下的“专业工程暂估价”，右侧出现专业工程暂估价编辑区，如图 6-65 所示。按要求输入工程名称、工程内容、金额。

鼠标左键单击所选行→单击“添加费用项”或“插入费用项”，可向下添加或向上插入费用项。

按 6.2.3 计价要求，本工程没有专业工程暂估价，此处空白不填写。

(3) 计日工费用

鼠标左键单击左侧其他项目下的“计日工费用”，右侧出现计日工费用编辑区，按要求输入名称、单位、数量、预算价，软件自动计算合价、综合单价、综合合价。其

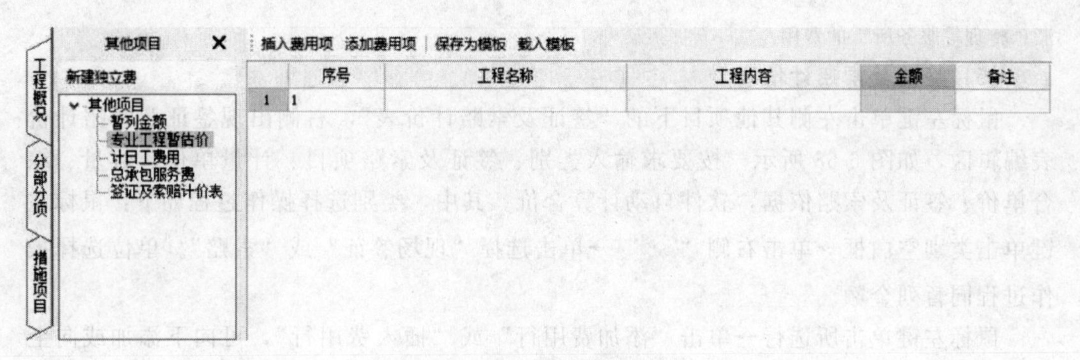

图 6-65　专业工程暂估价

中，单位选择操作过程同暂列金额。

鼠标左键单击所选行→单击“添加”或“插入”→“添加费用行”或“插入费用行”，可向下添加或向上插入费用行。

如：按 6.2.3 计价要求，根据计日工表编制计日工费用，如图 6-66 所示。

	序号	名称	单位	数量	预算价	合价	综合单价	综合合价	取费文件	备注
1	−	计日工费用						6946.12		
2	− 1	人工						3421.4	人工模板	
3	1.1	木工	工日	10	130	1300	171.07	1710.7	人工模板	
4	1.2	钢筋工	工日	10	130	1300	171.07	1710.7	人工模板	
5	− 2	材料						2600	材料模板	
6	2.1	水泥	t	5	450	2250	450	2250	材料模板	
7	2.2	中砂	m3	5	70	350	70	350	材料模板	
8	− 3	机械						924.72	机械模板	
9	3.1	载重汽车	台班	1	800	800	924.72	924.72	机械模板	

图 6-66　计日工费用

(4) 总承包服务费

鼠标左键单击左侧其他项目下的“总承包服务费”，右侧出现总承包服务费编辑区，如图 6-67 所示。按要求输入项目名称、项目价值、服务内容、费率，软件自动计算金额。

鼠标左键单击所选行→单击“添加费用项”或“插入费用项”，可向下添加或向上插入费用项。

按 6.2.3 计价要求，本工程没有总承包服务费，此处空白不填写。

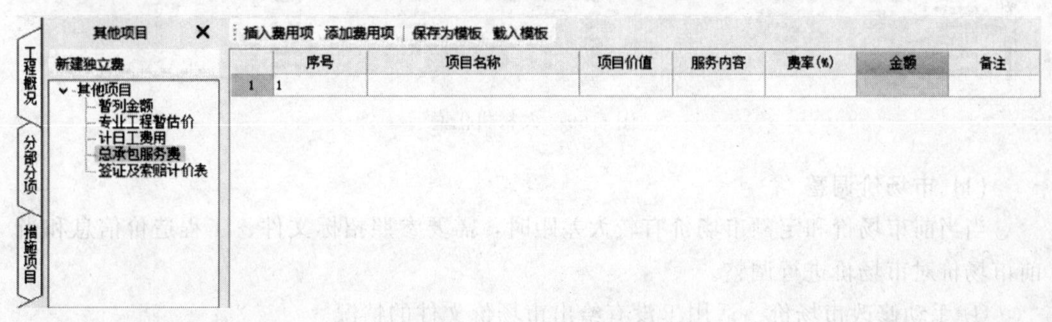

图 6-67　总承包服务费

注意：总承包服务费指工程建设施工阶段实行施工总承包时，总承包人为配合、协调建设单位进行专业工程发包，对建设单位自行采购的材料、工程设备等进行保管以及施工现场管理、竣工资料汇总整理等服务所需的费用。

(5) 签证及索赔计价表

鼠标左键单击左侧其他项目下的“签证及索赔计价表”，右侧出现签证及索赔计价表编辑区，如图 6-68 所示。按要求输入类别、签证及索赔项目、计量单位、数量、综合单价、签证及索赔依据，软件自动计算合价。其中，类别选择操作过程如下：鼠标左键单击类别空白框→单击右侧“﹀”→单击选择“现场签证”或“索赔”。单位选择操作过程同暂列金额。

鼠标左键单击所选行→单击“添加费用行”或“插入费用行”，可向下添加或向上插入费用行。

本工程不考虑签证及索赔，此处空白不填写。

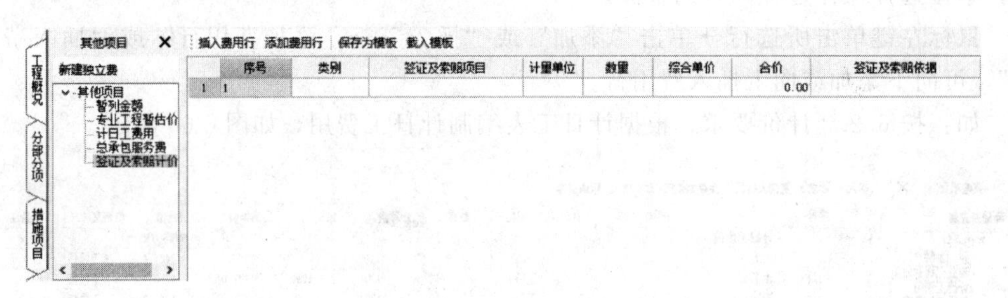

图 6-68 签证及索赔计价表

6.4.4 人材机汇总

在计价项目栏切换到人材机汇总编辑界面，如图 6-69 所示。

人材机汇总　单位工程自检　预算书设置　属性窗口　多方案报价　费用查看　局部汇总　返回项目管理

显示对应子目　载价　市场价存档　调整市场价系数　其他　只显示输出材料　只显示有价差材料　价格文件

所有人材机：人工表、材料表、机械表、设备表、主材表；分部分项人材机；措施项目人材机；发包人供应材料和设备；承包人主要材料和设备；主要材料表；暂估材料表

我收藏的常用功能：载入价格文件；市场价存档；载入历史工程市场价文件；载入Excel市场价文件；保存Excel市场价文件

市场价合计：1422122.74　价差合计：93498.41

	编码	类别	名称	规格型号	单位	数量	预算价	市场价	价格来源	市场价合计	价差	价差合计	供货方式	甲供数量	市场价锁定	输出标记	三材类别	三材系数
1	R00001	人	综合工日		工日	3739.93644	105	130		486191.74	25	93498.41	自行采购	0	☐	☑		
2	30	商砼	商品砼	C10	m3	51.8665	365	365		18931.27	0	0	自行采购	0	☐	☑	商砼	
3	3104	材	圆钢	Φ12	t	0.03914	3700	3700		144.82	0	0	自行采购	0	☐	☑	钢筋	
4	33	商砼	商品砼	C25	m3	107.967	395	395		42646.97	0	0	自行采购	0	☐	☑	商砼	
5	46	商砼	抗渗商品砼	C30	m3	343.7979	430	430		147833.1	0	0	自行采购	0	☐	☑	商砼	
6	C00014	材	其他材料费		元	4207.85158	1	1		4207.85	0	0	自行采购	0	☐	☑		
7	C00017	材	水		m3	1012.55821	9	9		9113.02	0	0	自行采购	0	☐	☑		
8	C00019	材	中砂		m3	64.15325	65	65		4169.96	0	0	自行采购	0	☐	☑		
9	C00024	材	铁钉		kg	1936.8274	4.6	4.6		8909.41	0	0	自行采购	0	☐	☑		
10	C00025	材	二等板方材		m3	0.02242	1720	1720		38.56	0	0	自行采购	0	☐	☑	木材	
11	C00027	材	塑料薄膜		m2	1992.7251	0.9	0.9		1793.45	0	0	自行采购	0	☐	☑		
12	C00028	材	木模板		m3	15.54576	1830	1830		28446.74	0	0	自行采购	0	☐	☑		
13	C00029	材	组合钢模板		kg	6001.6856	5.5	5.5		33009.16	0	0	自行采购	0	☐	☑		
14	C00030	材	卡具配件		kg	3131.156	4.5	4.5		14090.2	0	0	自行采购	0	☐	☑		
15	C00036	材	电焊条		kg	443.9442	5.04	5.04		2237.48	0	0	自行采购	0	☐	☑		
16	C00047	材	中粗砂		m3	5.56319	65	65		361.61	0	0	自行采购	0	☐	☑		
17	C00052	材	碎石	40	m3	11.8726	62	62		736.1	0	0	自行采购	0	☐	☑		

图 6-69 人材机汇总

(1) 市场价调整

当当前市场价和定额市场价有较大差距时，需要参照招标文件、工程造价信息和当前市场价对市场价进行调整。

① 手动修改市场价。适用于没有给出市场价文件的情况。

在人材机汇总编辑界面，鼠标左键单击要调整市场价的人材机行对应的“市场价”列→手动输入调整后的价格。调整后的市场价变为加粗字体，价格来源为“手动修改”，对应行底色变黄。

如：商品混凝土市场价由“365”调整为“370”，如图 6-70 所示。

	编码	类别	名称	规格型号	单位	数量	预算价	市场价	价格来源	市场价合计	价差	价差合计	供货方式	甲供数量	市场价锁定	输出标记	三材类别	三材系数
1	R00001	人	综合工日		工日	3739.93644	105	130		486191.74	25	93496.41	自行采购	0	☐	☑		0
2	30	商砼	商品砼	C10	m3	51.8665	365	370	手动修改	19190.61	5	259.33	自行采购	0	☐	☑	商砼	1
3	3104	材	圆钢	ϕ12	t	0.03914	3700	3700		144.82	0	0	自行采购	0	☐	☑	钢筋	1
4	33	商砼	商品砼	C25	m3	107.967	395	395		42646.97	0	0	自行采购	0	☐	☑	商砼	1
5	46	商砼	抗渗商品砼	C30	m3	343.7979	430	430		147833.1	0	0	自行采购	0	☐	☑	商砼	1
6	C00014	材	其他材料费		元	4207.85158	1	1		4207.85	0	0	自行采购	0	☐	☑		0
7	C00017	材	水		m3	1012.55821	9	9		9113.02	0	0	自行采购	0	☐	☑		0
8	C00019	材	中砂		m3	64.15325	65	65		4169.96	0	0	自行采购	0	☐	☑		0

图 6-70 手动修改市场价

② 载价。适用于给出市场价文件的情况。

在人材机汇总编辑界面，鼠标左键单击上方界面工具条“载价右侧▾”，下拉单击选择可以载入不同格式的市场价文件，如图 6-71 所示。

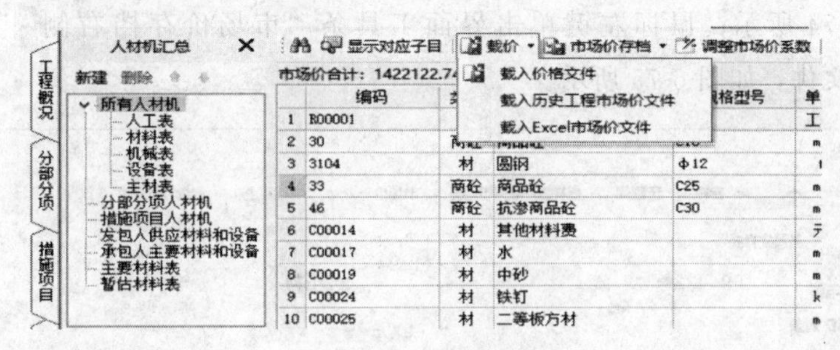

图 6-71 载价

当选择“载入 Excel 市场价文件”时，选择文件后要识别材料号、名称、规格、单位、单价，然后鼠标左键单击左下角“匹配选项”，在弹出的市场价匹配选项窗口中选择匹配规则，单击“确定”后“导入”，如图 6-72 所示。

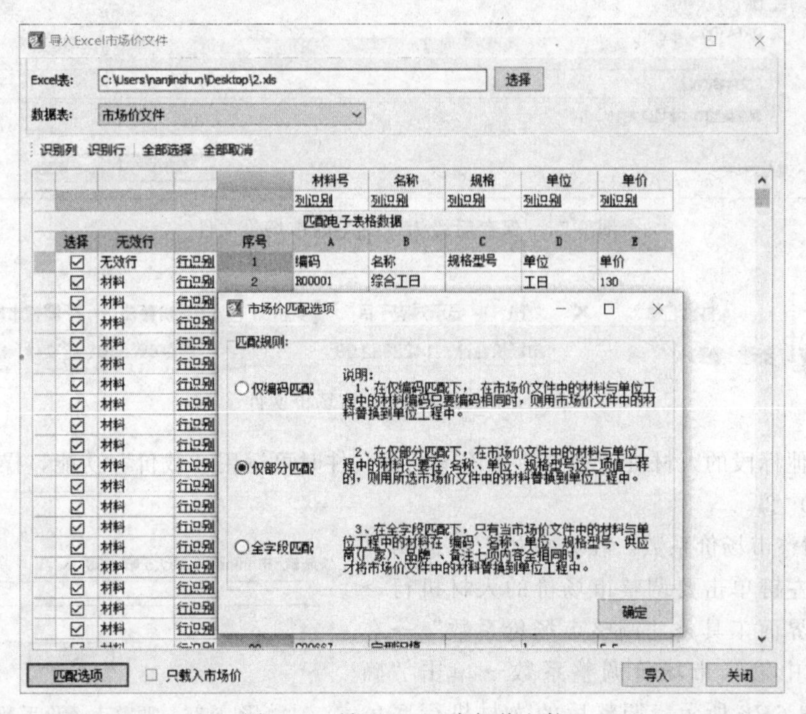

图 6-72 导入 Excel 市场价文件

选择不同格式市场价文件载入后弹出窗口如图 6-73 所示，选择是否保留已经调整过的市场价。

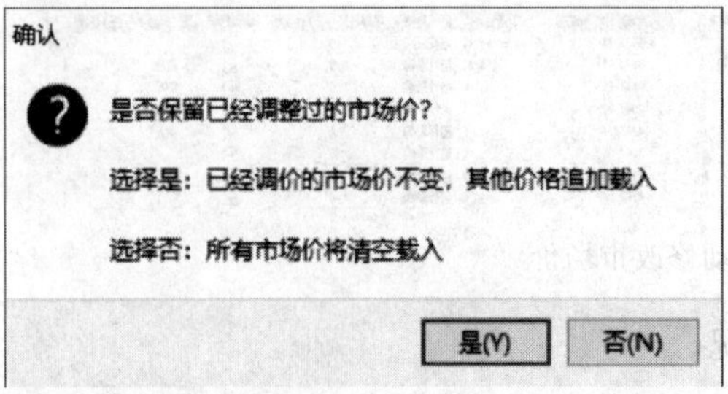

图 6-73　是否保留已经调整过的市场价

调整后的市场价变为加粗字体，价格来源为“价格文件”。

注意：对于同一个项目的多个标段，发包方会要求所有材料的市场价保持一致。在调整好一个标段的市场价后，可用“市场价存档”将此价格文件运用到其他标段。

鼠标左键单击界面工具条“市场价存档”，则保存成格式为“scj”的市场价文件，如图 6-74 所示；鼠标左键单击界面工具条“市场价存档右侧▾”，则保存为 Excel 市场价文件，如图 6-75 所示。

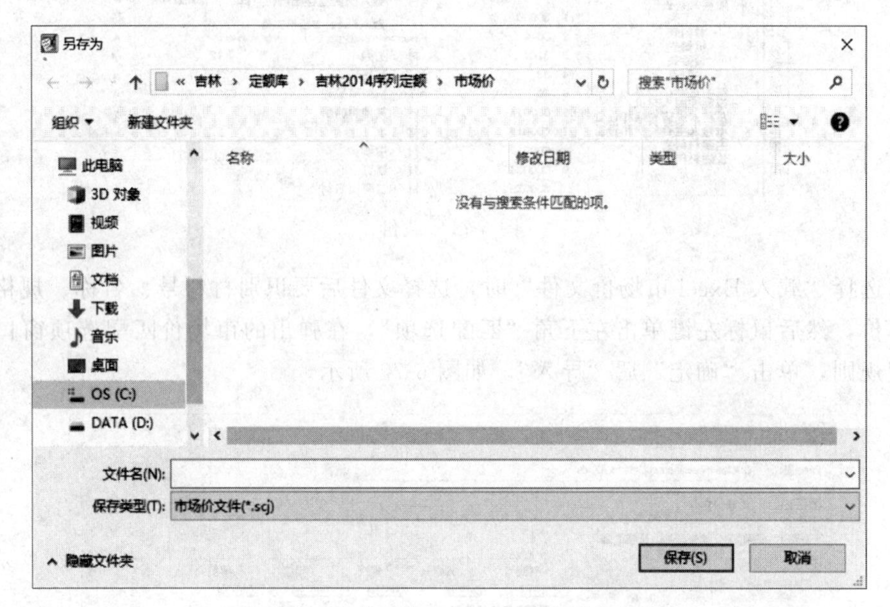

图 6-74　保存后缀为“scj”的市场价文件

图 6-75　保存 Excel 市场价文件

在其他标段的人材机汇总中使用该市场价文件时可运用“载价”功能，操作过程同 6.4.4（1）②。

③ 调整市场价系数。在人材机汇总编辑界面，鼠标左键单击要调整市场价的人材机行→单击上方界面工具条“调整市场价系数”→在弹出窗口中输入市场价调整系数→单击“确定”，如图 6-76 所示。调整后的人材机行底色

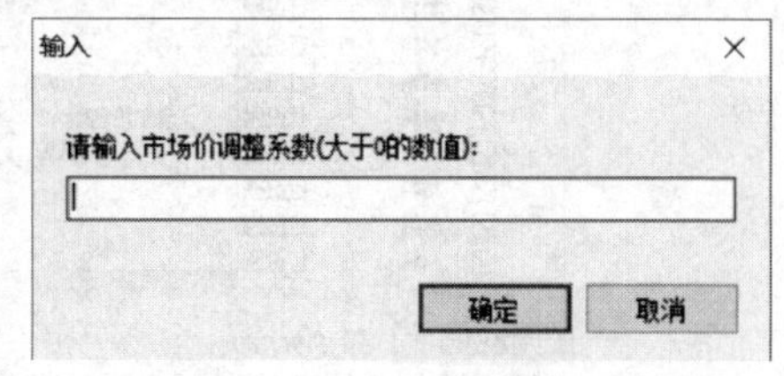

图 6-76　调整市场价系数

变黄。

(2) 供货方式修改

软件默认人材机的供货方式为“自行采购”，当招标文件要求的供货方式不同时，需要进行修改。

鼠标左键单击要修改供货方式的人材机行→单击供货方式右侧“⌄”→单击选择供货方式。修改后甲供数量列出现数值。

如：按 6.2.3 计价要求，根据甲供材料一览表修改供货方式，如图 6-77 所示。

编码	类别	名称	规格型号	单位	数量	预算价	市场价	价格来源	市场价合计	价差	价差合计	供货方 ▲	甲供数量
33	商砼	商品砼	C25	m3	107.967	395	395		42646.97	0	0	完全甲供	107.967
46	商砼	抗渗商品砼	C30	m3	343.7979	430	430		147833.1	0	0	完全甲(⌄	343.7979

图 6-77　修改供货方式

(3) 暂估材料设置

软件默认材料是非暂估的，当招标文件要求有暂估材料时，需要进行修改。

鼠标左键单击要修改的材料行对应是否暂估列的空白框，即显示为勾选状态。修改后市场价锁定列显示为勾选状态。

如：按 6.2.3 计价要求，根据材料暂估单价表中“圆钢ϕ 8”修改是否暂估列，如图 6-78 所示。

编码	类别	名称	规格型号	单位	供货方 ▲	甲供数量	市场价锁定	输出标记	三材类别	三材系数	产地	厂家	是否暂估
C00101@2	材	圆钢	ϕ8	t	自行采购	0	☑	☑	钢筋	1			☑

图 6-78　暂估材料设置

(4) 市场价锁定

招标文件要求的甲供材料表和材料暂估单价表中的材料价格是不可以进行调整的，为了避免在调整其他材料价格时失误将其调整，可使用“市场价锁定”功能对修改后的材料价格进行锁定。

鼠标左键单击要锁定的材料行对应市场价锁定列的空白框，即显示为勾选状态。

如：“商品混凝土 C25”和“抗渗商品混凝土 C30”，进行市场价锁定，如图 6-79 所示。

编码	类别	名称	规格型号	单位	数量	预算价	市场价	价格来源	市场价合计	价差	价差合计	供货方式	甲供数量	市场价锁定
33	商砼	商品砼	C25	m3	107.967	395	395		42646.97	0	0	完全甲供	107.967	☑
46	商砼	抗渗商品砼	C30	m3	343.7979	430	430		147833.1	0	0	完全甲供	343.7979	☑

图 6-79　市场价锁定

(5) 人材机属性批量修改

在多个人材机的供货方式、市场价锁定等属性需要修改时，可进行批量修改。

鼠标左键单击所有要修改的人材机行→单击鼠标右键→单击“批量修改”，如图 6-80所示。在弹出批量设置人材机属性的窗口中选择属性进行设置，分别选择设置项和设置值，如图 6-81 所示。

(6) 显示对应子目

对于人材机出现名称或数量异常的情况，可通过“显示对应子目”定位到分部分项中进行修改。

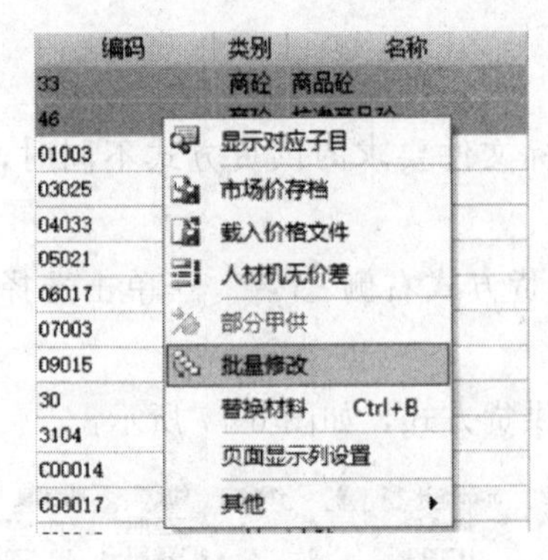

图 6-80　批量修改

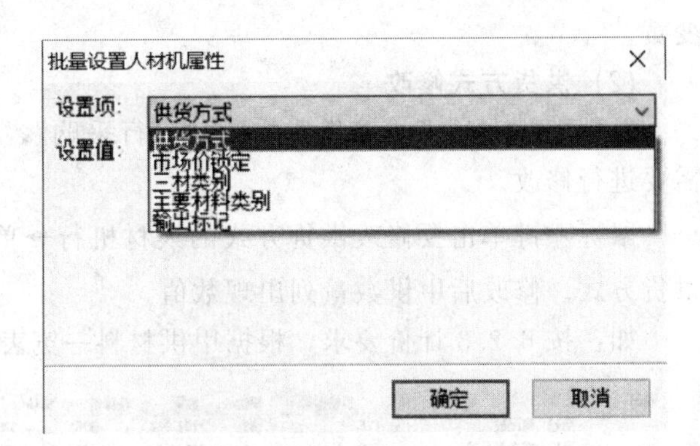

图 6-81　批量设置人材机属性

鼠标左键单击选择人材机行→单击鼠标右键→单击“显示对应子目”，如图 6-82 所示。在弹出显示对应子目的窗口中鼠标左键双击要修改的清单或子目行，自动定位到分部分项相应清单或子目行进行修改，如图 6-83 所示。

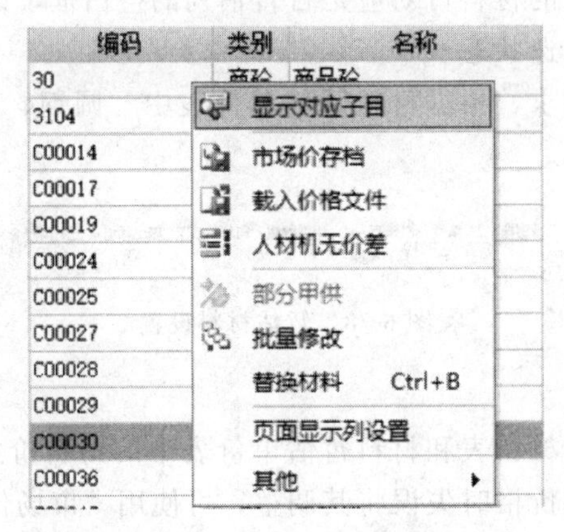

图 6-82　显示对应子目

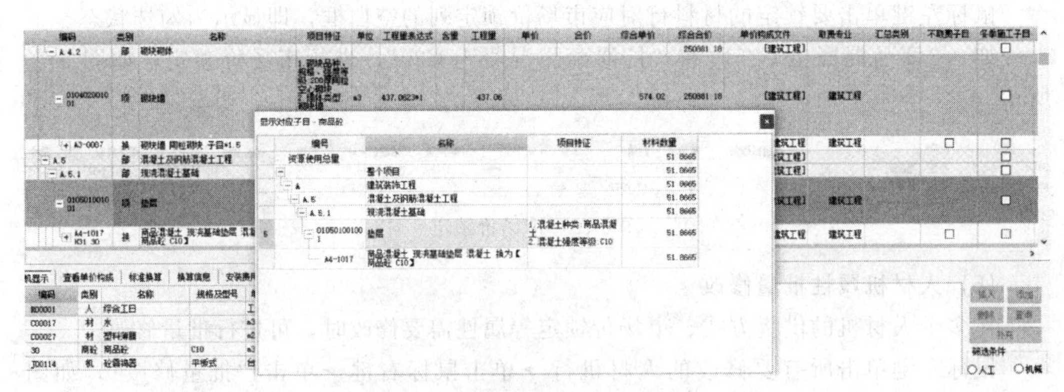

图 6-83　定位分部分项相应清单或子目行

6.4.5　费用汇总

在计价项目栏切换到费用汇总编辑界面，可以查看工程费用构成，如图 6-84 所示。

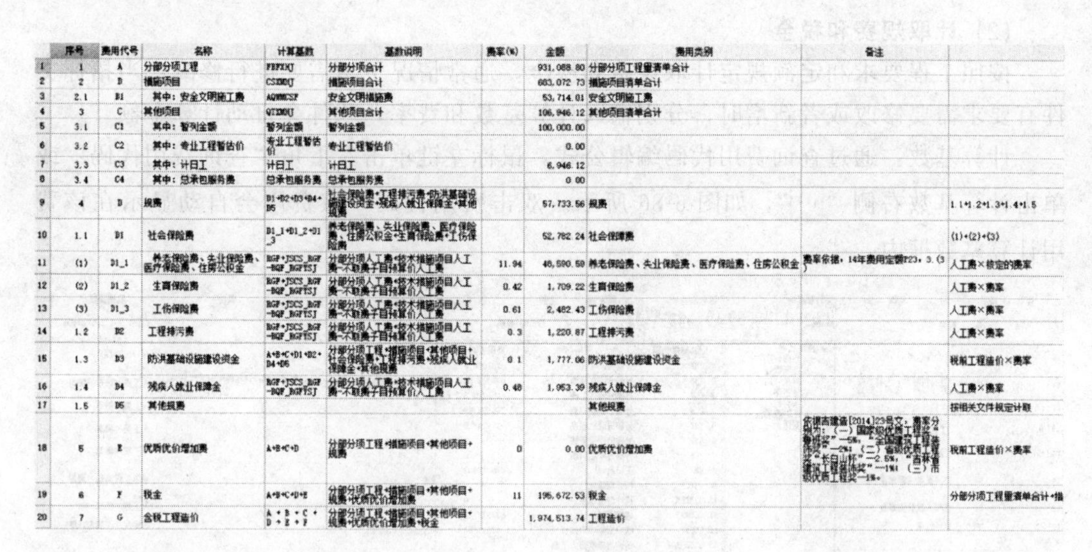

	序号	费用代号	名称	计算基数	基数说明	费率(%)	金额	费用类别	备注	
1	1	A	分部分项工程	FBFXHJ	分部分项合计		931,088.80	分部分项工程量清单合计		
2	2	B	措施项目	CSXMHJ	措施项目合计		683,072.73	措施项目清单合计		
3	2.1	B1	其中：安全文明施工费	AQWMCSF	安全文明措施费		53,714.01	安全文明施工费		
4	3	C	其他项目	QTXMHJ	其他项目合计		106,946.12	其他项目清单合计		
5	3.1	C1	其中：暂列金额	暂列金额	暂列金额		100,000.00			
6	3.2	C2	其中：专业工程暂估价	专业工程暂估价	专业工程暂估价		0.00			
7	3.3	C3	其中：计日工	计日工	计日工		6,946.12			
8	3.4	C4	其中：总承包服务费	总承包服务费	总承包服务费		0.00			
9	4	D	规费	D1+D2+D3+D4+D5	社会保险费+工程排污费+防洪基础设施建设资金+残疾人就业保障金+其他规费		57,733.56	规费		1.1+1.2+1.3+1.4+1.5
10	1.1	D1	社会保险费	D1_1+D1_2+D1_3	养老保险费、失业保险费、医疗保险费、住房公积金+生育保险费+工伤保险费		52,782.24	社会保障费		(1)+(2)+(3)
11	(1)	D1_1	养老保险费、失业保险费、医疗保险费、住房公积金	RGF+JSCS_RGF-RGF_RGFTSJ	分部分项人工费+技术措施项目人工费-不取费子目预算价人工费	11.94	46,590.59	养老保险费、失业保险费、医疗保险费、住房公积金	费率依据，14年费用定额P23，3.(3)	人工费×核定的费率
12	(2)	D1_2	生育保险费	RGF+JSCS_RGF-RGF_RGFTSJ	分部分项人工费+技术措施项目人工费-不取费子目预算价人工费	0.42	1,709.22	生育保险费		人工费×费率
13	(3)	D1_3	工伤保险费	RGF+JSCS_RGF-RGF_RGFTSJ	分部分项人工费+技术措施项目人工费-不取费子目预算价人工费	0.61	2,482.43	工伤保险费		人工费×费率
14	1.2	D2	工程排污费	RGF+JSCS_RGF-RGF_RGFTSJ	分部分项人工费+技术措施项目人工费-不取费子目预算价人工费	0.3	1,220.87	工程排污费		人工费×费率
15	1.3	D3	防洪基础设施建设资金	A+B+C+D1+D2+D4+D5	分部分项工程+措施项目+其他项目+社会保险费+工程排污费+残疾人就业保障金+其他规费	0.1	1,777.06	防洪基础设施建设资金		税前工程造价×费率
16	1.4	D4	残疾人就业保障金	RGF+JSCS_RGF-RGF_RGFTSJ	分部分项人工费+技术措施项目人工费-不取费子目预算价人工费	0.48	1,953.39	残疾人就业保障金		人工费×费率
17	1.5	D5	其他规费					其他规费		按相关文件规定计取
18	5	E	优质优价增加费	A+B+C+D	分部分项工程+措施项目+其他项目+规费	0	0.00	优质优价增加费	依据吉建造[2014]23号文，费率分别为：（一）国家级优质工程奖"鲁班奖"—5%，"全国建筑工程装饰奖"—2%；（二）省级优质工程奖"长白山杯"—2.5%，"吉林省建筑工程装饰奖"—1%；（三）市级优质工程奖—1%。	税前工程造价×费率
19	6	F	税金	A+B+C+D+E	分部分项工程+措施项目+其他项目+规费+优质优价增加费	11	196,672.53	税金		分部分项工程量清单合计+措
20	7	G	含税工程造价	A + B + C + D + E + F	分部分项工程+措施项目+其他项目+规费+优质优价增加费+税金		1,974,513.74	工程造价		

图 6-84　费用汇总

(1) 载入模板

鼠标左键单击上方界面工具条"载入模板"可按照不同的模板进行费用汇总，如图 6-85 所示。

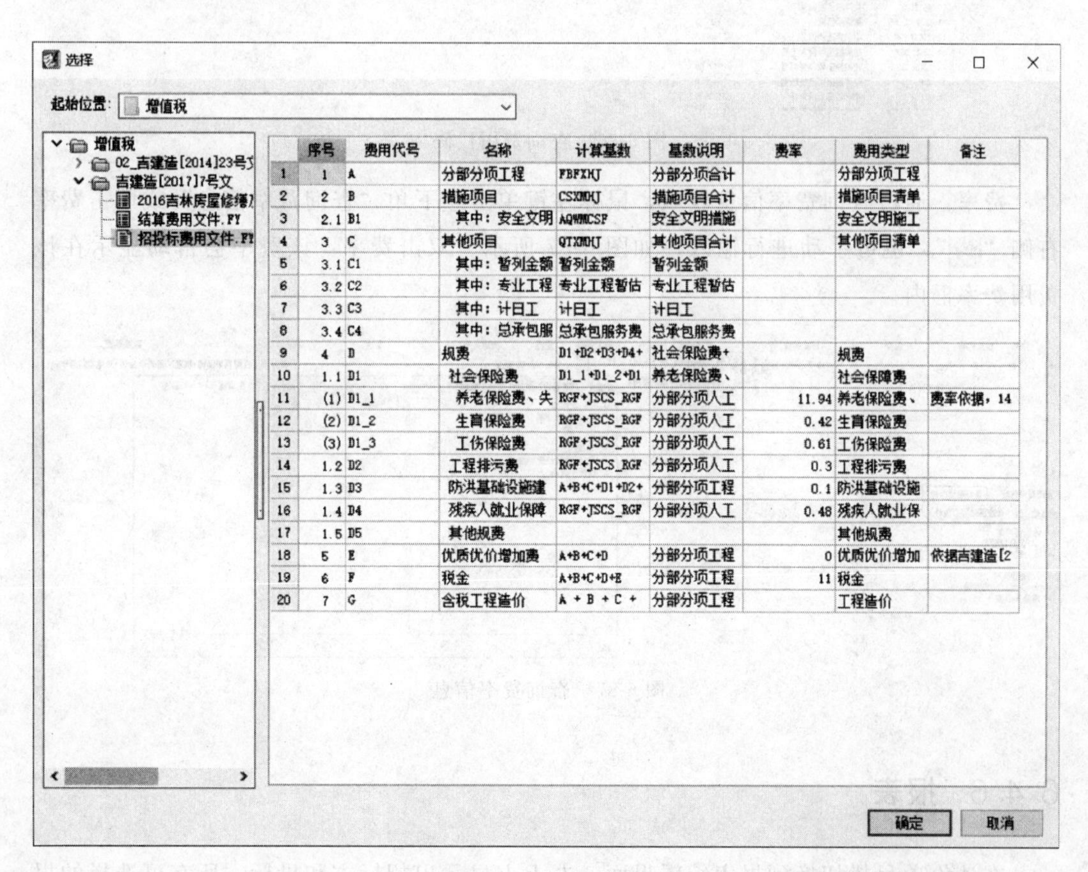

	序号	费用代号	名称	计算基数	基数说明	费率	费用类型	备注
1	1	A	分部分项工程	FBFXHJ	分部分项合计		分部分项工程	
2	2	B	措施项目	CSXMHJ	措施项目合计		措施项目清单	
3	2.1	B1	其中：安全文明	AQWMCSF	安全文明措施		安全文明施工	
4	3	C	其他项目	QTXMHJ	其他项目合计		其他项目清单	
5	3.1	C1	其中：暂列金额	暂列金额	暂列金额			
6	3.2	C2	其中：专业工程	专业工程暂估	专业工程暂估			
7	3.3	C3	其中：计日工	计日工	计日工			
8	3.4	C4	其中：总承包服	总承包服务费	总承包服务费			
9	4	D	规费	D1+D2+D3+D4+	社会保险费+		规费	
10	1.1	D1	社会保险费	D1_1+D1_2+D1	养老保险费、		社会保障费	
11	(1)	D1_1	养老保险费、失	RGF+JSCS_RGF	分部分项人工	11.94	养老保险费、	费率依据，14
12	(2)	D1_2	生育保险费	RGF+JSCS_RGF	分部分项人工	0.42	生育保险费	
13	(3)	D1_3	工伤保险费	RGF+JSCS_RGF	分部分项人工	0.61	工伤保险费	
14	1.2	D2	工程排污费	RGF+JSCS_RGF	分部分项人工	0.3	工程排污费	
15	1.3	D3	防洪基础设施建	A+B+C+D1+D2+	分部分项工程	0.1	防洪基础设施	
16	1.4	D4	残疾人就业保障	RGF+JSCS_RGF	分部分项人工	0.48	残疾人就业保	
17	1.5	D5	其他规费				其他规费	
18	5	E	优质优价增加费	A+B+C+D	分部分项工程	0	优质优价增加	依据吉建造[2
19	6	F	税金	A+B+C+D+E	分部分项工程	11	税金	
20	7	G	含税工程造价	A + B + C +	分部分项工程		工程造价	

图 6-85　载入模板

(2) **计取规费和税金**

按照工程要求和定额规定计取规费和税金，通常情况下不需要进行修改。当招标文件有要求需要修改或者新增时，分别输入计算基数和费率，软件会自动计算金额。

计算基数：通过查询费用代码编辑公式，鼠标左键单击左下角“查询费用代码”或单击计算基数右侧“…”，如图6-86所示。双击费用代码，该费用会自动显示在该费用计算基数框内。

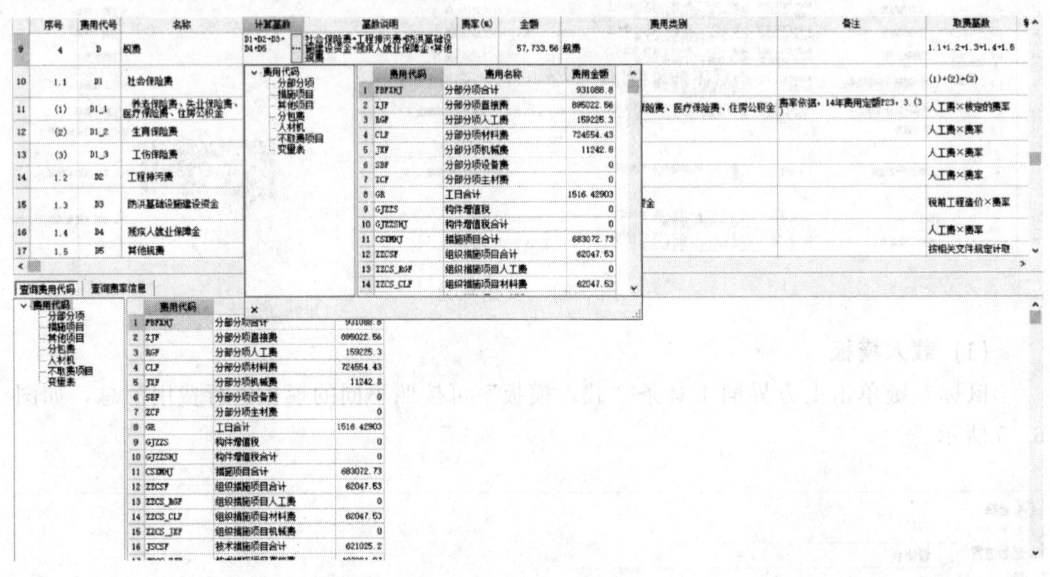

图6-86 查询费用代码

费率：通过查询费率信息获取，鼠标左键单击左下角“查询费率信息”或单击费率右侧“…”，也可手动进行输入，如图6-87所示。双击费率，该费率会自动显示在该费用费率框内。

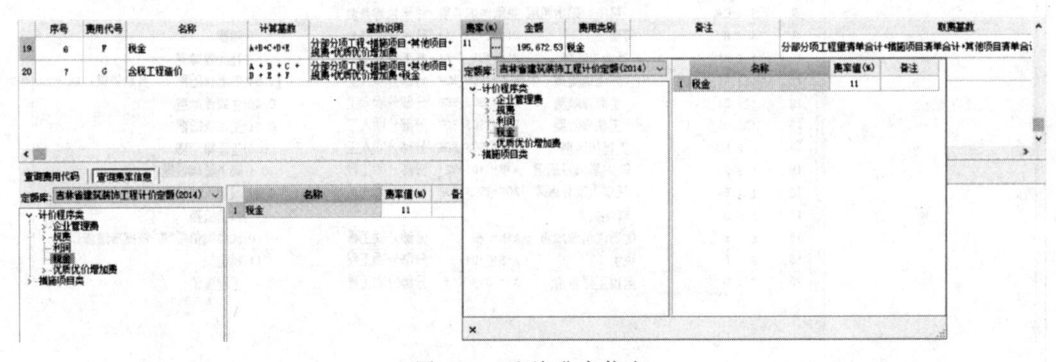

图6-87 查询费率信息

6.4.6 报表

在计价项目栏切换到报表编辑界面，左上方显示出招标方和投标方所有可选择的报表以及报表的常用功能，如图 6-88 所示。

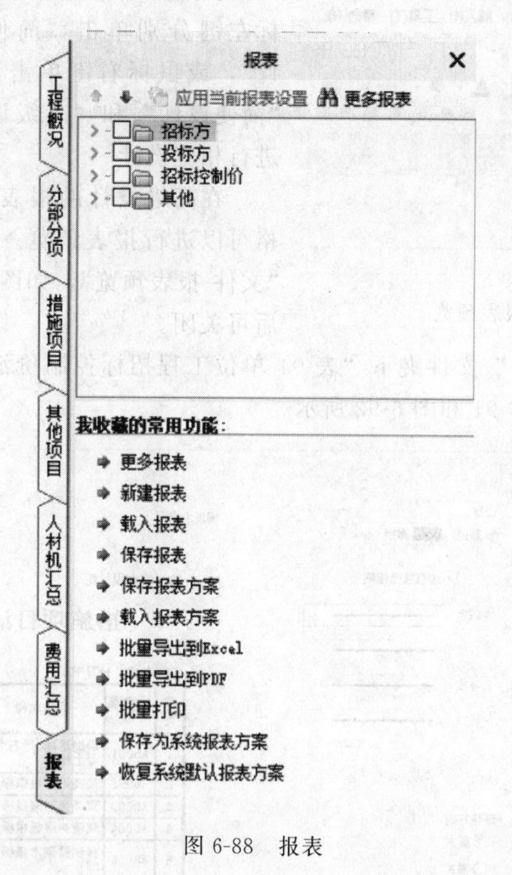

图 6-88　报表

(1) 报表设计

鼠标左键单击打开文件夹，单击要输出的报表，则右侧界面显示该表格，如图6-89所示，进行报表预览和报表设计。

单位工程招标控制价汇总表

工程名称：建筑工程　　标段：某幼儿园　　第 1 页 共 1 页

序号	汇总内容	金额(元)	其中：暂估价(元)
1	分部分项工程	931088.8	14433.31
1.1	A建筑装饰工程	931088.8	14433.31
2	措施项目	683072.73	
2.1	其中：安全文明施工费	53714.01	
3	其他项目	106946.12	-
3.1	其中：暂列金额	100000	
3.2	其中：专业工程暂估价		
3.3	其中：计日工	6946.12	
3.4	其中：总承包服务费		
4	规费	57733.56	-
5	优质优价增加费		
6	税金	195872.53	-

图 6-89　报表设计

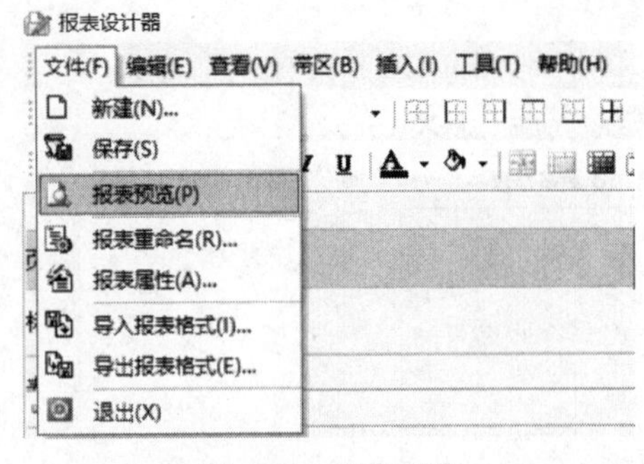

图 6-90 报表预览

报表设计分为简便设计和高级设计，鼠标左键分别单击“简便设计”和“高级设计”，或鼠标右键单击预览界面后左键单击“简便设计”和“高级设计”，在弹出窗口中进行相应设计。

在高级设计的报表设计器中，设计完表格可以进行报表预览。鼠标左键单击左上角“文件-报表预览”，如图 6-90 所示，预览无误后可关闭。

如：“招标控制价”文件夹下“表-04 单位工程招标控制价汇总表”，“简便设计”和“高级设计”如图 6-91 和图 6-92 所示。

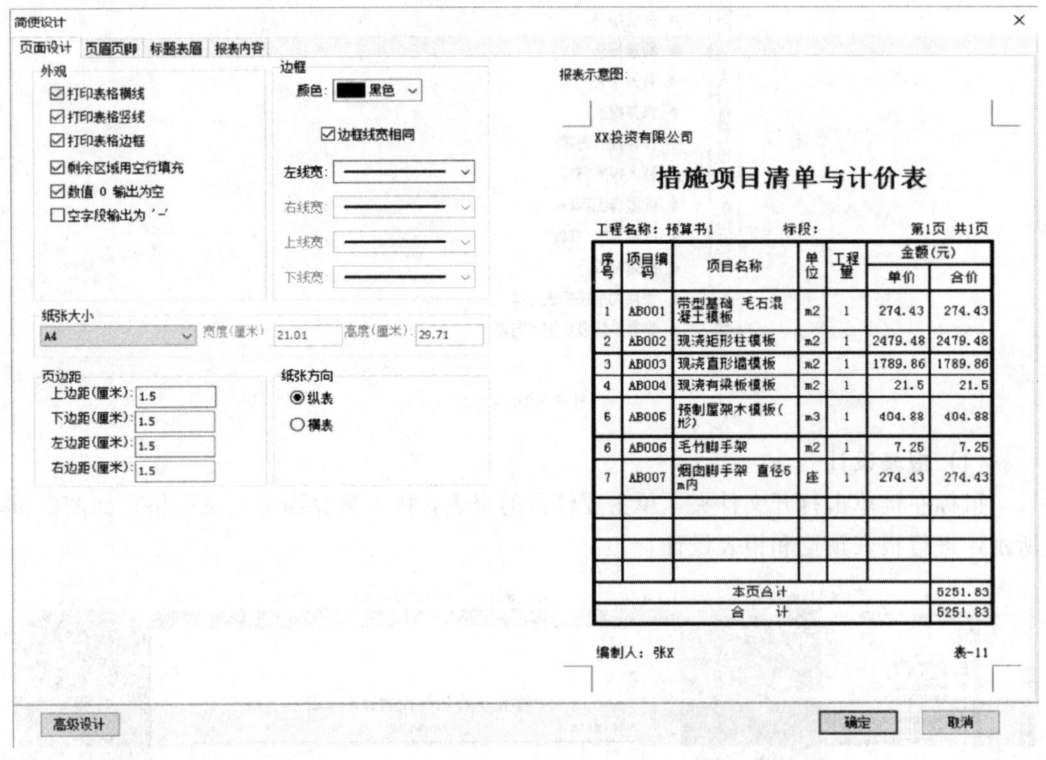

序号	项目编码	项目名称	单位	工程量	金额(元)	
					单价	合价
1	AB001	带型基础 毛石混凝土模板	m2	1	274.43	274.43
2	AB002	现浇矩形柱模板	m2	1	2479.48	2479.48
3	AB003	现浇直形墙模板	m2	1	1789.86	1789.86
4	AB004	现浇有梁板模板	m2	1	21.5	21.5
5	AB005	预制屋架木模板(拱形)	m3	1	404.88	404.88
6	AB006	毛竹脚手架	m2	1	7.25	7.25
7	AB007	烟囱脚手架 直径5m内	座	1	274.43	274.43
本页合计						5251.83
合 计						5251.83

图 6-91 简便设计

(2) 报表导出

报表设计完成后，可以将报表导出。

① 单页导出。鼠标左键单击打开文件夹→单击要输出的报表→单击右侧表格上方界面工具条“ ”，则分“导出到 Excel”“导出到 Excel 文件”“导出到已有的 Excel 表”三种不同方式导出该表格。

② 批量导出。在左上方左侧显示出招标方和投标方所有可选择的报表上，鼠标右键单击报表→左键单击“批量导出到 Excel”或“批量导出到 PDF”，根据需要的格式导出文件，如图 6-93 所示。在弹出的窗口中鼠标左键单击选择要导出的报表→单击

"确定"，如图 6-94 所示。

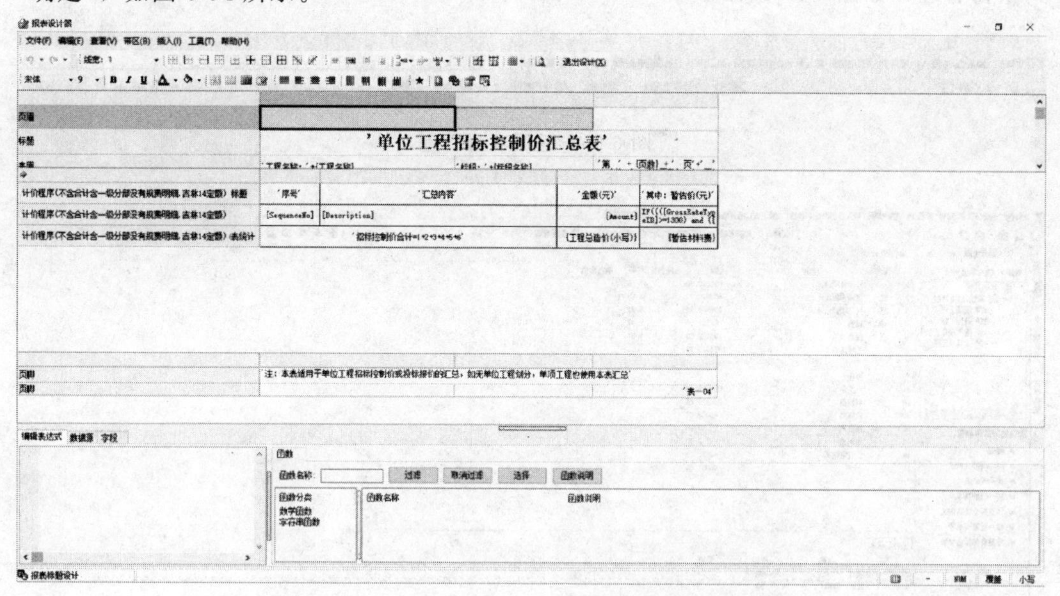

图 6-92　高级设计

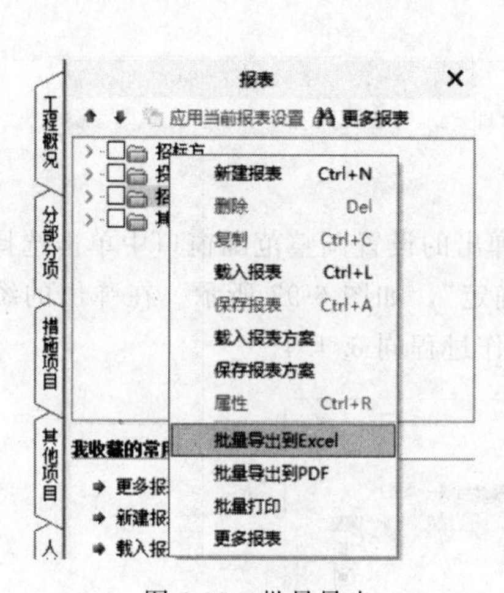

图 6-93　批量导出

图 6-94　选择报表

6.5　常用功能

在项目管理界面可以运用统一调整的功能。

鼠标左键单击界面上方通用工具条"返回项目管理"，如图 6-95 所示，则界面返回到项目管理，如图 6-96 所示。

图 6-95 返回项目管理

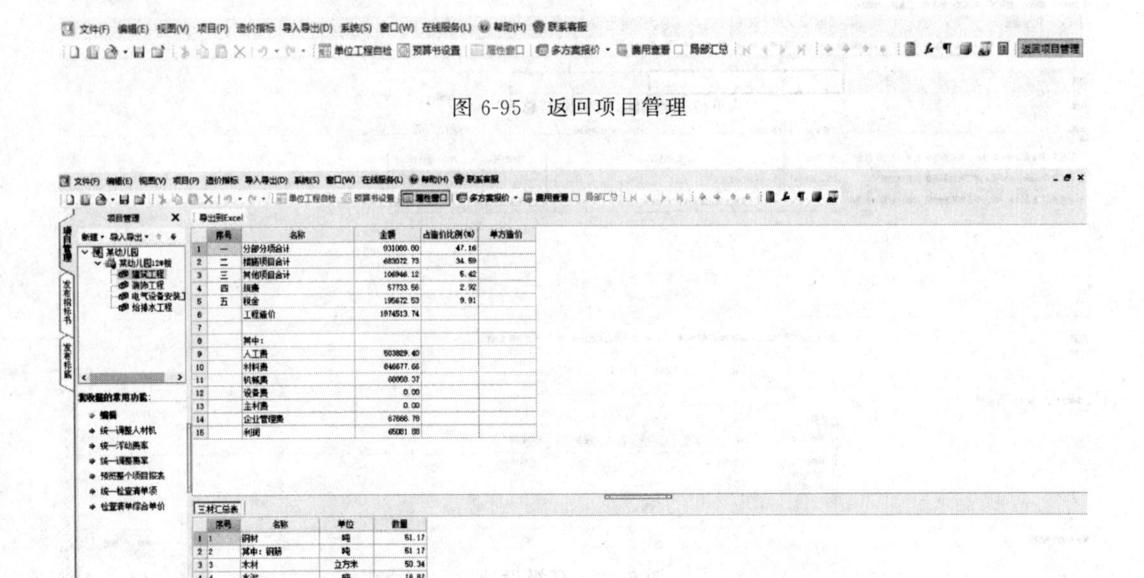

图 6-96 项目管理

(1) 统一调整人材机

鼠标左键单击左侧“统一调整人材机”→在弹出的设置调整范围窗口中单击选择需要调整的单位工程（显示为勾选状态）→单击“确定”，如图 6-97 所示。在弹出的统一调整人材机窗口中进行修改，如图 6-98 所示，操作过程同 6.4.4。

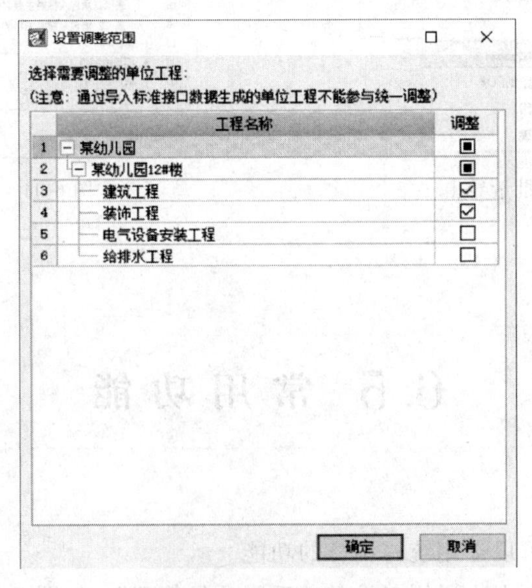

图 6-97 设置调整范围

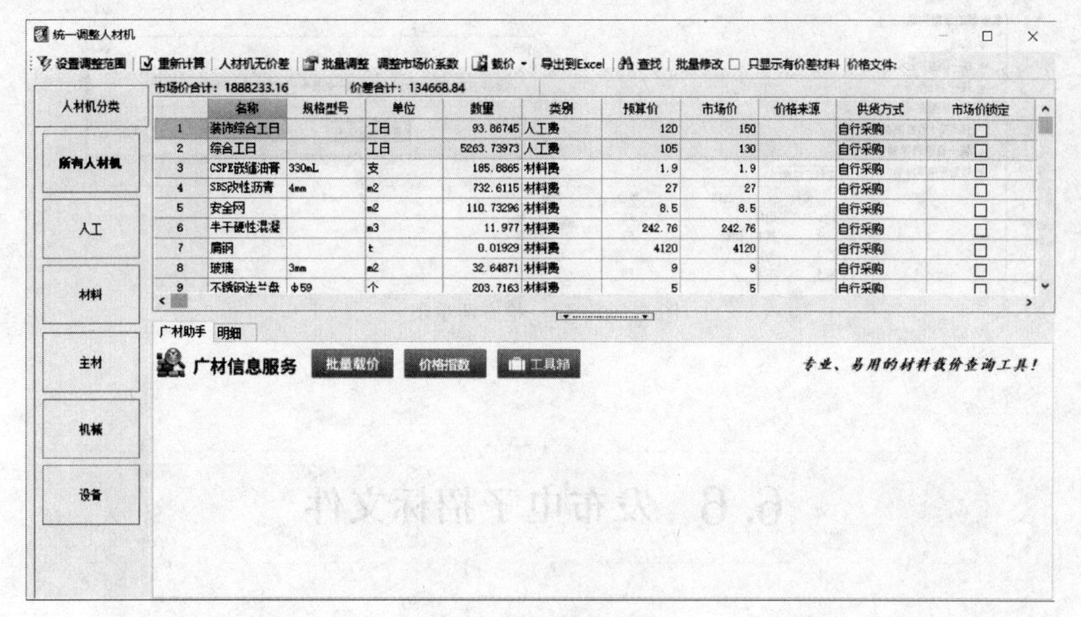

图 6-98 统一调整人材机

(2) 统一调整费率

鼠标左键单击左侧“统一调整费率”，在弹出的窗口中选择单价构成文件统一调整管理费费率或利润费率，如图 6-99 所示。

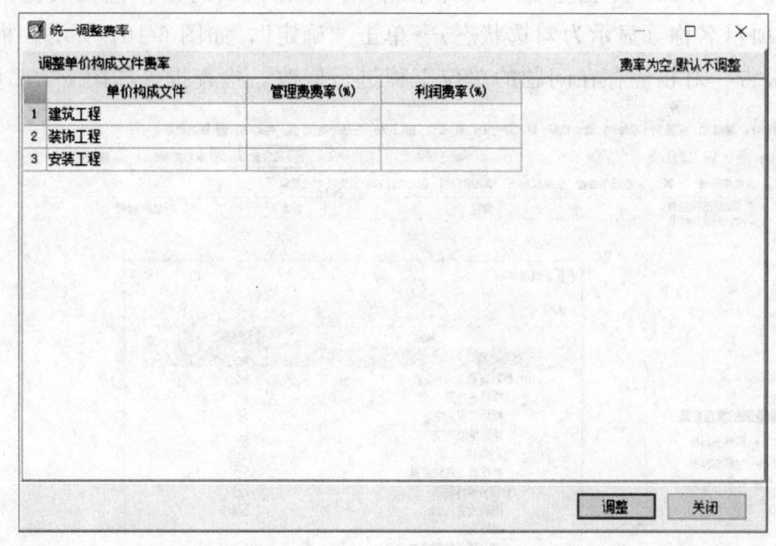

图 6-99 统一调整费率

(3) 统一检查清单项

在所有数据整理完成后，可对项目编码进行校核。

鼠标左键单击左侧“统一检查清单项”，弹出窗口如图 6-100 所示。当项目中存在重复的编码或单位不统一的清单，可以选择“查看检查结果”或“统一调整项目清单”。

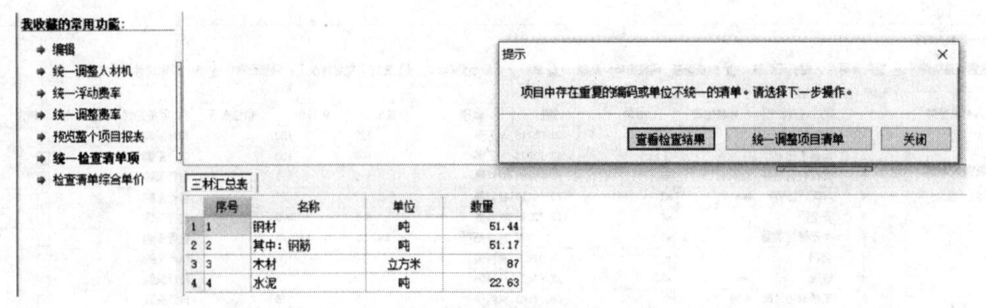

图 6-100　统一检查清单项

6.6　发布电子招标文件

当工程造价完成后，可以发布电子招标书和标底。

(1) 发布招标书

① 生成招标书。在项目管理界面鼠标左键单击"发布招标书"，默认转换为"生成/预览招标书"界面，单击上方"招标书自检"→在弹出的设置检查项窗口中单击选择要检查的项目名称（显示为勾选状态）→单击"确定"，如图 6-101 所示。根据生成的"标书检查报告"对相应存在问题的单位工程进行修改，检查报告如图 6-102 所示。

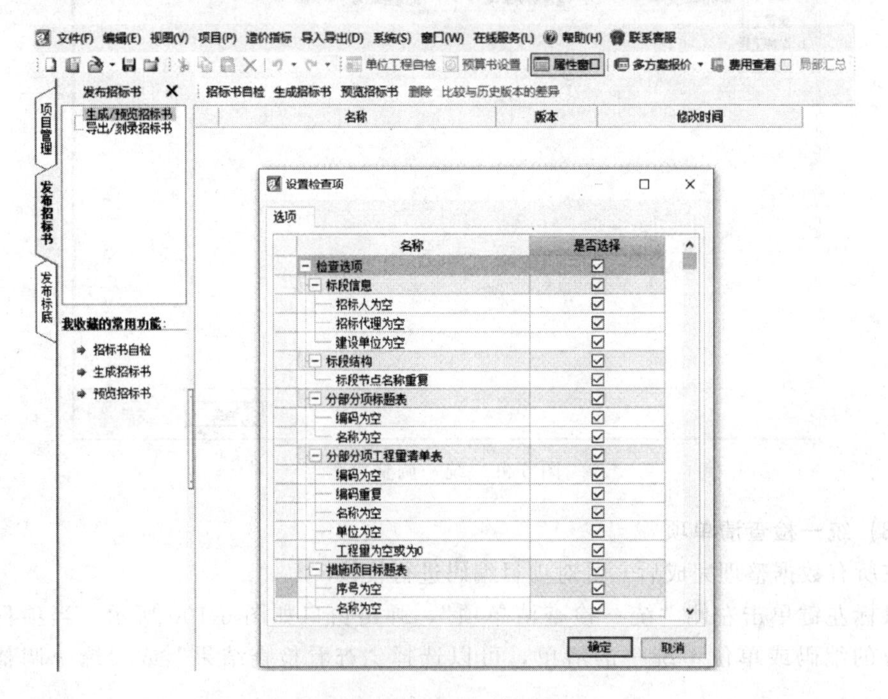

图 6-101　招标书自检

标书检查报告

某幼儿园

行号	检查的内容
标段信息	
标段信息	招标人为空；招标代理为空；建设单位为空

某幼儿园12#楼建筑工程

行号	检查的内容
措施项目清单表	
第16条措施项	与第15条序号重复
第18条措施项	与第17条序号重复
第19条措施项	与第17条序号重复

图 6-102　标书检查报告

修改完毕，鼠标左键单击上方界面工具条“生成招标书”，在弹出项目附加信息窗口中完善项目信息→单击“确定”，如图 6-103 所示。在弹出生成招标书窗口中输入版本号→单击“确定”，如图 6-104 所示。在弹出设置单位工程编号窗口中输入单项工程和单位工程编号→单击“确定”，如图 6-105 所示。生成招标书，如图 6-106 所示。

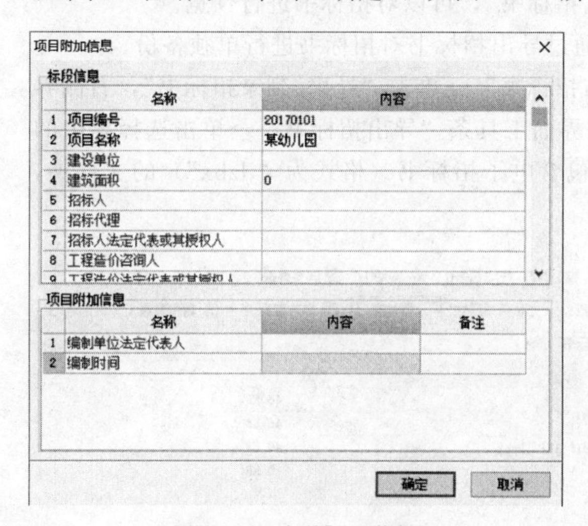

图 6-103　完善项目信息

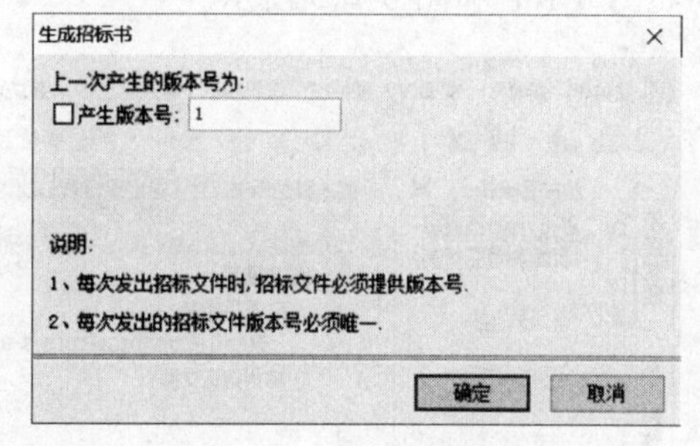

图 6-104　输入版本号

设置单位工程编号

	名称	工程编号
1	某幼儿园	
2	某幼儿园12#楼	
3	建筑工程	
4	装饰工程	

☑锁定工程编号

说明: 单位工程编号将作为单位工程的标识，要求唯一并且投标文件要与招标文件匹配!　确定

图 6-105　设置单位工程编号

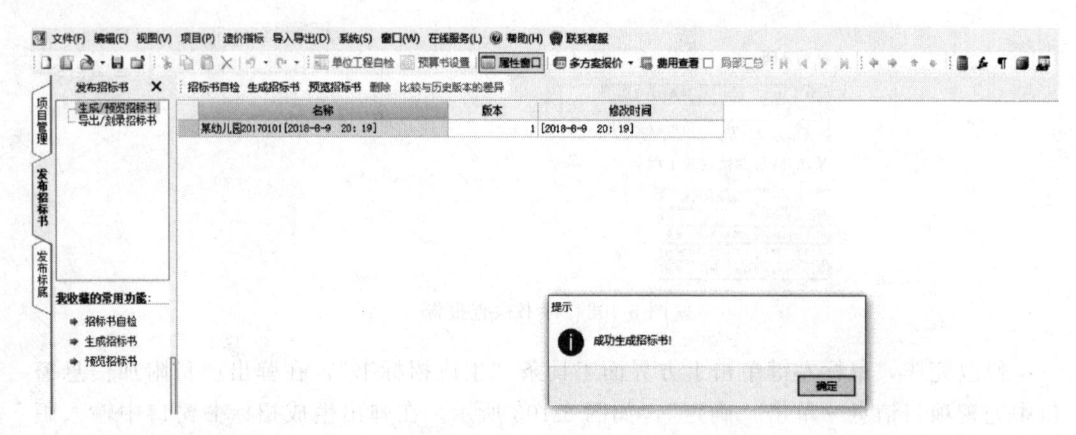

图 6-106　生成招标书

鼠标左键单击上方界面工具条“预览招标书”，可以对招标书进行预览。

② 导出招标书。生成招标书后可以通过导出招标书对招标书进行单独备份。

在项目管理界面鼠标左键单击“发布招标书”→单击“导出/刻录招标书”，右侧界面发生转换，如图 6-107 所示。单击上方界面工具条“导出招标书”→单击选择导出的位置→单击“确定”，则在相应位置生成包含电子招标书（格式为“jlzbx”）的文件夹，如图 6-108 和图 6-109 所示。

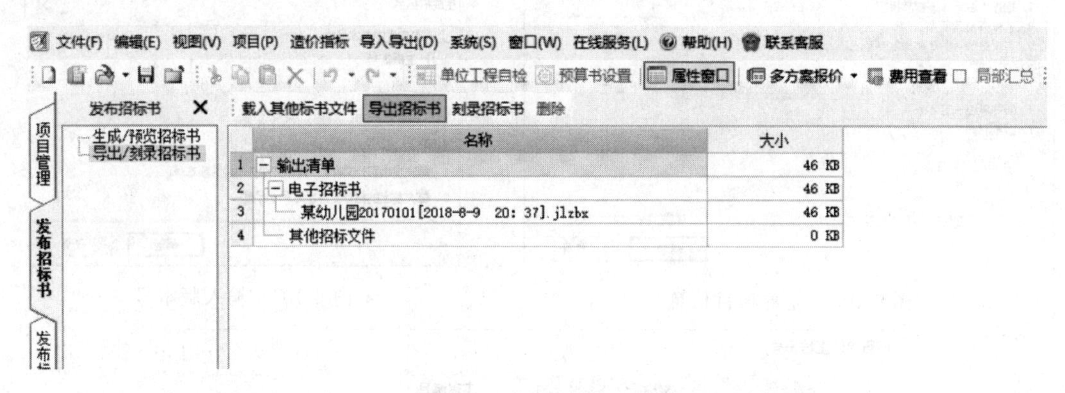

图 6-107　导出招标书

图 6-108　招标书文件夹

某幼儿园20170101[2018-8-9 20: 19].jlzbx

图 6-109　电子招标书

鼠标左键单击上方界面工具条“刻录招标书”，可以将招标书刻录到光盘上。

(2) 发布标底

“生成/预览标底”和“导出/刻录标底”的操作过程参考“生成/预览招标书”和“导出/刻录招标书”。

6.7 报表实例

根据工程案例背景，按照招标控制价样表的编制要求导出相应报表，打印并装订成册。具体表格见附录（空表除外）。

思 考 题

1. 分部分项工程如何补充钢筋清单项和定额子目？钢筋符号如何输入？
2. 分部分项工程补充清单项中添加和插入的区别和用法？
3. 措施项目中按项计费和按量计费的区别和调整方法？

第7章 BIM造价应用实践

BIM 应用标准
BIM 造价应用
BIM 数据指标应用实践

7.1 BIM应用标准

为贯彻执行国家技术经济政策，推进工程建设信息化实施，统一建筑信息模型应用基本要求，提高信息应用效率和效益，中华人民共和国住房和城乡建设部制定了《建筑信息模型应用统一标准》（GB/T 51212—2016）。标准适用于建设工程全生命期内建筑信息模型的创建、使用和管理。

依据标准，建筑信息模型（BIM）是在建设工程及设施全生命期内，对其物理和功能特性进行数字化表达，并依此设计、施工、运营的过程和结果的总称，简称模型。模型应用应能实现建设工程各相关方的协同工作、信息共享。模型应用宜贯穿建设工程全生命期，也可根据工程实际情况在某一阶段或环节内应用。标准中模型应用关于BIM软件、模型创建、模型使用的具体规定如下。

7.1.1 BIM软件

（1）BIM软件应具有相应的专业功能和数据互用功能。

（2）BIM软件的专业功能应符合下列规定：①应满足专业或任务要求；②应符合相关工程建设标准及其强制性条文；③宜支持专业功能定制开发。

（3）BIM软件的数据互用功能应至少满足下列要求之一：①应支持开放的数据交换标准；②应实现与相关软件的数据交换；③应支持数据互用功能定制开发。

（4）BIM软件在工程应用前，宜对其专业功能和数据互用功能进行测试。

7.1.2 模型创建

（1）模型创建前，应根据建设工程不同阶段、专业、任务的需要，对模型及子模型的种类和数量进行总体规划。

（2）模型可采用集成方式创建，也可采用分散方式按专业或任务创建。

（3）各相关方应根据任务需求建立统一的模型创建流程、坐标系及度量单位、信息分类和命名等模型创建和管理规则。

（4）不同类型或内容的模型创建宜采用数据格式相同或兼容的软件。当采用数据格式不兼容的软件时，应能通过数据转换标准或工具实现数据互用。

（5）采用不同方式创建的模型之间应具有协调一致性。

7.1.3 模型使用

（1）模型的创建和使用宜与完成相关专业工作或任务同步进行。

（2）模型使用过程中，模型数据交换和更新可采用下列方式：

① 按单个或多个任务的需求，建立相应的工作流程；

② 完成一项任务的过程中，模型数据交换一次或多次完成；

③ 从已形成的模型中提取满足任务需求的相关数据形成子模型，并根据需要进行补充完善；

④ 利用子模型完成任务，必要时使用完成任务生成的数据更新模型。

（3）对不同类型或内容的模型数据，宜进行统一管理和维护。

（4）模型创建和使用过程中，应确定相关方各参与人员的管理权限，并应针对更新进行版本控制。

7.2 BIM 造价应用

在建设工程全生命期中，BIM 在现代建筑市场中工程造价的应用十分广泛，通过 BIM 建模、建筑工程 BIM 计量计价、安装工程 BIM 计量计价、BIM 施工组织等完成 BIM 工程造价，实现建筑信息共享，提高了工程造价的效率和准确性。

本章以当前市场几个主流软件为例，以某幼儿园 12＃楼工程为背景，介绍 BIM 在工程造价的应用。

7.2.1 BIM 建模软件和算量软件交互

Revit 是为 BIM 构建的一款强大的建模工具，拥有丰富的数据接口，在建模领域应用广泛，以 Revit 为建模平台的模型不在少数。BIM 建模软件和算量软件交互通过 Revit 和广联达 BIM 土建算量软件进行介绍。

(1) Revit 导出 IFC 文件导入广联达 BIM 土建算量软件

Revit 软件本身可以通过导出 IFC 文件来实现和广联达 BIM 土建算量软件的交互。

① 打开 Revit 软件，在界面左上角鼠标左键单击“-导出-IFC”，如图 7-1 所示，之后选择在指定位置保存该文件。

② 打开广联达 BIM 土建算量软件，在上方菜单栏鼠标左键单击“BIM 应用-导入 BIM 交互文件（IFC）”→选择要导入的 IFC 文件，如图 7-2 所示。在弹出的一系列窗口中进行导入设置，如图 7-3、图 7-4、图 7-5 所示。由此便实现了 BIM 建模软件和算量软件交互。

图 7-1 导出 IFC

图 7-2 导入 BIM 交互文件（IFC）

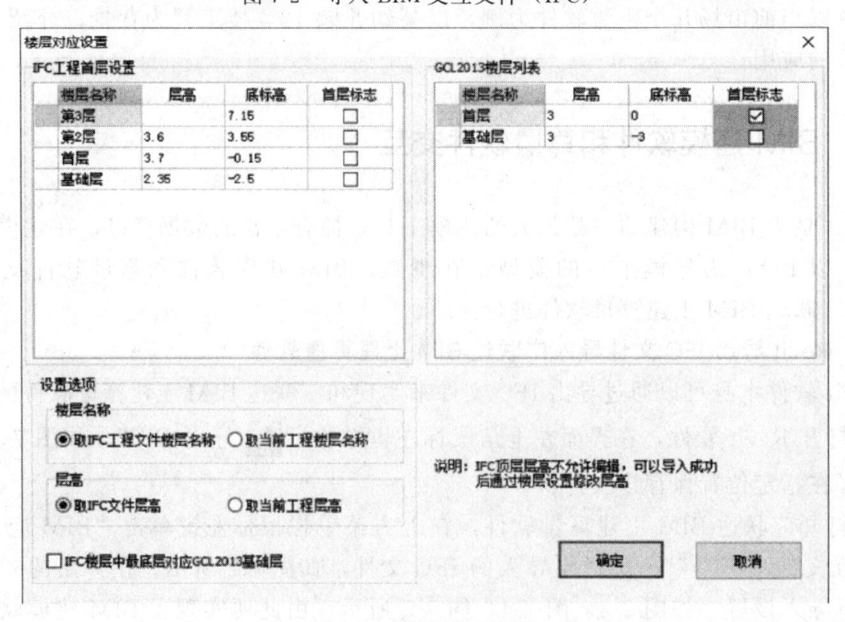

图 7-3 楼层对应设置

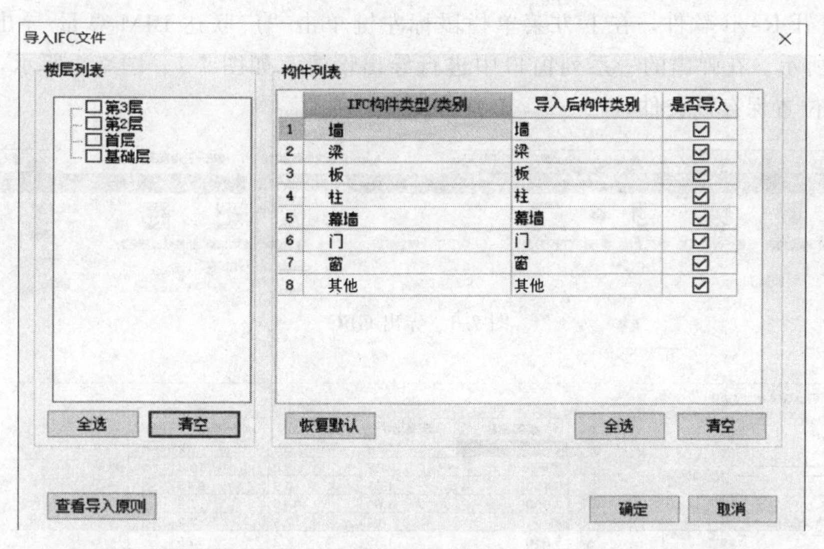

图 7-4　导入楼层构件选择

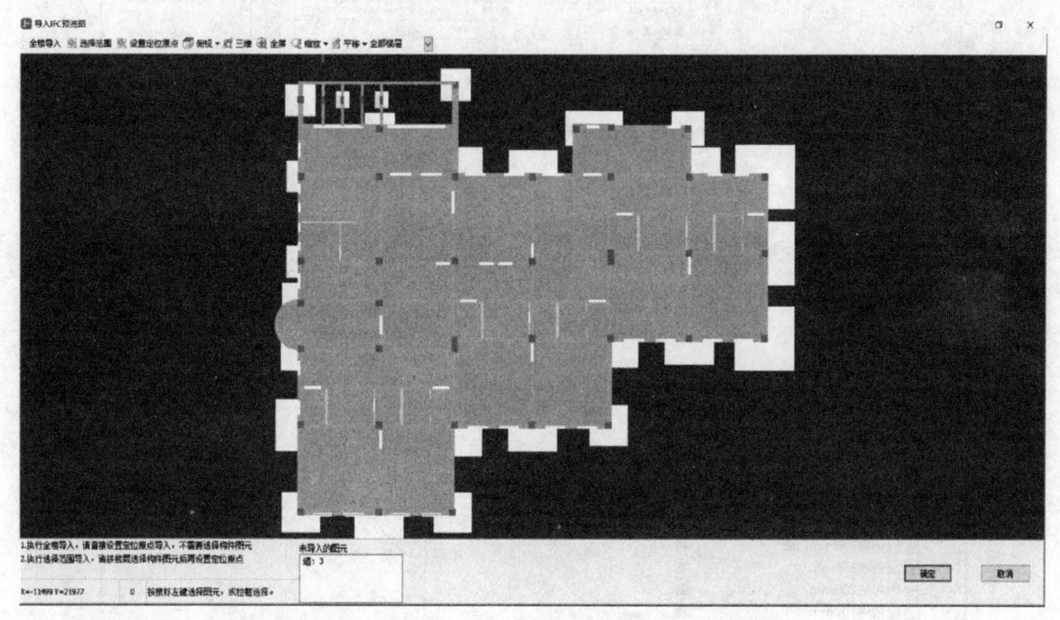

图 7-5　导入范围设置

这种方式交互大部分构件都能导入，混凝土墙、砌体墙也能按不同材料分开。但是，基于 Revit 的 IFC 文件进行算量会因数据丢失而产生偏差，例如本来有窗的地方窗的洞口消失了，部分墙体和构造柱的标高有误等，这样会导致建筑工程量不准确，进而影响工程造价。

(2) Revit 导出 GFC 文件导入广联达 BIM 土建算量软件

GFC 是一款广联达公司自主研发的插件，可以将 Revit 建筑、结构模型导出为广联达 BIM 土建算量软件可以读取的模型。Revit 软件可以通过 GFC 插件导出 GFC 文件来实现和广联达 BIM 土建算量软件的交互。

① 打开 Revit 软件，在上方菜单栏鼠标左键单击“广联达 BIM 算量-导出 GFC”，如图 7-6 所示。在弹出的一系列窗口中进行导出设置，如图 7-7、图 7-8 所示，之后选择在指定位置保存该文件。

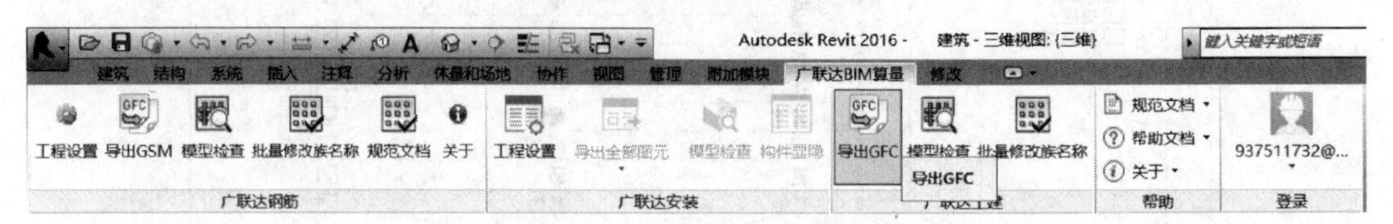

图 7-6　导出 GFC

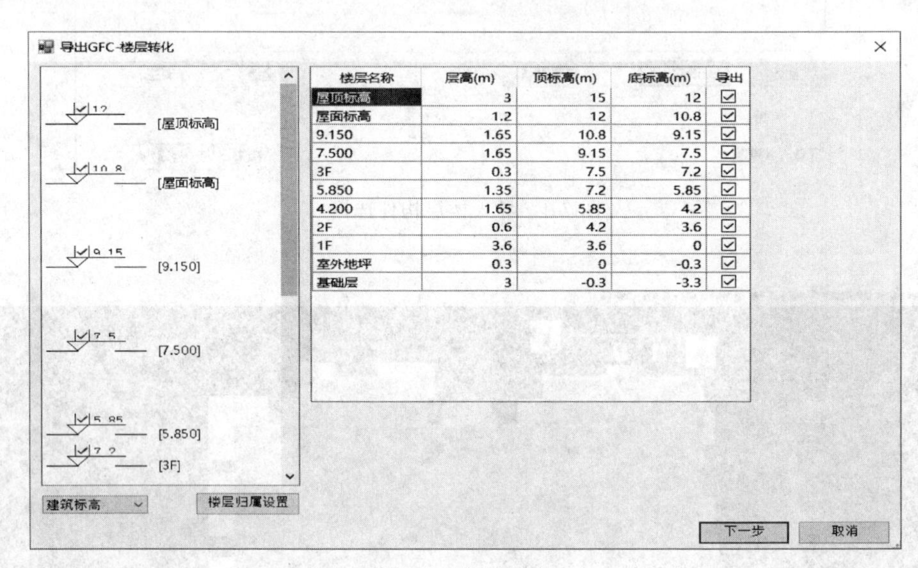

楼层名称	层高(m)	顶标高(m)	底标高(m)	导出
屋顶标高	3	15	12	☑
屋面标高	1.2	12	10.8	☑
9.150	1.65	10.8	9.15	☑
7.500	1.65	9.15	7.5	☑
3F	0.3	7.5	7.2	☑
5.850	1.35	7.2	5.85	☑
4.200	1.65	5.85	4.2	☑
2F	0.6	4.2	3.6	☑
1F	3.6	3.6	0	☑
室外地坪	0.3	0	-0.3	☑
基础层	3	-0.3	-3.3	☑

图 7-7　楼层转化

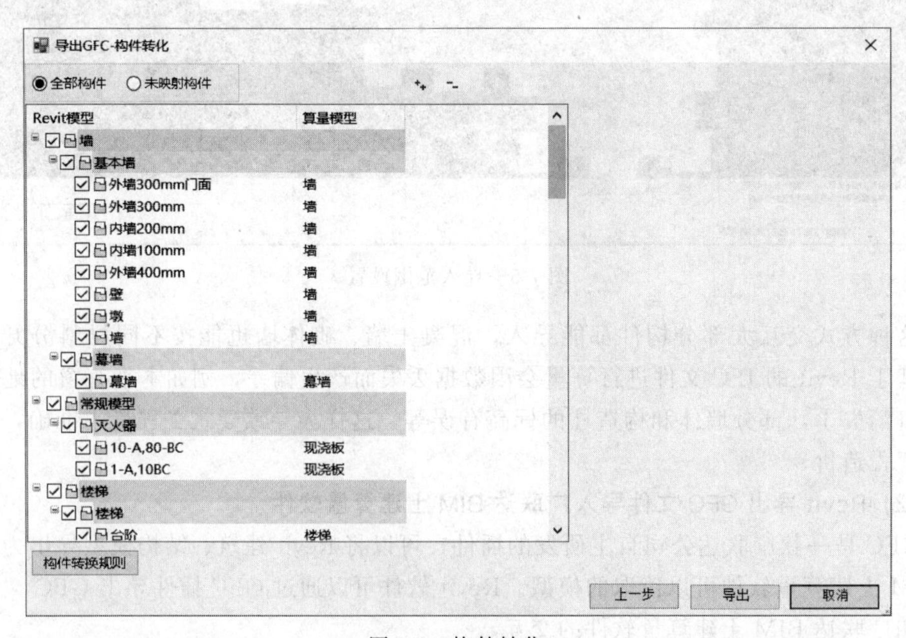

图 7-8　构件转化

② 打开广联达BIM土建算量软件，在上方菜单栏鼠标左键单击“BIM应用-导入Revit交换文件（GFC）”→选择“单文件导入”或“批量导入”→选择要导入的GFC文件，如图7-9所示，之后进行导入设置即可。由此便实现了BIM建模软件和算量软件交互。

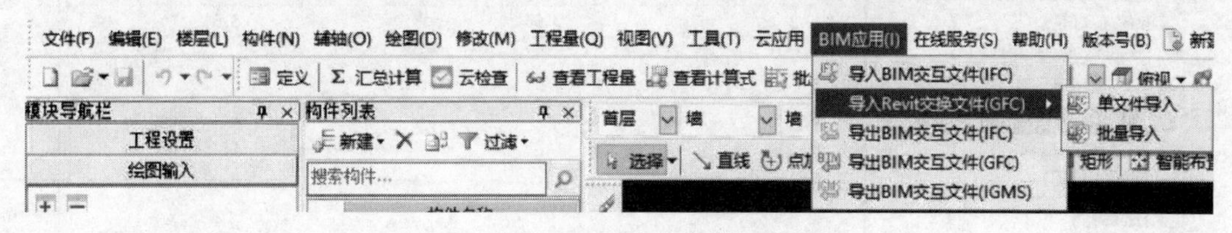

图7-9 导入Revit交换文件（GFC）

Revit软件和广联达BIM钢筋算量软件的交互过程同上，只是从Revit软件里“导出GSM”即可。

注意：如算量软件处于未登录状态，则弹出广联云登录界面，需要先注册账号并登录。然后申请GFC试用权限，再次在上方菜单栏单击“BIM应用-导入Revit交换文件（GFC）”选择“单文件导入”或“批量导入”，弹出提示需要授权界面，如图7-10所示，自动弹出申请试用权限网页，进行试用申请。

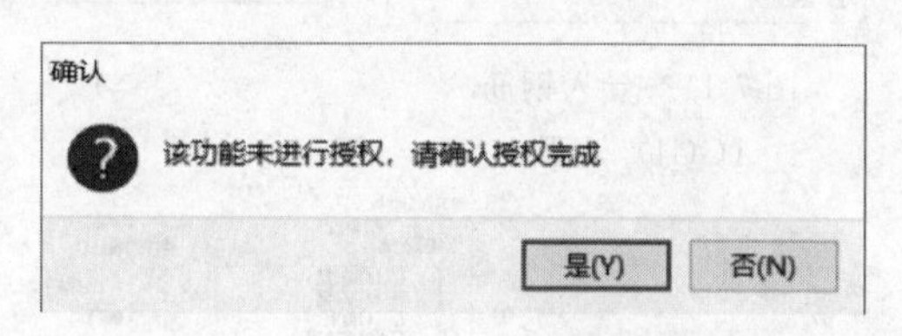

图7-10 导入GFC文件功能授权提示

通过GFC插件的交互可以极大提高设计模型导入算量软件的导入率，提高工程造价效率。

7.2.2 BIM土建和钢筋算量软件交互

广联达BIM算量与计价软件在行业内应用广泛，其中BIM土建算量软件和BIM钢筋算量软件可以通过默认保存的工程文件进行互相导入，从而实现交互。

（1）钢筋算量工程文件导入土建算量软件

首先将钢筋算量工程文件保存到指定位置，然后打开土建算量软件，新建工程后，鼠标左键单击上方菜单栏“文件-导入钢筋（GGJ）工程”，如图7-11所示。打开已经保存到指定位置的钢筋算量工程文件-层高对比-导入楼层构件选择-“确定”，显示如图7-12和图7-13所示。由此便实现了BIM土建和钢筋算量软件交互。

注意：因钢筋算量建模时所有包含钢筋的构件都会进行定义和绘制，因此常用到将钢筋算量工程文件导入土建算量软件的方式，减少土建算量构件新建数量，提高算量效率。

（2）土建算量工程文件导入钢筋算量软件

首先将土建算量工程文件保存到指定位置，然后打开钢筋算量软件，新建工程后，鼠标左键单击上方菜单栏“文件-导入图形工程”，如图7-14所示。打开已经保存到指定位置的土建算量工程文件-层高对比-导入楼层构件选择-单击“确定”，如图7-15和图7-16所示。由此便实现了BIM土建和钢筋算量软件交互。

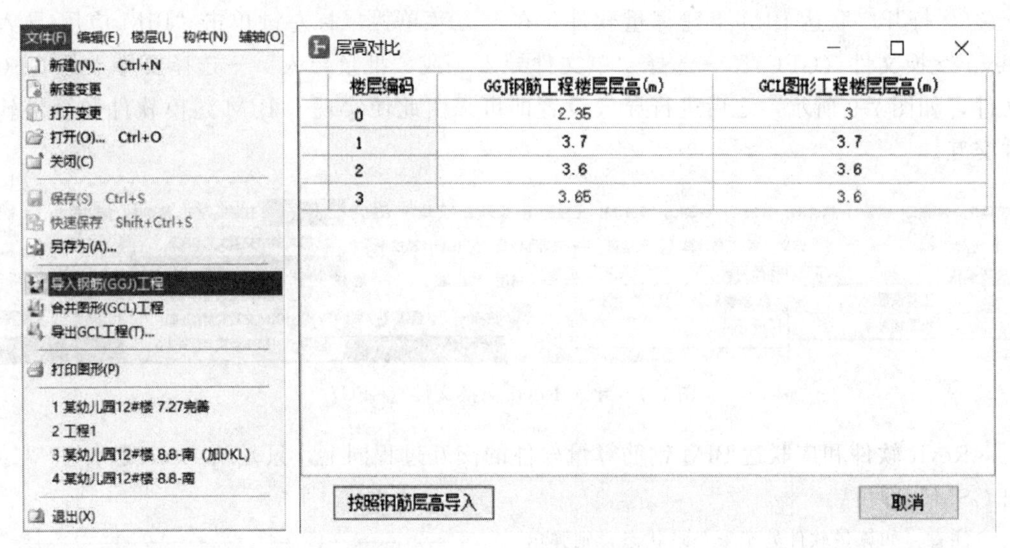

楼层编码	GGJ钢筋工程楼层层高(m)	GCL图形工程楼层层高(m)
0	2.35	3
1	3.7	3.7
2	3.6	3.6
3	3.65	3.6

图 7-11　导入钢筋（GGJ）工程

图 7-12　层高对比

图 7-13　导入楼层构件选择

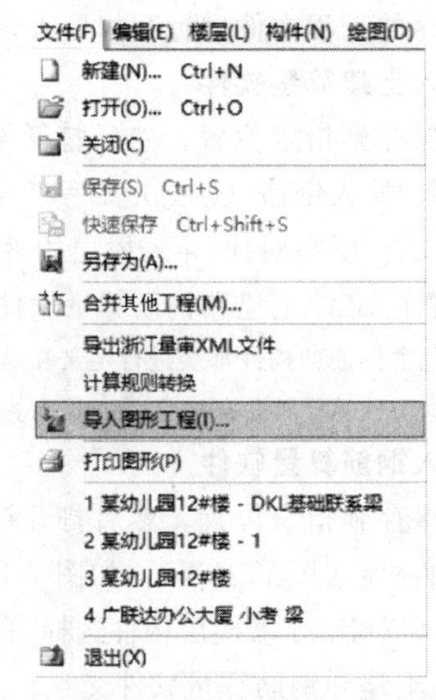

图 7-14　导入图形工程

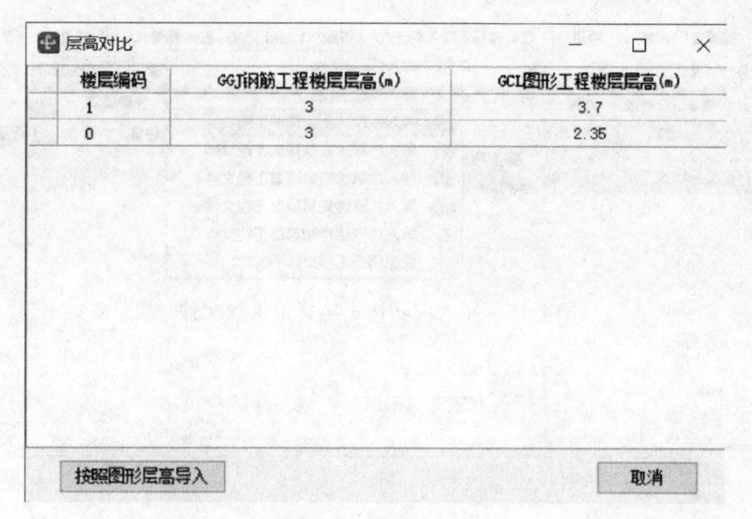

图 7-15　层高对比

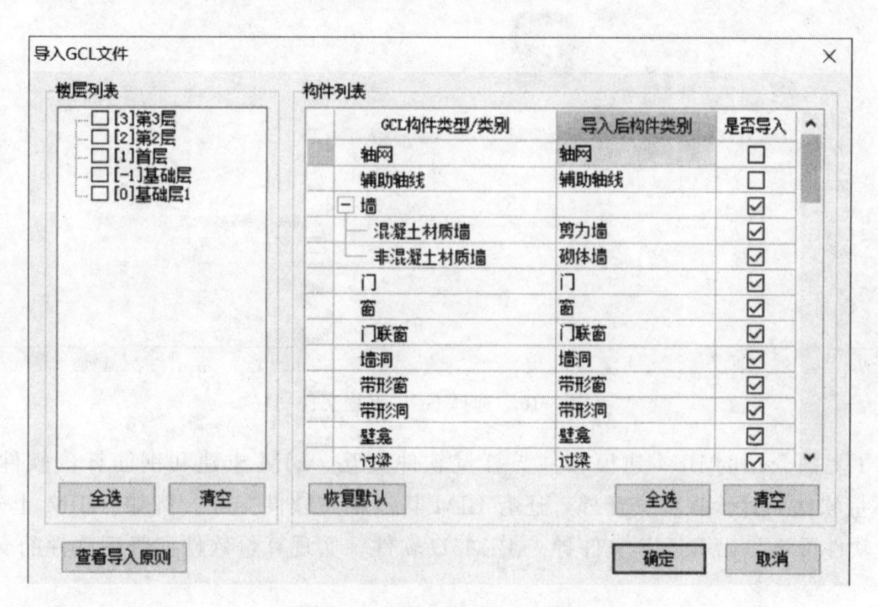

图 7-16　导入楼层构件选择

7.2.3　BIM 算量软件和计价软件交互

广联达 BIM 算量与计价软件在行业内应用广泛，其中 BIM 算量软件默认保存的工程文件可以导入计价软件，从而实现交互。下面以广联达 BIM 土建算量软件和计价软件交互为例进行介绍。

首先将土建算量工程文件保存到指定位置，然后打开计价软件，新建工程后，鼠标左键单击上方菜单栏“导入导出-导入广联达土建算量工程文件”，如图 7-17 所示。打开已经保存到指定位置的土建算量工程文件-单击“导入”，如图 7-18 所示。由此便实现了 BIM 算量软件和计价软件交互。

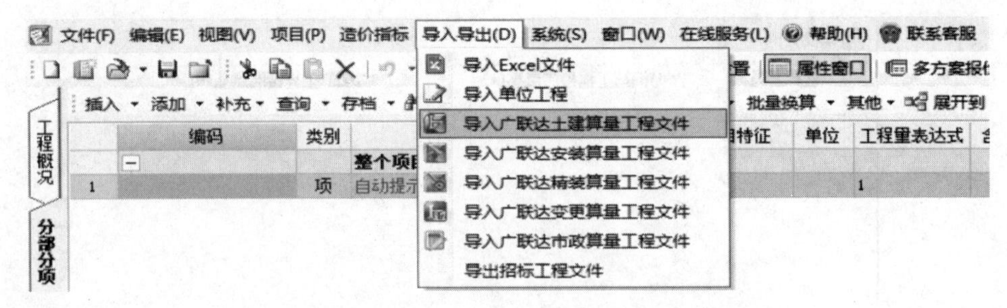

图 7-17　导入广联达土建算量工程文件

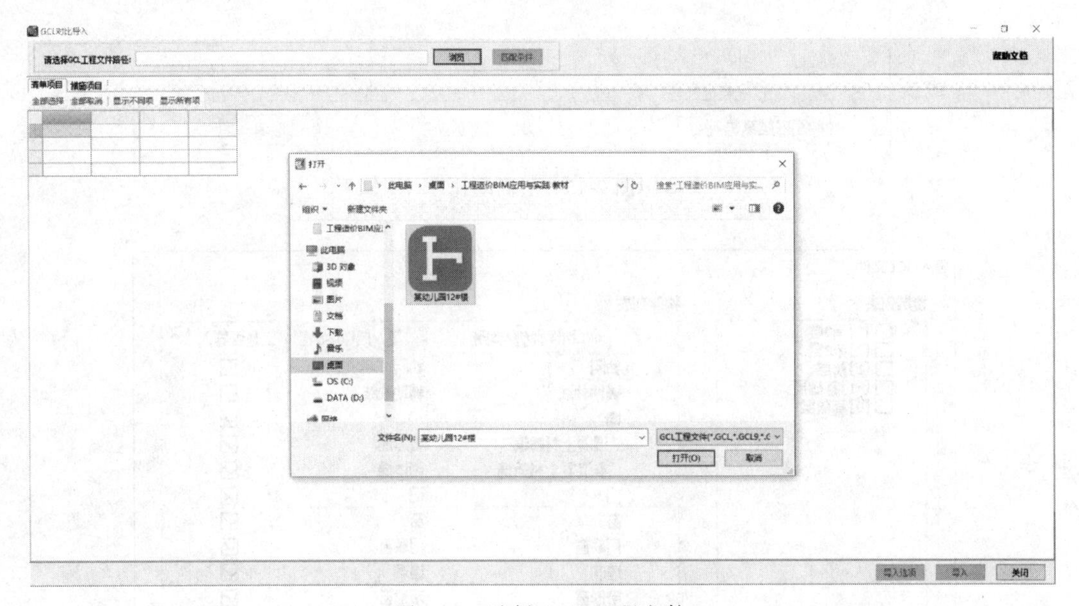

图 7-18　选择 GCL 工程文件

除了上面介绍的 BIM 建模软件与算量软件交互、BIM 土建和钢筋算量软件交互、BIM 算量软件和计价软件交互外，还有 BIM 其他相关软件交互。例如：BIM 土建和钢筋算量软件可以导出 IGMS 文件导入 BIM5D 软件，实现算量软件和管理软件的交互。

7.3　BIM 数据指标应用实践

造价指标分为两种，分别是经济指标和技术指标。经济指标指以“价”为最终体现形式的指标；技术指标指以“量”为最终体现形式的指标。BIM 数据指标应用以广联达指标神器为例、以某幼儿园 12＃楼工程为背景进行介绍，软件可以导出各类指标供各方使用。

打开广联达指标神器，弹出广联达登录窗口，输入云账号密码进行登录。登录后弹出计算工程指标窗口，如图 7-19 所示。

图 7-19　计算工程指标

如图 7-19 所示，计算工程指标内包含计价指标计算、算量指标计算、钢筋指标计算、横向指标对比和营改增指标对比，满足不同指标需求。下面以计价指标计算为例进行介绍。

鼠标左键单击“计价指标计算-选择文件范围-确认工程信息-下一步”，如图 7-20 所示。

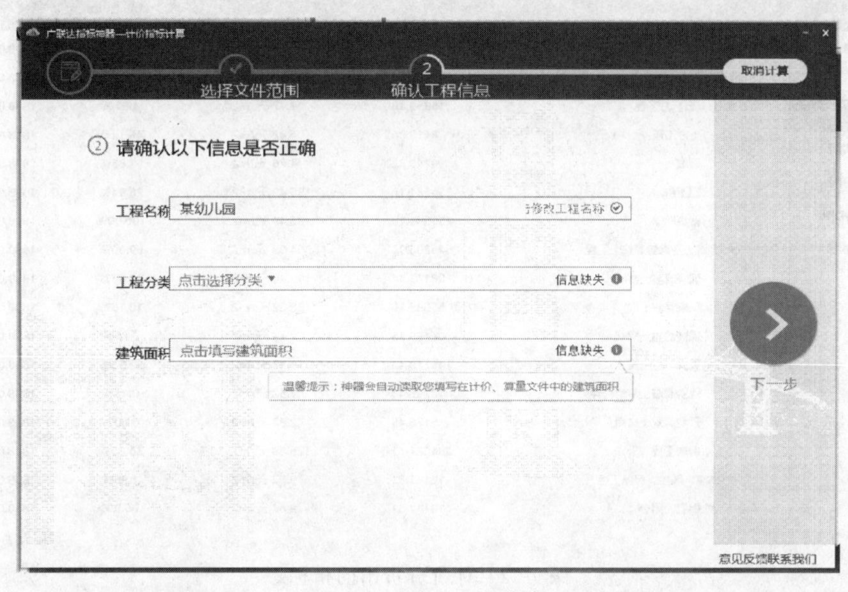

图 7-20　确认工程信息

计算完成后，弹出指标分析窗口，如图 7-21 所示，包含指标项有偏差、清单组价问题、分析出的指标个数，可以分别单击进行查看。

图 7-21 指标分析

鼠标左键单击第三项，查看分析出的指标，如图 7-22 所示，左侧导航栏可分别查看“分部分项造价指标”“主要工程量指标”“工日消耗量指标”“主要材料消耗指标”等不同类别的指标，也可以导出指标表。

87项 指标分析结果 某幼儿园

0个问题指标项 88分体检结果 保存指标

工程指标分析表：工程基本信息；工程指标；分部分项造价指标；主要工程量指标；工日消耗量指标；主要材料消耗指标；自定义分部指标；导出指标表

指标项	金额（元）	平方米造价	占造价比例(%)	工程面积
▼ 分部分项	931088.80	506.56 元/m2	0.00%	1838.06 m2
▼ 建筑与装饰工程	931088.80	506.56 元/m2	100.00%	1838.06 m2
▼ 土（石）方工程	16859.18	9.17 元/m2	1.81%	1838.06 m2
土方工程	8115.86	4.42 元/m2	48.14%	1838.06 m2
回填	8743.32	4.76 元/m2	51.86%	1838.06 m2
▼ 砌筑工程	250881.18	136.49 元/m2	26.94%	1838.06 m2
砌块砌体	250881.18	136.49 元/m2	100.00%	1838.06 m2
▼ 混凝土及钢筋混凝土工程	645206.93	351.03 元/m2	69.30%	1838.06 m2
现浇混凝土基础	190173.44	103.46 元/m2	29.47%	1838.06 m2
现浇混凝土柱	65582.19	35.68 元/m2	10.16%	1838.06 m2
现浇混凝土梁	4489.35	2.44 元/m2	0.70%	1838.06 m2
现浇混凝土板	145710.45	79.27 元/m2	22.58%	1838.06 m2
现浇混凝土其他构件	2793.44	1.52 元/m2	0.43%	1838.06 m2
预制混凝土楼梯	5176.45	2.82 元/m2	0.80%	1838.06 m2
钢筋工程	231281.61	125.83 元/m2	35.85%	1838.06 m2
▼ 防腐、隔热、保温工程	18141.51	9.87 元/m2	1.95%	1838.06 m2
▼ 保温、隔热	18141.51	9.87 元/m2	100.00%	1838.06 m2

意见反馈联系我们

图 7-22 计价分析出的指标

注意：其他指标的分析的操作过程同计价指标，分析结果不同。常用的算量指标计算和钢筋指标计算分析出的指标结果如图 7-23 和图 7-24 所示。

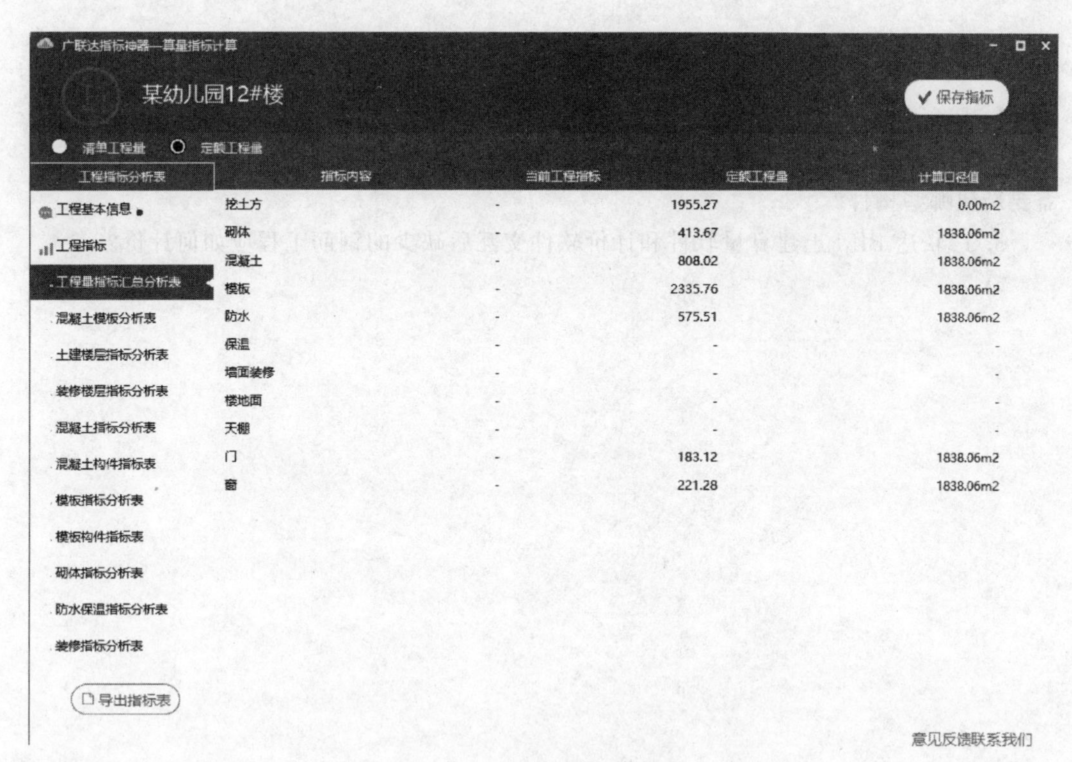

指标内容	当前工程指标	定额工程量	计算口径值
挖土方	-	1955.27	0.00m2
砌体	-	413.67	1838.06m2
混凝土	-	808.02	1838.06m2
模板	-	2335.76	1838.06m2
防水	-	575.51	1838.06m2
保温	-	-	-
墙面装修	-	-	-
楼地面	-	-	-
天棚	-	-	-
门	-	183.12	1838.06m2
窗	-	221.28	1838.06m2

图 7-23　算量分析出的指标

广联达指标神器—钢筋指标计算

某幼儿园12#楼

保存指标

工程指标分析表

工程基本信息

工程指标

钢筋汇总指标表

楼层详细指标表

钢筋种类及标号指标

钢筋直径与级别指标表

钢筋接头指标

导出指标表

部位与构件类型	钢筋总重（kg）	单方含量（kg/m2）	个人指标区间	建筑面积（m2）
▼ 钢筋总量	73001.32	39.72	-	1838.06
▼ 主体结构	70085.05	38.13	-	1838.06
▼ 地上部分	53538.98	29.13	-	1838.06
▼ 柱	17927.12	9.75	-	1838.06
框柱	17927.12	9.75	-	1838.06
梁	19311.77	10.51	-	1838.06
▼ 板	15635.02	8.51	-	1838.06
现浇板	15635.02	8.51	-	1838.06
楼梯	665.08	0.36	-	1838.06
▼ 地下部分	16546.07	0.00	-	0.00
▼ 柱	6048.38	0.00	-	0.00
框柱	6048.38	0.00	-	0.00
梁	4327.99	0.00	-	0.00
▼ 基础	6015.72	0.00	-	0.00
独立基础	6015.72	0.00	-	0.00
楼梯	153.98	0.00	-	0.00
▼ 二次结构	2916.27	1.59	-	1838.06
▼ 地上部分	2916.27	1.59	-	1838.06
构造柱	2916.27	1.59	-	1838.06

意见反馈联系我们

图 7-24　钢筋分析出的指标

思考题

1. Revit 和广联达 BIM 土建算量软件交互采用哪种方式较好？为什么？

2. 广联达 BIM 土建和钢筋算量软件交互中钢筋算量工程文件导入土建算量软件后需要新建哪些构件？

3. 广联达 BIM 土建算量软件和计价软件交互后缺少的钢筋工程应如何计价？

附　录

某幼儿园12#楼建筑工程招标控制价

某幼儿园 12＃楼建筑工程

招标控制价

招 标 人：________________

（单位盖章）

造价咨询人：________________

（单位盖章）

年 月 日

某幼儿园12♯楼建筑　　　工程

招标控制价

招标控制价　（小写）：　1679041

（大写）：　壹佰陆拾柒万玖仟零肆拾壹元整

招 标 人：　（单位盖章）

造价咨询人：　（单位资质专用章）

法定代理人
或其授权人：　（签字或盖章）

法定代理人
或其授权人：　（签字或盖章）

编 制 人：　（造价人员签字盖专用章）

复 核 人：　（造价工程师签字盖专用章）

编 制 时 间：　　年　月　日　　复 核 时 间：　　年　月　日

单位工程招标控制价汇总表

工程名称：某幼儿园12#楼建筑工程　　　　标段：某幼儿园　　　　第1页　共1页

序号	汇总内容	金额/元	其中：暂估价/元
1	分部分项工程	931088.8	14433.31
1.1	A建筑装饰工程	931088.8	14433.31
2	措施项目	431449.87	
2.1	其中：安全文明施工费	41013.35	
3	其他项目	106946.12	—
3.1	其中：暂列金额	100000	
3.2	其中：专业工程暂估价		
3.3	其中：计日工	6946.12	
3.4	其中：总承包服务费		
4	规费	43164.85	—
5	优质优价增加费		
6	税金	166391.46	—
招标控制价合计＝1＋2＋3＋4＋5＋6		1679041.10	14433.31

注：本表适用于单位工程招标控制价或投标报价的汇总，如无单位工程划分，单项工程也使用本表汇总。

分部分项工程和单价措施项目清单与计价表

工程名称：某幼儿园12＃楼建筑工程　　　　标段：某幼儿园　　　　第1页　共3页

序号	项目编码	项目名称	项目特征描述	计量单位	工程量	金额/元		
						综合单价	合价	其中 暂估价
	A	建筑装饰工程						
	A.1	土石方工程						
	A.1.1	土方工程						
1	010101001001	平整场地	1.土壤类别：一类、二类土； 2.弃土运距：投标人自行考虑； 3.取土运距：投标人自行考虑	m^2	677.16	4.42	2993.05	
2	010101004001	挖基坑土方	1.土壤类别：一类、二类土； 2.挖土深度：4m 以内	m^3	1955.27	2.62	5122.81	
		分部小计					8115.86	
	A.1.3	回填						
3	010103001001	回填方	1.密实度要求：一般土壤； 2.填方来源、运距：原土	m^3	586.8	14.9	8743.32	
		分部小计					8743.32	
		分部小计					16859.18	
	A.4	砌筑工程						
	A.4.2	砌块砌体						
4	010402001001	砌块墙	1.砌块品种、规格、强度等级：200厚陶粒空心砌块； 2.墙体类型：砌块墙； 3.砂浆强度等级：M5混合砂浆	m^3	437.06	574.02	250881.18	12085.42
		分部小计					250881.18	
		分部小计					250881.18	
	A.5	混凝土及钢筋混凝土工程						
	A.5.1	现浇混凝土基础						
5	010501001001	垫层	1.混凝土种类：商品混凝土； 2.混凝土强度等级：C10	m^3	51.07	465.06	23750.61	
6	010501003001	独立基础	1.混凝土种类：商品混凝土； 2.混凝土强度等级：C30	m^3	332.46	500.58	166422.83	
		分部小计					190173.44	
	A.5.2	现浇混凝土柱						
7	010502001001	矩形柱	1.混凝土种类：商品混凝土； 2.混凝土强度等级：C30	m^3	115.97	565.51	65582.19	
		分部小计					65582.19	
	A.5.3	现浇混凝土梁						
		本页小计					523495.99	12085.42

注：为计取规费等的使用，可在表中增设其中："定额人工费"。

分部分项工程和单价措施项目清单与计价表

工程名称：某幼儿园12#楼建筑工程　　　　标段：某幼儿园　　　　第2页　共3页

序号	项目编码	项目名称	项目特征描述	计量单位	工程量	金额/元		
						综合单价	合价	其中 暂估价
8	010503001001	基础梁	1.混凝土种类：商品混凝土； 2.混凝土强度等级：C30	m^3	0.01			
9	010503002001	矩形梁	1.混凝土种类：商品混凝土； 2.混凝土强度等级：C25	m^3	9.24	485.86	4489.35	
		分部小计					4489.35	
	A.5.5	现浇混凝土板						
10	010505001001	有梁板	1.混凝土种类：商品混凝土； 2.混凝土强度等级：C25	m^3	299.28	486.87	145710.45	
		分部小计					145710.45	
	A.5.7	现浇混凝土其他构件						
11	010507001001	散水、坡道	1.垫层材料种类、厚度：C10混凝土、厚100mm； 2.混凝土种类：商品混凝土； 3.混凝土强度等级：C25	m^2	93.52	29.87	2793.44	
		分部小计					2793.44	
	A.5.13	预制混凝土楼梯						
12	010513001001	楼梯	1.楼梯类型：梯段式； 2.混凝土强度等级：C25	m^3	11.84	437.2	5176.45	
		分部小计					5176.45	
	A.5.15	钢筋工程						
13	010515001001	现浇构件钢筋	钢筋种类、规格：圆钢Φ8	t	0.205	5194.93	1064.96	770.7
14	010515001002	现浇构件钢筋	钢筋种类、规格：圆钢Φ10	t	0.381	5194.93	1979.27	1432.37
15	010515001003	现浇构件钢筋	钢筋种类、规格：圆钢Φ12	t	0.038	4559.72	173.27	144.82
16	010515001004	现浇构件钢筋	钢筋种类、规格：螺纹钢Φ10	t	8.426	5547.9	46746.61	
17	010515001005	现浇构件钢筋	钢筋种类、规格：螺纹钢Φ12	t	5.823	4463.2	25989.21	
18	010515001006	现浇构件钢筋	钢筋种类、规格：螺纹钢Φ14	t	2.67	4463.2	11916.74	
19	010515001007	现浇构件钢筋	钢筋种类、规格：螺纹钢Φ16	t	14.785	4463.2	65988.41	
20	010515001008	现浇构件钢筋	钢筋种类、规格：螺纹钢Φ18	t	5.227	4463.2	23329.15	
21	010515001009	现浇构件钢筋	钢筋种类、规格：螺纹钢Φ20	t	8.202	4463.2	36607.17	
22	010515001010	现浇构件钢筋	钢筋种类、规格：螺纹钢Φ22	t	2.681	4463.2	11965.84	
			本页小计				383930.32	2347.89

注：为计取规费等的使用，可在表中增设其中："定额人工费"。

分部分项工程和单价措施项目清单与计价表

工程名称：某幼儿园12#楼建筑工程　　标段：某幼儿园　　第3页　共3页

序号	项目编码	项目名称	项目特征描述	计量单位	工程量	金额/元		
						综合单价	合价	其中
								暂估价
23	010515001011	现浇构件钢筋	钢筋种类、规格：螺纹钢Φ25	t	1.237	4463.2	5520.98	
		分部小计					231281.61	
		分部小计					645206.93	
	A.10	保温、隔热、防腐工程						
	A.10.1	保温、隔热						
24	011001001001	保温隔热屋面	1.保温隔热材料品种、规格、厚度：聚苯板、110厚； 2.隔气层材料品种、厚度：聚乙烯丙纶复合防水卷材	m^2	574.28	31.59	18141.51	
		分部小计					18141.51	
		分部小计					18141.51	
		分部小计					931088.8	
		单价措施						
25	011701001001	综合脚手架	1.建筑结构形式：框架结构； 2.檐口高度：14.6	m^2	1838.06	32.29	59350.96	
26	011703001001	垂直运输	1.建筑物建筑类型及结构形式：框架结构； 2.建筑物檐口高度、层数：14.6、3	m^2	1838.06	24.6	45216.28	
27	011702001001	基础	基础类型：独立基础	m^3	1	43449.65	43449.65	
28	011702002001	矩形柱		m^3	1	51151.87	51151.87	
29	011702005001	基础梁	梁截面形状：矩形	m^3	1			
30	011702006001	矩形梁	支撑高度：3.6m以上	m^3	1	2108.93	2108.93	
31	011702014001	有梁板	支撑高度：3.6m以上	m^3	1	177068.81	177068.81	
32	011702029001	散水		m^3	1	1636.88	1636.88	
33	011702024001	楼梯	类型：梯段式	m^3	1	4143.08	4143.08	
		分部小计					384126.46	
本页小计							407788.95	
合计							1315215.26	14433.31

注：为计取规费等的使用，可在表中增设："定额人工费"。

综合单价分析表

工程名称：某幼儿园 12＃楼建筑工程　　标段：某幼儿园　　第 1 页　共 40 页[1]

项目编码	010101001001	项目名称		平整场地				计量单位	m^2	工程量	677.16
清单综合单价组成明细											
定额编号	定额项目名称	定额单位	数量	单价				合价			
				人工费	材料费	机械费	管理费和利润	人工费	材料费	机械费	管理费和利润
A1-0001 换	平整场地 人工 人工×1.2，材料×1.5，机械×1.2	$1000m^2$	0.0010	3538.08	0	0	874.17	3.54	0.00	0.00	0.87
人工单价		小计						3.54	0.00	0.00	0.87
综合工日：130 元/工日		未计价材料费						0			
清单项目综合单价								4.42			
材料费明细	主要材料名称、规格、型号					单位	数量	单价/元	合价/元	暂估单价/元	暂估合价/元

注：1. 如不使用省级或行业建设主管部门发布的计价依据，可不填定额编码、名称等。

2. 招标文件提供了暂估单价的材料，按暂估的单价填入表内“暂估单价”栏及“暂估合价”栏。

综合单价分析表

工程名称：某幼儿园 12＃楼建筑工程　　标段：某幼儿园　　第 2 页　共 40 页

项目编码	010101004001	项目名称		挖基坑土方				计量单位	m^3	工程量	1955.27
清单综合单价组成明细											
定额编号	定额项目名称	定额单位	数量	单价				合价			
				人工费	材料费	机械费	管理费和利润	人工费	材料费	机械费	管理费和利润
A1-0083	挖掘机挖沟槽、基坑土方一、二类土 斗容量 $1.8m^3$	$1000m^3$	0.0010	624	0	1646.01	352.65	0.62	0.00	1.65	0.35
人工单价		小计						0.62	0.00	1.65	0.35
综合工日：130 元/工日		未计价材料费						0			
清单项目综合单价								2.62			
材料费明细	主要材料名称、规格、型号					单位	数量	单价/元	合价/元	暂估单价/元	暂估合价/元

注：1. 如不使用省级或行业建设主管部门发布的计价依据，可不填定额编码、名称等。

2. 招标文件提供了暂估单价的材料，按暂估的单价填入表内“暂估单价”栏及“暂估合价”栏。

[1] 40 页是以工程实际应用时一页排一个表页码排序，本书中一页排两个表，以工程实际使用为准。

综合单价分析表

工程名称：某幼儿园 12＃楼建筑工程　　　　标段：某幼儿园　　　　第 3 页　共 40 页

项目编码	010103001001	项目名称			回填方			计量单位	m³	工程量	586.8
清单综合单价组成明细											
定额编号	定额项目名称	定额单位	数量	单价				合价			
				人工费	材料费	机械费	管理费和利润	人工费	材料费	机械费	管理费和利润
A1-0178	土、石方回填 土 夯填	100m³	0.0100	1019.2	0	194.55	275.27	10.19	0.00	1.95	2.75
人工单价		小计						10.19	0.00	1.95	2.75
综合工日:130 元/工日		未计价材料费						0			
清单项目综合单价								14.9			
材料费明细	主要材料名称、规格、型号					单位	数量	单价/元	合价/元	暂估单价/元	暂估合价/元

注：1. 如不使用省级或行业建设主管部门发布的计价依据，可不填定额编码、名称等。

2. 招标文件提供了暂估单价的材料，按暂估的单价填入表内“暂估单价”栏及“暂估合价”栏。

综合单价分析表

工程名称：某幼儿园 12＃楼建筑工程　　　　标段：某幼儿园　　　　第 4 页　共 40 页

项目编码	010402001001	项目名称			砌块墙			计量单位	m³	工程量	437.06
清单综合单价组成明细											
定额编号	定额项目名称	定额单位	数量	单价				合价			
				人工费	材料费	机械费	管理费和利润	人工费	材料费	机械费	管理费和利润
A3-0087×1.5	砌块墙 陶粒砌块 子目×1.5	10m³	0.0947	1762.05	3838.81	25.23	438.39	166.78	363.36	2.39	41.50
人工单价		小计						166.78	363.36	2.39	41.50
综合工日:130 元/工日		未计价材料费						0			
清单项目综合单价								574.02			
材料费明细	主要材料名称、规格、型号					单位	数量	单价/元	合价/元	暂估单价/元	暂估合价/元
	机制砖					千块	0.0674			410	27.63
	水泥 32.5					kg	23.7162	0.42	9.96		
	中砂					m³	0.139026	65	9.04		
	水					m³	0.2344362	9	2.11		
	陶粒混凝土块					m³	1.2176	280	340.93		

注：1. 如不使用省级或行业建设主管部门发布的计价依据，可不填定额编码、名称等。

2. 招标文件提供了暂估单价的材料，按暂估的单价填入表内“暂估单价”栏及“暂估合价”栏。

综合单价分析表

工程名称：某幼儿园12＃楼建筑工程　　　标段：某幼儿园　　　第5页　共40页

	主要材料名称、规格、型号	单位	数量	单价/元	合价/元	暂估单价/元	暂估合价/元
材料费明细	其他材料费			—	2.66	—	0.00
	材料费小计			—	364.69	—	27.63

注：1. 如不使用省级或行业建设主管部门发布的计价依据，可不填定额编码、名称等。

2. 招标文件提供了暂估单价的材料，按暂估的单价填入表内“暂估单价”栏及“暂估合价”栏。

综合单价分析表

工程名称：某幼儿园12＃楼建筑工程　　　标段：某幼儿园　　　第6页　共40页

项目编码		010501001001		项目名称		垫层		计量单位	m³	工程量	51.07
清单综合单价组成明细											
定额编号	定额项目名称	定额单位	数量	单价				合价			
				人工费	材料费	机械费	管理费和利润	人工费	材料费	机械费	管理费和利润
A4-1017 H3130	商品混凝土 现浇基础垫层混凝土换为【商品混凝土 C10】	$10m^3$	0.1001	812.11	3624.64	9.28	201.77	81.26	362.68	0.93	20.19
人工单价		小计						81.26	362.68	0.93	20.19
综合工日：130元/工日		未计价材料费						0			
清单项目综合单价								465.06			
材料费明细	主要材料名称、规格、型号				单位	数量		单价/元	合价/元	暂估单价/元	暂估合价/元
	水				m³	1.3928		9	12.54		
	商品混凝土 C10				m³	1.0156		370	375.77		
	其他材料费							—	3.31	—	0.00
	材料费小计							—	391.62	—	0.00

注：1. 如不使用省级或行业建设主管部门发布的计价依据，可不填定额编码、名称等。

2. 招标文件提供了暂估单价的材料，按暂估的单价填入表内“暂估单价”栏及“暂估合价”栏。

综合单价分析表

工程名称：某幼儿园12#楼建筑工程　　标段：某幼儿园　　第7页　共40页

<table>
<tr><td colspan="2">项目编码</td><td colspan="2">010501003001</td><td colspan="2">项目名称</td><td colspan="2">独立基础</td><td>计量单位</td><td>m^3</td><td>工程量</td><td>332.46</td></tr>
<tr><td colspan="12">清单综合单价组成明细</td></tr>
<tr><td rowspan="2">定额编号</td><td rowspan="2">定额项目名称</td><td rowspan="2">定额单位</td><td rowspan="2">数量</td><td colspan="4">单价</td><td colspan="4">合价</td></tr>
<tr><td>人工费</td><td>材料费</td><td>机械费</td><td>管理费和利润</td><td>人工费</td><td>材料费</td><td>机械费</td><td>管理费和利润</td></tr>
<tr><td>A4-1007换</td><td>商品混凝土 现浇独立基础 钢筋混凝土</td><td>$10m^3$</td><td>0.1000</td><td>693.94</td><td>4130.43</td><td>8.4</td><td>172.47</td><td>69.40</td><td>413.09</td><td>0.84</td><td>17.25</td></tr>
<tr><td colspan="2">人工单价</td><td colspan="6">小计</td><td>69.40</td><td>413.09</td><td>0.84</td><td>17.25</td></tr>
<tr><td colspan="2">综合工日：130元/工日</td><td colspan="6">未计价材料费</td><td colspan="4">0</td></tr>
<tr><td colspan="8">清单项目综合单价</td><td colspan="4">500.58</td></tr>
<tr><td rowspan="5">材料费明细</td><td colspan="5">主要材料名称、规格、型号</td><td>单位</td><td>数量</td><td>单价/元</td><td>合价/元</td><td>暂估单价/元</td><td>暂估合价/元</td></tr>
<tr><td colspan="5">水</td><td>m^3</td><td>0.9311</td><td>9</td><td>8.38</td><td></td><td></td></tr>
<tr><td colspan="5">抗渗商品混凝土C30</td><td>m^3</td><td>1.0151</td><td>430</td><td>436.49</td><td></td><td></td></tr>
<tr><td colspan="7">其他材料费</td><td>—</td><td>1.17</td><td>—</td><td>0.00</td></tr>
<tr><td colspan="7">材料费小计</td><td>—</td><td>446.05</td><td>—</td><td>0.00</td></tr>
</table>

注：1. 如不使用省级或行业建设主管部门发布的计价依据，可不填定额编码、名称等。

2. 招标文件提供了暂估单价的材料，按暂估的单价填入表内"暂估单价"栏及"暂估合价"栏。

综合单价分析表

工程名称：某幼儿园12#楼建筑工程　　标段：某幼儿园　　第8页　共40页

<table>
<tr><td colspan="2">项目编码</td><td colspan="2">010502001001</td><td colspan="2">项目名称</td><td colspan="2">矩形柱</td><td>计量单位</td><td>m^3</td><td>工程量</td><td>115.97</td></tr>
<tr><td colspan="12">清单综合单价组成明细</td></tr>
<tr><td rowspan="2">定额编号</td><td rowspan="2">定额项目名称</td><td rowspan="2">定额单位</td><td rowspan="2">数量</td><td colspan="4">单价</td><td colspan="4">合价</td></tr>
<tr><td>人工费</td><td>材料费</td><td>机械费</td><td>管理费和利润</td><td>人工费</td><td>材料费</td><td>机械费</td><td>管理费和利润</td></tr>
<tr><td>A4-1018换</td><td>商品混凝土 现浇矩形柱 周长1.2m以内 混凝土</td><td>$10m^3$</td><td>0.0003</td><td>1791.79</td><td>4119.68</td><td>18.14</td><td>444.9</td><td>0.62</td><td>1.42</td><td>0.01</td><td>0.15</td></tr>
<tr><td>A4-1019换</td><td>商品混凝土 现浇矩形柱 周长1.8m以内 混凝土</td><td>$10m^3$</td><td>0.0052</td><td>1652.69</td><td>4101.52</td><td>18.14</td><td>410.52</td><td>8.55</td><td>21.22</td><td>0.09</td><td>2.12</td></tr>
<tr><td>A4-1020</td><td>商品混凝土 现浇矩形柱 周长1.8m以内 混凝土</td><td>$10m^3$</td><td>0.0944</td><td>1471.6</td><td>3771.6</td><td>18.14</td><td>365.78</td><td>138.95</td><td>356.12</td><td>1.71</td><td>34.54</td></tr>
<tr><td colspan="2">人工单价</td><td colspan="6">小计</td><td>148.12</td><td>378.76</td><td>1.81</td><td>36.81</td></tr>
<tr><td colspan="2">综合工日：130元/工日</td><td colspan="6">未计价材料费</td><td colspan="4">0</td></tr>
<tr><td colspan="8">清单项目综合单价</td><td colspan="4">565.51</td></tr>
<tr><td rowspan="4">材料费明细</td><td colspan="5">主要材料名称、规格、型号</td><td>单位</td><td>数量</td><td>单价/元</td><td>合价/元</td><td>暂估单价/元</td><td>暂估合价/元</td></tr>
<tr><td colspan="5">水泥32.5</td><td>kg</td><td>17.267</td><td>0.42</td><td>7.25</td><td></td><td></td></tr>
<tr><td colspan="5">中砂</td><td>m^3</td><td>0.02914</td><td>65</td><td>1.89</td><td></td><td></td></tr>
<tr><td colspan="5">水</td><td>m^3</td><td>0.9245</td><td>9</td><td>8.32</td><td></td><td></td></tr>
</table>

注：1. 如不使用省级或行业建设主管部门发布的计价依据，可不填定额编码、名称等。

2. 招标文件提供了暂估单价的材料，按暂估的单价填入表内"暂估单价"栏及"暂估合价"栏。

综合单价分析表

工程名称：某幼儿园 12＃楼建筑工程　　　标段：某幼儿园　　　第 9 页　共 40 页

	商品混凝土 C25	m^3	0.931	395	367.75		
	抗渗商品混凝土 C30	m^3	0.0544	430	23.39		
	其他材料费			—	0.38	—	0.00
	材料费小计			—	408.98	—	0.00

注：1. 如不使用省级或行业建设主管部门发布的计价依据，可不填定额编码、名称等。

2. 招标文件提供了暂估单价的材料，按暂估的单价填入表内“暂估单价”栏及“暂估合价”栏。

综合单价分析表

工程名称：某幼儿园 12＃楼建筑工程　　　标段：某幼儿园　　　第 10 页　共 40 页

项目编码		010503001001		项目名称		基础梁		计量单位	m^3	工程量	0.01
清单综合单价组成明细											
定额编号	定额项目名称	定额单位	数量	单价				合价			
				人工费	材料费	机械费	管理费和利润	人工费	材料费	机械费	管理费和利润
A4-0025	现浇基础梁 混凝土	$10m^3$	0.0000	1248.65	2257.11	269.95	341.05	0.00	0.00	0.00	0.00
	人工单价			小计				0.00	0.00	0.00	0.00
综合工日：130 元/工日		未计价材料费									0
清单项目综合单价									0		
材料费明细	主要材料名称、规格、型号					单位	数量	单价/元	合价/元	暂估单价/元	暂估合价/元
	水泥 32.5					kg	0	0.42	0		
	水					m^3	0	9	0		
	其他材料费							—	0	—	0.00
	材料费小计							—	0.00	—	0.00

注：1. 如不使用省级或行业建设主管部门发布的计价依据，可不填定额编码、名称等。

2. 招标文件提供了暂估单价的材料，按暂估的单价填入表内“暂估单价”栏及“暂估合价”栏。

综合单价分析表

工程名称：某幼儿园12#楼建筑工程　　　　标段：某幼儿园　　　　第11页　共40页

项目编码		010503002001		项目名称		矩形梁		计量单位	m^3	工程量	9.24
清单综合单价组成明细											
定额编号	定额项目名称	定额单位	数量	单价				合价			
				人工费	材料费	机械费	管理费和利润	人工费	材料费	机械费	管理费和利润
A4-1026	商品混凝土 现浇单梁、连续梁混凝土	10m^3	0.0346	1061.71	3723.73	13.64	263.97	36.77	128.96	0.47	9.14
A4-1038	商品混凝土 现浇有梁板 100mm以外 混凝土	10m^3	0.0649	815.62	3748.85	14.46	203.26	52.96	243.43	0.94	13.20
人工单价		小计						89.73	372.39	1.41	22.34
综合工日:130元/工日		未计价材料费						0			
清单项目综合单价								485.86			
材料费明细	主要材料名称、规格、型号					单位	数量	单价/元	合价/元	暂估单价/元	暂估合价/元
	水					m^3	1.1347	9	10.21		
	商品混凝土 C20					m^3	1.0106	385	389.08		
	其他材料费							—	2.81	—	0.00
	材料费小计							—	402.11	—	0.00

注：1. 如不使用省级或行业建设主管部门发布的计价依据，可不填定额编码、名称等。

2. 招标文件提供了暂估单价的材料，按暂估的单价填入表内"暂估单价"栏及"暂估合价"栏。

综合单价分析表

工程名称：某幼儿园12#楼建筑工程　　　　标段：某幼儿园　　　　第12页　共40页

项目编码		010505001001		项目名称		有梁板		计量单位	m^3	工程量	299.28
清单综合单价组成明细											
定额编号	定额项目名称	定额单位	数量	单价				合价			
				人工费	材料费	机械费	管理费和利润	人工费	材料费	机械费	管理费和利润
A4-1037	商品混凝土 现浇有梁板 100mm以内 混凝土	10m^3	0.0542	926.9	3769.45	14.46	230.75	50.20	204.17	0.78	12.50
A4-1038	商品混凝土 现浇有梁板 100mm以外 混凝土	10m^3	0.0458	815.62	3748.85	14.46	203.26	37.39	171.86	0.66	9.32
人工单价		小计						87.59	376.03	1.45	21.82
综合工日:130元/工日		未计价材料费						0			
清单项目综合单价								486.87			
材料费明细	主要材料名称、规格、型号					单位	数量	单价/元	合价/元	暂估单价/元	暂估合价/元
	水					m^3	1.2794	9	11.51		
	商品混凝土 C20					m^3	1.0151	385	390.81		
	其他材料费							—	3.72	—	0.00
	材料费小计							—	406.04	—	0.00

注：1. 如不使用省级或行业建设主管部门发布的计价依据，可不填定额编码、名称等。

2. 招标文件提供了暂估单价的材料，按暂估的单价填入表内"暂估单价"栏及"暂估合价"栏。

综合单价分析表

工程名称：某幼儿园 12＃楼建筑工程　　　　标段：某幼儿园　　　　第 13 页　共 40 页

项目编码		010507001001		项目名称		散水、坡道		计量单位	m^2	工程量	93.52
清单综合单价组成明细											
定额编号	定额项目名称	定额单位	数量	单价				合价			
				人工费	材料费	机械费	管理费和利润	人工费	材料费	机械费	管理费和利润
A4-1056	商品混凝土 现浇散水 混凝土	$10m^3$	0.0060	1005.03	3723.26	10.84	249.62	6.02	22.29	0.06	1.49
人工单价			小计					6.02	22.29	0.06	1.49
综合工日：130 元/工日			未计价材料费					0			
清单项目综合单价								29.87			
材料费明细	主要材料名称、规格、型号				单位	数量		单价/元	合价/元	暂估单价/元	暂估合价/元
	水				m^3	0.0592		9	0.53		
	商品混凝土 C20				m^3	0.0608		385	23.41		
	其他材料费							—	0.14	—	0.00
	材料费小计							—	24.08	—	0.00

注：1. 如不使用省级或行业建设主管部门发布的计价依据，可不填定额编码、名称等。

2. 招标文件提供了暂估单价的材料，按暂估的单价填入表内“暂估单价”栏及“暂估合价”栏。

综合单价分析表

工程名称：某幼儿园 12＃楼建筑工程　　　　标段：某幼儿园　　　　第 14 页　共 40 页

项目编码		010513001001		项目名称		楼梯		计量单位	m^3	工程量	11.84
清单综合单价组成明细											
定额编号	定额项目名称	定额单位	数量	单价				合价			
				人工费	材料费	机械费	管理费和利润	人工费	材料费	机械费	管理费和利润
A4-0100	预制实心板楼梯段 混凝土	$10m^3$	0.0997	1256.06	2465.44	316.75	348.53	125.18	245.71	31.57	34.74
人工单价			小计					125.18	245.71	31.57	34.74
综合工日：130 元/工日			未计价材料费					0			
清单项目综合单价								437.2			
材料费明细	主要材料名称、规格、型号				单位	数量		单价/元	合价/元	暂估单价/元	暂估合价/元
	水泥 32.5				kg	367.2108		0.42	154.23		
	水				m^3	1.644972		9	14.8		
	其他材料费							—	96.3	—	0.00
	材料费小计							—	265.34	—	0.00

注：1. 如不使用省级或行业建设主管部门发布的计价依据，可不填定额编码、名称等。

2. 招标文件提供了暂估单价的材料，按暂估的单价填入表内“暂估单价”栏及“暂估合价”栏。

综合单价分析表

工程名称：某幼儿园12#楼建筑工程　　标段：某幼儿园　　第15页　共40页

项目编码	010515001001			项目名称		现浇构件钢筋	计量单位		t	工程量	0.205
清单综合单价组成明细											
定额编号	定额项目名称	定额单位	数量	单价				合价			
				人工费	材料费	机械费	管理费和利润	人工费	材料费	机械费	管理费和利润
A4-0160	现浇构件钢筋制作安装 圆钢 Φ10以内	t	1.0000	1288.3	3525.02	56.49	325.12	1288.30	3525.02	56.49	325.12
人工单价		小计						1288.30	3525.02	56.49	325.12
综合工日:130元/工日		未计价材料费						0			
清单项目综合单价								5194.93			
材料费明细	主要材料名称、规格、型号				单位	数量		单价/元	合价/元	暂估单价/元	暂估合价/元
	其他材料费							—	46.8	—	3759.50
	材料费小计							—	46.80	—	3759.50

注：1. 如不使用省级或行业建设主管部门发布的计价依据，可不填定额编码、名称等。
2. 招标文件提供了暂估单价的材料，按暂估的单价填入表内“暂估单价”栏及“暂估合价”栏。

综合单价分析表

工程名称：某幼儿园12#楼建筑工程　　标段：某幼儿园　　第16页　共40页

项目编码	010515001002			项目名称		现浇构件钢筋	计量单位		t	工程量	0.381
清单综合单价组成明细											
定额编号	定额项目名称	定额单位	数量	单价				合价			
				人工费	材料费	机械费	管理费和利润	人工费	材料费	机械费	管理费和利润
A4-0160	现浇构件钢筋制作安装 圆钢 Φ10以内	t	1.0000	1288.3	3525.02	56.49	325.12	1288.30	3525.02	56.49	325.12
人工单价		小计						1288.30	3525.02	56.49	325.12
综合工日:130元/工日		未计价材料费						0			
清单项目综合单价								5194.93			
材料费明细	主要材料名称、规格、型号				单位	数量		单价/元	合价/元	暂估单价/元	暂估合价/元
	其他材料费							—	46.8	—	3759.50
	材料费小计							—	46.80	—	3759.50

注：1. 如不使用省级或行业建设主管部门发布的计价依据，可不填定额编码、名称等。
2. 招标文件提供了暂估单价的材料，按暂估的单价填入表内“暂估单价”栏及“暂估合价”栏。

综合单价分析表

工程名称：某幼儿园12#楼建筑工程　　标段：某幼儿园　　第17页　共40页

项目编码	010515001003	项目名称	现浇构件钢筋	计量单位	t	工程量	0.038

清单综合单价组成明细											
定额编号	定额项目名称	定额单位	数量	单价				合价			
				人工费	材料费	机械费	管理费和利润	人工费	材料费	机械费	管理费和利润
A4-0161换	现浇构件钢筋制作安装 圆钢Φ10以外	t	1.0000	652.86	3582.25	145.73	178.88	652.86	3582.25	145.73	178.88
人工单价		小计						652.86	3582.25	145.73	178.88
综合工日:130元/工日		未计价材料费						0			
清单项目综合单价								4559.72			

材料费明细	主要材料名称、规格、型号	单位	数量	单价/元	合价/元	暂估单价/元	暂估合价/元
	水	m^3	0.14	9	1.26		
	其他材料费			—	55.84	—	3811.00
	材料费小计			—	57.10	—	3811.00

注：1. 如不使用省级或行业建设主管部门发布的计价依据，可不填定额编码、名称等。

2. 招标文件提供了暂估单价的材料，按暂估的单价填入表内“暂估单价”栏及“暂估合价”栏。

综合单价分析表

工程名称：某幼儿园12#楼建筑工程　　标段：某幼儿园　　第18页　共40页

项目编码	010515001004	项目名称	现浇构件钢筋	计量单位	t	工程量	8.426

清单综合单价组成明细											
定额编号	定额项目名称	定额单位	数量	单价				合价			
				人工费	材料费	机械费	管理费和利润	人工费	材料费	机械费	管理费和利润
A4-0162	现浇构件钢筋制作安装 螺纹钢Φ10以内	t	1.0000	1605.5	3534.18	10.3	397.92	1605.50	3534.18	10.30	397.92
人工单价		小计						1605.50	3534.18	10.30	397.92
综合工日:130元/工日		未计价材料费						0			
清单项目综合单价								5547.9			

材料费明细	主要材料名称、规格、型号	单位	数量	单价/元	合价/元	暂估单价/元	暂估合价/元
	螺纹钢筋Φ10以内	t	1.03	3650	3759.5		
	其他材料费			—	56.7	—	0.00
	材料费小计			—	3816.20	—	0.00

注：1. 如不使用省级或行业建设主管部门发布的计价依据，可不填定额编码、名称等。

2. 招标文件提供了暂估单价的材料，按暂估的单价填入表内“暂估单价”栏及“暂估合价”栏。

综合单价分析表

工程名称：某幼儿园 12＃楼建筑工程　　标段：某幼儿园　　第 19 页　共 40 页

项目编码		010515001005		项目名称		现浇构件钢筋		计量单位	t	工程量	5.823
清单综合单价组成明细											
定额编号	定额项目名称	定额单位	数量	单价				合价			
				人工费	材料费	机械费	管理费和利润	人工费	材料费	机械费	管理费和利润
A4-0163	现浇构件钢筋制作安装 螺纹钢Φ10 以外	t	1.0000	579.15	3586.51	137.83	159.71	579.15	3586.51	137.83	159.71
人工单价		小计						579.15	3586.51	137.83	159.71
综合工日：130 元/工日		未计价材料费						0			
清单项目综合单价								4463.2			
材料费明细	主要材料名称、规格、型号				单位	数量		单价/元	合价/元	暂估单价/元	暂估合价/元
	水				m³	0.08		9	0.72		
	螺纹钢筋Φ10 以外				t	1.03		3700	3811		
	其他材料费							—	60.98	—	0.00
	材料费小计							—	3872.70	—	0.00

注：1. 如不使用省级或行业建设主管部门发布的计价依据，可不填定额编码、名称等。

2. 招标文件提供了暂估单价的材料，按暂估的单价填入表内“暂估单价”栏及“暂估合价”栏。

综合单价分析表

工程名称：某幼儿园 12＃楼建筑工程　　标段：某幼儿园　　第 20 页　共 40 页

项目编码		010515001006		项目名称		现浇构件钢筋		计量单位	t	工程量	2.67
清单综合单价组成明细											
定额编号	定额项目名称	定额单位	数量	单价				合价			
				人工费	材料费	机械费	管理费和利润	人工费	材料费	机械费	管理费和利润
A4-0163	现浇构件钢筋制作安装 螺纹钢Φ10 以外	t	1.0000	579.15	3586.51	137.83	159.71	579.15	3586.51	137.83	159.71
人工单价		小计						579.15	3586.51	137.83	159.71
综合工日：130 元/工日		未计价材料费						0			
清单项目综合单价								4463.2			
材料费明细	主要材料名称、规格、型号				单位	数量		单价/元	合价/元	暂估单价/元	暂估合价/元
	水				m³	0.08		9	0.72		
	螺纹钢筋Φ10 以外				t	1.03		3700	3811		
	其他材料费							—	60.98	—	0.00
	材料费小计							—	3872.70	—	0.00

注：1. 如不使用省级或行业建设主管部门发布的计价依据，可不填定额编码、名称等。

2. 招标文件提供了暂估单价的材料，按暂估的单价填入表内“暂估单价”栏及“暂估合价”栏。

综合单价分析表

工程名称：某幼儿园12＃楼建筑工程　　标段：某幼儿园　　第21页　共40页

项目编码		010515001007		项目名称		现浇构件钢筋		计量单位	t	工程量	14.785
清单综合单价组成明细											
定额编号	定额项目名称	定额单位	数量	单价				合价			
				人工费	材料费	机械费	管理费和利润	人工费	材料费	机械费	管理费和利润
A4-0163	现浇构件钢筋制作安装 螺纹钢Φ10以外	t	1.0000	579.15	3586.51	137.83	159.71	579.15	3586.51	137.83	159.71
人工单价		小计						579.15	3586.51	137.83	159.71
综合工日：130元/工日		未计价材料费						0			
清单项目综合单价								4463.2			
材料费明细	主要材料名称、规格、型号					单位	数量	单价/元	合价/元	暂估单价/元	暂估合价/元
	水					m^3	0.08	9	0.72		
	螺纹钢筋Φ10以外					t	1.03	3700	3811		
	其他材料费							—	60.98	—	0.00
	材料费小计							—	3872.70	—	0.00

注：1. 如不使用省级或行业建设主管部门发布的计价依据，可不填定额编码、名称等。

2. 招标文件提供了暂估单价的材料，按暂估的单价填入表内“暂估单价”栏及“暂估合价”栏。

综合单价分析表

工程名称：某幼儿园12＃楼建筑工程　　标段：某幼儿园　　第22页　共40页

项目编码		010515001008		项目名称		现浇构件钢筋		计量单位	t	工程量	5.227
清单综合单价组成明细											
定额编号	定额项目名称	定额单位	数量	单价				合价			
				人工费	材料费	机械费	管理费和利润	人工费	材料费	机械费	管理费和利润
A4-0163	现浇构件钢筋制作安装 螺纹钢Φ10以外	t	1.0000	579.15	3586.51	137.83	159.71	579.15	3586.51	137.83	159.71
人工单价		小计						579.15	3586.51	137.83	159.71
综合工日：130元/工日		未计价材料费						0			
清单项目综合单价								4463.2			
材料费明细	主要材料名称、规格、型号					单位	数量	单价/元	合价/元	暂估单价/元	暂估合价/元
	水					m^3	0.08	9	0.72		
	螺纹钢筋Φ10以外					t	1.03	3700	3811		
	其他材料费							—	60.98	—	0.00
	材料费小计							—	3872.70	—	0.00

注：1. 如不使用省级或行业建设主管部门发布的计价依据，可不填定额编码、名称等。

2. 招标文件提供了暂估单价的材料，按暂估的单价填入表内“暂估单价”栏及“暂估合价”栏。

综合单价分析表

工程名称：某幼儿园12#楼建筑工程　　标段：某幼儿园　　第23页　共40页

项目编码	010515001009		项目名称		现浇构件钢筋		计量单位		t	工程量	8.202
清单综合单价组成明细											
定额编号	定额项目名称	定额单位	数量	单价				合价			
				人工费	材料费	机械费	管理费和利润	人工费	材料费	机械费	管理费和利润
A4-0163	现浇构件钢筋制作安装 螺纹钢Φ10以外	t	1.0000	579.15	3586.51	137.83	159.71	579.15	3586.51	137.83	159.71
人工单价				小计				579.15	3586.51	137.83	159.71
综合工日:130元/工日				未计价材料费				0			
清单项目综合单价								4463.2			
材料费明细	主要材料名称、规格、型号					单位	数量	单价/元	合价/元	暂估单价/元	暂估合价/元
	水					m³	0.08	9	0.72		
	螺纹钢筋Φ10以外					t	1.03	3700	3811		
	其他材料费							—	60.98	—	0.00
	材料费小计							—	3872.70	—	0.00

注：1. 如不使用省级或行业建设主管部门发布的计价依据，可不填定额编码、名称等。
2. 招标文件提供了暂估单价的材料，按暂估的单价填入表内“暂估单价”栏及“暂估合价”栏。

综合单价分析表

工程名称：某幼儿园12#楼建筑工程　　标段：某幼儿园　　第24页　共40页

项目编码	010515001010		项目名称		现浇构件钢筋		计量单位		t	工程量	2.681
清单综合单价组成明细											
定额编号	定额项目名称	定额单位	数量	单价				合价			
				人工费	材料费	机械费	管理费和利润	人工费	材料费	机械费	管理费和利润
A4-0163	现浇构件钢筋制作安装 螺纹钢Φ10以外	t	1.0000	579.15	3586.51	137.83	159.71	579.15	3586.51	137.83	159.71
人工单价				小计				579.15	3586.51	137.83	159.71
综合工日:130元/工日				未计价材料费				0			
清单项目综合单价								4463.2			
材料费明细	主要材料名称、规格、型号					单位	数量	单价/元	合价/元	暂估单价/元	暂估合价/元
	水					m³	0.08	9	0.72		
	螺纹钢筋Φ10以外					t	1.03	3700	3811		
	其他材料费							—	60.98	—	0.00
	材料费小计							—	3872.70	—	0.00

注：1. 如不使用省级或行业建设主管部门发布的计价依据，可不填定额编码、名称等。
2. 招标文件提供了暂估单价的材料，按暂估的单价填入表内“暂估单价”栏及“暂估合价”栏。

综合单价分析表

工程名称：某幼儿园12＃楼建筑工程　　标段：某幼儿园　　第25页　共40页

项目编码		010515001011		项目名称		现浇构件钢筋	计量单位	t		工程量	1.237
清单综合单价组成明细											
定额编号	定额项目名称	定额单位	数量	单价				合价			
				人工费	材料费	机械费	管理费和利润	人工费	材料费	机械费	管理费和利润
A4-0163	现浇构件钢筋制作安装 螺纹钢Φ10以外	t	1.0000	579.15	3586.51	137.83	159.71	579.15	3586.51	137.83	159.71
人工单价		小计						579.15	3586.51	137.83	159.71
综合工日：130元/工日		未计价材料费						0			
清单项目综合单价								4463.2			
材料费明细	主要材料名称、规格、型号					单位	数量	单价/元	合价/元	暂估单价/元	暂估合价/元
	水					m^3	0.08	9	0.72		
	螺纹钢筋Φ10以外					t	1.03	3700	3811		
	其他材料费							—	60.98	—	0.00
	材料费小计							—	3872.70	—	0.00

注：1. 如不使用省级或行业建设主管部门发布的计价依据，可不填定额编码、名称等。

2. 招标文件提供了暂估单价的材料，按暂估的单价填入表内“暂估单价”栏及“暂估合价”栏。

综合单价分析表

工程名称：某幼儿园12＃楼建筑工程　　标段：某幼儿园　　第26页　共40页

项目编码		011001001001		项目名称		保温隔热屋面	计量单位	m^2		工程量	574.28
清单综合单价组成明细											
定额编号	定额项目名称	定额单位	数量	单价				合价			
				人工费	材料费	机械费	管理费和利润	人工费	材料费	机械费	管理费和利润
A8-0196	保温隔热屋面 屋面保温 沥青珍珠岩块	$10m^3$	0.0110	525.07	2215.23	0	129.74	5.78	24.38	0.00	1.43
人工单价		小计						5.78	24.38	0.00	1.43
综合工日：130元/工日		未计价材料费						0			
清单项目综合单价								31.59			
材料费明细	主要材料名称、规格、型号					单位	数量	单价/元	合价/元	暂估单价/元	暂估合价/元
	沥青珍珠岩块					m^3	0.1145	230	26.34		
	材料费小计							—	26.34	—	0.00

注：1. 如不使用省级或行业建设主管部门发布的计价依据，可不填定额编码、名称等。

2. 招标文件提供了暂估单价的材料，按暂估的单价填入表内“暂估单价”栏及“暂估合价”栏。

综合单价分析表

工程名称：某幼儿园 12＃楼建筑工程　　标段：某幼儿园　　第 27 页　共 40 页

项目编码	011701001001	项目名称	综合脚手架	计量单位	m^2	工程量	1838.06

清单综合单价组成明细											
定额编号	定额项目名称	定额单位	数量	单价				合价			
				人工费	材料费	机械费	管理费和利润	人工费	材料费	机械费	管理费和利润
A10-0006	综合脚手架 框架结构 6 层以内	$100m^2$	0.0100002176207523	1504.88	1259.33	83.6	384.9	15.05	12.59	0.84	3.82
人工单价				小计				15.05	12.59	0.84	3.82
综合工日：130 元/工日				未计价材料费				0			
清单项目综合单价								32.29			

材料费明细	主要材料名称、规格、型号	单位	数量	单价/元	合价/元	暂估单价/元	暂估合价/元
	铁钉	kg	0.0368	4.6	0.17		
	木脚手板	m^3	0.002	1580	3.16		
	脚手钢管 $\phi48\times3.5$	kg	1.0304	4.5	4.64		
	镀锌铁丝 8＃	kg	0.221	4.5	0.99		
	其他材料费			—	4.64	—	0
	材料费小计			—	13.6	—	0

注：1. 如不使用省级或行业建设主管部门发布的计价依据，可不填定额编码、名称等。

2. 招标文件提供了暂估单价的材料，按暂估的单价填入表内“暂估单价”栏及“暂估合价”栏。

综合单价分析表

工程名称：某幼儿园 12＃楼建筑工程　　标段：某幼儿园　　第 28 页　共 40 页

项目编码	011703001001	项目名称	垂直运输	计量单位	m^2	工程量	1838.06

清单综合单价组成明细											
定额编号	定额项目名称	定额单位	数量	单价				合价			
				人工费	材料费	机械费	管理费和利润	人工费	材料费	机械费	管理费和利润
A11-0005	建筑物垂直运输 框架结构 6 层以内	$100m^2$	0.0100002176207523	0	0	2194.67	264.63	0	0	21.95	2.65
人工单价				小计				0	0	21.95	2.65
				未计价材料费				0			
清单项目综合单价								24.6			

材料费明细	主要材料名称、规格、型号	单位	数量	单价/元	合价/元	暂估单价/元	暂估合价/元

注：1. 如不使用省级或行业建设主管部门发布的计价依据，可不填定额编码、名称等。

2. 招标文件提供了暂估单价的材料，按暂估的单价填入表内“暂估单价”栏及“暂估合价”栏。

综合单价分析表

工程名称：某幼儿园12#楼建筑工程　　标段：某幼儿园　　第29页　共40页

项目编码	011702001001	项目名称		基础		计量单位		m³		工程量	1
清单综合单价组成明细											
定额编号	定额项目名称	定额单位	数量	单价				合价			
				人工费	材料费	机械费	管理费和利润	人工费	材料费	机械费	管理费和利润
A9-0017	模板 基础垫层	100m³	5.11	166.66	239.82	8.87	42.25	851.63	1225.48	45.33	215.9
A9-0007	模板 独立基础钢筋混凝土	10m³	33.25	612.56	448.43	21.5	153.94	20367.62	14910.3	714.88	5118.51
人工单价		小计						21219.25	16135.78	760.2	5334.4
综合工日:130元/工日		未计价材料费						0			
清单项目综合单价								43449.65			

材料费明细	主要材料名称、规格、型号	单位	数量	单价/元	合价/元	暂估单价/元	暂估合价/元
	铁钉	kg	135.3128	4.6	622.44		
	镀锌铁丝8#	kg	321.5275	4.5	1446.87		
	木模板	m³	0.8978	1830	1642.97		
	支撑方木	m³	7.2598	1220	8832.56		
	组合钢模板	kg	621.775	5.5	3419.76		

注：1. 如不使用省级或行业建设主管部门发布的计价依据，可不填定额编码、名称等。

2. 招标文件提供了暂估单价的材料，按暂估的单价填入表内"暂估单价"栏及"暂估合价"栏。

综合单价分析表

工程名称：某幼儿园12#楼建筑工程　　标段：某幼儿园　　第30页　共40页

	主要材料名称、规格、型号	单位	数量	单价/元	合价/元	暂估单价/元	暂估合价/元
	卡具配件	kg	226.1	4.5	1017.45		
	其他材料费			—	441.19	—	0
	材料费小计			—	17423.24	—	0

注：1. 如不使用省级或行业建设主管部门发布的计价依据，可不填定额编码、名称等。

2. 招标文件提供了暂估单价的材料，按暂估的单价填入表内"暂估单价"栏及"暂估合价"栏。

综合单价分析表

工程名称：某幼儿园 12＃楼建筑工程　　　　标段：某幼儿园　　　　第 31 页　共 40 页

项目编码		011702002001		项目名称		矩形柱		计量单位	m^3	工程量	1
清单综合单价组成明细											
定额编号	定额项目名称	定额单位	数量	单价				合价			
				人工费	材料费	机械费	管理费和利润	人工费	材料费	机械费	管理费和利润
A9-0161	模板 支撑超高增加费 支撑 3.6m 以上每增加 1.2m 柱	$10m^3$	0	239.2	112.4	8.87	60.17	0	0	0	0
A9-0018	模板 现浇矩形柱周长 1.2m 以内	$10m^3$	0.04	5774.21	1859.27	278.19	1460.2	230.97	74.37	11.13	58.41
A9-0019	模板 现浇矩形柱周长 1.8m 以内	$10m^3$	0.6	4180.15	1636.31	208.73	1057.97	2508.09	981.79	125.24	634.78
A9-0161	模板 支撑超高增加费 支撑 3.6m 以上每增加 1.2m 柱	$10m^3$	0	239.2	112.4	8.87	60.17	0	0	0	0
A9-0020	模板 现浇矩形柱周长 1.8m 以外	$10m^3$	10.95	2548.78	919.55	134.74	645.98	27909.14	10069.07	1475.4	7073.48
A9-0161	模板 支撑超高增加费 支撑 3.6m 以上每增加 1.2m 柱	$10m^3$	0	239.2	112.4	8.87	60.17	0	0	0	0
人工单价		小计						30648.2	11125.23	1611.77	7766.67
综合工日:130 元/工日		未计价材料费						0			
清单项目综合单价								51151.87			
材料费明细	主要材料名称、规格、型号				单位	数量		单价/元	合价/元	暂估单价/元	暂估合价/元

注：1. 如不使用省级或行业建设主管部门发布的计价依据，可不填定额编码、名称等。
2. 招标文件提供了暂估单价的材料，按暂估的单价填入表内“暂估单价”栏及“暂估合价”栏。

综合单价分析表

工程名称：某幼儿园 12＃楼建筑工程　　　　标段：某幼儿园　　　　第 32 页　共 40 页

	主要材料名称、规格、型号	单位	数量	单价/元	合价/元	暂估单价/元	暂估合价/元
	铁钉	kg	14.4711	4.6	66.57		
	木模板	m^3	0.5537	1830	1013.27		
	支撑方木	m^3	1.4827	1220	1808.89		
	配合钢模板	kg	692.6322	5.5	3809.48		
	卡具配件	kg	540.1006	4.5	2430.45		
	其他材料费			—	2884.11	—	0
	材料费小计			—	12012.77	—	0

注：1. 如不使用省级或行业建设主管部门发布的计价依据，可不填定额编码、名称等。
2. 招标文件提供了暂估单价的材料，按暂估的单价填入表内“暂估单价”栏及“暂估合价”栏。

综合单价分析表

工程名称：某幼儿园12＃楼建筑工程　　标段：某幼儿园　　第33页　共40页

项目编码	011702005001	项目名称	基础梁	计量单位	m^3	工程量	1

清单综合单价组成明细

定额编号	定额项目名称	定额单位	数量	单价				合价			
				人工费	材料费	机械费	管理费和利润	人工费	材料费	机械费	管理费和利润
A9-0025	模板 基础梁	$10m^3$	0	2374.58	1495.93	108.03	599.72	0	0	0	0
人工单价		小计						0	0	0	0
综合工日：130元/工日		未计价材料费						0			
清单项目综合单价								0			

	主要材料名称、规格、型号	单位	数量	单价/元	合价/元	暂估单价/元	暂估合价/元
材料费明细	铁钉	kg	0	4.6	0		
	镀锌铁丝8＃	kg	0	4.5	0		
	木模板	m^3	0	1830	0		
	支撑方木	m^3	0	1220	0		
	组合钢模板	kg	0	5.5	0		
	卡具配件	kg	0	4.5	0		

注：1. 如不使用省级或行业建设主管部门发布的计价依据，可不填定额编码、名称等。

2. 招标文件提供了暂估单价的材料，按暂估的单价填入表内“暂估单价”栏及“暂估合价”栏。

综合单价分析表

工程名称：某幼儿园12＃楼建筑工程　　标段：某幼儿园　　第34页　共40页

	主要材料名称、规格、型号	单位	数量	单价/元	合价/元	暂估单价/元	暂估合价/元
	其他材料费			—	0	—	0
	材料费小计			—	0	—	0

注：1. 如不使用省级或行业建设主管部门发布的计价依据，可不填定额编码、名称等。

2. 招标文件提供了暂估单价的材料，按暂估的单价填入表内“暂估单价”栏及“暂估合价”栏。

综合单价分析表

工程名称：某幼儿园 12＃楼建筑工程　　标段：某幼儿园　　第 35 页　共 40 页

项目编码	011702006001	项目名称		矩形梁				计量单位	m^3	工程量	1
清单综合单价组成明细											
定额编号	定额项目名称	定额单位	数量	单价				合价			
				人工费	材料费	机械费	管理费和利润	人工费	材料费	机械费	管理费和利润
A9-0026	模板单梁、连续梁	$10m^3$	0.32	3576.43	1911.06	195.67	907.24	1144.46	611.54	62.61	290.32
A9-0163	模板支撑超高增加费支撑 3.6m 以上每增加 1.2m梁	$10m^3$	0	503.36	224.35	17.76	126.51	0	0	0	0
人工单价			小计					1144.46	611.54	62.61	290.32
综合工日：130 元/工日			未计价材料费					0			
清单项目综合单价								2108.93			

材料费明细	主要材料名称、规格、型号	单位	数量	单价/元	合价/元	暂估单价/元	暂估合价/元
	铁钉	kg	10.6304	4.6	48.9		
	木模板	m^3	0.0912	1830	166.9		
	支撑方木	m^3	0.1952	1220	238.14		
	组合钢模板	kg	24.928	5.5	137.1		
	卡具配件	kg	10.7232	4.5	48.25		

注：1. 如不使用省级或行业建设主管部门发布的计价依据，可不填定额编码、名称等。

2. 招标文件提供了暂估单价的材料，按暂估的单价填入表内“暂估单价”栏及“暂估合价”栏。

综合单价分析表

工程名称：某幼儿园 12＃楼建筑工程　　标段：某幼儿园　　第 36 页　共 40 页

	其他材料费			—	21.04	—	0
	材料费小计			—	660.34	—	0

注：1. 如不使用省级或行业建设主管部门发布的计价依据，可不填定额编码、名称等。

2. 招标文件提供了暂估单价的材料，按暂估的单价填入表内“暂估单价”栏及“暂估合价”栏。

综合单价分析表

工程名称：某幼儿园 12＃楼建筑工程　　　　标段：某幼儿园　　　　第 37 页　共 40 页

项目编码	011702014001	项目名称		有梁板				计量单位	m^3	工程量	1
清单综合单价组成明细											
定额编号	定额项目名称	定额单位	数量	单价				合价			
				人工费	材料费	机械费	管理费和利润	人工费	材料费	机械费	管理费和利润
A9-0038	模板现浇有梁板 100mm 以外	$10m^3$	0.6	2851.03	1663.9	151.26	722.65	1710.62	998.34	90.76	433.59
A9-0164	模板支撑超高增加费支撑 3.6m 以上每增加 1.2m板	$10m^3$	0	390	174.04	13.32	97.96	0	0	0	0
A9-0164	模板支撑超高增加费支撑 3.6m 以上每增加 1.2m板	$10m^3$	0	390	174.04	13.32	97.96	0	0	0	0
A9-0037	模板现浇有梁板 100mm 以内	$10m^3$	16.21	3239.47	1924.5	177.18	821.75	52511.81	31196.15	2872.09	13320.57
A9-0038	模板现浇有梁板 100mm 以外	$10m^3$	13.72	2851.03	1663.9	151.26	722.65	39116.13	22828.71	2075.29	9914.76
A9-0164	模板支撑超高增加费支撑 3.6m 以上每增加 1.2m板	$10m^3$	0	390	174.04	13.32	97.96	0	0	0	0
人工单价		小计						93338.56	55023.19	5038.13	23668.92
综合工日:130 元/工日		未计价材料费						0			
清单项目综合单价								177068.81			
材料费明细	主要材料名称、规格、型号				单位	数量		单价/元	合价/元	暂估单价/元	暂估合价/元

注：1. 如不使用省级或行业建设主管部门发布的计价依据，可不填定额编码、名称等。

2. 招标文件提供了暂估单价的材料，按暂估的单价填入表内“暂估单价”栏及“暂估合价”栏。

综合单价分析表

工程名称：某幼儿园 12＃楼建筑工程　　　　标段：某幼儿园　　　　第 38 页　共 40 页

	主要材料名称、规格、型号	单位	数量	单价/元	合价/元	暂估单价/元	暂估合价/元
	铁钉	kg	848.5612	4.6	3903.38		
	镀锌铁丝 8＃	kg	832.6666	4.5	3747		
	木模板	m^3	6.4348	1830	11775.68		
	支撑方木	m^3	19.4338	1220	23709.24		
	组合钢模板	kg	1974.7497	5.5	10861.12		
	卡具配件	kg	903.55	4.5	4065.98		
	其他材料费			—	1351.47	—	0
	材料费小计			—	59413.87	—	0

注：1. 如不使用省级或行业建设主管部门发布的计价依据，可不填定额编码、名称等。

2. 招标文件提供了暂估单价的材料，按暂估的单价填入表内“暂估单价”栏及“暂估合价”栏。

综合单价分析表

工程名称：某幼儿园12＃楼建筑工程　　标段：某幼儿园　　第39页　共40页

项目编码	011702029001	项目名称	散水	计量单位	m^3	工程量	1

清单综合单价组成明细											
定额编号	定额项目名称	定额单位	数量	单价				合价			
				人工费	材料费	机械费	管理费和利润	人工费	材料费	机械费	管理费和利润
A9-0056	现浇散水模板	$10m^3$	0.56	1491.62	1000.38	55.74	375.26	835.31	560.21	31.21	210.15
人工单价		小计						835.31	560.21	31.21	210.15
综合工日:130元/工日		未计价材料费						0			
清单项目综合单价								1636.88			

材料费明细	主要材料名称、规格、型号	单位	数量	单价/元	合价/元	暂估单价/元	暂估合价/元
	铁钉	kg	14.9139	4.6	68.6		
	支撑方木	m^3	0.434	1220	529.48		
	其他材料费			—	6.83	—	0
	材料费小计			—	604.92	—	0

注：1. 如不使用省级或行业建设主管部门发布的计价依据，可不填定额编码、名称等。

2. 招标文件提供了暂估单价的材料，按暂估的单价填入表内“暂估单价”栏及“暂估合价”栏。

综合单价分析表

工程名称：某幼儿园12＃楼建筑工程　　标段：某幼儿园　　第40页　共40页

项目编码	011702024001	项目名称	楼梯	计量单位	m^3	工程量	1

清单综合单价组成明细											
定额编号	定额项目名称	定额单位	数量	单价				合价			
				人工费	材料费	机械费	管理费和利润	人工费	材料	机械费	管理费和利润
A9-0100	模板　楼梯段实心板	$10m^3$	1.18	2610.53	135.7	106.96	657.89	3080.43	160.13	126.21	776.31
人工单价		小计						3080.43	160.13	126.21	776.31
综合工日:130元/工日		未计价材料费						0			
清单项目综合单价								4143.08			

材料费明细	主要材料名称、规格、型号	单位	数量	单价/元	合价/元	暂估单价/元	暂估合价/元
	其他材料费			—	172.89	—	0
	材料费小计			—	172.89	—	0

注：1. 如不使用省级或行业建设主管部门发布的计价依据，可不填定额编码、名称等。

2. 招标文件提供了暂估单价的材料，按暂估的单价填入表内“暂估单价”栏及“暂估合价”栏。

总价措施项目清单与计价表

工程名称：某幼儿园12#楼建筑工程　　标段：某幼儿园　　第1页　共1页

序号	项目编码	项目名称	计算基础	费率/%	金额/元	调整费率/%	调整后金额/元	备注
1	011707001001	安全文明施工(含环境保护、文明施工、安全施工、临时设施、扬尘污染防治增加费)	(人工费＋机具费)×费率	11.58	41042.74			
2	011707002001	夜间施工	按规定记取					
3	011707003001	非夜间施工照明	按规定记取					
4	011707004001	二次搬运	人工费×费率	0.3	909.8			
5	011707005001	雨季施工	人工费×费率	0.38	1152.41			
6	011707005002	冬季施工	按规定记取	150				
7	011707006001	地上、地下设施、建筑物的临时保护设施	按规定记取					
8	011707007001	已完工程及设备保护	按规定记取					
9	01B001	工程定位复测费	(人工费＋机具费)×费率	1.2	4253.13			
		合计			47358.08			

编制人（造价人员）：　　复核人（造价工程师）：

注：1. “计算基础”中安全文明施工费可为“定额基价”“定额人工费”或“定额人工费＋定额机械费”，其他项目可为“定额人工费”或“定额人工费＋定额机械费”。

2. 按施工方案计算的措施费，若无“计算基础”和“费率”的数值，也可只填“金额”数值，但应在备注栏说明施工方案出处或计算方法。

其他项目清单与计价汇总表

工程名称：某幼儿园12＃楼建筑工程　　标段：某幼儿园　　第1页　共1页

序号	项目名称	金额/元	结算金额/元	备注
1	暂列金额	100000		明细详见表-12-1
2	暂估价			
2.1	材料暂估价	—		明细详见表-12-2
2.2	专业工程暂估价			明细详见表-12-3
3	计日工	6946.12		明细详见表-12-4
4	总承包服务费			明细详见表-12-5
5	索赔与现场签证			
	合计	106946.12		—

注：材料（工程设备）暂估单价进入清单项目综合单价，此处不汇总。

暂列金额明细表

工程名称：某幼儿园12＃楼建筑工程　　标段：某幼儿园　　第1页　共1页

序号	项目名称	计量单位	暂定金额/元	备注
1	暂列金额	元	100000	
	合计		100000	—

注：此表由招标人填写，如不能详列，也可只列暂列金额总额，投标人应将上述暂列金额计入投标总价中。

材料（工程设备）暂估单价及调整表

工程名称：某幼儿园 12＃楼建筑工程　　　　标段：某幼儿园　　　　第 1 页　共 1 页

序号	材料(工程设备)名称、规格、型号	计量单位	数量		暂估/元		确认/元		差额±/元		备注
			暂估	确认	单价	合价	单价	合价	单价	合价	
1	机制砖	千块	29.47612		410	12085.21					
2	圆钢Φ12	t	0.03914		3700	144.82					
3	圆钢Φ10	t	0.39243		3650	1432.37					
4	圆钢Φ8	t	0.21115		3650	770.7					
	合计					14433.1					

注：此表由招标人填写“暂估单价”，并在备注栏说明暂估价的材料、工程设备拟用在哪些清单项目上，投标人应将上述材料、工程设备暂估单价计入工程量清单综合单价报价中。

计日工表

工程名称：某幼儿园12#楼建筑工程　　　　标段：某幼儿园　　　　第1页　共1页

序号	项目名称	单位	暂定数量	实际数量	综合单价/元	合计	
						暂定	实际
1	人工						
1.1	木工	工日	10		171.07	1300	
1.2	钢筋工	工日	10		171.07	1300	
人工小计						2600	
2	材料						
2.1	水泥	t	5		450	2250	
2.2	中砂	m^3	5		70	350	
材料小计						2600	
3	机械						
3.1	载重汽车	台班	1		924.72	800	
机械小计						800	
4. 企业管理费和利润						946.12	
总计						6946.12	

注：此表项目名称、暂定数量由招标人填写，编制招标控制价时，单价由招标人按有关计价规定确定；投标时，单价由投标人自主报价，按暂定数量计算合价计入投标总价中。结算时，按发承包双方确认的实际数量计算合价。

规费、税金项目计价表

工程名称：某幼儿园12＃楼建筑工程　　标段：某幼儿园　　第1页　共1页

序号	项目名称	计算基础	计算基数	计算费率/%	金额/元
1	规费	1.1＋1.2＋1.3＋1.4＋1.5	43164.85		43164.85
1.1	社会保险费	(1)＋(2)＋(3)	39290.81		39290.81
(1)	养老保险费、失业保险费、医疗保险费、住房公积金	人工费×核定的费率	302936.07	11.94	36170.57
(2)	生育保险费	人工费×费率	302936.07	0.42	1272.33
(3)	工伤保险费	人工费×费率	302936.07	0.61	1847.91
1.2	工程排污费	人工费×费率	302936.07	0.3	908.81
1.3	防洪基础设施建设资金	税前工程造价×费率	1511138.5	0.1	1511.14
1.4	残疾人就业保障金	人工费×费率	302936.07	0.48	1454.09
1.5	其他规费	按相关文件规定计取			
2	税金	分部分项工程量清单合计＋措施项目清单合计＋其他项目清单合计＋规费＋优质优价增加费	1512649.64	11	166391.46
		合计			209556.31

编制人（造价人员）：

发包人提供材料和工程设备一览表

工程名称：某幼儿园12#楼建筑工程　　　　标段：某幼儿园　　　　第1页　共1页

序号	材料(工程设备)名称、规格、型号	单位	数量	单价/元	交货方式	送达地点	备注
1	商品混凝土 C25	m^3	107.967	395			
2	抗渗商品混凝土 C30	m^3	3343.7979	430			

参考文献

[1] 杨宝明. BIM改变建筑业［M］. 北京：中国建筑工业出版社，2017.
[2] 王全杰，张东秀，朱溢镕. 钢筋工程量计算实训教程［M］. 重庆：重庆大学出版社，2015.
[3] 16G101平法图集［S］.
[4] 陈达飞. 平法识图与钢筋计算［M］. 北京：中国建筑工业出版社，2017.
[5] 朱溢镕，黄丽华，肖跃军. BIM造价应用［M］. 北京：化学工业出版社，2016.
[6] 王全杰，马文姝，鲍春一乐. 建筑工程计量与计价实训教程［M］. 重庆：重庆大学出版社，2015.
[7] GB 50500—2013建设工程工程量清单计价规范［S］.
[8] GB 50854—2013房屋建筑与装饰工程工程量计算规范［S］.
[9] 朱溢镕，焦明明. BIM建模基础与应用Revit建筑［M］. 北京：化学工业出版社，2018.
[10] 韩学才. BIM在工程造价管理中的应用分析［J］. 施工技术，2014，43（18）.
[11] 聂蕊霞. 论BIM在工程造价管理中的应用［J］. 工程建设，2016，（7）.
[12] 张鹏飞. 基于BIM的大型工程全寿命周期管理［M］. 上海：同济大学出版社，2016.
[13] 张静晓. BIM管理与应用［M］. 北京：人民交通出版社，2017.
[14] 许可，银利军. 建筑工程BIM管理技术［M］. 北京：中国电力出版社，2017.
[15] 杨渝青. 建筑工程管理与造价的BIM应用研究［M］. 长春：东北师范大学出版社，2018.
[16] BIM工程技术人员专业技能培训用书编委会. BIM应用案例分析［M］. 北京：中国建筑工业出版社，2016.
[17] 袁帅. 广联达BIM建筑工程算量软件应用教程［M］. 北京：机械工业出版社，2016.
[18] 金永超，张宇帆. BIM与建模［M］. 成都：西南交通大学出版社，2016.
[19] 黄敬文，杨晓光. 混凝土结构施工图识读［M］. 武汉：武汉大学出版社，2014.
[20] 杨文生，王全杰. 建筑识图与BIM建模实训教程［M］. 北京：化学工业出版社，2015.
[21] 张江波. BIM模型算量应用（工程造价相关专业适用）［M］. 成都：西安交通大学出版社，2017.